U0746420

全国普通高等医学院校药学类专业"十三五"规划教材

生物技术制药

（供药学类专业用）

主　编　冯美卿

副主编　张怡轩　郭　刚

编　者（以姓氏笔画为序）

叶　丽（复旦大学药学院）　　　　仝　艳（河南中医药大学）

冯美卿（复旦大学药学院）　　　　关海滨（内蒙古医科大学）

张怡轩（沈阳药科大学）　　　　　陆　斌（第二军医大学）

房　月（中国医科大学）　　　　　郭　刚（第三军医大学）

黄　昆（华中科技大学同济医学院）

中国健康传媒集团

中国医药科技出版社

内容提要

本教材是全国普通高等医学院校药学类专业"十三五"规划教材之一,内容包括上、下篇两部分。上篇:第一章到第五章主要介绍生物制药技术,包括基因工程制药、细胞工程制药、发酵工程制药、酶工程制药、抗体工程制药;下篇:第六至第十三章主要介绍生物技术药物,包括疫苗、基因治疗、核酸类药物、多肽类药物、治疗性抗体药物、细胞因子类药物、治疗性激素、血液制品和治疗用酶。

本教材突出"生物技术"与"药物"的有机结合,在介绍理论知识的同时,注重引入与实际相关的实例,以培养学生理论联系实际的能力;每章还有"学习导引""知识链接""本章小结""思考题"等模块,增强了教材内容的可读性和趣味性。同时本教材配有在线学习平台,使教学资源更加丰富、多样化,满足教学的需要。

可供高等医学院校药学类专业、生物制药专业以及相关专业的学生使用,也可供从事生物技术药物开发、经营的相关人员参考使用。

图书在版编目(CIP)数据

生物技术制药 / 冯美卿主编 . —北京:中国医药科技出版社,2016.1

全国普通高等医学院校药学类专业"十三五"规划教材

ISBN 978-7-5067-7886-2

Ⅰ.①生… Ⅱ.①冯… Ⅲ.①生物制品—生产工艺—医学院校—教材 Ⅳ.①TQ464

中国版本图书馆 CIP 数据核字(2016)第 003335 号

美术编辑 陈君杞
版式设计 郭小平

出版 **中国健康传媒集团** | 中国医药科技出版社
地址 北京市海淀区文慧园北路甲 22 号
邮编 100082
电话 发行:010-62227427 邮购:010-62236938
网址 www.cmstp.com
规格 787×1092mm ¹⁄₁₆
印张 18¼
字数 275 千字
版次 2016 年 1 月第 1 版
印次 2020 年 7 月第 3 次印刷
印刷 北京市密东印刷有限公司
经销 全国各地新华书店
书号 ISBN 978-7-5067-7886-2
定价 39.00 元

获取新书信息、投稿、为图书纠错,请扫码联系我们。

全国普通高等医学院校药学类专业"十三五"规划教材
出 版 说 明

全国普通高等医学院校药学类专业"十三五"规划教材，是在深入贯彻教育部有关教育教学改革和我国医药卫生体制改革新精神，进一步落实《国家中长期教育改革和发展规划纲要》（2010－2020年）的形势下，结合教育部的专业培养目标和全国医学院校培养应用型、创新型药学专门人才的教学实际，在教育部、国家卫生和计划生育委员会、国家食品药品监督管理总局的支持下，由中国医药科技出版社组织全国近100所高等医学院校约400位具有丰富教学经验和较高学术水平的专家教授悉心编撰而成。本套教材的编写，注重理论知识与实践应用相结合、药学与医学知识相结合，强化培养学生的实践能力和创新能力，满足行业发展的需要。

本套教材主要特点如下：

1. 强化理论与实践相结合，满足培养应用型人才需求

针对培养医药卫生行业应用型药学人才的需求，本套教材克服以往教材重理论轻实践、重化工轻医学的不足，在介绍理论知识的同时，注重引入与药品生产、质检、使用、流通等相关的"实例分析/案例解析"内容，以培养学生理论联系实际的应用能力和分析问题、解决问题的能力，并做到理论知识深入浅出、难度适宜。

2. 切合医学院校教学实际，突显教材内容的针对性和适应性

本套教材的编者分别来自全国近100所高等医学院校教学、科研、医疗一线实践经验丰富、学术水平较高的专家教授，在编写教材过程中，编者们始终坚持从全国各医学院校药学教学和人才培养需求以及药学专业就业岗位的实际要求出发，从而保证教材内容具有较强的针对性、适应性和权威性。

3. 紧跟学科发展、适应行业规范要求，具有先进性和行业特色

教材内容既紧跟学科发展，及时吸收新知识，又体现国家药品标准［《中国药典》（2015年版）］、药品管理相关法律法规及行业规范和2015年版《国家执业药师资格考试》（《大纲》、《指南》）的要求，同时做到专业课程教材内容与就业岗位的知识和能力要求相对接，满足药学教育教学适应医药卫生事业发展要求。

4. 创新编写模式，提升学习能力

在遵循"三基、五性、三特定"教材建设规律的基础上，在必设"实例分析/案例解析"

模块的同时，还引入"学习导引""知识链接""知识拓展""练习题"（"思考题"）等编写模块，以增强教材内容的指导性、可读性和趣味性，培养学生学习的自觉性和主动性，提升学生学习能力。

5. 搭建在线学习平台，丰富教学资源、促进信息化教学

本套教材在编写出版纸质教材的同时，均免费为师生搭建与纸质教材相配套的"爱慕课"在线学习平台（含数字教材、教学课件、图片、视频、动画及练习题等），使教学资源更加丰富和多样化、立体化，更好地满足在线教学信息发布、师生答疑互动及学生在线测试等教学需求，提升教学管理水平，促进学生自主学习，为提高教育教学水平和质量提供支撑。

本套教材共计29门理论课程的主干教材和9门配套的实验指导教材，将于2016年1月由中国医药科技出版社出版发行。主要供全国普通高等医学院校药学类专业教学使用，也可供医药行业从业人员学习参考。

编写出版本套高质量的教材，得到了全国知名药学专家的精心指导，以及各有关院校领导和编者的大力支持，在此一并表示衷心感谢。希望本套教材的出版，将会受到广大师生的欢迎，对促进我国普通高等医学院校药学类专业教育教学改革和药学类专业人才培养作出积极贡献。希望广大师生在教学中积极使用本套教材，并提出宝贵意见，以便修订完善，共同打造精品教材。

中国医药科技出版社
2016 年 1 月

全国普通高等医学院校药学类专业"十三五"规划教材

书　　目

序号	教材名称	主编	ISBN
1	高等数学	艾国平　李宗学	978 – 7 – 5067 – 7894 – 7
2	物理学	章新友　白翠珍	978 – 7 – 5067 – 7902 – 9
3	物理化学	高　静　马丽英	978 – 7 – 5067 – 7903 – 6
4	无机化学	刘　君　张爱平	978 – 7 – 5067 – 7904 – 3
5	分析化学	高金波　吴　红	978 – 7 – 5067 – 7905 – 0
6	仪器分析	吕玉光	978 – 7 – 5067 – 7890 – 9
7	有机化学	赵正保　项光亚	978 – 7 – 5067 – 7906 – 7
8	人体解剖生理学	李富德　梅仁彪	978 – 7 – 5067 – 7895 – 4
9	微生物学与免疫学	张雄鹰	978 – 7 – 5067 – 7897 – 8
10	临床医学概论	高明奇　尹忠诚	978 – 7 – 5067 – 7898 – 5
11	生物化学	杨　红　郑晓珂	978 – 7 – 5067 – 7899 – 2
12	药理学	魏敏杰　周　红	978 – 7 – 5067 – 7900 – 5
13	临床药物治疗学	曹　霞　陈美娟	978 – 7 – 5067 – 7901 – 2
14	临床药理学	印晓星　张庆柱	978 – 7 – 5067 – 7889 – 3
15	药物毒理学	宋丽华	978 – 7 – 5067 – 7891 – 6
16	天然药物化学	阮汉利　张　宇	978 – 7 – 5067 – 7908 – 1
17	药物化学	孟繁浩　李柱来	978 – 7 – 5067 – 7907 – 4
18	药物分析	张振秋　马　宁	978 – 7 – 5067 – 7896 – 1
19	药用植物学	董诚明　王丽红	978 – 7 – 5067 – 7860 – 2
20	生药学	张东方　税丕先	978 – 7 – 5067 – 7861 – 9
21	药剂学	孟胜男　胡容峰	978 – 7 – 5067 – 7881 – 7
22	生物药剂学与药物动力学	张淑秋　王建新	978 – 7 – 5067 – 7882 – 4
23	药物制剂设备	王　沛	978 – 7 – 5067 – 7893 – 0
24	中医药学概要	周　晔　张金莲	978 – 7 – 5067 – 7883 – 1
25	药事管理学	田　侃　吕雄文	978 – 7 – 5067 – 7884 – 8
26	药物设计学	姜凤超	978 – 7 – 5067 – 7885 – 5
27	生物技术制药	冯美卿	978 – 7 – 5067 – 7886 – 2
28	波谱解析技术的应用	冯卫生	978 – 7 – 5067 – 7887 – 9
29	药学服务实务	许杜娟	978 – 7 – 5067 – 7888 – 6

注：29 门主干教材均配套有中国医药科技出版社"爱慕课"在线学习平台。

全国普通高等医学院校药学类专业"十三五"规划教材
配套教材书目

序号	教材名称	主编	ISBN
1	物理化学实验指导	高 静 马丽英	978 – 7 – 5067 – 8006 – 3
2	分析化学实验指导	高金波 吴 红	978 – 7 – 5067 – 7933 – 3
3	生物化学实验指导	杨 红	978 – 7 – 5067 – 7929 – 6
4	药理学实验指导	周 红 魏敏杰	978 – 7 – 5067 – 7931 – 9
5	药物化学实验指导	李柱来 孟繁浩	978 – 7 – 5067 – 7928 – 9
6	药物分析实验指导	张振秋 马 宁	978 – 7 – 5067 – 7927 – 2
7	仪器分析实验指导	余邦良	978 – 7 – 5067 – 7932 – 6
8	生药学实验指导	张东方 税丕先	978 – 7 – 5067 – 7930 – 2
9	药剂学实验指导	孟胜男 胡容峰	978 – 7 – 5067 – 7934 – 0

前 言
PREFACE

本教材是全国普通高等医学院校药学类专业"十三五"规划教材之一。生物技术制药课程是药学类专业、生物技术专业本科生必修的专业课程，为适应生物技术药物发展的需要，本教材着重讨论现代生物技术的基本原理和方法及其在生物医药中的应用，突出"生物技术"与"药物"的有机结合，紧密结合学科发展前沿和实际应用。

本教材分为上篇"生物制药技术"与下篇"生物技术药物"，上篇（第1~5章）包括现代生物技术几大领域，如基因工程、细胞工程、抗体工程、酶工程及发酵工程中最主要的基础理论体系和技术方法，注重对"三基"的训练；下篇（第6~13章）突出生物技术药物的分类、特点及应用，便于全面了解生物制药的全貌和最新进展。本教材在介绍理论知识的同时，注重引入与实际相关的实例，注重培养学生理论联系实际、提高分析问题和解决问题能力。每章还有"学习导引""知识链接""本章小结""思考题"等模块，增强了教材内容的可读性和趣味性；同时本教材配套有"爱慕课"在线学习平台，包含数字教材、教学课件、练习题、图片、视频等，使教学资源更加丰富和多样化、立体化。

本教材可供高等医学院校药学类专业、生物制药专业以及相关专业的学生使用，也可供从事生物技术药物开发、经营的相关人员参考使用。

本教材编写分工：绪论由冯美卿编写，第一章由黄昆编写，第二章由张怡轩编写，第三章由仝艳编写，第四章由关海滨编写，第五章、第十章由叶丽编写，第六章由郭刚编写，第七章至第九章由陆斌编写，第十一章由郭刚编写，第十二章、第十三章由房月编写。

在编写本教材过程中，得到各参编单位的大力支持，在此表示感谢。限于编写时间和编者水平，书中难免存在疏漏和不足之处，敬请读者批评指正。

编　者
2015 年 10 月

目录

CONTENTS

上篇　生物制药技术

下篇　生物技术药物

绪　论

学习导引

1. **掌握**　生物技术、生物技术药物的概念和内容。
2. **熟悉**　生物技术药物的特性、生物技术制药的基本流程、特点。
3. **了解**　生物技术各个技术的基本概念和研究内容、生物技术药物的类型及作用。

一、生物技术

（一）生物技术的概念和内容

生物技术（biotechnology）是指以现代生命科学为基础，把生物体系与工程学技术有机结合在一起，按照预先的设计，定向地在不同水平上改造生物遗传性状或加工生物原料，产生对人类有用的新产品（或达到某种目的）的综合性科学技术。生物技术又称为生物工程（bioengineering），包括基因工程、发酵工程、细胞工程、酶工程四大工程。随着生物技术和生命科学的不断发展，以及与其他学科的相互渗透，生物工程的内容不断深入和扩展，如产生了抗体工程、蛋白质工程、基因治疗、细胞治疗等分支技术（绪图 1）。

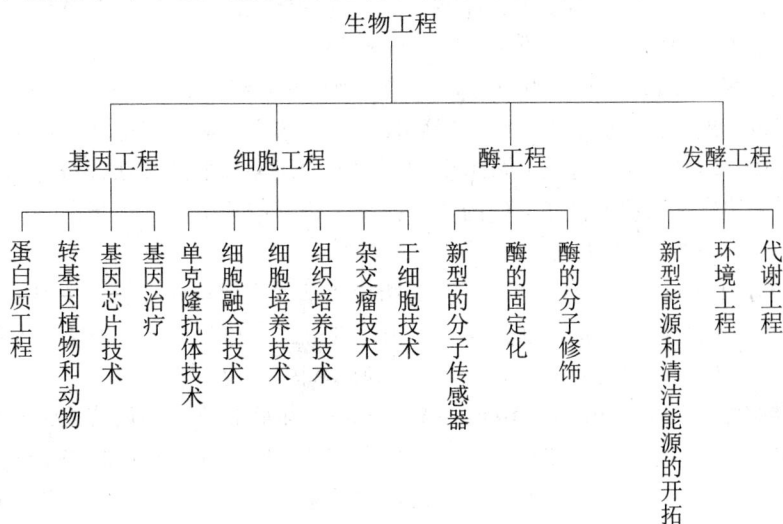

绪图 1　生物技术的分支技术

1. 基因工程（genetic engineering） 基因工程是研究 DNA 的体外重组并将重组 DNA 转入宿主进行表达的技术，首先把外源的目的 DNA 片段插入到质粒、病毒等载体中，形成重组 DNA，然后将重组 DNA 转入宿主细胞中进行扩增和表达。基因工程技术是生物技术的核心和基础技术。重组蛋白质等生物药物的制备、蛋白质的分子改造、抗体人源化等都必须采用基因工程技术。

2. 发酵工程（fermentation engineering） 发酵工程是利用微生物（或细胞）的特定性状，通过现代工程技术手段在生物反应器中生产药用物质的一种技术，是微生物学、细胞生物学、生物化学和化学工程学的有机结合。它是生物技术的支柱，无论是传统的发酵产品，还是现代基因工程的生物技术产品，都需要通过发酵生产来获得。现在，经过发酵条件的控制和优化、各种突变株的应用等已经使很多产品进入定向发酵，大量基因工程菌（细胞）的构建更促使发酵工程的飞速发展。

3. 细胞工程（cell engineering） 细胞工程是指以细胞为单位，在体外条件下研究基因导入、染色体导入、细胞核移植、细胞融合、细胞大规模培养等技术，目的是改良生物品种、创造新物种、获得具有优良性状的工程细胞进行药用代谢产物的生产。细胞培养不受季节、地理位置等限制，因此可以利用细胞生物反应器大量生产有效药用成分。

4. 酶工程（enzyme engineering） 酶工程是利用酶或含酶细胞作为生物催化剂完成重要的化学和生化反应，发现新的酶、对酶进行分子修饰以改善酶的特性，包括酶的分离纯化、酶的固定化、新型生物传感器等。

5. 蛋白质工程（protein engineering） 蛋白质工程是利用基因工程手段，包括基因的定点突变和基因表达对蛋白质进行改造，以期获得性质和功能更加完善的蛋白质分子。由于基因决定蛋白质，因此，要对蛋白质的结构进行设计改造，必须通过基因来完成。与基因工程途径相反，蛋白质工程是从预期的蛋白质功能出发，预测预期的蛋白质结构，推测应有的氨基酸序列，找到相对应的脱氧核苷酸序列，利用突变技术进行基因突变，从而对蛋白质进行改造。

6. 抗体工程（antibody engineering） 抗体工程是指利用重组 DNA 和蛋白质工程技术，对抗体基因进行加工改造和重新装配，经转染适当的受体细胞后，表达抗体分子。或用细胞融合、化学修饰等方法按预先设计重新组装新型抗体分子。

7. 转基因技术（transgenic technology） 转基因技术是将目的基因片段转入特定生物中，与宿主基因组进行重组，再从重组体中进行数代的人工选育，从而获得具有稳定表现特定的遗传性状的个体。转基因技术可以使重组生物增加人们所期望的新性状，培育出新品种。生物技术制药是利用转基因动植物或它们的器官作为生物反应器生产药用蛋白，以及将转基因动物作为药物筛选和药效评价的模型。

8. 基因治疗（gene therapy） 基因治疗是指应用基因工程技术将正常基因引入患者细胞内，以纠正致病基因的缺陷而根治遗传病。作用原理可以是原位修复有缺陷的基因、用有功能的正常基因转入细胞基因组的某一部位以替代缺陷基因来发挥作用。

9. 生物转化技术（biotransformation technology） 生物转化是利用酶或细胞作为催化剂实现化学反应的过程，是一门比较特殊的生物技术。可以通过基因工程改变生物体的代谢途径进行特殊的化学反应，已经从一般的微生物转化反应发展为定向的生物转化，包括一些在有机化学中无法进行的立体结构转化反应。近年来开展了中药的生物转化研究，改善中药成分的理化特性、提高一些稀有的天然产物的产量，甚至可以得到新的结构化合物。

（二）生物技术的发展

生物技术的发展分为三个阶段：传统生物技术阶段、近代生物技术阶段和现代生物技术阶段。

1. 传统生物技术阶段　生物技术历史悠久，公元前 4000 年～公元前 2000 年古巴比伦人酿造啤酒，埃及人发酵面包，中国人、埃及人生产奶酪发酵葡萄酒，巴比伦人选择性地将某些雄性树的花粉授予雌性树来培育棕榈树，中国殷朝就发明了制酱技术、周朝开始了酿醋。

此阶段的特点：自然发酵、全凭经验控制。

2. 近代生物技术阶段　1673 年 Ntoni nan Leeuwenhoek 首先用自制的显微镜观察到了微生物的存在。微生物学奠基人 Louis Pasteur 证明了发酵原理，他认为"一切发酵过程都是微生物作用的结果，微生物是引起化学变化的作用者"。他利用发酵是生命过程的理论，找到了葡萄酒和啤酒酸败的本质，又在解决问题的过程中创建了巴斯德灭菌法。

1928 年英国科学家 Fleming 发现了青霉素，英国科学家 Howard Walter Florey 则进行了菌种选育，提高发酵水平，建立提纯方法和大规模生产方法，德国科学家 Ernst Boris Chain 进行了青霉素的药效试验，由此开创了以青霉素为代表的抗生素时代。

3. 现代生物技术阶段　1953 年 Watson、Crick 提出 DNA 双螺旋结构，从分子水平认识了遗传物质基因的本质，开创了现代生物技术时代。1973 年 Joshua Lederberg（美国生物化学家）建立 DNA 重组技术，证明可以在体外对基因进行操作。1975 年建立单克隆抗体技术。1978 年利用大肠杆菌表达出胰岛素，1982 年重组胰岛素投放市场。1983 年 Kary Banks Mullis 发明了高效复制 DNA 片段的聚合酶链式反应（PCR）技术，利用该技术可从极其微量的样品中大量生产 DNA 分子，使基因工程获得了革命性发展。1985 年重组人生长激素获批，从而形成了一个以基因工程为核心，包括以现代细胞工程、发酵工程、酶工程为技术基础的现代生物技术领域。

（三）生物技术涉及的相关学科及应用

生物技术是在分子生物学基础上建立的创建新的生物类型或新生物机能的实用技术，是现代生物科学和工程技术相结合的产物，涉及分子生物学、微生物学等相关学科，已广泛应用于医药、动植物及海洋生物的研究（绪图 2）。

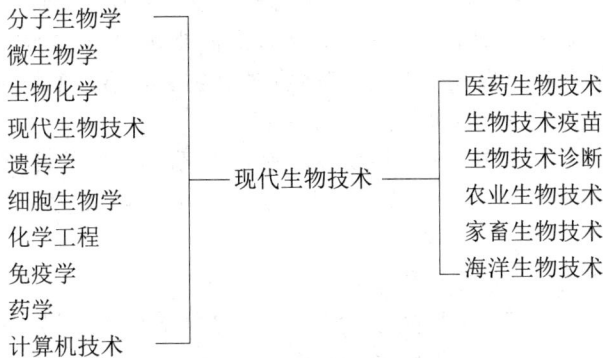

分子生物学
微生物学
生物化学
现代生物技术
遗传学　　　现代生物技术
细胞生物学
化学工程
免疫学
药学
计算机技术

医药生物技术
生物技术疫苗
生物技术诊断
农业生物技术
家畜生物技术
海洋生物技术

绪图 2　现代生物技术涉及的分支学科

二、生物技术制药

生物技术制药（biotechnological pharmaceutics）是利用基因工程、细胞工程、发酵工程等现代生物技术研究、开发和生产用于临床预防、治疗和诊断的药物。生物技术制药研究内容主要包括两大部分：一是生物制药技术的研究，注重技术的研究、开发和应用；二是生物技术药物的研究，注重技术的利用，即利用生物技术研究、开发和生产药物。

（一）生物制药技术的研究

1. 将生物技术的各项技术与其他学科的先进技术交叉融合，不断研究、改进和完善基因工程、蛋白质工程、细胞工程、发酵工程、酶工程等生物技术，并创造和发展新型生物技术；如抗体工程，是利用基因工程、蛋白质工程技术和单克隆抗体技术结合产生的；如基因芯片，是利用微电子、微机械、生物化学、分子生物学、新型材料、计算机和统计学等多学科的先进技术建立的基因芯片技术，可大规模、高通量地研究众多基因在各种生理、病理状态下的多态性及其表达变化，从而揭示它们的功能、相互作用和调控关系。在疾病易感基因发现、疾病分子水平诊断、基因功能确认、多靶位同步超高通量药物筛选以及病原体检测等医学与生物学领域得到广泛应用。

2. 利用现代生物技术改造传统制药工业，利用分子生物学技术研究抗生素、氨基酸、维生素生物合成基因，利用基因工程技术提高产量，利用 DNA 重组技术和基因工程技术发展起来的组合生物合成技术大大推动了新型天然产物的开发。利用微生物转化技术，尤其是利用固定化酶（或细胞）技术改进制药工艺，在氨基酸、有机酸、甾体激素、抗生素等领域取得了显著成效。

3. 利用细胞工程、生物反应器技术、微电子技术、自动控制相结合研制出的细胞大规模培养的生物反应器，促进了生物技术产品的规模化和产业化，从而推动了新的生物技术药物的开发和生产。

（二）利用生物技术研究、开发和生产药物

1. 利用基因工程技术大量制备大分子生理活性物质、天然存在量小或其他途径难以获得的药物。人体内很多活性物如各种酶、激素、各种调节因子具有中枢特异性，在临床上有治疗作用，如人胰岛素、生长激素、各类细胞因子等物质不可能从人体器官或组织中分离提取，只能从动物组织提取，如人胰岛素最初是从猪胰腺中提取。但有些物质含量很低，提取困难，致使成本太高，如生长激素释放因子，提取 5mg 样品需要 50 万个羊脑。基因工程技术的诞生，使得这些生理活性物质可以规模生产，满足了临床需要。第一个基因工程产品人胰岛素于 1982 年上市以来，基因工程药物得到迅速发展。

2. 利用蛋白质工程技术设计新的药物或改变蛋白质（酶）的性质，有些天然蛋白质（酶）存在一些缺点，可以通过定点突变技术改变关键氨基酸残基，从而改变蛋白质（酶）的特性。如将载脂蛋白 A-Ⅰ第 179 位精氨酸密码子突为半胱氨酸密码子，即米兰突变体，可提高其胆固醇逆向转运能力。天然白介素-2（IL-2）的第 125 位氨基酸为半胱氨酸，因半胱氨酸残基的存在易形成二聚体而使活性降低，利用定点突变技术将该位点的半胱氨酸改为丝氨酸，表达产物不会形成二聚体，产物稳定性好且活性高。

3. 蛋白质长效化。将目的蛋白的基因与特定肽段编码基因利用 DNA 重组技术获得融合基因，表达的融合蛋白具有长效化特性，如免疫球蛋白 Fc-融合蛋白、CTP-融合蛋白等均可延长蛋白质的半数期。

三、生物技术药物

(一) 生物技术药物

生物技术药物 (biotechnological drug) 是指采用 DNA 重组技术、单克隆抗体技术或其他生物新技术，借助某些微生物、植物、动物生产医药产品。不同于从生物体、生物组织及其成分中提取的生物制品。

(二) 生物技术药物的特性

生物技术药物实质是利用现代生物技术制备用其他方法难以获得的大分子生物活性物质，如多肽、蛋白质、核酸及其衍生物，与小分子化学药物相比，结构、理化性质、药理作用等都具有其特殊性。

1. 结构特性　蛋白质和核酸都是大分子物质，结构复杂，除一级结构外还有二级、三级结构，有些由两个或多个亚基组成的蛋白质还具有四级结构。另外，很多真核生物的蛋白质具有糖基化修饰化的糖蛋白，糖链位置、糖链的多少、长短均影响该类蛋白的生物活性，这些因素导致了生物技术药物结构的复杂性。

2. 理化性质特性

(1) 相对分子量大　生物技术药物相对分子量在几千、几万甚至几十万，如人促红细胞生成素 (EPO) 分子量 (M_r) 为 34kDa 左右，人胰岛素的 M_r 为 5.73kDa。

(2) 稳定性差　多肽、蛋白质类药物稳定性差，易受温度、pH、空气氧化、化学试剂、光照、机械力等因素影响而变性或降解失活。蛋白质类药物还易受蛋白酶降解、核酸类药物易受核酸酶降解而失活。

3. 药理作用特性

(1) 具有种属特异性　许多生物技术药物的药理学活性与动物种属及组织特异性有关，主要是药物自身以及药物作用受体和代谢酶的基因序列存在动物种属的差异。来源于人类基因编码的蛋白质和多肽类药物，其中有的与动物的相应蛋白质或多肽的同源性有很大差别，因此对一些动物不敏感，甚至无药理学活性。

(2) 活性和作用机制明确　作为生物技术药物的多肽、蛋白质、核酸，多是在基础研究中发现的具有生物活性物质或经过优化改造的物质，其活性及体内调节机制比较明确。

(3) 药理作用有多效性和网络性效应　许多生物技术药物可以作用于多种组织或细胞，且在人体内相互诱生、相互调节，彼此协同或拮抗，形成网络性效应，因而可具有多种功能，发挥多种药理作用。

多效性：如白介素-4 (IL-4) 可作用于 B 细胞，促使其活化、增殖、分化；可作用于胸腺细胞和肥大细胞，促使其增殖。

网络特性：细胞因子间可相互诱生，如 IL-1 能诱生 IFN、IL-1、IL-2、IL-4 等，IL-2 能诱生 TNF 等；细胞因子可调节细胞因子受体的表达，如 IL-1、IL-5、IL-6 等可促进 IL-2 受体的表达；IL-1 能降低 TNF 受体的密度；细胞因子生物活性之间的相互影响，如 B 细胞和 T 细胞活化过程中，常需要两种以上细胞因子的协同作用或彼此调节。

(4) 毒性低、安全性高　生物技术药物由于是人类天然存在的蛋白质或多肽，量微而活性强，用量极少就会产生显著的效应，相对来说它的副作用较小、毒性较低、安全性较高。

(5) 产生免疫原性　许多来源于人的生物技术药物，在动物中有免疫原性，所以在动物中重复给予这类药品将产生抗体，有些人源性蛋白质在人中也能产生血清抗体，主要可能是重组药物蛋白质在结构及构型上与人体天然蛋白质有所不同所致。

（6）半衰期短　很多多肽、蛋白质、核酸类药物在体内易被相应的蛋白酶、核酸酶降解，且降解的部位广泛，因而体内半衰期短。

（7）受体效应　许多生物技术药物是通过与特异性受体结合，信号传导机制而发挥药理作用，且受体分布具有动物种属特异性和组织特异性，因此药物在体内分布具有组织特异性和药效反应快的特点。

（三）生物技术药物的分类

生物技术药物可根据生化特性、用途及作用类型分类。

1. 根据生化特性分类

（1）多肽类药物，如胰岛素、胸腺肽、降钙素、催产素等。

（2）蛋白质类药物，如人血清蛋白、促红细胞生成素、生长激素、神经生长因子、肿瘤坏死因子等。

（3）核酸类药物，如辅酶 A、阿糖腺苷、三磷酸腺苷、脱氧核苷酸、齐多夫定等。

2. 根据用途分类

（1）治疗药物　如治疗肿瘤的白介素-2；用于内分泌疾病治疗的药物胰岛素、生长素；用于心血管系统疾病治疗的药物如血管舒缓素、弹性蛋白酶等；用于血液和造血系统的药物如尿激酶、水蛭素、凝血酶、凝血因子Ⅷ和Ⅸ、组织纤溶酶原激活剂、促红细胞生成素等；抗病毒药物如干扰素等。

（2）预防药物　主要是疫苗，目前用于人类预防疾病的疫苗有 20 多种，如乙肝疫苗、甲肝疫苗、伤寒疫苗、卡介苗等。

（3）诊断药物　绝大部分临床诊断试剂都来自生物技术药物，常见的诊断试剂包括：

1）免疫诊断试剂：如乙肝表面抗原血凝制剂、乙脑抗原和链球菌溶血素、流感病毒诊断血清、甲胎蛋白诊断血清等。

2）酶联免疫诊断试剂：如乙型肝炎病毒表面抗原诊断试剂盒、艾滋病诊断试剂盒等。

3）器官功能诊断药物：如磷酸组胺、促甲状腺素释放激素、促性腺激素释放激素等。

4）放射性核素诊断药物：如 131-碘化血清白蛋白等。

5）诊断用单克隆抗体：如结核菌素纯蛋白衍生物、卡介苗纯蛋白衍生物。

6）诊断用 DNA 芯片：如用于遗传病和癌症诊断的基因芯片等。

3. 按作用类型分类

（1）细胞因子类药物　如白细胞介素、干扰素、集落刺激因子、肿瘤坏死因子及生长因子等。

（2）激素类药物　如人胰岛素、人生长激素等。

（3）酶类药物　如胃蛋白酶、胰蛋白酶、门冬酰胺酶、尿激酶、凝血酶等。

（4）疫苗　如脊髓灰质炎疫苗、甲肝疫苗、流感疫苗等。

（5）单克隆抗体药物　如利妥昔单抗、曲妥珠单抗、阿仑珠单抗等。

（6）反义核酸药物　如福米韦生（fomivirsen）等。

（7）RNA 干扰（RNAi）药物。

（四）生物技术药物的制备

1. 生物技术药物研发、制备的工艺流程　见绪图 3。

```
实验室研究  ──→  临床前研究  ──→  临床试验  ──→  生产
    │              │              │            │
    ↓              ↓              ↓            ↓
功能研究        中试、质控      临床批件      新药证书
工程菌（株）    动物药效学      Ⅰ期临床       生产批件
原液工艺        药代动力学      Ⅱ期临床       GMP认证
制剂处方工艺    一般药理学      Ⅲ期临床       监测期
小规模试制      急性毒性        Ⅳ期临床       药典收录
质控研究        长期毒性
                特殊毒性
```

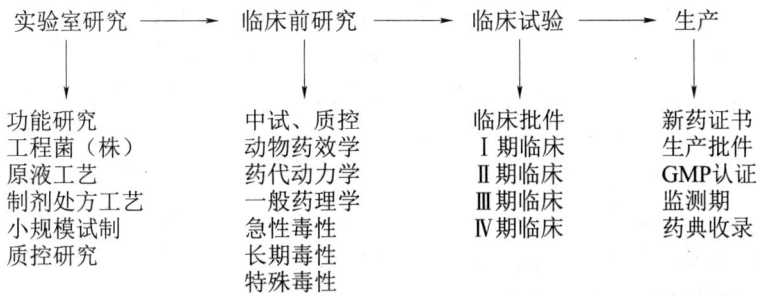

绪图 3 生物技术制药工艺流程

2. 生物技术药物制备特性

（1）培养液中常存在降解目标分子的物质 培养过程中要严格无菌操作，必要时要加入抑制目标分子降解的物质，纯化时要及时去除使目标分子降解的物质。

（2）药物分子在培养体系中含量较低 生物技术药物是通过发酵工程菌或细胞培养来制备的，工程菌或细胞表达量通常不高，超过 1g/L 的很少，很多细胞因子类表达量以几个 mg/L 为单位计，因而培养结束后首先要高度浓缩，增加对目标分子破坏、损失及成本。

（3）制备工艺、环境条件要求较高 生物技术药物多为蛋白质和多肽类，遇热、有机溶剂、重金属、pH 改变会引起分解而失活，因此分离纯化条件要求较高，要满足维持生物活性所需要求，后期制剂、存储都需要控制条件。

（4）分离纯化困难 目标分子含量低、培养液中存在于目标分子相似的大分子或异构体，且生物技术药物产品质量要求很高，通常 99.99% 以上纯化非常困难，需要不同的色谱手段进行纯化，因此生物技术药物纯化成为该产业发展的瓶颈。

3. 生物技术药物质量控制 生物技术药物的生产菌株或细胞、生产工艺均会影响产品最终质量。生产过程及产品中相关物质来源和种类与化学药物及中药不同，因此该类药物的质量标准与化学药及中药也不相同。

生物技术药物质量控制不是最终产品的质量控制，而是全程的质量控制，见绪图 4。

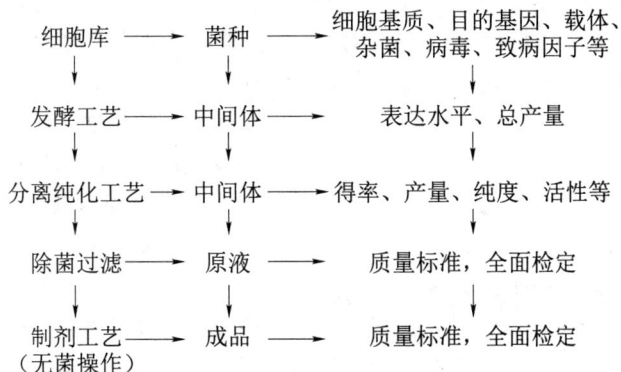

```
细胞库  ──→  菌种  ──→  细胞基质、目的基因、载体、
  │           │          杂菌、病毒、致病因子等
  ↓           ↓              ↓
发酵工艺 ──→ 中间体 ──→  表达水平、总产量
  │           │              ↓
  ↓           ↓
分离纯化工艺 ─→ 中间体 ──→ 得率、产量、纯度、活性等
  │           │              ↓
  ↓           ↓
除菌过滤 ──→  原液  ──→  质量标准，全面检定
  │           │              ↓
  ↓           ↓
制剂工艺 ──→  成品  ──→  质量标准，全面检定
（无菌操作）
```

绪图 4 生物技术药物质量控制

（1）生物技术药物的质量标准　包括基本要求、制造、检定。

（2）制造项的特殊规定　利用哺乳动物细胞生产的生物技术药物，要写出工程细胞的情况，包括名称及来源，细胞库的建立、传代及保存，主细胞库及工作细胞库细胞的检定；利用工程菌生产的生物技术药物，要写出工程菌菌种的情况，包括名称及来源、种子批的建立、菌种鉴定。还要写出原液和成品的制备方法。

（3）检定的特殊规定　规定了对原液、半成品和成品的检定内容与方法。原液鉴定项目包括生物活性、蛋白质含量、比活性、纯度、分子量、外源性 DNA 残留、鼠 IgG 残留、宿主菌蛋白质残留量、残余抗生素活性、细菌内毒素检查、等电点、紫外光谱、肽图、N 端氨基酸序列；半成品检定项目包括细菌内毒素检查、无菌检查；成品检查项目除一般药物成品检查项目外，还要检查生物学活性、残余抗生素活性、异常毒性等。

（五）生物技术药物的发展

1. 生物技术药物的发展　1953 年 Watson、Crick 提出 DNA 双螺旋结构，从分子水平认识了遗传物质基因的本质，开创了现代生物技术时代。随后建立了 DNA 重组技术、单克隆抗体技术、PCR 技术、重组人胰岛素的上市，开启了现代生物技术制药的蓬勃发展，经历了三个十年的黄金时代。

第一个十年，20 世纪 70 年代中期至 80 年代中期——生物时代。包括重组 DNA、DNA 的合成、蛋白质的合成、DNA 和蛋白质的微量测序等技术，促进了生物技术制药的迅猛发展，随后出现了重组蛋白和单克隆抗体等新型药物。1982 年第一个生物技术药物，即重组人胰岛素获得 FDA 批准并投放市场，标志着现代生物技术医药产业的兴起。

第二个十年，20 世纪 80 年代中期至 90 年代中期——技术平台时代。建立了高通量筛选、组合化学、胚胎干细胞技术等技术平台。开发了反义药物、基因治疗创时代的新的治疗模式。很多生物技术及平台被用于探索性药物的研究。开发的产品有胰岛素、干扰素、血红蛋白生成素、细胞集落刺激因子、人生长激素等。

第三个十年，20 世纪 90 年代中期到 2006 年——基因组时代。包括基因组技术、高通量的测序、基因芯片、生物信息、生物能源、生物光电、生物传感器、蛋白组学和功能基因组学等新技术。更多的技术被应用于制药工业，大大扩展了药物研发思路和策略。

2006 年至今称为后基因组时代，技术的发展包括功能基因、功能蛋白的发现、功能蛋白的改造、人源化单克隆抗体的制备、抗体工程、基因工程疫苗、基因治疗、RNA 干扰技术、干细胞治疗、组织工程、细胞治疗、免疫治疗等。生物技术制药成为 21 世纪发展前景最诱人的产业之一，被形容为"软件之外另一个改变世界的工作是生物技术"。生物技术药物在制药企业所占的份额及全球生物技术药物年销售额成逐年上升的趋势，见绪图 5。

2. 生物技术药物发展前景　目前医药市场销售额最高的生物技术药物为 6 大类：肿瘤治疗用抗体、anti-TNFα 治疗性抗体、EPO 类、胰岛素类、β-干扰素类和凝血因子类。2012 年全球最畅销处方药销售额前 20 名中有 8 个生物技术药物（前 10 名中，有 6 个），2014 年销售额前 20 名中，有 7 个生物技术药物（绪表 1）。以美国

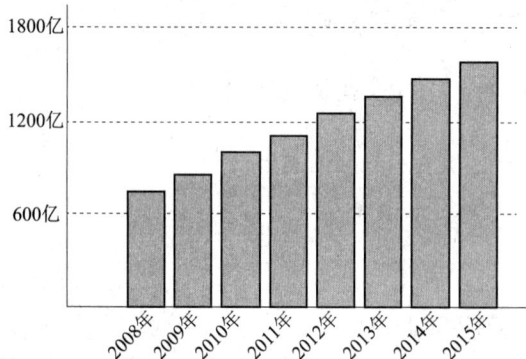

绪图 5　全球重要生物药物 2008～2015 年销售额

为例，根据《2012 年美国生物技术产业报告》显示，美国进入临床等待 FDA 批准的生物药物有九百多个，占新药研发全部数量的 1/4。市场销售额占比最大的是单克隆抗体药，2012 年的销售额是 246 亿美元，而美国的整个生物药市场在 2012 年为 636 亿美元，占美国生物药市场的 39%。纵观全球医药市场生物药物发展趋势：一是采用蛋白质工程技术、PEG 技术、蛋白融合技术等对蛋白质进行修饰和改造成为近年来生物技术药物发展的新趋势。二是以基因工程疫苗为代表的新型疫苗不断出现，以美国为例，2011 年和 2012 年连续两年增长超过 10% 的除了单抗和重组激素，还有重组疫苗，重组疫苗 2012 年的增速为 32.1%，显示了未来疫苗发展的趋势。

3. 我国生物技术药物现状　我国生物技术药物起步稍晚，与欧美国家相比无论从规模、技术水平、产值和效益等方面还有一定差距，但相对于化学药，差距相对小些。在国家相关政策下，生物技术药物发展迅速，已批准生产的生物技术新药有 50 余种，见绪表 2。批准进入临床试验的有 100 多种。据统计 1999~2008 年 10 年中国生物制药平均增速 29.7%，"十一五"期从 6000 亿元升至 16000 亿元人民币，年增速率 21.6%。2011 年实现总产值近 2 万亿元，预计到 2015 年生物产业化产值将达到 3 万亿~4 万亿元。

绪表 1　2014 年全球最畅销处方药 TOP20

排名	通用名	商品名	开发公司	适应证	销售额（亿美元）
1	阿达木单抗注射液（adalimumab）	修美乐（Humira）	艾伯维（Abbvie）	中度至重度类风湿关节炎、慢性斑块型银屑病、克罗恩病等	2014 年：125.43 2013 年：106.59
2	索非布韦（sofosbuvir）	Sovaldi	吉利德（GileadSciences）	单药或复方组合治疗 HCV 感染	2014 年：102.83 2013 年：1.39
3	英夫利西单抗（infliximab）	Remicade	强生、默克	与甲氨蝶呤联用治疗成年患者的中度至重度活动性类风湿关节炎等	2014 年：92.40 2013 年：89.44
4	利妥昔单抗注射液（rituximab）	美罗华（Rituxan）	罗氏（Roche）	非霍奇金淋巴瘤、慢性淋巴细胞白血病、类风湿关节炎	2014 年：86.78 2013 年：86.31
5	注射用依那西普（etanercept）	恩利（Enbrel）	安进（Amgen）	中度至重度斑块型银屑病和类风湿关节炎、银屑病关节炎等	2014 年：85.38 2013 年：83.25
6	甘精胰岛素注射液	来得时（lantus）	赛诺菲（Sanofi）	糖尿病	2014 年：72.79 2013 年：65.57
7	贝伐珠单抗注射液（bevacizumab）	安维汀（Avastin）	罗氏（Roche）	转移性结直肠癌、非小细胞肺癌、胶质母细胞瘤、转移性肾癌	2014 年：69.57 2013 年：67.77
8	曲妥珠单抗注射液（trastuzumab）	赫赛汀（Herceptin）	罗氏（Roche）	HER2 阳性的乳腺癌和 HER2 阳性的转移性胃癌	2014 年：67.93 2013 年：63.75
9	氟替卡松（fluticasone）和沙美特罗（salmeterol）	舒利（Advair）	葛兰素史克（GlaxoSmithKline）	哮喘、慢性阻塞性肺病（COPD）	2014 年：64.31 2013 年：80.20

续表

排名	通用名	商品名	开发公司	适应证	销售额 （亿美元）
10	瑞舒伐他汀钙片 （risuvastatin）	可定 （Crestor）	阿斯利康 （AstraZeneca）	经饮食控制和其他非药物治疗仍不能适当控制血脂异常的原发性高胆固醇血症或混合型血脂异常症	2014 年：58.69 2013 年：59.46
11	培非格司亭注射液	neulasta	安进 （Amgen）	癌症化疗引起的中性粒细胞减少	2014 年：58.57 2013 年：58.66
12	普瑞巴林胶囊 （pregabalin）	乐瑞卡 （Lyrica）	辉瑞 （Pfizer）	纤维肌痛、糖尿病神经痛、脊髓损伤后神经痛、带状疱疹痛等	2014 年：51.68 2013 年：45.95
13	阿立哌唑 （aripiprazole）	Abilify	大冢、施贵宝	口服精神分裂症药物、Ⅰ型双相引起的狂躁、严重抑郁症的辅助治疗	2014 年：52.69 2013 年：49.10
14	来那度胺 （lenalidomide）	Revlimid	新基（Celgene）	治疗因 5Q 染色体缺失相关的骨髓增生异常综合征导致的贫血、之前至少接受过一次治疗的多发性骨髓瘤、之前接受过 2 次或以上治疗但复发或进展的套细胞淋巴瘤、和地塞米松联合使用作为一线用药治疗多发性骨髓瘤	2014 年：49.80 2013 年：42.80
15	甲磺酸伊马替 （imatinib mesylate）	格列卫 （Gleevec）	诺华（Novartis）	费城染色体阳性慢性髓性白血病（Ph⁺CML）、急性淋巴细胞白血病（Ph⁺ALL）、血小板衍生生长因子受体（PDGFR）基因重排相关骨髓增生异常等	2014 年：47.46 2013 年：46.93
16	Prevnar 13	Prevnar 13	辉瑞 （Pfizer）	用于预防肺炎链球菌菌株感染导致的肺炎球菌肺炎和侵入性疾病	2014 年：44.64 2013 年：39.74
17	glatiramer	Copaxone	梯瓦（TEVA）	复发型多发性硬化症	2014 年：42.37 2013 年：43.28
18	ezetimibe	Zetia/Vytorin	默克 （Merck）	单药使用或（和）他汀类药物联合，辅助饮食降低原发性高脂血症的总胆固醇、LDL和载脂蛋白 B 水平	2014 年：41.66 2013 年：43.00
19	西他列汀 （sitagliptin）	捷诺维 （Januvia）	默克 （Merck）	每日一次治疗 2 型糖尿病	2014 年：39.31 2013 年：40.04
20	布地奈德福莫特罗粉吸入剂	信必可 （Symbicort）	阿斯利康 （AstraZeneca）	长期哮喘控制药物无法治愈的或十分严重的 12 岁及以上哮喘患者；成年患者的慢性阻塞性肺病	2014 年：38.01 2013 年：34.83

绪表 2　2005~2013 年批准的生物技术药物

批准年份	药品名称	批准年份	药品名称
1989 年	干扰素 α_{1b}	2004 年	抗 EGFR 人源单抗
1992 年	干扰素 α_{2a}	2005 年	重组人脑利纳肽；
1994 年	白介素-2（IL-2）		^{131}I 美妥昔单抗注射液
1995 年	乙肝疫苗（酵母）		重组血管内皮抑素
1996 年	干扰素 α_{2b}		重组人五型腺病毒注射液
	粒细胞集落刺激因子（G-CSF）		重组肿瘤坏死因子
	乙肝疫苗（CHO）		重组人血小板生成素
1997 年	粒细胞巨噬细胞集落刺激因子（GM-CSF）	2006 年	重组 TNFR-Fc 融合蛋白
	促红细胞生成素（CHO）	2007 年	全氟丙烷人血清白蛋白微球注射液
	重组链激酶（SK）		麻疹腮腺炎风疹联合减毒活疫苗；重组人组织纤溶酶原激酶衍生物
1998 年	干扰素 γ；125Ser IL-2	2008 年	重组人白介素-11 衍生物
	生长激素；痢疾疫苗	2009 年	口服重组幽门螺杆菌疫苗；乙型肝炎表面抗原诊断试剂盒
	牛碱性成纤维细胞因子融合蛋白		
1999 年	125Ala IL-2；人胰岛素；anti-CD3（鼠源单抗）	2010 年	血源筛查诊断 HBV、HCV、HIV-1 病毒核酸诊断试剂盒；HBV、HCV、HIV-1 核酸检测试剂盒
2000 年	人碱性成纤维细胞因子；表皮生长因子	2011 年	重组戊型肝炎疫苗，重组人尿激酶原，A C 群脑膜炎结合球菌疫苗，PEG 化重组人粒细胞集落刺激因子注射液
	EGF 衍生物；霍乱疫苗		
2001 年	抗 IL-8 鼠源单抗乳胶剂		
2003 年	白介素 11	2013 年	康柏西普眼用注射液
	肿瘤细胞核嵌合抗体注射液		Sarbin 株脊髓灰质炎灭活疫苗
	重组葡激酶		脊髓灰质炎灭活疫苗
2004 年	P53 重组腺病毒注射液		

　　虽说生物制药企业工业行业产值占全国医药市场的比重不断增加，但还存在很多不足，《中国生物医药竞争力报告》指出，我国生物制药产业不足主要表现在五方面：①研发力量不足，未形成科学良性的研发体系，研发投入与发达国家相比差距较大。②前沿性研发不够，大部分产品处于跟进、模仿阶段。③自主创新能力薄弱，科技成果转化率低。④触及尖端领域的企业少，小企业众多，缺乏竞争力。⑤相关体制机制不完善，在新药注册审批、投融资、产品评价及定价、市场准入等方面没有形成科学体系，难以实现大规模的产业化。

　　针对我国生物技术产业存在的问题，国家制定了相应的政策，2011 年发布的《"十二五"生物技术发展规划》和 2012 年出台的《医药工业"十二五"规划》为发展生物医药技术及产品制定了相关研究方向，明确了生物技术药物产品和技术发展重点，生物技术制药领域的发展前景更乐观和明确。

　　随着现代生物技术的不断完善，新型生物技术的不断出现，医药生物技术对人类生命和健康将提供越来越多的保障。

⌐ 本 章 小 结 ⌐

　　绪论部分概述了三部分内容：生物技术、生物技术制药和生物技术药物。生物技术部分介绍所包含的四大工程技术、生物技术的发展及在制药领域的应用。在此基础上介绍了生物技术制药从研发、生产制备至质量控制及其特性，利用现代生物技术制备的生物技术药物。

生物技术药物部分介绍了结构特性、生理特性、作用特性及国内外生物技术药物发展及前景。

思考题

1. 简述生物技术的概念。
2. 简要回答基因工程、发酵工程、酶工程、细胞工程的基本概念。
3. 简述蛋白质工程、抗体工程、转基因技术的基本概念。
4. 简述生物药物与生物技术药物的区别。
5. 简述生物技术药物的特性。
6. 简述生物技术药物的分类。
7. 简述生物技术药物研发的工艺流程。
8. 简述生物技术药物制备特性。
9. 简述生物技术药物质量控制特点。

（冯美卿）

上 篇
生物制药技术

第一章　基因工程制药

学习导引

知识要求

1. **掌握**　基因工程制药的基本步骤，目的基因的制备方法、目的基因与载体 DNA 片段的连接、重组体的导入、转化子筛选和重组子鉴定的原理和技术。

2. **熟悉**　基因工程所用载体、酶的概念及应用；基因工程制药的基本概念及其优点；质粒、噬菌体、黏粒等载体的基本特征；重组蛋白表达产物的鉴定、安全性评价、稳定性考察等。

3. **了解**　酵母表达系统、昆虫细胞表达系统等基因工程制药表达平台的特点，国内外基因工程制药发展情况及趋势。

能力要求

熟练掌握进行细菌质粒的提取、目的基因和载体连接、重组子转化及鉴定的操作方法。

第一节　概　述

利用基因重组技术将外源基因导入宿主细菌或细胞进行大规模培养，以获得蛋白质药物的过程称为基因工程制药（genetic engineering pharmaceutics）。随着 20 世纪 70 年代 DNA 重组技术的建立，基因工程制药开始得到迅速发展。1977 年，重组生长激素抑制因子克隆成功后，在美国成立了第一家基因工程公司。1982 年，重组人胰岛素投放市场，标志着世界第一个基因工程药物的诞生。随着基因治疗、基因制备、载体构建、宿主表达系统及细胞反应器等技术的快速发展，基因工程药物前景更加广阔。

随着生物经济的到来，基因工程药物产业发展快速。2014 年全球基因药物的销售额超过 1800 亿美元。现已研制成功的基因工程药物中，销售额较大的包括重组抗体（recombinant antibody）、促红细胞生成素（EPO）、人胰岛素（insulin）、人生长激素（HuGH）、干扰素（IFN）、粒细胞集落刺激因子（G-CSF）、粒细胞-巨噬细胞集落刺激因子（GM-CSF）、乙肝疫苗、葡萄糖脑苷脂酶、组织纤溶酶原激活剂、白介素-2（IL-2）等，每种药品的年销售额高达数十亿美元甚至数百亿美元。

我国从 20 世纪 80 年代初期开始基因工程药物的开发研究。1989 年我国批准了第一个在国内生产的基因工程药物——重组人干扰素 α_{1b}，标志着我国生产的基因工程药物实现了零的突破；1992 年，第一个基因工程乙肝疫苗投入市场；2004 年，我国批准了第一个基因治疗药物——重组人 p53 腺病毒注射液投入市场。到 2012 年底，国家食品药品监督管理局批准了 40 个生物药品，我国生物制药业已进入到迅速增长期。然而与先进国家相比，我国在基因工程制药整体水平上还有较大差距。

基因工程制药在医药工业中的应用广泛，随着人类基因组计划的完成，以及基因组学、蛋白质组学、生物信息学等研究的深入，基因工程制药将在更多领域获得突破性进展，为保障人类健康做出更大贡献。

第二节　基因工程制药的基本过程

基因工程制药由系列技术组成，是一项复杂的系统工程，其目标是把目的基因导入宿主系统中，使之在新的遗传背景下实现功能表达，产生人们所需要的药物。依据研究内容，其基本过程可分为上游阶段和下游阶段（图 1-1），包括八个主要步骤。

上游阶段：主要在实验室完成，首先分离筛选目的基因、载体；然后构建载体 DNA 并将其转入受体细胞，大量复制目的基因；选择重组体 DNA 并分析鉴定；导入合适的表达系统，构建工程菌（细胞），研究确定适宜的表达条件使之正确高效表达。

下游阶段：从工程菌（细胞）的规模化培养一直到产品的分离纯化和质量控制。此阶段包括重组外源基因的基因工程菌或细胞大规模培养、外源基因表达产物的分离纯化及产品质量控制等过程。

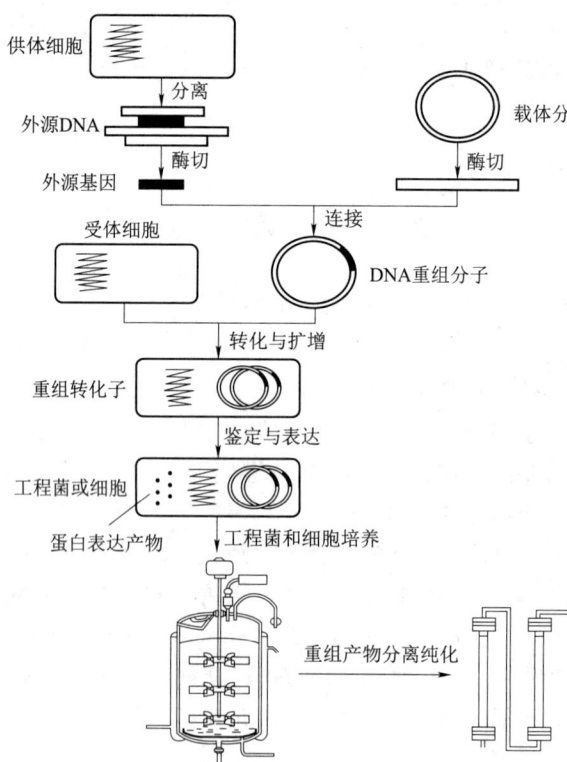

图 1-1　基因工程制药的基本过程

一、工具酶

一般把切割 DNA 分子、修饰 DNA 片段和连接 DNA 片段所需要的酶称为工具酶。基因工程涉及的工具酶种类繁多、功能各异，就其用途可分为几大类：①限制性核酸内切酶（restriction endonucleases）；②DNA 聚合酶（DNA polymerase）；③DNA 连接酶（DNA ligase），以及其他一些常用的工具酶系，如末端脱氧核苷酸转移酶（terminal deoxynucleotidyl transferase）、核酸酶（nuclease）、核酸外切酶（exonuclease）、碱性磷酸酶（BAP）、T4 多核苷酸激酶（T4 phage polynucleotide kinase）等。所有这些工具酶为重组 DNA 创造了条件。

（一）限制性核酸内切酶

限制性核酸内切酶是一类能够识别双链 DNA 分子中的某种特定核苷酸序列，并由此切割 DNA 双链结构的核酸内切酶。它们主要是从原核生物中分离纯化出来的。限制性核酸内切酶在基因的分离、DNA 结构分析、载体的改造与构建、体外重组及鉴定中均起重要作用。

根据限制性核酸内切酶的限制和修饰活性、分子量大小、酶蛋白结构、切割位点及限制作用所需的辅助因子等，目前已经鉴定出多种不同类型的限制性核酸内切酶，包括 I 型酶、II 型酶和 III 型酶等（表 1-1）。其中 I 型酶（如 $EcoK$、$EcoB$）种类较少，约占内切酶数量的 1%，一般都是大型的多亚基蛋白复合物，酶蛋白分子量大，是一类复杂的多功能酶，其切割位点随机。III 型酶（如 $EcoP$ I），数量更少，和 I 型限制性核酸内切酶一样，识别和切割的位点不一致，在基因操作中没有什么实际的用途。II 型酶所占比例最大，识别和切割双链 DNA 上特异的核苷酸序列，底物作用的专一性强，切割后形成一定长度和顺序的分离的 DNA 片段，因而在 DNA 操作中起极为重要的作用。

表 1-1 限制性核酸内切酶的类型及其特性

性质	I 型	II 型	III 型
酶分子结构与功能	三亚基（异源三聚体）多功能酶	单一功能识别	二亚基（异源二聚体）双功能酶
限制于修饰作用的关系	酶蛋白同时具有甲基化作用	酶蛋白不具有甲基化作用	酶蛋白同时具有甲基化作用
辅助因子	ATP、Mg^{2+}、SAM	Mg^{2+}	ATP、Mg^{2+}、S-腺苷甲硫氨酸
识别序列	特异性，非对称序列	特异性，旋转对称序列	特异性，非对称序列
切割位点	距离识别序列至少 1000bp	在识别序列内部或附近	识别序列下游 24~26bp 处
切割方式	随机切割	特异切割	特异切割
基因克隆中用途	应用较少	应用广泛	应用较少

（二）DNA 连接酶

能够将不同来源的 DNA 分子连接起来的酶称为 DNA 连接酶（DNA ligase）。它是一种借助 ATP 或 NAD^+ 水解提供的能量催化双链 DNA 的 5′磷酸基团与另一 DNA 双链的 3′-OH 生成磷酸二酯键的酶，最终使两个 DNA 的末端连接，形成重组 DNA 分子。

根据来源不同，DNA 连接酶可分为三类：大肠杆菌 DNA 连接酶、T4 噬菌体 DNA 编码的 T4 DNA 连接酶（T4 DNA ligase）、嗜热高温放线菌中获得的热稳定 DNA 连接酶（thermo stable DNA ligase）。

基因工程中常用的 DNA 连接酶主要是大肠杆菌 DNA 连接酶和 T4 DNA 连接酶。大肠杆菌 DNA 连接酶以 NAD⁺作为辅助因子，只能连接具有突出末端的双链 DNA 分子。而 T4 DNA 连接酶需 ATP 作辅助因子，可连接 DNA-DNA、DNA-RNA、RNA-RNA 和双链 DNA 的黏性或平头末端。

（三）DNA 聚合酶

DNA 聚合酶（DNA polymerase）是能够催化 DNA 复制并修复 DNA 分子损伤的一类酶，是以 DNA 为复制模板，在具备引物、dNTP 的情况下，能将 DNA 由 5′端向 3′端复制的酶。

基因工程中常用的 DNA 聚合酶包括大肠杆菌 DNA 聚合酶 I、大肠杆菌聚合酶 I 大片段（Klenow 聚合酶）、T4 噬菌体 DNA 聚合酶、T7 噬菌体聚合酶及经修饰的 T7 噬菌体聚合酶、耐热 DNA 聚合酶（Taq DNA 聚合酶和 Pfu DNA 聚合酶）、反转录酶（依赖于 RNA 的 DNA 聚合酶）等。

Taq DNA 聚合酶是从水生栖热菌 Thermus Aquaticus 中分离出的具有热稳定性的 DNA 聚合酶。该酶基因全长 2496 个碱基，编码 832 个氨基酸，分子量为 94kDa。Taq DNA 聚合酶对于聚合酶链式反应（polymerase chain reaction，PCR）的应用具有里程碑的意义。由于 PCR 循环一般包括变性（95℃左右）、退火（50℃左右）、延伸（70℃左右）等高温过程，多数酶在高温时即变性失活，然而该酶可以耐受 90℃以上的高温而不失活，所以不需要每个循环添加酶，使 PCR 技术变得非常简捷。该酶的耐热特性大大降低了成本，使得 PCR 技术大量应用并逐步应用于临床。使用 Taq DNA 聚合酶扩增 DNA 时常使片段 3′端凸出一个 A，该特点使得产物 DNA 能与 5′端为 T 的载体进行配对连接。Pfu DNA 聚合酶是在嗜热的古核生物火球菌属内发现的。该酶含有 2 个蛋白亚基，分子量约为 90kDa。该酶同时具有 5′-3′聚合酶活性和 3′-5′外切核酸酶活性，因此在聚合反应中可纠正错误的碱基，忠实性极高。一般在 PCR 过程中利用 Pfu DNA 聚合酶高保真地扩增目的 DNA 片段。

（四）其他常用工具酶

其他各种常用工具酶还包括末端脱氧核苷酸转移酶、T4 多核苷酸激酶、碱性磷酸酶和核酸外切酶等（表1-2）。

表 1-2 常用工具酶的特性及其应用

工具酶类型	催化特性	基因工程中的应用
末端转移酶	在没有模板的存在的条件下催化 DNA 分子发生聚合	单链或双链 DNA 分子的 3′-OH 末端加上互补的同聚物尾巴
T4 多核苷酸激酶	催化 γ-磷酸从 ATP 分子转移给 DNA 或 RNA 分子的 5′-OH 末端	标记核苷酸分子的 5′端
碱性磷酸酶	催化单链或双链 DNA 分子脱掉 5′-P 基团	将载体 DNA 分子 5′-P 转换成 5′-OH 末端，防止自连
核酸外切酶	催化多核苷酸链的末端依次降解核苷酸	将双链 DNA 转变成单链 DNA，同时可以降解双链 DNA 的 5′突出末端

1. 末端脱氧核苷酸转移酶　末端脱氧核苷酸转移酶，简称末端转移酶或 TdT 酶，来源于小牛胸腺。与 DNA 聚合酶不同，它不需要模板的存在就可以催化 DNA 分子发生聚合作用，而且 4 种 dNTP 都可以作为它的前体物。在反应混合物中只有一种 dNTP 时，可以形成 3′同聚物

尾巴，称作同聚尾。具有 3′-OH 末端的单链或双链突出末端 DNA 均可作为末端脱氧核苷酸转移酶作用的底物。

在基因工程中，末端脱氧核苷酸转移酶的主要用途是给外源 DNA 片段和载体分子分别加上互补的同聚物尾巴，利于重组。除此之外，该酶还可以标记 DNA 片段的 3′端，并按照模板合成多聚脱氧核苷酸同聚物。

2. T4 多核苷酸激酶 T4 多核苷酸激酶是从 T4 噬菌体感染的大肠杆菌细胞中分离出来的。该酶有两种活性：一种是催化 γ-磷酸从 ATP 分子转移给 DNA 或 RNA 分子的 5′-OH 末端，常用来标记核苷酸分子的 5′端，或是使寡核苷酸磷酸化。另外一种是催化 5′-P 交换，活性较低。在超量 ADP 存在的情况下，T4 多核苷酸激酶能够催化 DNA 分子的 5′-P 与 γ-^{32}P-ATP 发生交换，从而标记 DNA 分子的 5′端。除此以外，T4 多核苷酸激酶还可以使缺失 5′-P 末端的 DNA 分子发生磷酸化。

3. 碱性磷酸酶 碱性磷酸酶能够催化单链或双链 DNA 分子脱掉 5′-P 基团，将 5′-P 转换成 5′-OH 末端。另外在 DNA 体外重组中，为了防止线性载体分子发生自我连接，也需要从这些 DNA 片段上除去 5′-P 基团。

4. 核酸外切酶 核酸外切酶是一类从多核苷酸链的一端依次催化降解核苷酸的酶。按作用底物的差异，可分为单链的核酸外切酶和双链的核酸外切酶。在基因工程中，核酸外切酶主要有两种用途，一是将双链 DNA 转变成单链 DNA，二是降解双链 DNA 的 5′突出末端。

二、载体

（一）载体概述

基因工程的一个重要环节是基因工程载体（vector）的设计和应用。基因克隆过程中往往需要借助特殊的工具才能使外源 DNA 分子进入宿主细胞中并进行复制和表达。这种携带外源目的基因或 DNA 片段进入宿主细胞进行复制和表达的工具称为载体。

一般来说，理想的基因工程载体须具备以下功能：①具有复制起始位点，能使插入的外源目的基因或 DNA 片段在宿主细胞内进行独立并且稳定的自我复制；②在 DNA 复制的非必需区具有多种限制酶的单一识别位点，能被各种限制酶所识别并插入外源 DNA 片段；③具有用来筛选重组体 DNA 的选择标记基因；④序列较短，利于容纳较长的外源 DNA 片段；⑤具有较高的遗传稳定性。为了满足以上要求，通常选择生物体天然存在的质粒和噬菌体或病毒 DNA 作为载体母本，对其进行必要的修饰和改造，构建出具有多种作用的载体 DNA 分子。

载体按功能可分为克隆载体和表达载体。克隆载体是最简单的载体，主要用来克隆和扩增 DNA 片段。目前主要有质粒载体、噬菌体载体、噬菌粒载体、病毒载体。表达载体除具有克隆载体的基本元件外，还具有转录、翻译所必需的 DNA 元件，如启动子和终止子。为了实现外源基因在不同表达载体中进行复制和表达，基因工程操作中常使用穿梭载体（shuttle vector）。穿梭载体含有两个亲缘关系不同的复制子，能在两种不同的细胞中复制，如既能在原核生物中复制也能在真核生物中复制的载体，不仅具有细菌质粒的复制原点及选择标记基因，还有真核生物的自主复制序列（ARS）以及选择标记性状，具有多克隆位点。

（二）载体共性特征

现有载体除细菌质粒、噬菌体或病毒等（表1-3）以外，更常用的是经过人工改造的载体（图1-2、图1-3）。

表1-3　常用各种克隆载体的比较

载　　体	结构特征	插入大小
质粒载体	环形载体	<10kb
噬菌体（细菌病毒）	线性载体	<24kb
噬菌粒	环形载体	45kb 左右
病毒载体（腺病毒）	二十面体	35~37kb

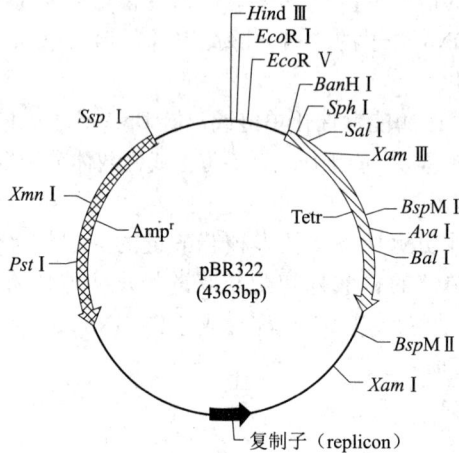

图 1-2　质粒克隆载体 pBR322 结构图

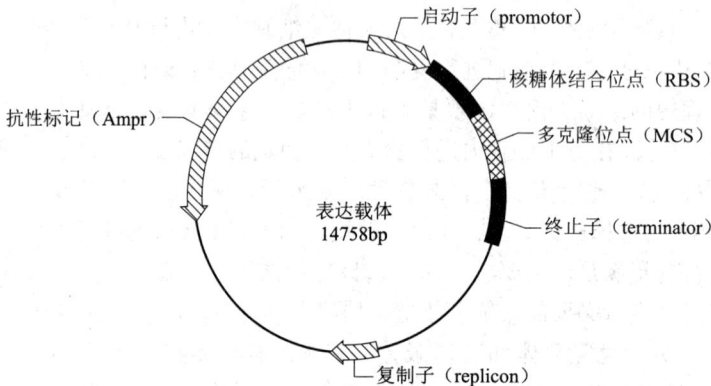

图 1-3　表达载体结构图

1. 复制子　复制子（replicon）又称复制起始区，包含质粒 DNA 复制起点和质粒拷贝数等遗传因素（不同的载体有不同的容纳量），可以使所携带的外源 DNA 在受体细胞中准确地复制。复制子分为松弛型复制子和严紧型复制子两类。松弛型复制子的复制与宿主蛋白的合成功能无关，宿主染色体 DNA 复制受阻时，载体仍可复制，因此含有此类复制子的载体在每个宿主细胞中的拷贝数可达几百甚至上千，称为高拷贝复制子。严紧型复制子的复制与宿主蛋白质合成相关，因此在每个宿主细胞中的拷贝数仅 1~3 个，称为低拷贝复制子。目前用于基因克隆的大多数载体为松弛型载体，以提高载体拷贝数。

2. 选择标记 选择标记（selective marker）是由质粒携带的赋予宿主细胞新的表型的基因，用于鉴定和筛选转化含有载体的宿主细胞。最常见的选择标记为抗生素抗性基因，包括氨苄西林（Amp^r）、四环素（Tet^r）、氯霉素（Cm^r）、卡那霉素（Kan^r）和新霉素（Neo^r）等。含有载体的宿主细胞被赋予抗生素拮抗性的表型而能在含抗生素的环境中生长，从而达到鉴定筛选的目的。

3. 多克隆位点 载体中由多个限制性内切酶识别序列密集排列形成的序列称为多克隆位点（multiple cloning site，MCS）。在克隆操作中，在目的基因两端设计限制性内切酶的酶切位点，利于目的基因的插入。酶切位点最好对多种限制酶有单一切点，且酶切位点不在复制必须区内。

4. 易于扩增、分离和纯化

5. 表达载体 还应有表达调控元件，如启动子（promoter）、增强子（enhancer）、终止子（terminator）、核糖体结合位点（ribosome-binding site，RBS）等。

三、宿主系统

所谓表达系统是由目的基因、表达载体与宿主细胞组成的完整体系。目前基因工程的表达系统有原核与真核两大类，因而宿主系统主要有原核细胞和真核细胞。其中原核表达系统以大肠杆菌表达系统较常用，而真核表达系统常用的有酵母表达系统、哺乳动物细胞表达系统及昆虫细胞表达系统。

（一）大肠杆菌表达系统

大肠杆菌表达系统是基因工程使用最为广泛的原核表达系统。由于大肠杆菌具有遗传背景清楚、繁殖快、成本低、表达量高、易于操作等诸多优势，早期基因工程药物生产多由大肠杆菌表达系统来实现。目前已经实现商品化的数十种基因工程产品，大部分是由重组大肠杆菌生产的。

可以被大肠杆菌表达的外源基因必须具备以下条件：①外源基因的编码区不能含有非编码序列。由于大肠杆菌原核表达载体不具备识别内含子、外显子的能力，因此，真核细胞的基因在原核细胞中表达时，一般采用由 mRNA 反转录的 cDNA，而不能直接用从染色体剪切下的基因片段。②表达的外源片段要位于大肠杆菌启动子的下游，接受启动子的控制，由大肠杆菌 DNA 聚合酶识别启动子从而进行转录。③转录出的 mRNA 中仍然有能与 16S 核糖体RNA3′端相互补的 SD 序列，才能有效地翻译成蛋白质。④翻译产物必须稳定，不易被细胞内修饰酶快速降解。大肠杆菌作为原核生物，因其表达翻译及翻译后加工系统与真核生物不同，所以在表达真核生物基因蛋白时，具有一定的固有缺陷。如缺乏对真核生物蛋白质的折叠与修饰，表达的真核生物蛋白质经常没有活性，细胞周质内含有种类繁多的内毒素，而微量内毒素即可导致人体热原反应。上述的缺陷在一定程度上制约了真核生物基因在大肠杆菌表达系统中进行大规模表达。

（二）真核表达系统

为克服原核表达系统的不足之处，目前已经构建了多种技术成熟的真核表达系统，包括酵母表达系统、哺乳动物细胞表达系统及昆虫细胞表达系统等。其优点在于：

1. 根据原核生物蛋白与靶 DNA 间作用的高度特异性设计，而靶 DNA 与真核基因调控序列基本无同源性，故不存在基因的非特异性激活或抑制。

2. 能诱导基因高效表达，可达 10^5 倍，为其他系统所不及。

3. 能严格调控基因表达，即不仅可控制基因表达的"开关"，还可人为地调控基因表达量。

4. 表达的产物能够被正确修饰，比较接近具有天然折叠形式的活性蛋白。

因此，利用真核表达系统表达目的蛋白在基因工程技术中越来越受到重视，代表了基因工程制药发展的最新趋势。与原核系统相比较，其缺点在于技术要求较高，成本也较昂贵。

大肠杆菌表达系统、酵母表达系统、昆虫细胞表达系统和哺乳动物细胞表达系统各有优缺点，其比较见表1-4。

表1-4　各种表达系统的比较

表达系统	优点	缺点
大肠杆菌	遗传背景清晰，成本低廉、可选择载体及宿主多	缺乏翻译后、修饰后加工，信号肽无法切除，无法分泌表达，不能糖基化
酵母	细胞生长快，易于培养，遗传操作简单，使用穿梭质粒载体，能对蛋白质进行正确加工、修饰、合理的空间折叠	产物蛋白质不均一，容易内部降解，信号肽加工不完全，易形成多聚体，产物结构与天然分子经常有差异
昆虫细胞	具有高等真核生物表达系统的优点，产物的抗原性、免疫原性和功能与天然蛋白质接近，表达水平较高	操作比较繁琐，表达产物的翻译后加工系统不够完善
哺乳动物及细胞	产物最接近于天然蛋白质，易纯化、扩增和表达能力高，耐较高的剪切力和渗透压力，内源蛋白质分泌少	技术要求高，生产成本高，生产规模偏小

第三节　基因工程菌的构建

基因工程菌的构建大体上分为：目的基因的获得、目的基因与载体分子的体外连接（即 DNA 的体外重组）、人工重组 DNA 分子导入到能够正常复制的宿主细胞中扩增（即重组 DNA 导入宿主菌）、阳性重组子的筛选与鉴定、重组子的表达以及蛋白的分离纯化五大步骤。

一、目的基因的获得

目的基因的制备是基因工程的第一步，外源目的基因获取主要有以下几个途径：①目的基因序列已知，可通过以下三个途径获得：对于原核生物，从目标细胞基因组中，经过酶切消化或 PCR 扩增等步骤，分离出带有目的基因的 DNA 片段（外源性 DNA 片段）；对于真核生物，从特定细胞中提取所需基因的 mRNA 后，利用反转录 PCR（RT-PCR）的技术扩增目的基因；通过探明目的基因所含的遗传密码及其排列顺序，用化学方法人工合成所需目的基因。②目的基因序列未知，寻找目的基因，可采用基因文库法和 cDNA 文库法等。

（一）PCR 法

聚合酶链反应（polymerase chain reaction，PCR）是根据生物体内 DNA 复制原理在 DNA 聚合酶催化和 dNTP 参与下，引物依赖 DNA 模板特异性地扩增 DNA 的方法。如图 1-4 所示，PCR 的基本原理是以单链 DNA 为模板，在合成的引物（引物片段与待扩增 DNA 两端序列互补）及 4 种脱氧核苷三磷酸存在的条件下，通过变性（denaturation）、退火（annealing）、延伸（extension）三种循环扩增此链，获得目的基因产物。

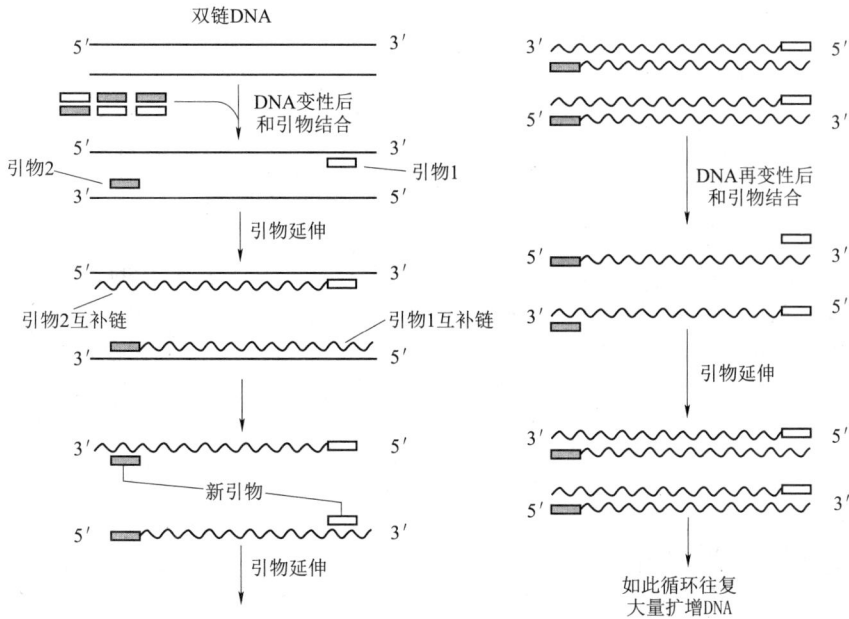

图 1-4 PCR 法的基本原理

PCR 法可以在体外特异性地扩增目的基因片段，并可以在设计引物时引入合适的酶切位点和标签结构等，是目前实验室最常用的目的基因制备法。必须注意的是，PCR 体外扩增常引入突变，为了保证目的基因片段序列的正确性，一般建议使用高保真的 *Pfu* DNA 聚合酶和相对保守的 PCR 扩增条件。同时，凡经过 PCR 扩增制备的目的基因片段，在实现克隆后必须进行测序分析。

（二）化学合成法

以 5′或 3′-脱氧核苷酸或 5′-磷酰基寡核苷酸片段为原料，采用化学合成的方法将原料核苷酸逐渐缩合成目的基因片段的方法称为化学合成法（图 1-5）。随着核酸的化学合成技术不断完善，DNA 的人工合成已能够在 DNA 合成仪上自动化完成，从而使化学合成基因变得更经济、容易和准确。化学合成基因对获取利用其他技术方法不易分离的基因尤为重要。

纯粹的化学合成法的专一性不强，副反应多，合成片段越长，分离纯化越困难，产率越低。自从 DNA 聚合酶发现后，通常采用化学与酶促相结合的合成法，此方法的特点是不需要合成组成完整基因的所有寡核苷酸片段，而是合成其中一些片段，相邻的 3′端有一段相互补的短序列，利用 DNA 聚合酶去填补互补片段之间的缺口，最后用 T4 DNA 连接酶连接及适当的限制性内切酶切割后重组入载体。本法优点是具有随意性，可通过人工设计及合成和组装非天然基因，为实施蛋白质工程提供了强有力的手段。

（三）基因文库法

基因文库（gene library）是指某一特定生物体全部基因组的克隆集合，包括所有外显子和内含子序列。基因文库的构建方法包括鸟枪法（shotgun），就是将生物体全部基因组通过酶切分成不同的 DNA 片段，与载体连接构建重组子，转化宿主细胞，从而形成含生物体全部基因组 DNA 片段的基因文库。

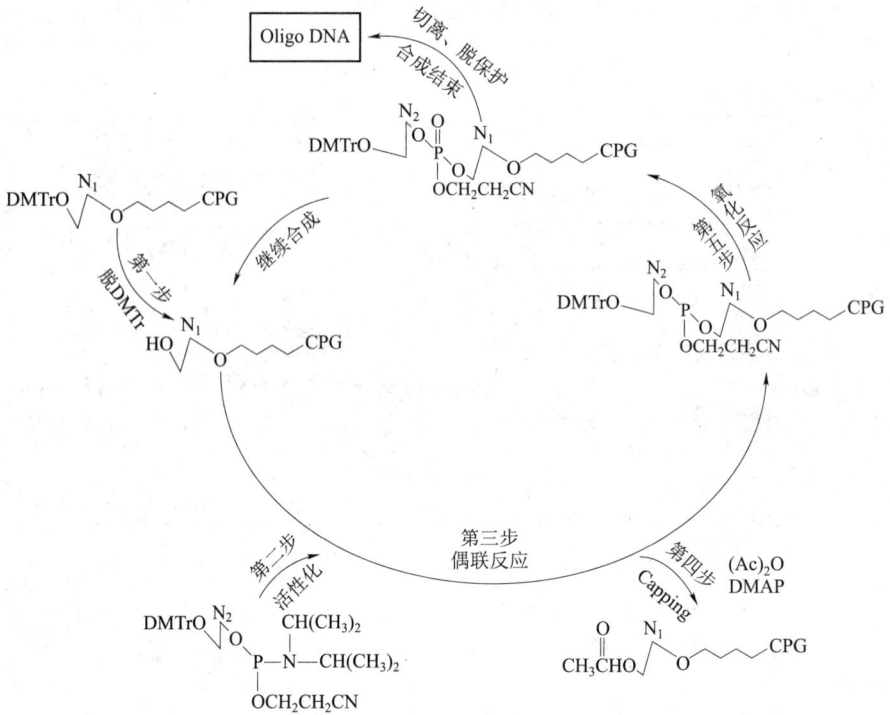

图 1-5　化学合成法合成核酸序列

如图 1-6 所示，构建基因文库法分离目的基因的大致步骤是：①从供体细胞或组织中制备高纯度的染色体基因组 DNA；②用合适的限制酶把 DNA 切割成许多片段；③DNA 片段群体与适当的载体分子在体外重组；④重组载体被导入到受体细胞群体中，或被包装成重组噬菌体；⑤在培养基上生长繁殖成重组菌落或噬菌斑，即克隆；⑥筛选出含有目的基因 DNA 片段的克隆。

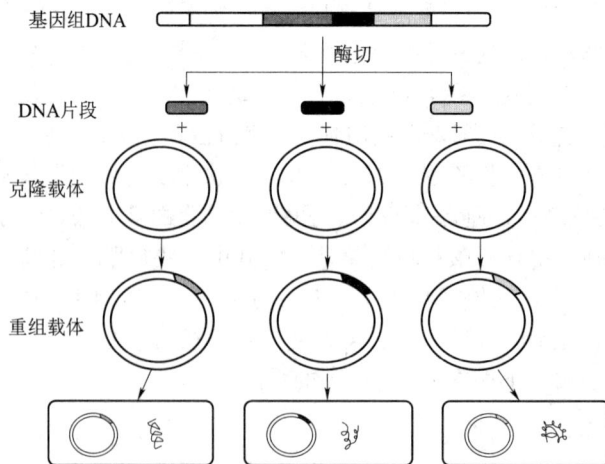

携带不同DNA片段的转化菌构成基因文库

图 1-6　基因文库法的基本原理

用上述方法制备的克隆数多到足以把某种生物的全部基因都包含在内时，所有克隆 DNA 片段的集合即为该生物的基因文库。完整的基因文库应该含有该生物染色体基因组 DNA 的全部序列。

（四）cDNA 文库法

cDNA 文库法是指提取生物体总 mRNA，并以 mRNA 为模板，在反转录酶催化下合成 cDNA 的一条链，再在 DNA 聚合酶的作用下合成双链 cDNA，将全部 cDNA 都克隆至宿主细胞而构建成 cDNA 文库。cDNA 文库覆盖了细胞或组织所表达的全部蛋白质的基因，从中获取的基因序列也都是直接编码蛋白质的序列。目前已经有不同组织及细胞来源的商品化 cDNA 文库可供选择使用。

如图 1-7 所示，构建 cDNA 文库的基本步骤包括 mRNA 的分离纯化、双链 cDNA 的体外合成、双链 cDNA 的克隆和 cDNA 重组克隆的筛选。基因表达检测技术和 mRNA 高效分离方法现已非常成熟，大多数真核生物 mRNA 3'-末端含有多聚腺苷酸（poly A）尾巴，利用 poly A 和亲和层析柱上寡聚脱氧胸腺嘧啶（oligo-dT）共价结合的性质将细胞总 mRNA 进行分离。以 mRNA 为模板，在 4 种 dNTP 参与下，反转录酶催化 cDNA 第一链的合成，形成 DNA-RNA 的杂合双链。以 cDNA 第一链为模板，DNA 聚合酶催化 cDNA 第二链的合成。根据引物的处理方法不同可衍生出多种制备方法，包括自身合成法、置换合成法、引物合成法等。合成的双链 cDNA 与载体分子连接，形成重组子，转化大肠杆菌，通过重组克隆的筛选获得所期望的重组子。

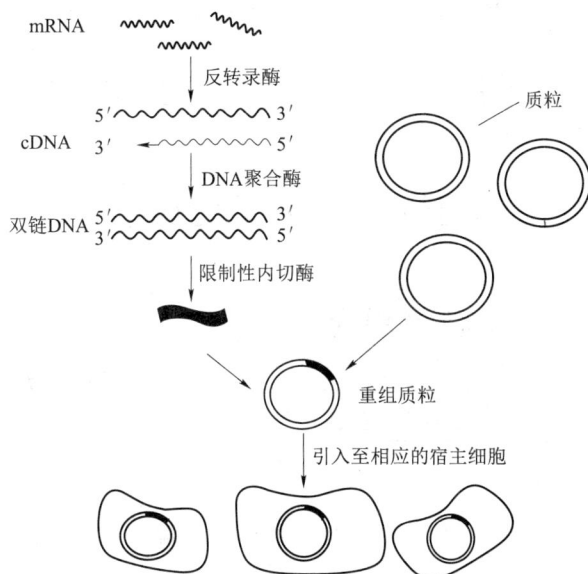

图 1-7　cDNA 文库法的基本原理

二、DNA 的体外重组

应用 DNA 连接酶在体外催化载体 DNA 与目的基因（外源 DNA 片段）连接，形成重组子（recombinant），称为 DNA 分子体外重组。DNA 体外重组技术主要依赖于限制酶和 DNA 连接酶的作用，此外调整载体 DNA 与外源 DNA 之间的正确比例，也是获得高产量的重组体转化子的一个重要因素。

根据 DNA 末端类型，载体 DNA 与目的基因的连接主要分为以下两种。

1. 黏性末端　DNA 片段与载体 DNA 的连接当用一种（单酶切）或相同的两种限制性内切酶（双酶切），分别消化目的基因和载体时，可产生相同的黏性末端（包括 3′黏性末端和 5′黏性末端两种方式，图 1-8），可采用这种方式连接。

（1）当目的基因 DNA 片段经单酶切或同尾酶切获得两个相同黏性末端，与经单酶切的载体 DNA 在连接酶的催化下连接，获得正反两方向插入片段的重组 DNA 分子（可通过 PCR 鉴定外源基因插入方向）。连接反应产生载体自身环化可以通过载体上的选择标记进行筛选。

（2）定向克隆：目的基因 DNA 片段经双酶切可获得特征性的黏性末端（sticky end），与经相同双酶切的载体 DNA（特征性的黏性末端分别与目的基因 DNA 片段两端互补）可以在连接酶的催化下顺利连接成为一个重组 DNA 分子。避免了载体自身环化和 DNA 的反向插入。

2. 平头末端　DNA 片段与载体 DNA 的连接在高浓度 DNA 及 T4 DNA 连接酶、低浓度 ATP 存在时，T4 DNA 连接酶可以催化平头末端之间的连接，而大肠杆菌 DNA 连接酶不能够催化平头末端之间的连接。由于平头末端（blunt end）之间的连接效率仅为黏性末端连接的 1/10~1/100，可以通过同聚物加尾法、衔接物连接法和接头连接法改变平头末端进行连接（图 1-8）。

1. 黏性末端的形成

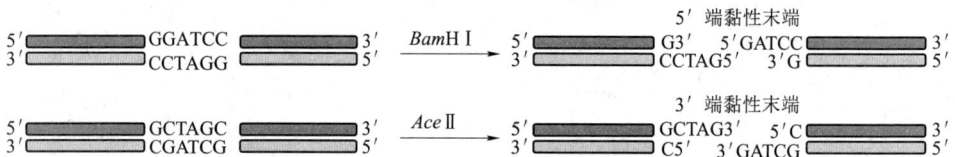

2. 平头末端的形成

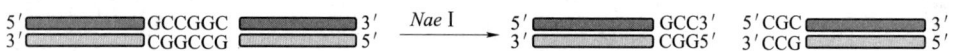

3. 平头末端转黏性末端

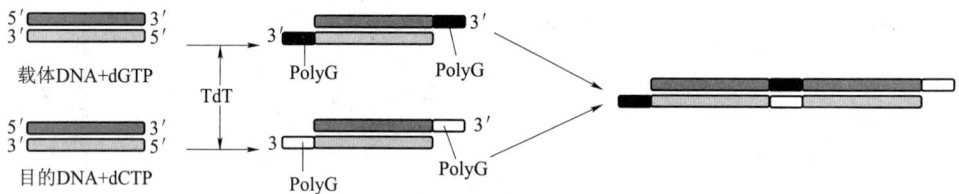

图 1-8　黏性末端和平头末端

三、重组 DNA 导入宿主菌

重组 DNA 必需被导入宿主细胞后，才能使重组 DNA 分子进行扩增和目的基因的表达。重组 DNA 分子导入原核宿主细胞的常用方法包括转化（transformation）、转导（transduction）；真核宿主细胞常用磷酸钙或脂质体转染（transfection）、显微注射（microinjection）和电穿孔（electroporation）等（表 1-5）。

表 1-5　外源 DNA 导入宿主细胞的方式及其特点

DNA 导入方式	特　点
转化	宿主细胞必须是感受态，重组 DNA 转化率较低
转导	必须在体外将其包装成完整的具有感染作用的重组噬菌体颗粒，利用噬菌体将外源 DNA 导入原核宿主细胞
转染	外源 DNA 与磷酸钙或脂质体形成复合体，被真核细胞摄入
电穿孔法	利用高压电场使细胞表面形成微孔，导入外源 DNA 分子，效率较高，成本也较高
显微注射法	通过显微注射器直接将 DNA 注入细胞中，导入效率很高，技术要求非常高
基因枪法	DNA 包裹在金属金或钨的微粒中，用基因枪直接转移到原位组织和细胞中，设备和成本昂贵

（一）转化

转化是生物界客观存在的自然现象。转化是将携带某种遗传信息的 DNA 引入宿主细胞，通过 DNA 之间同源重组作用，获得具有新遗传性状细胞的过程。外源性 DNA 通过转化作用进入宿主细胞时，宿主必须变为感受态细胞（competent cells）。所谓感受态细胞是指处于能摄取各种外源 DNA 分子的生理状态细胞。外源 DNA 进入感受态细胞后，被整合到宿主遗传物质中，并与宿主中 DNA 分子一起复制和表达，从而传递至子代细胞。

重组 DNA 转化率较低，一般低于 0.1%，这是因为转入的基因对宿主来说被认为是外源基因，宿主自身的限制-修饰系统会对其进行识别及破坏，因此一般优先选择无限制性内切酶活性及修饰酶活性的菌株作为宿主细胞，其次为有修饰酶活性而无限制酶活性的菌株。除了选择适当宿主外，制备高纯度的环状重组 DNA 和高活性的感受态细胞并优化转化条件，有利于提高转化率。

（二）转导

自然界中，通过噬菌体的感染作用将一个细胞的遗传信息传递到另一个细胞的过程称为转导，即通过噬菌体颗粒为媒介，把外源 DNA 导入宿主细胞的过程。由于采用噬菌体直接感染宿主细胞的过程，转导效率低。因此在基因工程中，通过转导途径将体外重组 DNA 导入宿主细胞，必须在体外将其包装成完整的具有感染作用的重组噬菌体颗粒，才能达到较高的转导效率。噬菌体感染及增殖的过程如图 1-9 所示。

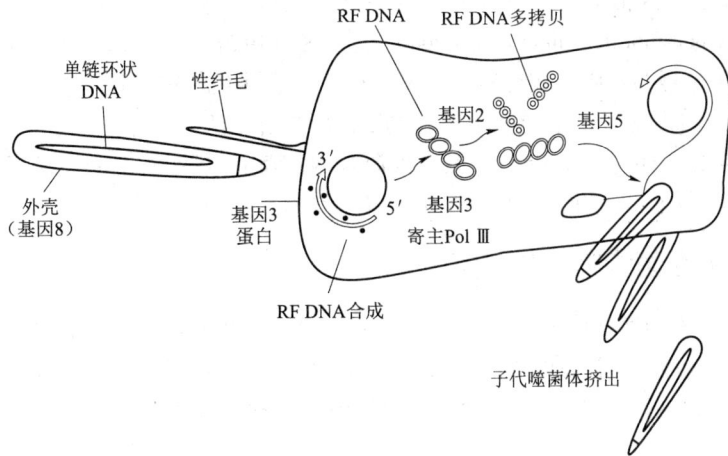

图 1-9　噬菌体感染及增殖的过程

（三）转染

转染是将外源 DNA 分子导入真核细胞的过程，是原核细胞中转化的同义词。近年来通过研究发展了一系列能将外源 DNA 分子高效导入哺乳动物细胞的方法。

1. 磷酸钙或 DEAE-葡聚糖介导法 基本原理是利用 DNA 与磷酸钙可形成能附着在哺乳动物细胞表面的复合物，而这种复合物通过吞噬作用可以被细胞摄入，从而实现外源基因的导入。用这种方法既可瞬时表达基因，也可用于基因的稳定表达。而 DEAE-葡聚糖作用机制目前尚不明确，可能是与 DNA 结合从而抑制核酸酶的作用或与细胞结合从而促进 DNA 的被摄入，该方法仅适合于瞬时转染。

2. 脂质体介导法 脂质体（liposome）是人工构建的磷脂双分子层组成的膜状结构，具有某些细胞膜特征，并可以与细胞膜相融合。脂质体介导法是将 DNA 与脂质体以一定比例混合，然后 DNA 被双层膜脂包围，通过细胞的吞噬或融合作用使 DNA 进入细胞内，脂质双层可以保护 DNA 免受 DNA 酶降解，且脂质体具有毒性低、包装容量大、操作简单等优点。脂质体介导法可以对基因进行瞬时表达，也可用于基因的稳定表达。细胞与脂质体混合后共孵育，可加入 PEG 或甘油进一步提高效率，且脂质体包装的 DNA 在 4℃ 条件下可以长期保存，此方法是哺乳动物细胞转基因研究中常用的方法之一。

3. 原生质体融合法（protoplast fusion） 原核细胞有细胞壁，无法直接与真核细胞进行融合，但利用将原核细胞用溶菌酶等破壁后得到的球状原生质体，在聚乙二醇的作用下与哺乳动物细胞融合，可将原核细胞中扩增的原生质体导入真核细胞中，不过由于其效率较低，现已较少使用。

4. 电穿孔法 细胞表面在高压电场的作用下会形成临时性的微孔，在这种状态下，外源的 DNA 分子可以进入细胞。目前电穿孔法以其简便、高效被广泛运用，它不仅可以用于细菌的转化，也可以用于动物细胞的转染。电穿孔法转染的 DNA 可以是线性的（主要用于稳定表达），也可以是环状的（主要用于瞬时表达）。然而，电穿孔法对设备的要求较高，成本也较高，因此一般用于构建基因库等。

5. 显微注射法 即将重组 DNA 通过显微注射器直接注入细胞中。此法在转基因动物技术中应用较多。显微注射所采用的细胞一般是单层贴壁细胞，由于是直接单个地注射细胞，条件便于掌握但需一定的操作技巧，可以达到相当高的转染效率。

6. 基因枪法 基因枪法（gene gun）又称粒子轰击（particle bombardment）、高速粒子喷射技术（high-velocity particle microprojection）或基因枪轰击技术（gene gun bombard-ment），此方法是将 DNA 包裹在金属金或钨的微粒中，然后用基因枪将包被 DNA 的微粒直接转移到原位组织、细胞乃至细胞器中去，这种方法在基因治疗中被广泛应用。

7. 病毒感染法（viral infection） 具有外源基因的反转录病毒或 DNA 病毒在包装细胞内可形成完整的病毒颗粒，纯化后可以感染哺乳动物细胞，实现基因有效转移。

四、基因工程菌的筛选与鉴定

在基因导入宿主细胞过程中，外源 DNA 与载体连接、载体转化宿主细胞或体外包装的载体中，往往有一部分是来自自我载体的空荷载体，并没有外源 DNA。筛选与鉴定是从克隆的群体中排除假阳性的重组子并筛选出所需的目的克隆的重要步骤，其目的就是挑选出含有目的序列的重组体。

克隆的筛选可以根据载体类型、受体细胞特性的变化、外源 DNA 分子本身的特性，以及产物的特征采用不同的方法。主要有遗传学检测、分子杂交以及免疫学分析等。从初步筛选直到分子杂交，进一步到 DNA 测序和基于蛋白质功能的分析，使得对克隆的检测逐步深入、精确。

（一）阳性转化菌的筛选方法

1. 抗药性筛选法　是利用阳性转化菌携带载体上组装的抗药性选择标记进行筛选的方法。

常用的抗生素筛选剂：氨苄西林（ampicillin，Ap 或 Amp）；氯霉素（chloramphenicol，Cm 或 Cmp）；卡那霉素（kanamycin，Kn 或 Kan）；四环素（tetracycline，Tc 或 Tet）；链霉素（streptomycin，Sm 或 Str）。重组质粒 DNA 携带特定的抗药性基因，转化后赋予受体菌在含有相应抗生素的培养基上正常生长，而不含此载体的 DNA 的受体菌不能存活。在质粒载体中通常使用双抗药性标记。

例如：以质粒载体 pBR322 为例，pBR322 含有 Tet^r 和 Amp^r 两个抗性基因。非重组的野生型 pBR322 应该表现出对 Tet 和 Amp 两种抗生素的抗性活性。能在其中之一下生长的受体菌，说明其受体细胞已被转化。

2. 插入失活筛选法　检测克隆载体携带有外源 DNA 的方法通常是插入失活。经过抗药性筛选获得的大量转化子中既包含所需要的重组子，也包含非重组子。为了进一步筛选出重组子，可利用质粒载体的抗药性进行再次筛选。

如 pBR322 有四环素抗性基因（Tet^r）和氨苄西林抗性基因（Amp^r），在 Tet^r 基因内有 *BamH* I 和 *Sal* I 两种限制酶位点，如果在这两个位点中有外源 DNA 插入，都会导致 Tet^r 基因失活。将转化后的细胞分别培养在含氨苄西林和四环素的培养基中，便可检出转化子细胞。

3. 插入表达筛选法　与插入失活相反，插入表达法是外源目的基因插入特定载体后，能激活用于筛选操作的标记基因的表达，由此进行转化子的筛选。设计载体时，在筛选标记基因前面连接一段具有抑制作用的负调控序列，插入外源 DNA 将使该负调控序列失活，其下游的筛选标记基因才能表达。例如，质粒 pTR262 有一个负调控的 cI 基因，当外源 DNA 片段插入 cI 基因中的 *Bcl* I 或 *Hind* III 位点，造成 cI 基因失活，位于 cI 基因下游的 Tet 基因（受 cI 基因控制）因解除阻遏而被表达，转化后的重组体细胞，在含有四环素的平板中可形成菌落；而未被酶解的质粒，自身环化质粒的转化细胞及未转化受体细胞均不能形成菌落。

4. 显色反应筛选法　显色反应（又称蓝白斑筛选法）可以在平板上或膜上直接显示出重组克隆，不仅方便而且灵敏。在某些载体如 M13 噬菌体载体、pUC、pGEM 等质粒系列上都携带 lac z′基因一段序列，它编码 β-半乳糖苷酶的 α 肽，而宿主细胞为 lac z ΔM15 的突变株，不能合成 β-半乳糖苷酶的 α 肽。当将上述载体的转化细胞培养在含有 X-gal 和 IPTG 平板中，由于基因内互补作用，产生有生物活性的 β-半乳糖苷酶，把培养基中的无色 X-gal 分解成半乳糖和呈蓝色的 5-溴-4 氯-靛蓝，使菌落呈蓝色（图 1-10）。

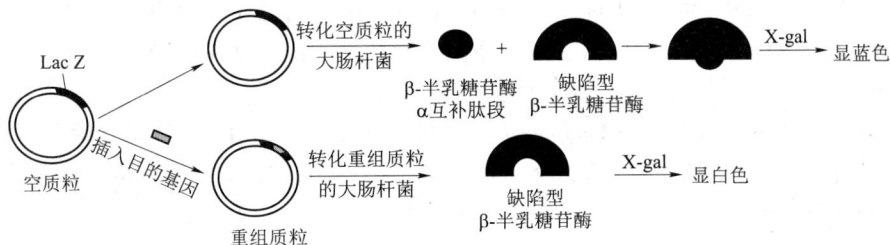

图 1-10　蓝白斑筛选阳性重组菌的原理

若将外源 DNA 插入到载体上 lac z'序列中，使 α-肽基因失活，失去 α-互补作用，将重组体转化细胞培养在含有 X-gal-IPTG 平板上，菌落无色。利用 β-半乳糖苷酶显色反应即可挑选出含有外源 DNA 重组体的阳性克隆（图 1-10）。

（二）重组子 DNA 的鉴定

DNA 的鉴定是重组子筛选过程中重要的检测步骤。重组子的表征来源于载体所携带的标记和重组子结构特性，根据这两类表征对重组子进行初步筛选。

1. 快速裂解菌落鉴定分子大小 根据有外源 DNA 片段插入的重组质粒与载体 DNA 之间大小的差异来区分重组子和非重组子。

2. 限制性核酸内切酶酶解分析法 转化菌挑取单菌落培养，提取质粒 DNA，用限制性内切酶酶切，做 DNA 凝胶电泳，比较条带大小。不仅可以进一步筛选鉴定重组子，而且能判断外源 DNA 片段的分子质量大小等。将重组 DNA 分子限制酶切点图谱与空载体图谱作对比，根据各种酶切所得 DNA 片段的大小及变化，即可推测有无外源 DNA 的插入，并确定出各插入片段的相对位置。

3. PCR 方法 筛选确定重组子利用合适的引物，以从初选出来的阳性克隆中提取的质粒为模板进行 PCR 反应，通过对 PCR 产物的电泳分析来确定目的基因是否重组入载体中。对于单酶切后克隆的重组子还可以鉴定外源基因插入方向。

4. 功能互补法 该方法要求被转化的宿主细胞是某一特定基因的缺陷株，携带来自野生型基因 DNA 的质粒，在宿主细胞中能与缺陷基因互补，最终选择具有正常功能的转化细胞。

5. 报告基因 报告基因是某种生物的特定基因，装配在载体上成为载体结构的一部分，具有指示的功能。与抗药性基因相比较，报告基因作为筛选方法有更高的灵敏度和准确性，在基因工程中的重要性要大得多。

报告基因的表达产物易被检测，受体细胞本身没有这种内源性产物。通过快速测定，"报告"外源基因是否已经重组到载体中，判断外源基因是否已成功地导入宿主细胞（器官或组织），或者在宿主细胞中是否表达。细胞内报告基因产物常作为直接观察载体活动的指示分子。把已知的调控元件连接到报告基因上，控制后者转录活性，对细胞中基因调控和表达的变化作出应答反应，从而直观地"报告"细胞内有关基因表达的信号传递。

在基因工程实验中，选用何种报告基因依赖于所使用的细胞和实验的性质，以及对相应检测方法的掌握。选择报告基因的准则包括：①报告分子（报告基因的产物）应不存在于原有宿主细胞中，或者易与内源性基因产物相区别；②报告分子应该由一个简单、快速、灵敏及经济的分析方法来检测；③启动报告分子表达应有很宽的信号范围，以便分析启动子活性的幅度变化；④报告基因的表达必须不改变受体细胞本来的生理活动。

基因工程中常用的报告基因：

（1）氯霉素乙酰转移酶（chloramphenicol acetyltransferase，CAT）基因 氯霉素可选择性地与原核细胞核糖体 50S 亚基结合，抑制肽酰基转移酶的活性，从而阻断肽键的形成并最终抑制细胞生长。

（2）β-葡萄糖酸苷酶（β-Glucuronidase，GUS）基因 一种水解酶转化植物细胞所产生的 β-葡萄糖酸苷酶能够催化某些特殊反应的进行，通过荧光、分光光度和组织化学的方法对这些特殊反应产物的检测即可确定 GUS 报告基因的表达情况，以此区分转化子和非转化子。

（3）荧光素酶（luciferase，LUC）基因 一种源于萤火虫的动物蛋白基因产物，能够催化生物发光反应。

6. DNA 序列测定 最后为了确证目的基因序列的正确性，必须对重组体的 DNA 进行序列测定。

（三）重组菌表达产物的鉴定

经过初步筛选获得阳性克隆的重组菌，最后必须对其产物的功能和活性做进一步筛选和鉴定。鉴定一般有蛋白质免疫印迹法、酶联免疫吸附剂测定法、蛋白质活性筛选等实验。

1. 蛋白质免疫印迹法 蛋白质免疫印迹法即 Western Blot。它是分子生物学、生物化学和免疫遗传学中常用的一种鉴定及半定量蛋白质的实验方法。其基本原理是通过特异性抗体对凝胶电泳处理过的细胞或生物组织样品进行着色。通过分析着色的位置和着色深度获得特定蛋白质在所分析的细胞或组织中表达情况的信息。

操作步骤：①制取蛋白样本；②SDS 聚丙烯酰胺凝胶电泳（SDS-PAGE）；③将凝胶中的蛋白通过转膜移至聚偏二氟乙烯（PVDF）膜或醋酸纤维素（NC）膜；④加入封闭液进行封闭；⑤加入一抗进行孵育；⑥洗去一抗加入对应的带辣根过氧化物酶的二抗孵育；⑦洗去二抗并对膜进行显色。

2. 酶联免疫吸附剂测定 ELISA 是酶联免疫吸附剂测定（enzyme-linked immunosorbnent assay）的简称。它是继免疫荧光和放射免疫技术之后发展起来的一种免疫酶技术，目前已被广泛用于生物学和医学的许多领域。它采用抗原与抗体的特异反应将待测物与酶连接，然后通过酶与底物产生颜色反应，用于定量测定。

操作步骤：①克隆载体表达的蛋白与固相支持物结合；②加入目的蛋白特异的第一抗体，洗去未结合的抗体；③加入二抗，二抗分子偶联有标记酶；④加入无色底物；⑤对酶反应产物进行比色分析。

3. 蛋白质活性筛选 DNA 杂交和免疫检测对于多数基因和基因产物都是有效的。蛋白质活性作为克隆的指示标记有一定的难度。如果筛选的目的蛋白是一种酶，也可以根据酶对底物的反应来设计最终产物的检测。

五、基因工程菌的稳定性

基因工程菌在传代过程中经常出现质粒不稳定的现象，有分裂不稳定和结构不稳定两种。分裂不稳定是指工程菌分裂时出现一定比例不含质粒子代菌的现象；结构不稳定是指外源基因从质粒上丢失或碱基重排、缺失而导致工程菌性能的改变。由于质粒不稳定导致的质粒丢失菌与含有质粒的菌种之间生产速率不一致，进而在继续培养中逐渐取代含质粒菌成为优势菌群，减少基因表达的产率，导致基因工程菌在生产过程中出现产量不稳定。基因工程菌产业化应用的最大障碍在于工程菌的这种遗传不稳定性，因此加强基因工程菌的复壮很有必要。

（一）质粒不稳定产生的原因

质粒的不稳定性一般分为结构不稳定性和分离不稳定性。结构不稳定性是由于转化作用和重组作用所引起的质粒 DNA 的重排和缺失；分离的不稳定性是细胞分裂过程中发生的不平均分配，从而造成质粒的缺陷型分配，以致造成质粒的丢失。引起上述质粒载体不稳定的原因主要是宿主细胞新陈代谢负荷的加重，大量外源蛋白的形成对宿主细胞有损害等，然而失去制造外源蛋白能力的细胞一般生长较表达目的蛋白的菌株快，从而能替代有生产能力的菌株，这就导致基因工程菌的不稳定性。为了抑制基因丢失的菌的生长，一般在培养中加入选择因子，如抗生素。此外，宿主细胞的遗传特性、重组质粒的组成和克隆菌所处环境条件等也是影响因素。

（二）质粒稳定性的分析方法

将工程菌培养液样品适当稀释，均匀涂布于不含抗性标记抗生素的平板培养基上，培养 10~12 小时，然后随机挑出 100 个菌落接种到含抗性标记抗生素的平板上，培养 10~12 小时，统计长出的菌落数，每一样品应取 3 次重复的结果，计算出比值，该比值反映了质粒的稳定性。

（三）提高质粒稳定性的方法

为了提高工程菌中质粒的稳定性，工程菌一般采用两阶段法。第一阶段先使菌体生长至一定密度，第二阶段诱导外源基因的表达。由于第一阶段外源基因未表达，因而减小了重组菌与质粒丢失菌的比生长速率的差别，增加了质粒的稳定性。在培养基中加入选择性压力如抗生素等，可以抑制质粒丢失菌的生长。另外适当的操作方式也可使工程菌生长速率具有优势，如控制外源基因的过度表达，调控培养温度、pH、培养基组分、溶解氧等策略都可以提高质粒的稳定性。

六、基因工程菌的发酵生产

基因工程目的产物基因的高表达，不仅涉及宿主、载体和克隆基因三者之间的相互关系，而且与其所处的环境条件密切相关，因此必须对影响外源基因表达的因素进行研究、分析和优化，探索出适合于外源基因高效表达的一套培养和发酵工艺技术。

在生物体外对 DNA 分子进行重组，然后克隆到合适的宿主细胞进行增殖和表达的遗传操作，所得的重组体菌株即是工程菌（engineering bacterium）。目前基因工程技术所采用的宿主细胞有大肠杆菌、枯草杆菌、酵母和哺乳动物细胞，发酵生产上常用的是大肠杆菌、枯草杆菌和酵母。

（一）基因工程发酵生产的特点

基因工程菌发酵培养的目的主要是实现外源基因的高效表达，以获得大量的外源基因产物，因此，对基因工程菌进行培养和发酵的工艺技术通常与单纯的微生物细胞的工艺技术有许多不同之处。

为了避免高效表达的外源基因产物对宿主细胞的毒性，基因工程菌的发酵一般分为两个阶段。前期是菌体生长阶段，采用常规的种子培养和流加营养物培养，获得高密度菌体；后期是产物表达阶段，通过加入特殊的物质或利用某些物理条件的改变作为诱导剂，使目的基因大量表达。

（二）基因工程菌发酵产率不稳定的原因

基因工程菌的不稳定性主要表现为质粒的不稳定性和表达产物的不稳定性两个方面。除前述质粒不稳定现象以外，目的产物本身的不稳定性也是一个很严重的问题。如某些人干扰素工程菌在表达干扰素时，随着培养时间的延长，表达纯化出的干扰素活性反而下降等。

（三）基因工程菌发酵工艺的研究

目前，基因工程菌发酵方式主要可分为分批培养、补料分批培养、连续培养及透析培养等。基因工程发酵工艺的研究内容主要包括发酵培养基的确定、发酵条件参数（pH、温度、补料、溶解氧、搅拌速度、诱导时机和剂量等指标）的确定。这些研究结果都应该保留原始记录备查，例如，对补料的研究，何时补入什么剂量的碳源或氮源，对表达量和表达产物有什么影响；对每次发酵后菌体密度及细胞产物的收获点应该有明确规定；需要检测每一个参数的选择对表达量和产物活性的影响等。综合以上各项条件得出最后各项工艺的技术路线，为产业化生产提供放大参考。

第四节　表达产物的分离纯化

分离纯化所表达的目的重组蛋白是基因工程制备蛋白质药物的重要环节。表达产物的分离纯化是指依据重组蛋白的性质选择合适的生化分离手段，以合理的效率、速度、收率和纯度从细胞或菌体的全部组分，特别是杂蛋白中分离纯化出产物的全过程。

利用基因重组技术得到的重组蛋白药物，具有产物浓度低、环境组分复杂（含有细胞、细胞碎片、蛋白质、核酸、脂类、糖类和无机盐等）、性质不稳定、在分离的过程中容易失活（如 pH 和温度的影响，蛋白水解酶的作用）等特点。因此在重组蛋白的分离与纯化过程中，应尽量减少纯化工序，缩短分离纯化时间，避免目标产物与环境的接触。在某些表达系统中，不可避免的表达后修饰却加大了重组蛋白的分离及纯化的难度。例如，在大肠杆菌表达系统中，往往会引起表达产物 N-端甲硫氨酸修饰；酵母和动物细胞表达系统表达的蛋白质则会因糖基化作用而干扰重组蛋白纯化。以下简单介绍分离纯化技术（详细的分离纯化原理及操作见酶工程部分）。

一、建立分离纯化工艺需了解的各种因素

重组蛋白的纯化是根据目的产物的各种理化性质，合理运用各种高选择性的纯化手段，使产物达到要求纯度。重组蛋白往往与发酵液中的各种杂蛋白混在一起，分离纯化方案设计必须从相关蛋白质的等电点、溶解性、分子的沉淀性质、生物分子量大小以及对特殊物质的亲和性等方面进行考虑，将各种分离纯化的基本步骤加以组合，从而达到分离纯化的目的。设计分离纯化工艺需要遵循以下几个基本原则：

1. 不同的蛋白质理化性质有很大的区别，这是能从复杂的混合物中纯化出目的蛋白的依据，应尽可能地利用蛋白质的不同物理化学性质选择所用的分离纯化技术，而不是利用相同的技术进行多次纯化。

2. 每一步纯化步骤应当充分利用目的蛋白和杂质成分物理化学性质的差异，在分离纯化的开始阶段，尽可能地了解目的蛋白的特性，不仅如此还要了解所存在杂质成分的性质，如大肠杆菌的蛋白质大多是一些低分子量的蛋白质，且酸性蛋白质较多。

3. 在纯化的早期阶段要尽量减少处理的体积，方便后续的纯化。

4. 在纯化的后期阶段，再使用成本较高的纯化方法，这是因为处理的量和杂质的量都已减少，有利于昂贵纯化材料的重复使用。

由于基因重组蛋白大多为生物活性物质，因此在提取纯化过程中不仅要保证一定的回收率，而且还要避免剧烈的纯化条件，以免影响生物活性。相应的，分离纯化技术也应满足下列要求：①技术条件温和，保持目的产物的生物活性；②选择性好，能从复杂的混合物中有效地将目的产物分离出来，达到较高纯化倍数；③回收率高；④各项技术之间能直接衔接，尽量减少对物料的处理或调整，减少工艺步骤；⑤整个分离纯化过程快，能够满足高效生产的要求。

二、分离纯化的基本过程

分离纯化的具体纯化方法、原理参见酶工程部分。

目的产物的分离纯化是基因工程制药下游技术中的重要步骤。如图 1-11 所示，分离纯化一般流程是，首先对生物材料进行前期处理，将目的产物与细胞分离开，并使目的蛋白尽量转入便于下游处理的某一相（多数为液相）；然后经过初步分离，除去与目的产物理化性质相差较大的杂质；初产物进一步精制纯化，除去与目的产物理化性质相近的杂质，得到纯度较高的目的产物。

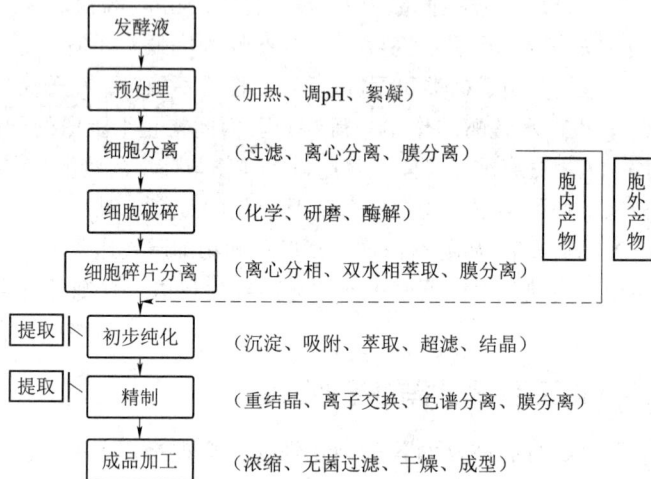

图 1-11　基因工程下游技术流程图

实例分析

实例：大肠埃希菌表达粒细胞-巨噬细胞集落刺激因子（GM-CSF）

分析：

1. 基因构建和表达　GM-CSF 的 cDNA 是通过转染或者杂交探针的方法从人白血病细胞系 Mo 或者人 T 淋巴细胞系 T7 的 cDNA 文库中筛选得到的，使用 pCD 作为载体构建其 cDNA 文库。在成功克隆出人的 GM-CSF 的 cDNA 之后，通过设计 PCR 引物，构建工程菌来生产 rhGM-CSF。

首先构建表达质粒：如图 1-12 所示，通过 PCR 扩增获得 hGM-CSF 的 cDNA，氯仿抽提后琼脂糖凝胶电泳分离，回收约 420bp 的 DNA 带，*Eco*R Ⅰ 和 *Bam*H Ⅰ 双酶切 PCR 扩增产物和 pBV220 质粒，利用 T4 DNA 连接酶进行连接，转化大肠杆菌 DH5α 后挑选氨苄西林（Amp）抗性转化子，将筛选得到的阳性重组质粒命名为 pGM09。

酶切鉴定 pGM09 后，接种 pGM09/DH5α 于试管中 30℃过夜后，取 1% 接种于 LBA（含 50mg/L Amp 的 LB）溶液中，于 30℃摇床振摇 3 小时左右，至 OD600 达 0.5 后迅速升温至 42℃继续振摇 4 小时，即可收集菌体。

2. 分离纯化　基因表达产物一般在大肠埃希菌胞质中以不溶性的包涵体的形式存在。包涵体通过超声破碎分离后，经变性、复性，复性后加入凝血酶酶切，最后得到有活性的 rhGM-CSF。然后用疏水层析、离子交换层析和凝胶过滤层析等进行蛋白质纯化，最终可以获得高纯度的 rhGM-CSF。除菌过滤后，加入人血清白蛋白作保护剂，取样检定合格后分装，冷冻干燥获得成品 rhGM-CSF。

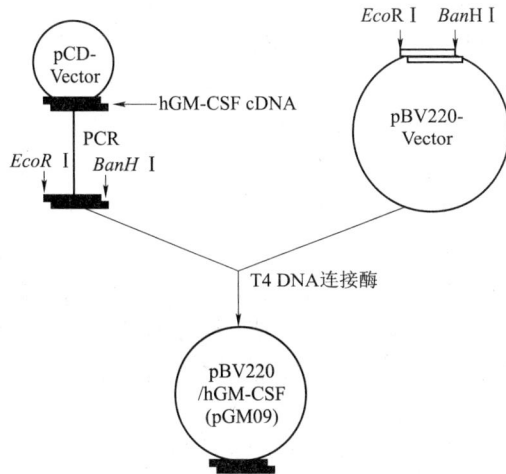

图 1-12　重组人 GM-CSF 质粒示意图

第五节　表达产物的活性与质量控制

随着生物和基因工程技术在各工业行业中的应用，发酵产品生产规模和品种不断增加，对发酵过程进行控制和优化也显得越来越重要。作为发酵中游技术的发酵过程控制和优化技术，既关系到能否发挥菌种的最大生产能力，又会影响下游处理的难易程度，在整个发酵过程中是一项承上启下的关键技术。

一、原材料的质量控制

原材料的质量控制是确保编码蛋白产物的 DNA 序列的正确性，重组微生物来自单一克隆，所用质粒纯而稳定，以保证产品质量的安全性和一致性。根据质量控制的要求应该了解以下特性：①明确目的基因的来源，克隆经过，并以限制性内切酶酶切图谱和核苷酸序列予以确证；②应明确表达载体的名称、结构、遗传特性及各组成部分（如复制子、启动子）的来源与功能，构建中所用位点的酶切图谱，抗生素抗性标记物等；③应提供宿主细胞的名称、来源、传代历史、鉴定结果及其生物学特性；④须阐明载体引入宿主细胞的方法及载体在宿主细胞与载体结合后的遗传稳定性；⑤提供插入基因与表达载体两侧端控制区内的核苷酸序列，详细叙述在生产过程中启动与控制目的基因在宿主细胞中表达的方法及水平等。

实例分析

实例：酵母菌表达人胰岛素。

分析：

1. 胰岛素在酵母中的表达　酵母表达体系包括以下组成部分：信号肽、前肽序列、蛋白酶切位点（KR）和微小胰岛素原（胰岛素前体）。前肽序列的作用在于引导新合成的微小胰岛素原通过正确的分泌途径——从细胞内质网膜到高尔基体后分泌至胞外。在分泌过程中微小胰岛素原形成结构正确的二硫键，后由酵母细胞内的特殊蛋白酶在赖氨酸-精氨酸（KR）酶切位点将前体肽链切除，最后有正确构象的微小胰岛素原分泌到细胞外。有正确构象的微小胰岛素原经过初步纯化、胰蛋白酶消化和转肽酶反应加上 B30 苏氨酸以后形成人胰岛素。

2. 分离纯化　将酵母菌培养液离心取菌体得到微小胰岛素原溶液，超滤、离子交换吸附、沉淀得到纯化的微小胰岛素原。利用胰酶和羟肽酶处理微小胰岛素原得到胰岛素粗品，通过离子交换层析、分子筛层析、二步反向层析纯化得到胰岛素纯品，最后通过重结晶得到终产品。

二、发酵过程的质量控制

发酵的生产水平高低除了取决于生产菌种本身的性能外，还要受发酵条件、工艺的影响。只有深入了解生产菌种在生长和合成产物的过程中的代谢和调控机制，弄清生产菌种对环境条件的要求，掌握菌种在发酵过程中的代谢变化规律，有效控制各种工艺条件和参数，使生产菌种始终处于生长和产物合成的优化环境中，从而最大限度地发挥生产菌种的生产能力，取得最大的经济效益。

发酵过程需要控制的变量包括状态变量、操作变量和可测量变量。状态变量是指那些显示过程状态及其特征的参数，一般是反映生物浓度、生物活性和反应速率的参数，如菌体浓度、基质浓度、代谢产物浓度、溶氧量、生物酶活性、细胞的比增殖速率、CO_2 生成速率等。过程的操作变量指环境因子和操作条件，而改变这些环境因子和操作条件，可以造成发酵过程的状态变量的改变。典型的操作变量包括温度、压力、pH、基质流加速率、稀释率、搅拌速率、通气量等。测量变量是指那些可以测量的状态变量，包括直接测量（一级）变量和间接测量（二级）变量。直接测量变量有 pH、溶氧量、电导率、黏度、电脉冲信号、化学电位、发酵罐进出口的气体分压、发酵液的浊度或颜色、基质和营养物质的添加量、菌体浓度、基质浓度、代谢产物浓度等。间接测量变量有 CO_2 生成速率、产酸速率、转化率、发酵罐传质系数等。间接测量变量一般是利用直接测量变量按照一定的公式计算得到的。

三、纯化过程的质量控制

产品要有足够的生理和生物学试验数据，确保提纯物分子批间保持一致性；外源性蛋白质、DNA 与热原质等应控制在规定限度以下。在精制过程中能清楚宿主细胞蛋白质、核酸、糖类、病毒、培养基成分及精制工序本身引入的化学物质，并有相应的检测方法。

纯化方法的设计应考虑尽量去除污染病毒、核酸、宿主细胞杂蛋白、糖及其他杂质以及纯化过程带入的有害物质。如用柱层析技术应提供所用填料的质量认证证明，并证实从柱上不会掉下有害物质，上样前应清洗除去热原质等。若用亲和层析技术，如单克隆抗体，应有检测可能污染此类外源性物质的方法，不应含有可测出的异种免疫球蛋白。关于纯度的要求可视产品的来源、用途、用法而确定。纯化工艺的每一步均应测定纯度，计算提纯倍数、收获率等。

四、产品的质量控制

基因工程的最终产品要根据纯化工艺过程，产品理化性质、生物学性质、用途等来确定质量控制项目，一般包括以下几方面：①物理化学性质；②生物学活性（比活性）；③纯度；④杂质检测；⑤安全试验等。

1. 蛋白质理化性质的鉴定属于特异性鉴别，包括分子量、等电点、肽图、吸收光谱等。

2. 生物学活性（比活性）

生物学效价测定：必须采用与国际上通用的方法，多肽或蛋白质药物的生物学活性是蛋白质药物的重要质控指标。蛋白质的生物学活性与其免疫学活性不一定相平行，因此，免疫学效价的测定不能替代其生物学活性的测定。

比活性（UI/mg）：比活性是每毫克蛋白质的生物学活性，这是重组蛋白质药物的一项重要的指标，由于蛋白质的空间结构不能常规测定，而蛋白质空间结构的改变，特别是二硫键的错配对可影响蛋白质的生物学活性，从而影响蛋白质药物的药效，比活性可间接地部分反映这一情况。

3. 杂质检测包括外源 DNA 测定；残余宿主细胞蛋白测定；残余鼠源型 IgG 含量；内毒素测定；生产和纯化过程中加入的其他物质的测定。

4. 安全性试验主要包括无菌试验、热原试验、安全试验、水分测定等。

五、产品的保存

基因工程的最终产品根据产品的性状和理化特性，采用不同的保存方法。液态产品需要在低温、相对稳定的条件下保存，必要时，可加入适当的保护剂。固态产品保存期限相对较长，而且较液态产品稳定，大部分药品在低温、干燥条件下保存即可。

── 本 章 小 结 ──

基因工程技术是现代生物技术的核心技术。通过基因重组技术将外源基因导入微生物或细胞等宿主进行高表达，并进一步分离纯化获取药用活性蛋白质，这一技术属于基因工程制药范畴。本章介绍了基因工程技术所需的工具酶、载体的种类及应用；DNA 重组及转入宿主细胞的方式；基因工程菌的筛选、鉴定和蛋白表达纯化。

重点是目的基因的制备方法，如何从基因组或组织中获得目的 DNA 片段（包括 PCR 和反转录 PCR）；DNA 的体外重组；重组菌的鉴定和筛选，包括重组菌的筛选、插入 DNA 的鉴定、产物的鉴定。

难点是目的基因的 DNA 序列未知，如何通过建立基因文库和 cDNA 文库寻找和确定目的基因。

思考题

1. 简述基因工程制药的主要步骤。
2. 举例说明 3 种获取目的基因的方法。
3. 重组阳性克隆筛选与鉴定方法有哪些？
4. 重组蛋白形成包涵体的原因有哪些？分离纯化蛋白包涵体的策略有何特点？
5. 怎样在大肠杆菌中获得真核基因的表达产物？
6. 设计实验鉴定外源基因在宿主细胞中的表达形式。
7. 举例说明各种表达系统生产生物技术药物时在上游构建、下游纯化以及产品质量控制等方面的优缺点。
8. 简要说明基因工程菌的不稳定性产生的原因和考察方法。
9. 查阅资料，分析最近 3 年 FDA 批准上市的重组蛋白药物的性质和特点。
10. 设计一种纯化分子量为 4000Da，等电点为 5.7 的重组蛋白的实验方案。

（黄　昆）

第二章 细胞工程制药

学习导引

1. **掌握** 动物和植物细胞工程制药特征、基本过程、生物反应器种类。
2. **熟悉** 动物和植物细胞工程制药所使用的培养基种类、细胞种类、载体种类、培养方式等。
3. **了解** 细胞工程发展史、细胞工程制药发展方向和存在问题。

第一节 细胞工程与细胞工程制药概述

细胞工程制药具有高投入、高风险、高收益的产业特性，技术依赖、知识密集、产品多样等特点突出，是当今国内外医药制造业中发展最快、活力最强和技术含量最高的领域。目前全球前20个最有价值的医药产品中，至少有一半以上来自细胞工程药物。随着生物技术的飞速发展，以重组蛋白质药物、治疗性抗体、生物技术疫苗、基因药物及基因治疗、细胞及干细胞治疗等为代表的细胞工程药物成为当今新药研发的新宠。已上市药物主要用于癌症、人类免疫缺陷病毒性疾病、心血管疾病、糖尿病、贫血、自身免疫性疾病、基因缺陷病症和遗传疾病等疾病的治疗上，细胞工程药物突破了化学技术难以逾越的瓶颈，为许多"绝症"患者带来希望，因而成为医药市场上的重磅炸药。

一、细胞工程

细胞是生物体的基本结构单位和功能单位。除病毒之外的所有生物均由细胞组成，但病毒生命活动也必须在细胞中才能体现。细胞体积极微，在显微镜下才能观察，形状多种多样。主要由细胞核与细胞质构成，表面有细胞膜。高等植物细胞膜外有细胞壁，细胞质中常有质体，体内有叶绿体和液泡，还有线粒体。动物细胞无细胞壁，细胞质中常有中心体，而高等植物细胞中则无。生命过程首先表现在细胞里，细胞有运动、营养和繁殖等功能。细胞核控制各种细胞器协同作用，以完成各种处理功能。

细胞工程（cell engineering）是以细胞为单位，应用生命科学理论，借助工程学原理与技术，有目的地利用或改造生物遗传性状，通过细胞融合、核质移植、染色体或基因移植以及组织和细胞培养等方法重组细胞的结构和内含物，以获得特定的细胞、组织、新物种或者代谢产物的一门综合性科学技术。细胞工程的研究对象包括动植物细胞（原生质体）、细胞器、染色体、细胞核、胚胎。细胞工程涉及的领域相当广泛，已经渗透到生命科学的各个方面，成为不可缺少的实用技术。广义的细胞工程包括所有的生物组织、器官、细胞离体操作和培养技术，狭义的细胞工程则是指细胞融合和细胞培养技术。根据研究对象不同，可以把细胞工程分为植物细胞工程和动物细胞工程两大类。

二、细胞工程发展史

（一）早期细胞的培养

细胞（cells）最早是由英国科学家 Robert Hooke 于 1665 年发现的，之后人类对细胞的认识逐渐加深，并不断总结细胞培养的技术，完成最初的细胞独立培养进程（表 2-1）。

表 2-1 早起细胞学发展的重大事件

年代	科学家	事件
1665	Robert Hooke	第一次观察到植物细胞壁
1676	Antonie van Leeuwenhoek	第一次发现活细胞
1838	Schleiden	发表"植物发生论"，认为无论怎样复杂的植物都由细胞构成
1839	Schwann	提出"细胞学说"
1855	Virchow	提出"细胞分裂"
1902	Haberlandt	植物单个细胞离体培养
1904	Hanig	萝卜和辣根菜的离体胚胎培养
1907	Harrison	蝌蚪的神经组织培养
1912	Carrel	离体的动物组织细胞在培养条件下可接近无限生长和增殖
1937	Went	发现 B 族维生素和生长素对植物根的生长具有促进作用
1937~1938	Gautheret 和 Nobercourt	几乎同时离体培养了胡萝卜组织，并使细胞成功增殖
1940	Earle	建立可无限传代的小鼠结缔组织细胞系
1948	Sanford	创立单细胞分离培养法，获得克隆细胞株
1951	Gay	建立第一个人体细胞系——HeLa 细胞系

（二）细胞工程诞生期

从人类认识细胞，到细胞工程的诞生，期间经历了近一个世纪的发展（表 2-2）。

表 2-2 细胞工程诞生的重大历史事件

年代	科学家	事件
1830	Muller, Schwann, Virchow 等	相继在肺结核、天花、水痘、麻疹等病理组织中观察到多核细胞现象
1855~1858	众多科学家	接受自然界中广泛存在多核细胞的现象
1948	Skoog	发现腺嘌呤可以诱导植物芽的形成
1956	Miller 和 Skoog	提出植物激素控制器官形成的观点
1958	Steward 和 Reinen	胡萝卜的体细胞可以分化成体细胞胚，验证了细胞全能性学说
1956~1959	Swarup	利用三棘刺鱼获得三倍体，饲养到性成熟
1959	张明觉	首次获得第一个试管动物——试管兔

续表

年代	科学家	事件
1958	Okada	发现紫外线灭活的仙台病毒可引起艾氏腹水瘤细胞融合
1960	Morel	兰花等植物无性繁殖获得成功，开辟了利用植物组织培养快速繁殖植物的途径
1962	Capstick	成功地进行仓鼠肾细胞悬浮培养，为动物细胞大规模培养技术的建立提供了基础
1965	Harris 和 Watkins	进一步证明灭活的病毒在适当条件下可以促进细胞融合
1965	Derobetis	将其编著的"普通生物学"改写为"细胞生物学"，标志着细胞生物学的诞生
1970	高国楠	发现聚乙二醇能促使植物原生质体融合，植物细胞融合技术初步建立
1981	Zimmerman	利用可变电场诱导原生质体融合，完善了细胞融合技术

（三）细胞工程快速发展期

近四十年来，细胞工程快速发展，重大事件见表2-3。近年来，组织工程、干细胞、体细胞克隆、转基因动物等获得了巨大突破，使细胞工程成为现代生物技术的前沿和热点领域之一。

表 2-3　细胞工程快速发展期的重大事件

年代	科学家	事件
1972	Carlson	用硝酸钠作为融合诱导剂进行烟草原生质体融合，获得了世界上第一个体细胞杂种植株
1973	Nitsh	采用花粉粒培养获得烟草植株
1973	Furuyn	培养人参细胞生产人参皂苷，开创植物活性物质生产新途径
1973	童第周	在金鱼和鳑鲏鱼间成功进行核移植，获得了种间杂种鱼
1974	Zeazen	发现根癌农杆菌Ti质粒，开创植物转基因的研究新途径
1975	Cesar Milstein 与 Geoger Kohler	建立了小鼠淋巴细胞杂交瘤技术，把细胞融合技术从实验阶段推向了应用研究阶段，促进了动物细胞工程的蓬勃发展
1977	英国 Oldham 医院	英国采用胚胎工程技术成功培育世界第一例试管婴儿
1981	Kvans 和 Kanfman	成功地分离到小鼠胚胎干细胞
1983	Palmiter 和 Brinster	将大鼠生长素基因转入小鼠，培育出生长快的超级小鼠
1984	Villadsen	首次通过核移植技术克隆成功哺乳动物
1987	Gordon	获得分泌组织纤溶酶激活因子tPA的转基因小鼠
1988	James Thomson	成功分离建立出人的胚胎干细胞系，极大地促进了人干细胞研究
1997	英国 Roslin 研究所	英国利用成年动物体细胞克隆出绵羊"多莉"，证明了高等动物体细胞的全能性

三、细胞工程制药

细胞工程制药（cell engineering pharmaceuticals）是细胞工程技术在制药工业方面的应用。即以细胞为单位，按人们的意志，应用细胞生物学、分子生物学等理论和技术，使细胞的某些遗传特性发生改变，达到改良或产生新品种，或使细胞增加或获得产生某种特定生理活性物质的能力，从而在离体条件下进行大量培养、增殖，并提取出对人类有用的产品的一门应用科学和技术。它主要由上游工程（包括细胞培养、细胞遗传操作和细胞保藏）和下游工程（即将已转化的细胞应用到生产实践中用于生产生物产品的过程）两部分构成。上游工程主要在实验室进行，下游工程主要在工厂开展。所涉及的主要技术包括细胞融合技术、细胞器特别是细胞核移植技术、染色体改造技术、转基因动植物技术和细胞大量培养技术等方面。

细胞工程制药多基于离体活细胞在体外人工条件下的生长、增殖过程，利用细胞的大规模培养技术，生产具有重要医用价值的生物制品。动物细胞工程制药主要用于生产适合真核细胞表达的各类疫苗、干扰素、激素、酶、生长因子、单克隆抗体等，已成为医药生物高技术产业的重要部分，其销售收入已占到世界生物技术产品的一半以上。植物细胞工程制药主要用于大规模生产源于植物的具有药用价值的萜类、黄酮类和生物碱等。

第二节　动物细胞工程制药

一、动物细胞工程制药的特征

细胞工程技术在 20 世纪 80 年代后才开始进入发展黄金期，在国内外都是一个新兴的发展方向，面向农学、生物技术和医学方向的细胞工程研究都各具特色。1986 年，FDA 批准了世界上第一个来源于重组哺乳动物细胞的治疗性蛋白药物——人组织纤溶酶原激活剂（human tissue plasminogen activator, tPA），标志着哺乳动物细胞作为治疗性重组工程细胞得到 FDA 认可。随着动物细胞大规模离体培养技术的日趋完善，以及生物反应器的种类、规模及检测和控制手段的不断提高，动物细胞工程在医药工业的应用更为普遍。生产的药品种类有转基因工程蛋白质类药物、单克隆抗体、疫苗等。

近年来转基因动物的出现，有可能使某些药品的生产完全取代目前的细胞培养方法，增加了一条新的药品生产途径。此外，动物细胞本身也是一种治疗手段，近来的"组织工程"已经引起人们的极大重视，相关产品也不断涌现。相信伴随着细胞培养技术的提高，它的应用必将越来越广泛。动物细胞工程制药具有如下基本特征。

（一）高效的动物细胞表达系统

已上市或在研的重组蛋白药物，多为糖基化蛋白。对于需要糖基化以保持活性的复杂蛋白，哺乳动物细胞表达系统由于具有与人相似的糖基化模式及某些优势受到人们的重视。2011~2012 年 FDA 共批准上市 12 个生物药物，过半数由哺乳动物细胞生产。因此构建高效表达载体是提高重组蛋白水平的主要手段。载体构建策略常是以提高重组蛋白表达水平，增加工程细胞稳定性为主要目标，包括采用更强的启动子和增强子、选择基因扩增系统、采用不同的表达调控元件组合、弱化筛选标记、改变基因表达方式。

1. 采用强启动子和增强子作为表达载体　启动子既需要有强的转录活性，又要具有比较广的应用范围。除病毒来源的强启动子（CMV、SV40）外，来源于细胞内源性的启动子也受到关注和应用。如 $H_2\text{-}K^b$（小鼠主要复合物）启动子、鼠 pgK-1 启动子、鸡胞质 β-肌动蛋白启动子等。真核表达载体 pCAGGS，使用的启动子就是鸡的 β-肌动蛋白启动子 Achieve 与 CMV 的增强子元件组合在一起构建成的杂合启动子，它的转录活性是 CMV 启动子的 1.5 倍，比 CMV 启动子的应用范围广。pEF-Bos 使用的是人 EF-1a 染色体启动子，EF-1a 是真核细胞内含量最为丰富的蛋白质，在几乎所有的真核细胞中都表达，使用它的启动子在 COS 细胞中表达 gp130 和 GAM，表达量高于其他真核载体。尽管 EF-1a 和 β-肌动蛋白启动子在某些细胞中的表达能力较 CMV 强，但 CMV 具有较好的稳定性和兼容性，因此应用最为广泛。此外，一些 DNA 元件，如抗阻遏子元件、核基质结合域（S/MAR）、隔离子、转座子、泛在染色质开放元件（UCOE）等也有助于外源基因的稳定和高效表达。这些 DNA 元件有些可抑制基因整合区域异染色质的形成，有些可提高目标基因的整合效率，而且这些元件较小，插入表达载体后不影响导入效率。

2. 基因扩增系统 目前常用的基因扩增系统是二氢叶酸还原酶（dihydrofolate reductase，DHFR）系统和谷氨酰胺合成酶（glutamine synthetase，GS）系统。DHFR 和 GS 不但可以作为选择基因，更重要在特定的抑制条件下表现出基因扩增的特点。如在 DHFR 抑制剂甲氨蝶呤（methotrexate，MTX）存在的条件下，细胞为了代偿而扩增 DHFR 基因，带动 DHFR 基因周围 100~1000kb 的范围一起扩增，使得 DHFR 周围的重组蛋白基因被动扩增表达。目前，DHFR 系统较为成熟，表达曲妥单抗的总抗体效价可达到 50mg/（L·d）。再如通过控制细胞周期 checkpoint 来提高 *dhfr* 基因扩增系统的效率，可提高定容产率约 3 倍。

与 DHFR 基因相似，GS 基因在甲硫氨酸亚砜（MSX）条件下也表现出类似的扩增特点。GS 系统广泛用于 GS 内源性表达水平很低的 NS0 和 CHO 细胞，尤其是 NS0 细胞；细胞转染 GS 目的基因后，使用无谷氨酰胺培养基，并加入蛋氨酸亚氨基代砜（methionine sulfoximine，MSX）加压筛选，使目的基因大量扩增。

研究表明，采用 DHFR 或 GS 的弱化表达，比如使用弱启动子，能够起到更强的基因扩增效果。如采用 DHFR 或 GS 与重组蛋白基因的结构连锁，可以明显提升重组蛋白基因扩增的成功率。如在内部核糖体进入位点序列（IRES）的 5'端插入重组蛋白基因、3'端插入 DHFR 基因，不但使重组蛋白基因与 DHFR 基因连锁，而且还可以弱化 DHFR 的翻译，因此可以起到更佳的基因扩增效果。

（二）高效的宿主细胞

CHO 细胞是目前重组蛋白生产领域最具代表性的工程细胞，已发展多种细胞系，形成一个家族。原始 CHO 细胞是 1957 年美国科罗拉多大学的 Puck 博士从雌性中国仓鼠卵中分离培养获得的可连续传代细胞。在原始 CHO 细胞的基础上，分别发展了甘氨酸依赖的 CHO-K1 细胞和脯氨酸依赖的 CHO-pro3 细胞。以 CHO-K1 为基础，细胞一个等位基因的二氢叶酸还原酶（DHFR）被敲除，另一个等位基因的 DHFR 错义突变，获得 DHFR 缺陷的 CHO-DXB11 细胞。以 CHO-pro3 细胞为基础，细胞的 2 个等位基因的 DHFR 均被敲除，从而获得另一种 DHFR 缺陷的 CHO-DG44 细胞。以上 2 种 DHFR 缺陷的 CHO 细胞均需要在含有甘氨酸、次黄嘌呤和胸腺嘧啶（GHT）的培养基中才能生长，因此 DHFR 可作为选择标记，在不含 GHT 的培养条件下能筛选出整合外源 DHFR 的细胞。CHO-G44 细胞适宜在无动物源性蛋白的化学介质培养基中悬浮条件下生长，符合美国 cGMP（Current Good Manufacture Practice，动态药品生产管理规范），是目前蛋白药物生产企业营业较为广泛的工程细胞。

NS0 细胞是另一种应用较为成功的哺乳工程细胞。NS0 细胞源于小鼠骨髓瘤细胞系 NS-1，自身不分泌免疫球蛋白重链，也不合成免疫球蛋白轻链，因此具有分泌内源性蛋白少特点，适合生产外源性分泌蛋白。NS0 细胞的谷氨酰胺合成酶（GS）活性极低，在不含谷氨酰胺的培养基中无法生存，只有转入外源 GS 才能生长，因此 GS 可作为选择标记。由于目前 NS0 细胞的检测标准高于 CHO 细胞，因此应用没有 CHO 广泛。

PerC.6 细胞是最新开发的一种革命性的工程细胞。它由人胚视网膜母细胞通过基因改造而来，具有生长密度高、不依赖血清、产量高、用途广等特点，PerC.6 细胞来源于人，表达的重组蛋白具有人源蛋白的糖基化特征，这在临床应用上具有一定的优势，可用于生产抗体和病毒，已在 FDA 备案。使用 PerC.6 细胞采用流加培养方式生产 IgG，产量达 8g/L。在生产病毒疫苗方面，PerC.6 细胞的产量是其他包装细胞的 10 倍，用 500L 生物反应器可达到传统细胞的 5000L 生产效果。目前，采用 PerC.6 细胞生产的狂犬病毒抗体、肺结核疫苗已进入 II 期临床试验阶段，疟疾疫苗和艾滋病毒疫苗在进行 I 期临床试验。

总活细胞密度（integrated viable cell density，IVCD）和单位细胞生产率决定重组蛋白的表达量。为了提高 IVCD，目前开展了基于抑制细胞凋亡、加快细胞增殖、增加细胞生长速度和提高最大活细胞密度的宿主细胞改造工程；在提高单位细胞生产率方面，从蛋白质折叠、运输、修饰、分泌等方面着手改造宿主细胞。如在 CHO-DG44 中同时过表达抗凋亡基因 *Bcl-2* 和 *Beclin-1*，发现细胞培养时间和存活率都提高。过表达半乳糖基转移酶、唾液酸转移酶、*N*-乙酰葡萄糖胺转移酶III可以提高目的蛋白糖基化水平；向 CHO 细胞引入 α2，6-唾液酸转移酶可使重组蛋白更接近人源。

（三）杂交瘤细胞系的构建

动物体内有两种免疫淋巴细胞，T 淋巴细胞和 B 淋巴细胞，B 淋巴细胞负责产生体液免疫，能够分泌特异性免疫球蛋白，即产生抗体。B 淋巴细胞群可以产生多达百万种以上的抗体，每一个 B 淋巴细胞可以分泌特异性的一种抗体蛋白质分子，但 B 淋巴细胞在体外无法正常生长繁殖。骨髓瘤细胞本身不能分泌抗体，可以在体外无限生长繁殖。肿瘤细胞与体细胞融合而成的杂种细胞称之为杂交瘤细胞，它一般由骨髓瘤细胞和 B 淋巴细胞融合所获得。两种亲本细胞融合而形成杂交细胞既可以产生单一抗体，又可在体外无限增殖，从而解决了从一个淋巴细胞制备大量单克隆抗体的技术难题。促进亲本细胞融合的方法有病毒法、PEG 法、电极法和激光法。杂交瘤细胞经过分离筛选和克隆化培养，只产生一种抗体的杂交瘤细胞集群为克隆系，用于生产单克隆抗体药物。杂交瘤细胞的筛选可以基于营养缺陷型细胞系或抗性细胞系作为亲本细胞株，从而通过选择性培养基将互补的杂种细胞筛选出来，或者利用人为制作的两个亲本细胞之间的物理特性差异，如大小、颜色或漂浮密度等方面不同，进行筛选；亦或是利用人为制造的杂种细胞与人为融合细胞之间生长或分化能力等方面的差异，进行选择性筛选。

（四）动物细胞大规模培养技术

1. 培养基 性能优越的培养基是大规模细胞培养的基础。为避免血清内病毒和其他物质的污染，通常避免使用动物血清和动物源性添加剂，即使用低血清培养基或无血清培养基。无血清培养基是基于已知成分明确的培养基入手，加入细胞类型特异性生长因子，并注意渗透压等不断摸索和优化获得。目前，全化学组分培养基一般含有氨基酸、维生素、碳水化合物、无机盐、脂质、胰岛素或胰岛素样生长因子等组分。工业上常使用的培养模式包括分批培养、流加培养和灌流培养。流加培养操作简单、灵活，已经成为大规模动物细胞培养中最有竞争力的培养模式之一。针对流加培养工艺，还包括基础培养基的流加和流加培养基的流加，同时还包括流加策略的选择。最简单的方法是直接流加浓缩基础培养基；或者考虑培养过程中营养消耗、副产物生产、细胞生长速率与蛋白产量平衡等复杂因素，针对性设计培养基以及流加方式。

2. 生物反应器 20 世纪 80 年代，转瓶已被用于重组蛋白的生产工艺中，但由于生产规模有限，研究人员对于新型生物反应器的探索从未停止。不仅出现了可同时开展百种培养工艺优化的 TubeSpin 反应器，还出现了自动化程度非常高、适合高通量工艺摸索和种子链扩增的 Sim-Cell microfluidics 生物反应器板，这种板由特殊塑料制作，含有微阵列式的细胞培养小室和容许气体穿透的膜。细胞在不同培养条件的小室内生长，通过探测器可以在线分析每个小室的氧气、二氧化碳、pH 值等参数，全部实现自动化。

不锈钢搅拌式生物反应器是经典的哺乳动物细胞培养设备，已经广泛用于蛋白质药物生产中。考虑降低采购设备的一次性投入，一次性、可抛弃式生物反应器越来越多地被采用。可抛弃式生物反应器通常用生物兼容性高的特殊塑料制造，成本低，可有效避免交叉污染，且形式多样。包括膜生物反应器、波浪式袋生物反应器、搅拌式袋生物反应器、气体驱动袋生物反应器和摇动式袋生物反应器等。波浪式袋生物反应器是目前应用最广泛，细胞在摇床上的塑料袋中培养，最高培养体积可达到 600L，其 $k_L\alpha$ 系数通常小于 $4h^{-1}$，因此当细胞密度超过 $5\times10^6/ml$ 时可能存在供氧限制。ExcellGene 开发的 1500L 摇动式培养柱可用于哺乳细胞悬浮培养，工作体积达 1000L。这种生物反应器的内壁采用螺旋线结构，摇动时液体沿螺旋路径旋转，可显著提升气液交换，其 $k_L\alpha$ 系数可达 $10h^{-1}$。

（五）转基因动物乳腺生物反应器

转基因动物乳腺反应器是应用 DNA 重组和转基因技术，而获得能在动物乳腺组织中特异表达外源基因，从而高效生产活性功能蛋白的转基因动物个体。与微生物或者细胞发酵生产药用重组蛋白相比，转基因动物乳腺反应器具有不可比拟的优势。首先乳腺生产药用重组蛋白产量高、成本低。哺乳动物的乳腺是高度分化的腺体，具有超强的蛋白质合成能力，尤其是经过改良的动物品系，其乳腺的蛋白质合成能力更强。且乳汁中蛋白质种类相对较少，主要是酪蛋白、乳球蛋白、白蛋白和血液中扩散进来的少量血清蛋白及免疫球蛋白，因此易于药用重组蛋白的分离纯化，且工艺简单。其次，动物乳腺是相对封闭的分泌系统，其特异性表达的重组蛋白很少进入血液循环而对转基因动物造成伤害小。第三，由于乳腺生物反应器在产品生产和纯化过程中没有毒性物质或者有害物质释放，所以对环境无污染。第四，由于转基因可以遗传，从而使扩大种群和规模化生产较为容易。最后，如果利用动物乳腺生物反应器生产新药，其周期缩短为 5 年左右，而传统技术则需要 10 年左右，故具有巨大的市场潜力和巨额利润。荷兰 Genpharm 公司用转基因牛生产乳铁蛋白，每年从乳汁中提炼出的营养奶粉销售额达 50 亿美元；美国 GTC 公司用山羊乳腺反应器生产重组人抗凝血酶Ⅲ（ATryn），成为首个在欧洲药监局和美国 FDA 相继上市的生物药物。目前，用这种方法生产的产品还有抗胰蛋白酶（hAA T）、蛋白 C（hPC）、纤维蛋白原（hFIB）、血清白蛋白（hSA）、凝血因子Ⅷ（hF-Ⅷ）和Ⅸ（hF-Ⅸ）等近 30 种进入临床开发，这将促进人类医药事业发展。

（六）动物细胞工程产品的纯化

动物细胞产品的制造离不开下游的分离纯化工作。一般来说，下游的分离纯化成本高、难度大，也是当前很多生物技术产品不能转化为商品的重要原因之一。据估算，生物技术产品的研究开发中，50%～80% 的资金用于中下游，即细胞培养和产品纯化处理中。其中要去除细胞内容物、培养基成分，特别是培养基中含有血清时，血清中各种蛋白质和产品混杂在一起，性质往往非常相似，很难将它们分开。另外，由于该产品用于人体，为防止杂质对人体的伤害作用，产品纯度要求非常高。一般在 98% 以上。由于大多数的重组表达获得的蛋白质类药物或者抗体，表达量比较低，生物活性很不稳定，因此需要纯化过程中所有操作都离不开温和、精密的环境，包括溶液的温度、pH 和盐离子强度等，这需要精密的设备和检测仪器。最后由于动物细胞产品种类繁多，蛋白质的氨基酸组成、结构、相对分子量、糖基化程度等都不同，所以分离纯化技术和方法通用性差，必须根据每一种产品的特点研究专属的分离纯化技术。

（七）动物细胞工程产品的质量控制

每个国家的药品质量监管部门都对动物细胞工程的产品质量制定了详尽的管控办法，不同产品，其质量控制各不相同。一般来说，主要包括生产过程的质量监控和最终产品的质量检验。

对生产过程的质量监控，包括对原材料的质量控制，主要是宿主细胞的特征、来源检查，生产用的基因序列考察，载体来源、功能的考察，载体导入宿主细胞的方法，载体在细胞内的状态、拷贝数及与宿主细胞结合的遗传稳定性等。对培养过程的质量控制，主要是控制标准种子库或细胞库。检查培养过程中污染物的种类、特性；长期生产过程中，要检查被表达基因的分子完整性、宿主细胞的表型和遗传型特征是否稳定。对纯化过程的质量控制，主要是详细记录收获的培养物提取和纯化方法；特别说明用于去除病毒、核酸污染物以及污染抗原的方法，除去不需要产物或宿主细胞蛋白质、核酸、糖、病毒和其他杂质的方法；要对每一步分离纯化获得的中间体进行分析。

对最终产品质量的检验，一般需要检测以下各项：N-末端 15 个氨基酸序列分析、肽图分析（peptide mapping）、分子量、纯度测定、等电点测定、紫外光谱、外源性 DNA、其他外源性杂质、效价测定、无菌、热原、毒性和安全试验，每批成品要进行一致性检查、鉴别、纯度、效价检测，保证产品质量。

二、动物细胞工程制药的基本过程

动物细胞工程制药的基本过程涉及生产用细胞株的获得和保存，动物细胞的培养条件、培养基、大规模培养方法、操作方式及生物反应器。

（一）生产用动物细胞的获得和保存

生产用动物细胞有 3 种，即原代细胞、已经建立的二倍体细胞系、可无限传代的转化细胞系，以及用这些细胞进行融合和重组的工程细胞系。

1. 原代细胞　原代细胞是直接取自动物组织、器官，经过粉碎，消化而获得的细胞悬液。一般 1g 组织约有 10^9 个细胞，但实际上只能得到其中一小部分细胞。因此，用原代细胞来生产生物制品需要大量的动物组织，费时费力，以往生产用的最多的是鸡胚细胞、原代兔肾细胞、血液淋巴细胞等。

2. 二倍体细胞系　原代细胞经过传代、筛选、克隆，从多种细胞成分的组织中挑选并纯化出某种具有一定特征的细胞株。该细胞株仍然具备"正常"细胞的特点，即它的染色体组型仍然是"2n"的核型，具有明显的贴壁依赖和接触抑制的特性，具有有限增殖能力，一般从动物的胚胎组织中获取，可连续传代 50 代，无致瘤性。广泛用于生产的二倍体细胞系有 WI-38、MRC-5 和 2BS。

3. 转化细胞系　这种细胞系是从正常细胞转化而来，分化不成熟的、获得了无限增殖能力的一种细胞株。常由于染色体的断裂而变成异倍体，并失去正常细胞的特点。传代细胞可以是自发的，或者人为方法获得的。此外，直接从肿瘤细胞建立的细胞系也是转化细胞系。由于转化细胞具有无限的生命力，而且倍增时间常常较短，对培养条件和生长因子要求较低，故适合用于大规模工业化生产。近年来用于生产的转化细胞系有 CHO、BHK-21、Vero、Namlwa。

4. 基因工程细胞系 随着细胞融合和基因重组技术的发展，人们通过基因重组技术，将编码蛋白质的基因在分子水平上进行设计、改造、编程、重组，再转移到新的宿主细胞系统内进行复制、表达和折叠。这种新构建的细胞系，称之为基因工程细胞系。

5. 动物细胞的保存 一般均在低于-70℃的超低温条件下进行冻存，或者在液氮温度（-196℃）条件下保存。冻存过程即为将体外培养物或生物活性材料悬浮在加有冻存保护剂的溶液中，以一定的冷冻速率降至零下某一温度并在此温度下对其长期保存。而复苏是以一定的复温速率将冻存的体外培养物或生物活性材料恢复到常温的过程。一般生物样品在-196℃可保存10年以上。应用-70~-80℃保存，短期内对细胞的活力无明显影响，但随着冻存时间延长，细胞存活率明显下降。在0~-40℃范围内保存细胞的效果不佳。

冻存细胞的过程需要在冷冻保护剂中进行。冷冻保护剂可保护细胞免受冷冻损害。冷冻保护剂常常配置成一定浓度的溶液。一般来说，只有红细胞、大多数微生物和极少数有核的哺乳动物细胞悬浮在不加冷冻保护剂的水或者简单的盐溶液中，以最适的冷冻速率冷冻，可以获得活的冻存物。但对于大多数有核哺乳动物细胞来说，不加冷冻保护剂，无最适冷冻速率而言，也不能获得活的冷冻物。

冷冻保护剂分为渗透性和非渗透性两类。渗透性冷冻保护剂可以渗透到细胞内，一般为小分子物质，包括甘油、二甲基亚砜（DMSO）、乙二醇、丙二醇、乙酰胺、甲醇等。冻存时DMSO平衡多在4℃以下进行，一般需要40~60分钟。非渗透性保护剂不能渗透到细胞内，一般是一些大分子物质，包括聚乙烯吡咯烷酮（PVP）、蔗糖、聚乙二醇、葡聚糖、白蛋白等。

不同的冷冻保护剂具有不同的优缺点。目前一般采用两种以上保护剂组成保护液。由于很多保护液在低温下能保护细胞，但在常温下却对细胞有害，故在细胞复温后应及时洗涤冷冻保护剂。

（二）动物细胞的培养条件

动物细胞在体外培养，需要充分的营养成分，同时需要在无污染，温度、湿度、光照、渗透压合适，pH适宜的条件下才能良好生长。

1. 无菌环境 一般来说，细胞对微生物（细菌、放线菌、真菌、病毒）没有抵抗能力，因此，在其培养过程中一定要保证所有材料都经过严格灭菌处理。

2. 温度、湿度和光照 对哺乳动物细胞的适宜培养温度为35~37℃，对低温耐受性强于高温。39℃以上受损或者死亡，不低于0℃时，细胞能生存，但代谢降低、分裂延缓。

开放培养环境，相对湿度在95%。

细胞培养需要避光，紫外线或可见光可造成核黄素、酪蛋白、色氨酸等产生有毒的光产物，抑制细胞生长，降低其贴壁能力。

3. 渗透压 细胞必须生活在等渗溶液环境中，大多数培养细胞对渗透压有一定耐受性。人血浆渗透压656.9kPa（290mOsm/kg，H_2O），可视为培养人体细胞的理想渗透压。鼠细胞渗透压在724.8kPa（320mOsm/kg，H_2O）左右。对于大多数哺乳动物（mammalian）细胞，渗透压在588.9~724.8kPa（260~320mOsm/kg，H_2O）的范围都适宜。

4. pH 细胞培养最适pH7.2~7.4之间，当pH低于6.0或者高于7.6时，细胞的生长会受到影响，甚至导致细胞死亡。

5. 气体 细胞生长代谢离不开气体，培养瓶中的O_2与CO_2足以保证细胞体内代谢活动的进行，简单作为代谢产物的 CO_2 在培养环境中还有调节 pH 的作用，CO_2 培养箱可以维持一定比例的 CO_2，使培养环境中的氢离子浓度保持恒定。

6. 营养成分 细胞培养液中的成分一定要满足细胞进行糖代谢、脂代谢、蛋白质代谢及核酸代谢所需要的各种组成，如各种必需氨基酸和非必需氨基酸、维生素、碳水化合物、无机盐、细胞因子、激素等，只有满足了这些基本条件，细胞才能在体外正常存活和生长。

（1）氨基酸是细胞合成蛋白质的原料。所有细胞都需要 12 种必需氨基酸：缬氨酸、亮氨酸、异亮氨酸、苏氨酸、赖氨酸、色氨酸、苯丙氨酸、甲硫氨酸、组氨酸、酪氨酸、精氨酸、胱氨酸。此外还需要谷氨酰胺，它在细胞代谢过程中有重要作用，所含的氮是核酸中嘌呤和嘧啶合成的来源，同样也是合成三、二、一磷酸腺苷所需的基本物质。体外培养细胞的各种培养基内都含有必需氨基酸。

（2）培养中的单糖可供细胞进行有氧与无氧酵解，六碳糖是主要能源。此外六碳糖也是合成某些氨基酸、脂肪、核酸的原料。细胞对葡萄糖的吸收能力最高，半乳糖最低。体外培养动物细胞时，几乎所有的培养基或培养液中都以葡萄糖作为必备的能源物质。

（3）维生素以辅酶或辅基的形式参与细胞代谢过程，是体外培养基中必不可少的成分。生物素、叶酸、烟酰胺、泛酸、吡哆醇、核黄素、硫胺素、维生素 B_{12} 都是培养基常有的成分。

（4）无机离子与微量元素 钠、钾、钙、镁、氮和磷等是细胞生长的基本无机离子元素，铁、锌、硒、铜、锰、钼、钒等是细胞生长的微量元素。

（5）生长因子与激素 生长因子和激素对于维持细胞的功能、保持细胞性状（分化或未分化）具有十分重要的作用。如胰岛素（insulin）能促进许多细胞利用葡萄糖和氨基酸而起到促生长作用；有些激素只对某一类细胞有明显促进作用，如氢化可的松可促进表皮细胞的生长，泌乳素有促进乳腺上皮细胞生长作用等。

（6）水 细胞培养用水必须非常纯净，不得带有任何离子和其他杂质。一般使用双蒸水或者三蒸水，即超纯净水。

（三）动物细胞的培养基

1. 天然培养基 天然培养基是指来自动物体液或者利用组织分离提取的一类培养基，如血浆、血清、淋巴液、鸡胚浸出液等。组织培养技术建立早期，体外培养细胞都是利用天然培养基，但由于批间差异大，制作过程复杂，细胞培养质量不易重复，逐渐被后来的合成培养基所取代。

2. 人工合成培养基 由于细胞种类和培养条件不同，适宜的人工合成细胞培养基也不同，在动物细胞培养中最常用基础细胞培养基有 6~7 种，如 BME、MEM、DMEM、PRMI-1640、NCTC、199、109 等。原代较难培养的细胞还可用 M_cCOY5A 及 HamF12 培养。

由于天然培养基的一些营养成分不能被合成细胞培养基完全代替，因此一般需在合成细胞培养基中添加 5%~10% 的小牛血清，对杂交瘤细胞的培养，则需要添加胎牛血清达 10%~20%，否则细胞无法很好地增殖，甚至不能贴壁生长。小牛血清的加入对细胞培养非常有效，但小牛血清的成分复杂，这对培养产物的分离纯化和检测会带来一定的不便，为减少小牛血清的影响，开发了营养成分更加丰富的低血清细胞培养基，可以将小牛血清的使用量降低到 1%~3%。

3. 无血清细胞培养基 在使用中无需添加血清的细胞培养基，且其组成成分不含有任何动物组分称为无血清细胞培养基（serum free medium，SFM）。它是以合成培养基为基础，加入各种细胞生长需要的生长因子、激素、结合蛋白、贴壁因子、扩展因子、小分子量营养因子等（如胰岛素、孕酮、硒酸钠、腐胺、转铁蛋白等）。按照其组分分类，还可以分为无动物组分无血清细胞培养基和化学限定无血清细胞培养基，前者组分中可能含有某些植物来源成分，而后者完全由化学成分明确的组分组成。其中，无动物组分无血清细胞培养基是目前在生物制药行业中应用最广泛的，它提高了细胞培养的质量，避免了使用血清带来的麻烦。目前，已有多种无血清培养基上市，分别适用于杂交瘤细胞、CHO 细胞、Vero 细胞和 NS0 细胞等。

SFM 可提高细胞培养的可重复性，供应充足、稳定，细胞产品便于纯化，避免血清差异带来的细胞差异，以及避免血清中某些因素对有些细胞产生的毒性，减少血清带来的病毒、真菌、支原体等微生物污染的危险与血清中蛋白对某些生物鉴定的干扰，便于结果分析（表 2-4、表 2-5）。

表 2-4　无血清培养基中主要添加成分及作用

种类	例子	主要作用
激素和生长因子	多肽类激素：胰岛素、生长激素、胰高血糖素等	胰岛素促进对葡萄糖、氨基酸的利用及糖原、脂肪酸的合成，对细胞的生长有刺激作用
	甾体类激素：孕酮、氢化可的松、雌二醇等	氢化可的松能促进细胞的贴壁和分裂，在某些情况下会抑制细胞生长和诱导细胞分化
	多肽类生长因子：表皮生长因子、成纤维细胞生长因子、神经生长因子等	生长因子对维持细胞体外培养生存、增殖和分化起调节作用
结合蛋白	转铁蛋白、白蛋白	转铁蛋白与其受体及铁离子复合物结合使细胞多结合微量元素铁，还具有生长因子的性质
贴壁和扩展因子	纤黏蛋白、胶原、聚赖氨酸和昆布氨酸	纤黏蛋白和昆布氨酸促使细胞黏附伸展，影响增殖分化
小分子量营养物质	微量元素、维生素和脂类	微量元素能消除过氧化物和氧自由基对细胞的损害，维生素参与代谢、抗氧化等

表 2-5　市售无血清培养基

供应公司	杂交瘤细胞	CHO 细胞	昆虫细胞	淋巴样细胞	通用
Bio-Whittaker Inc	Utradoma（30） Utradoma PF（0）	Utra-CHO（<300）	Insect XPress（0）	Ex-Vivo range（1000~2000）	UtraCulure（3000）
Boehringer Mannheim	Nutridoma range（40~1000）	—	—	—	—
Gibco	Hybridoma SFM（730） Hybridoma PHFM（0）	CHO-SFM（400）	SF900	AIM V	—
Hyclone Laboratories	CCM-1（200）	CCM-5（<400）	CCM-3（0）	—	—
JCN Flow	Biorich 2	—	Biorich 2	—	—
JRH Biosciences（Seralab）	Ex-cell300（11） Ex-cell309（10）	Ex-cell301（100）	Ex-cell401（0）	Aprotain-1（0）	—
Sigma	QBSF-52（45） QBSF-55（65）	—	SF insect Medium（0）	—	—
TCS Biologicals Ltd	SoftCell-doma LP（3） Softcell-doma HP（0）	SoftCell-CHO（300）	SoftCell-insecta（0）	—	SoftCell-Universal（3000）
Ventrex	HL-1（<50）	—	—	—	—

（四）动物细胞大规模培养方法

细胞培养方法，根据细胞种类可分为原代细胞培养和传代细胞培养；根据培养方式不同，有悬浮培养、贴壁培养、悬浮-贴壁培养；根据培养基不同，可分为液体培养和固体培养；根据培养容器和方式不同，可分为静止培养、旋转培养、搅拌培养、微载体培养、中控纤维培养、固定化培养等。本节主要介绍悬浮培养、贴壁培养和贴壁-悬浮培养。

1. 悬浮培养　细胞自由地悬浮于培养基内生长繁殖称之为悬浮培养（suspension culture）。它适用于一切非贴壁依赖性细胞，也适用于兼性贴壁细胞。该方法的优点是操作简便，培养条件均一，传质和传氧好，易于规模放大，在培养设备、设计和实际操作中可借鉴细菌发酵经验。不足之处在于由于细胞体积较小，难于采用灌流培养，因此细胞密度低，目前在生产中悬浮培养的设备主要是搅拌罐式生物反应器和气升式生物反应器。如英国的 Wellcome 公司采用 8000L 的搅拌罐生物反应器培养 Namalwa 细胞生产 α-干扰素。英国的 Celltech 公司采用 2000L 气升式生物反应器大量培养杂交瘤细胞生产单克隆抗体。

2. 贴壁培养　细胞黏附在某种培养基质上进行生长繁殖的过程叫作贴壁培养（anchorage-dependent culture）。它适用于一切贴附依赖性细胞，也适用于兼性贴附细胞。由于大多数细胞均是贴壁细胞，所以该方法使用范围广，易于采用灌流配方的方式使细胞达到高密度，不足之处是操作麻烦，需要合适的贴附材料和足够的表面积，培养条件不均一，传质和传氧效果较差，成为扩大培养的障碍。早期的疫苗生产大多采用转瓶（roller bottle）来培养原代鸡胚或肾细胞。近代有些生物制品公司仍然采用这种方法，为减少劳动强度，采用了计算机自动控制转瓶。

贴壁培养和悬浮培养的另一个不同在于传代或者扩大培养时，常常采用酶将细胞从基质上消化下来，分离成单个细胞后再进行培养。而悬浮培养的细胞则不需要此步骤。消化用物质常包括胰蛋白酶（trypsin）、二乙胺基四乙酸钠（EDTA）、胰酶-柠檬酸盐、胰酶-EDTA 联合使用。胶原酶（collagenase）、链霉素蛋白酶（pronase）、木瓜酶（papain）也可以使用。

3. 贴壁-悬浮培养　亦称之为假悬浮培养。即将两者的优势互补，形成一种更理想的、适合工业化大规模生产的培养方法。主要有微载体培养、包埋-微囊培养法、结团培养法。其中微载体法技术日趋完善，并广泛用于生产疫苗、基因工程产品，是公认的最具发展前途的一种动物大规模培养技术。

利用微小载体具有相当大的表面积，可用于贴壁细胞黏附、生长、繁殖，这种培养方法叫作微载体培养（microcarrier culture）。微载体具有体积小、表面积大、比重较轻，在轻度搅拌下即可使细胞自由悬浮于培养基内，充分发挥悬浮培养的优点。该方法始于 1967 年，荷兰科学家 van Wezel 首选采用葡聚糖 Sephadex A50 微小颗粒培养贴壁细胞成功后，经过后人不断努力，到 20 世纪 80 年代这种方法被正式用于培养成肌细胞、Vero 细胞、CHO 细胞，生产各种疫苗和其他细胞产品，并出现了一批商品化微载体，见表 2-6。常用微载体基质有葡聚糖、聚丙烯酰胺、交联明胶、聚苯乙烯和纤维素等。

表 2-6　常用微载体基质

商品名	基质	带电基和交换当量	形状	直径大小（μm）	比表面积（cm/g）	密度（g/ml）	透明度
Cytodex 1	葡聚糖	DEAE 1.5meq/g	球形	131~210	6000	1.03	+
Superbeads	葡聚糖	DEAE 2.0meq/g	球形	135~205	5000~6000	ND	+
Biocarrier	聚丙烯酰胺	二甲胺丙基 1.4meq/g	球形	120~180	5000	1.04	+

商品名	基质	带电基和交换当量	形状	直径大小（μm）	比表面积（cm/g）	密度（g/ml）	透明度
Cytodex 2	葡聚糖	三甲基-2-羟氨基 0.6meq/g	球形	114~198	5500	1.04	+
Cytodex 3	葡聚糖	60μg 胶原/cm²	球形	133~215	4500	1.04	+
Ventragel	交联明胶	明胶	球形	150~250	ND	ND	±
Celibeads	交联明胶	明胶	球形	115~235	3300~4300	1.03~1.04	±
Biosilon	聚丙乙烯	负电荷	球形	160~300	225	1.05	±
Cytosperes	聚丙乙烯	负电荷	球形	160~300	250	1.04	±
DE-53	纤维素	DEAE 2.0meq/g	柱形	40~50 长80~90	ND	ND	-

（五）动物细胞大规模培养操作方式

无论是悬浮培养、贴壁培养、悬浮-贴壁培养，其操作方式都可分为分批式培养、补料-分批（或流加式）式培养、半连续式培养、连续式培养和灌流式培养。

1. 分批式培养 分批式培养（batch culture）是采用机械搅拌式生物反应器，将细胞扩大培养后，一次性转入生物反应器内进行培养。可再细分为两种方式：一种是在培养过程中不再添加其他成分，待细胞增长和产物形成积累到一定程度，一次性收获产物、细胞、培养基，结束培养。如单克隆抗体的生产。另一种方式是待细胞生长到一定密度后，加入诱导剂或病毒，再培养一段时间，达到培养终点，取出所有生物反应器中的物质。如干扰素和疫苗采用这种方法生产。分批式培养的优点是操作简单、培养周期短、染菌和细胞突变风险小。易于直观细胞生长代谢过程，常是"小试"研究手段。可直接放大。但该方法的缺点是只能收获一次产品，批产量小，放大规模有限。

2. 补料-分批（流加）式培养 补料-分批式培养（feeding culture，亦称为流加式培养）是在分批式培养基础上，采用机械搅拌式生物反应器系统，悬浮培养细胞或以悬浮微载体培养贴壁细胞。初始接种的培养基体积一般为终体积的30%~50%，在培养过程中，根据细胞对应于物质的消耗和需求，流加浓缩的营养物或培养基，从而使细胞持续生长至较高密度，目标产品达到较高水平。整个过程没有流出或回收，通常在细胞进入衰亡期或衰亡期后进行终止，回收整个反应体系，分离细胞和产物蛋白。

补料-分批式培养可根据细胞生长速率、营养消耗和代谢产物抑制情况，调节流加营养物的速率、浓度、流加工艺控制节点，保持合理的培养环境和较低的产物抑制水平。这些均建立在掌握细胞生长动力学和能量代谢动力学基础上，研究细胞环境变化的瞬时行为，是整个培养工艺研究的主要内容。这种培养方式在当前细胞培养中占主流，是近年来动物细胞大规模培养研究的热点。补料-分批式流加工艺中的营养成分主要有三类：

（1）葡萄糖 葡萄糖是细胞的能源物质和主要的碳源物质。当葡萄糖浓度较高时会产生大量的代谢产物——乳酸，因此需要对其浓度进行控制，以足够维持细胞生长而不至于产生大量副产物的浓度为佳。

（2）谷氨酰胺 谷氨酰胺是细胞的供能物质和主要的氮源物质。当其浓度较高时，会产生大量的代谢产物——氨，因此也需要控制其浓度，以足够维持细胞生长而不至于产生大量的副产物的浓度为佳。大规模培养中细胞凋亡主要是由于营养物质的耗尽或代谢产物的堆积引起，谷氨酰胺的耗尽是最常见的凋亡原因，而且一旦发生，再加谷氨酰胺也不能逆转凋亡。另外，动物细胞在无血清、无蛋白培养基中进行培养时，细胞变得更加脆弱而易于发生凋亡。

（3）氨基酸、维生素及其他成分　主要包括必需氨基酸、非必需氨基酸，一些特殊的氨基酸（如羟脯氨酸、羧基谷氨酸和磷酸丝氨酸）；此外，还包括其他营养成分，如胆碱、生长因子等。氨基酸多为左旋氨基酸，而且多以盐或者前体的形式替代单分子氨基酸，或者添加四肽或者短肽。在进行添加时，不溶性的氨基酸（如胱氨酸、酪氨酸和色氨酸）只在中性 pH 值部分溶解，可采用泥浆的形式进行脉冲式添加；其他的可溶性氨基酸以溶液的形式用蠕动泵进行缓慢连续流加。

流加式培养可按照补料次数再细分为单一补料分批式和反复补料分批式两种培养方式。

单一补料分批式培养是在培养开始时投入一定量的基础培养液，培养到一定阶段，开始连续补加浓缩营养物质，至培养液体积达到生物反应器的最大操作容积，停止补加，培养到终点，一次性放出所有培养液。这种方式受反应器容积的限制，培养周期只能控制在较短时间内。

反复补料分批式培养是在单一补料基础上，每隔一定时间按一定比例放出一部分培养液，再补加一部分营养液，使培养液体积始终不超过反应器的最大操作容积，从而在理论上可以延长培养周期，直至产率下降，才将培养液全部放出，终止生产。

3. 半连续式培养　该方法是细胞核培养基一起加入反应器中，在细胞增长和产物形成过程中，每间隔一段时间取出部分培养物，或单纯是条件培养基，或连同细胞、载体一起，然后补充同样数量的新鲜培养基，或加入新鲜载体，继续培养。该操作方在动物细胞培养和药品生产中被广泛使用。具有操作简便，生产效率较高，可长时间不断进行生产，反复收获产品，而且可使细胞密度和产品产量一直保持在较高水平。在半连续式培养中，细胞适应了生物反应器的培养环境和相当高的接种量，经过几次稀释、换液培养过程，细胞密度常常会提高。

4. 连续式培养　连续式培养（continuous culture）是一种常见的悬浮培养模式，采用机械搅拌式生物反应器。该方式是将细胞接种于一定体积的培养基后，为了防止衰亡期的出现，在细胞达到最大密度之前，以一定速度向生物反应器连续添加新鲜培养基，同时含有细胞的培养物以相同速度连续从反应器流出，以保持培养体积的恒定。理论上，该过程可无限延续下去。

该方法的优点是反应器的培养状态可达到恒定，细胞在恒定状态下生长，可延长细胞的对数生长期，保持细胞浓度和细胞比生长速率不变。细胞很少受到培养环境变化带来的生理影响，在高的稀释率下，死细胞和细胞碎片及时清除，细胞活性高，细胞密度得到提高，但产物却不断被稀释，所以产物浓度并未提高，但生产效率高，有害产物积累少。缺点是细胞和产物不断稀释，营养物质利用率、细胞增长速率和产物生产速率低下；容易污染，细胞生长特性以及分泌产物容易变异，对设备、仪器的控制技术要求高。

5. 灌流式培养　灌流式培养（perfusion culture）是将细胞和培养基一起加入反应器后，在细胞增长和产物形成过程中，一边不断地将部分条件培养基取出，同时不断地补充新鲜培养基。它与半连续式培养的不同之处在于取出部分条件培养基时，绝大部分细胞仍保留在反应器内，而连续式培养则同时也取出部分细胞。该操作方式是近年来动物细胞培养生产药品中最推崇的。它的优点是，细胞在较稳定的良好环境中，营养条件较好，有害代谢物浓度较低，可极大提高细胞密度，一般可达到 $10^7 \sim 10^8$/ml，从而提高了产品产量。产品在罐内停留时间缩短，可及时收集并在低温下保存，有利于产品质量的提高。同时，培养基的比消耗速率较低,加之产品产量提高,生产成本明显降低。

(六)动物细胞生物反应器

动物细胞培养技术能否大规模工业化和商品化,关键在于能否设计出合适的生物反应器(bioreactor)。由于动物细胞与微生物细胞有较大差异,传统的微生物反应器不适用于动物细胞,它要求必须在低剪切力及良好的混合状态下,能够提供充足的氧气,以保障细胞生长和产物合成。到目前为止,动物细胞培养用生物反应器,主要有转瓶培养器、波浪袋反应器、填充床反应器、多层板反应器、螺旋膜反应器、管式螺旋反应器、陶质矩形通道蜂窝状反应器、流化床反应器、膜式反应器、搅拌式反应器、气升式反应器等。

1. 搅拌式生物反应 器搅拌式生物反应器是开发较早、应用较广的一类生物反应器(图2-1),最初从细胞发酵罐借鉴而来,现在已根据细胞固有的特点而改造成更适于动物细胞的培养。它靠搅拌桨提供液相搅拌动力,有较大的操作范围、良好的混合型和浓度均匀性,此外该反应器可以配连续监测培养物的温度、pH、溶解氧、葡萄糖消耗的电极;若再配合微载体、灌注培养技术,可使细胞密度达到 10^7/ml。该反应器的优点在于能培养各类动物细胞,培养工艺易于放大,产品质量稳定,非常适合工厂化生产。缺点是搅拌所带来的剪切力对细胞有较大的损伤,不利于细胞生长和产量提高。

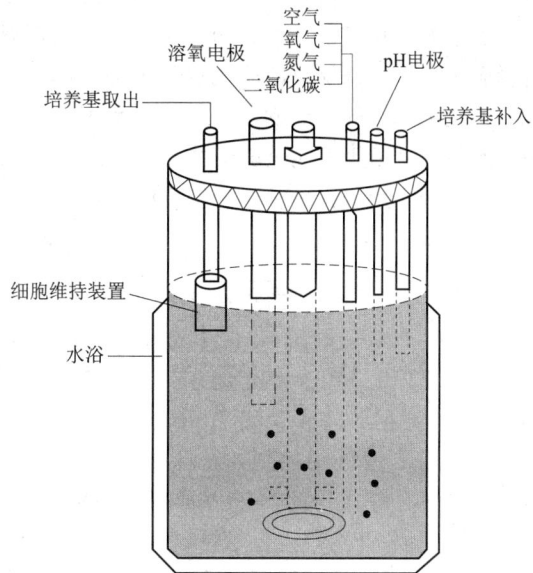

图 2-1 搅拌式生物反应器示意图

2. 气升式生物反应器 1979 年首次应用气升式生物反应器成功进行了动物细胞培养。气升式生物反应器(图2-2)的基本原理是气体混合物从底部的喷入管进入反应器的中央导流管,使得中央导流管侧的液体密度低于外部区域从而形成循环。它在结构上和搅拌式不同之处在于气流代替了不锈钢叶片进行搅拌,因而产生的剪切力相当温和,对细胞损伤较小。英国 Celtech 公司应用 100L 气升生物反应器于 1985 年培养杂交瘤细胞,现在还开发出了 10000L 气升式生物反应器用于各类单克隆抗体的规模化生产。

常见的气升式生物反应器有三种:内循环气升式、外循环气升式、内外循环气升式。

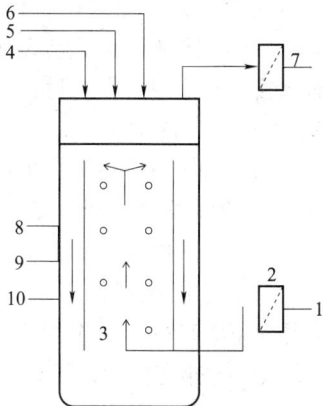

图 2-2 气升式生物反应器

1. 进气;2. 过滤器;3. 导流筒;4. 接种;
5. 无菌培养基;6. 消毒用蒸汽;7. 排气过滤器;
8. pH 电极;9. 温度计;10. DO 电极

3. 填充床生物反应器 填充床生物反应器是在反应器中填充一定材质的填充物,供细胞贴壁生长。营养液通过循环灌注的方式提供,并可在循环过程中不断补充。细胞生长所需的氧分压可以在反应器外通过循环的营养液携带,因而不会有气泡伤及细胞。这类反应器的剪切力小，适合细胞高密度生长。

中空纤维生物反应器是开发较早且不断改进的一类特殊的填充式生物反应器。这类反应器（图2-3）由中空纤维管组成，该纤维材料是聚砜或丙烯共聚物。每根中空纤维管的内径约有200μm，壁厚为50~100μm，呈多孔性，内层为超滤膜，可以截留相对分子质量为10000、50000或100000的物质，O_2和CO_2小分子可以自由透过。内腔两端用环氧树脂等材料将纤维黏合在一起，并使内腔开口于外加的塑料圆筒，使形成两个隔开的腔。内腔用于灌流充以氧气的培养基，外腔用于培养细胞。该反应器既适用于贴壁细胞培养，也适用于悬浮细胞培养。当细胞接种于外腔后，细胞可附着于纤维表面，也可深入海绵状纤维壁，1~3周后可占据所有纤维间空间，并在纤维表面堆积成数层，甚至10多层细胞，细胞密度可高达10^8个/cm^2，此时细胞分裂停止，但其代谢和分化功能可长期保持数月之久。细胞可保持较高的活性和健康的形态和核质。该反应器的优点是占地空间小，产品产量和质量高，生产成本低，生产1g纯化的单克隆抗体的生产成本，为用小鼠腹水生产成本的50%，为搅拌式生物反应器的15%左右。不足之处在于不能重复使用；且不能耐受高压蒸汽灭菌，需要用环氧乙烷或者其他消毒剂杀菌；在生产过程中难于取样检测。

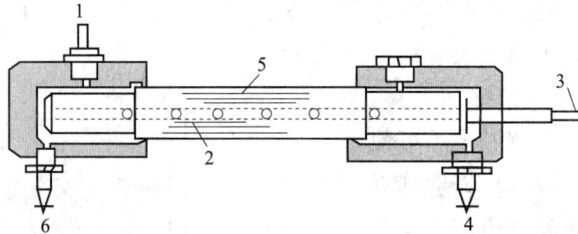

图2-3　Vitafiber Ⅰ型圆柱状中空纤维反应器示意图

1. ESC出口；2. 中空纤维；3. 细胞接种管；4. 培养基进口；5. 中空纤维外部空间（ESC）；6. 培养基出口

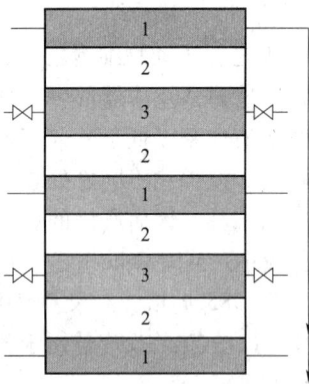

图2-4　三室系统的Membroferm
生物反应器示意图

1. 培养基；2. 细胞；3. 产物

4. 膜式生物反应器　动物细胞培养过程中产生的乳酸和氨，会抑制细胞生长和产物生成，故利用透析袋或者膜式反应器，可将这些有害代谢物滤掉，从而促进细胞生长至更高密度。同时，根据不同相对分子量的膜，使产物保留在膜内，或者与细胞分开，由此便设计出了膜式反应器。如Membroferm反应器已有出售（图2-4）。它可由三室系统（培养基、细胞、产物）组成。室内高0.6mm，大小为28cm×32cm，面积约为$900cm^2$（室内有不同的氟碳填料，其表面积为$1400~7000cm^2$），根据需要可折叠为30~400层，总面积达$7~35m^2$。室与室之间的膜或采用微孔滤膜（用于保留细胞），或采用可节流不同相对分子量物质且带不同大小孔径的超滤膜（用以保留产物）。它既可以培养贴壁细胞，也可以培养悬浮细胞。该反应器的优点是既可使细胞达到很高的密度（细胞室内达到10^8个/ml），又可以随意组合形成操作，达到保留和浓缩产品或及时分离提纯产品的目的。

5. 流化床生物反应器　流化床（fluidized bed）生物反应器的基本原理是培养液通过反应器垂直向上循环流动，不断提供给细胞必要的营养成分，使细胞得以在微粒中生长；同时，不断加入新鲜培养液。这种反应器的传质性能好，并在循环系统中采用膜气体交换器，能快速提供给高密度细胞所需要的氧，同时排出代谢产物；反应器中的液体流速足以使细胞微粒悬浮却不损害细胞。流化床反应器满足高密度细胞培养，使高产量细胞长时间保留在反应器中，优化了细胞生长与产物合成的环境等。可用于贴壁依赖性细胞和非贴壁依赖性细胞的培养。

6. 固定床生物反应器 NBS 公司开发出 Celligen plus 生物反应器，它实质是将通气搅拌与固定床巧妙结合的一种新型生物反应器（图 2-5）。在原来的罐体中部加一个篮筐，中间装填由 50% 聚酯纤维和 50% 聚丙烯制备的直径为 6mm 的小圆盘，称之为 Fibra-Cel，它具有很大的比表面积（120cm^2/cm^3）和空体积（90%）。既可用于贴壁细胞的黏附，又有利于悬浮细胞在纤维间被固定。由于特殊设计的搅拌装置，在搅拌时可产生负压，迫使培养基不断流经填料，有利于营养物和氧的传递。据报道，该反应器可使杂交瘤细胞核 CHO 工厂细胞的密度达到 10^8 个/cm^3 床体积，单抗和 t-PA 的产量较之前提高了 12 和 27 倍。

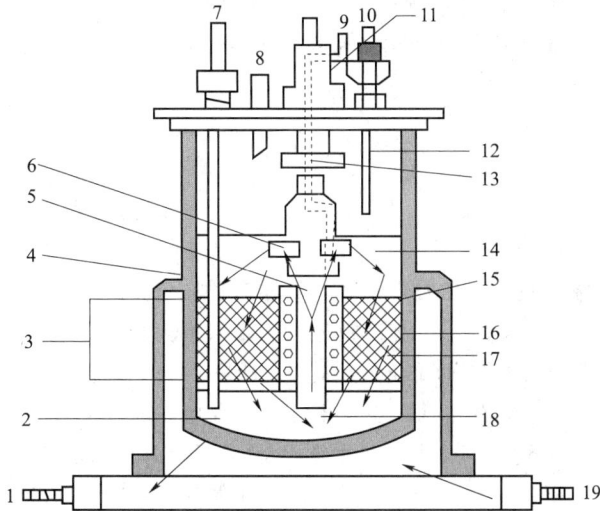

图 2-5　Celligen plus 生物反应器示意图

1. 水套出水口；2. 无细胞液；3. 纤维圆盘篮筐；4. 水套；5. 抽液管；6. 搅拌导流管出口；
7. 加或收 PBS；8. 加培养基；9. 进气；10. 收液；11. 轴套；12. 可调水平液管；
13. 进气管线；14. 无细胞培养基；15. 浸透已通气培养基的圆盘床；16. 聚酯纤维圆盘；
17. 筛网内气室中的气泡；18. 培养基循环；19. 加温水套进水

7. 波浪袋生物反应器 波浪袋生物反应器是一种独特的细胞反应器，不同于其他生物反应器，它的培养体积可达到 100L，并可随意替换无菌培养袋。反应器里氧的传递，以及氧与培养基的混合通过一个特殊的摇动装置产生波浪来实现，这种波浪活动不会产生气泡，产生的波浪表面积和反应器顶部的空气接触而进行氧交换。波浪活动同样将悬浮的细胞、微粒以及培养液进行混匀。波浪活动的产生不需要搅拌器和喷射气流。

三、动物细胞大规模培养在制药中的应用

利用动物细胞生产生物制品已日益增加。美国 FDA 于 1986 年批准了世界上第一个来源于重组哺乳动物细胞的治疗性蛋白药物——人组织纤溶酶原激活剂（human tissue plasminogen activator, tPA），标志着哺乳动物细胞作为治疗性重组工程细胞得到认可。随后转基因工程蛋白质类药物、单克隆抗体、疫苗越来越多地使用哺乳动物细胞进行大规模生产。

实例分析

实例：类淋巴细胞干扰素

分析：类淋巴细胞干扰素（Na-IFN-α）是一株从 Burkitt 淋巴瘤的患者获取的 Namalva 细胞生产的干扰素，它含 80% 左右的 IFN-α（多种亚型）和 20% 左右 IFN-β。该干扰素首先由种子室培养，之后逐级放大到 8000L 罐，搅拌式分批培养至细胞对数期，加入诱生剂刺激干扰素的生产。之后，采用离心法去除细胞，上清液中的重组蛋白质需经过分离纯化得到精制品。

生产工艺：用 RPMI 1640 培养基，添加 10% 小牛血清培养细胞，将细胞逐级放大到 4000L 或 8000L 罐。搅拌式分批培养，当细胞密度达到 $1×10^6$ 个/ml 时，加入 2nmol/L 丁酸钠，用仙台病毒（50HAU/ml）诱生，18 小时后冷却至 5~10℃，收集培养液，连续离心分离细胞，分离上清液中重组蛋白。有两种蛋白质分离纯化方法，一种是用三氯乙酸沉淀蛋白质，再用超滤膜浓缩，接着用 Sephadex G75 或 Ultrogel AcA-54 凝胶过滤，或用单克隆抗体或多克隆抗体亲和层析。

实例分析

实例：红细胞生成素

分析：人红细胞生成素（EPO）是体内重要的造血因子之一，调控红系祖细胞的增殖、分化和成熟。基因工程的人重组 EPO 不能利用原核大肠杆菌表达，只能用哺乳细胞表达系统。通常采用含有 EPO 的重组质粒转染 CHO-dhfr-（二氢叶酸还原酶缺陷型）细胞株，表达的目的蛋白带有糖基化，在人体内才能具有生物学活性。本例采用 5L Disc 固定床反应器培养人 EPO rCHO 细胞株，再逐级放大，至固定床生物反应器 5~7 天后，更换无血清培养基，进行灌注培养，收获上清液。再经过纯化上清液中的蛋白质，得到精制品。

生产工艺：采用 5L 的 Disc 固定床反应器（CelliGen plus）培养高效表达的人 EPO rCHO 细胞株。含有 10% 小牛血清（或胎牛血清）的 DMEM∶F12（1∶1）培养液，经小方瓶、大方瓶、转瓶逐级放大培养后，将细胞集中至固定床生物反应器中，5~7 天后，将培养液置换为无血清培养基 CHO-S-SFMII（Gibco 公司）进行灌注培养。灌注培养过程中尽量控制培养条件，不使营养物成为细胞生长限制因素，同时尽量降低代谢副产物的浓度，以延长细胞生长的对数生长期。在培养过程中，控制葡萄糖浓度大于 4.8mmol/L，谷氨酰胺浓度大于 0.26mmol/L，rCHO 细胞生长不受营养物浓度限制。在应用 Disc 固定床生物反应器进行灌注培养时无法直接检测细胞的密度，一般只能采取间接方法进行估算。如氧消耗的动力学方法用于悬浮细胞和贴壁依赖性细胞的微载体培养过程细胞密度的估算。但对于固定床非均相反应器系统而言，由于传质对氧消耗动力学的影响，OUR 法检测的可信度不高。目前在开展流动注射分析系统（flow inject analysis，FIA）在线检测细胞培养过程的研究。

收集灌注培养上清液，过滤去除细胞碎片等杂质，进行反相柱层析，将样品体积浓缩约 30 倍。取其收集液进行 DEAE-离子交换柱层析，最后进行分子筛层析，全过程回收率在 40% 左右。SDS-PAGE 表明，所制备终产品分子量为 35~40kDa，等电点在 3.75~4.15，纯度达到 98% 以上。

实例： 流行性乙型脑炎疫苗的生产

分析： 在疫苗产业早期，往往利用动物来生产疫苗，如用家兔人工感染狂犬病病毒生产狂犬病疫苗，用奶牛生产天花疫苗等。到 20 世纪 50 年代，已经能够利用原代细胞培养生产减毒的活病毒或者是灭活的病毒作为疫苗使用。但由于原代细胞增殖有限，而使用具有无限增殖潜力的细胞系，则使疫苗的生产得到飞跃式发展。在这种条件下，口蹄疫疫苗是大规模细胞培养方法生产的第一个产品。我国的流行性乙型脑炎疫苗选用 P3 病毒株，以 Vero 细胞为基质，进行连续不断扩大繁殖病毒。病毒经甲醛灭活，过滤澄清后，再进行纯化，得到精制产物。

工艺：采用 P3 病毒株，以 Vero 细胞为基质，经转瓶培养，逐级放大细胞培养液体积，收集的细胞悬液混合于 50L 微载体生物反应器中，设定生物反应罐的运行参数为温度 37℃，pH 7.4，转数 50r/min。生物反应罐接种细胞 24 小时后，开始流加牛血清培养液；细胞进行扩增培养，6 天后，改用维持液灌流，使细胞密度达到 1.0×10^7 个/ml 以上。取病毒工作种子批，生物反应罐培养温度降低到 33℃，取样计算细胞总数，按照比例接种病毒，毒种接种 Vero 细胞培养 3 天后开始收获病毒，每 2 天收获 1 次，可收获 4~5 次。病毒收获液先用甲醛灭活，过滤澄清后，再用超滤技术浓缩 10~20 倍，用硫酸鱼精蛋白处理，去除残余 DNA，得到粗制纯化产物。

进一步精制提纯有两条技术路线：①蔗糖区带超速离心法，即采用日立 58-P-72D 型超速离心机，配以 RPZ-35T 区带转头，以 36%~60% 蔗糖为介质，对粗制纯化产物进行速率区带超速离心分离，以 23000r/min 转速离心 4 小时后，收集位于 38% 浓度蔗糖区带的病毒，超滤除糖后除菌过滤得到纯化乙脑疫苗原液。②凝胶层析法，即使用全自动凝胶层析系统，将粗制化产物通过 Sepharose CL-6B 凝胶层析柱去除大部分杂蛋白，超滤浓缩，再用装填 Sephacryl S-500HR 介质的层析柱，去除比病毒大的杂质和残留的小分子杂蛋白，除菌过滤后即为纯化乙脑疫苗原液。疫苗原液中加入保护剂分装冻干制成成品。

第三节　植物细胞工程制药

植物细胞工程（plant cell engineering）是细胞工程学的一个重要分支学科。它是指以植物细胞为基本单位，应用细胞生物学、分子生物学等理论和技术，在离体条件下进行培养、繁殖，使植物细胞的某些生物学特性按照人们设定的目标发生改变，从而改良品种、制造新品种、加速繁育植物个体或者获得有活性的物质的一门科学和技术。植物细胞工程已经涉及生物技术的各个领域，如植物细胞融合工程、植物细胞质工程、植物染色体工程、植物基因工程、植物转基因技术等。

植物细胞工程既包括从理论上探讨细胞生长、分化的技术以及有关的细胞生理学和遗传学问题；又可以应用到生产实践中，从植物胚芽繁殖、茎尖培养到细胞融合、转基因植物、植物细胞大规模培养，以生产生物制品为目的。尤其是中华民族的发展离不开中医药的发展，中药材资源是中华民族的医药宝库。由于自然界生态平衡的破坏，野生药材资源日益减少，加上人工种植面临品种退化、农药污染和种子带病等问题，为了尽快改变这种局面，我国的植物细胞工程研究人员面临巨大的挑战，但这种技术的发展为保护我国传统中药材提供了机遇。

1902 年，德国 Haberlandt 提出细胞全能学说，并进行了植物叶肉细胞、髓细胞、腺细胞、气孔保卫细胞、表皮细胞的培养实验，奠定了植物细胞工程基础。之后五十年里建立了基本的植物组织培养技术。20 世纪 60 年代，组织培养进入了新的阶段，其标志是可适宜细胞和组织生长、繁殖的培养基的出现和离体培养技术的成熟。20 世纪 70 年代，植物细胞生物反应器的出现，培养过程动力学研究方法的建立，以及植物次级代谢产物调控等方面取得了显著进展，这些为植物细胞工程的应用奠定了基础。从 20 世纪 80 年来以来，植物细胞工程进入了高速发展阶段，随着植物细胞大规模广泛实施，利用生物反应器生产各种药用的植物代谢物；以及伴随分子生物学技术突飞猛进，使植物的遗传操作被广泛应用，在植物中表达外源蛋白质，或者合成新化合物，已经成为现实。利用植物细胞培养技术进行药用价值的生物制品的工业化生产已经成为植物细胞工程的主流。

一、植物细胞工程制药的特征

植物细胞工程制药是指在植物细胞工程基础上，按照人们意愿改造植物基因，改变植物或植物细胞的遗传性状，获得具有优良性状的植株或者植物细胞，生产有药用价值的次级代谢产物。优势在于：植物组织及细胞培养过程中，所产生的次级代谢物常高于原植物中含量的几倍至上百倍，甚至产生从未在植物中存在过的外源蛋白质或新化合物，这些物质常存在于细胞内，经过短暂的培养，即可连续不断收获细胞进行提取，因所含色素等杂质较少，所以提取过程相对于从原植物中提取简单、高效。转基因植株生产的高效性，即植物为自养生物和室外栽培的规模化。另一方面，外源基因作为植物核基因组的一部分可以稳定遗传下去。合成的重组蛋白可以贮存在叶子、种子、果实、块茎等部位。可作为可食性疫苗或酶类物质直接被人类利用，避免复杂昂贵的产品下游加工与贮存成本。到目前为止，利用转基因植物或者植物细胞表达生产各种外源蛋白已经取得了突破性进展。如利用烟草表达的乙肝病毒抗体被批准作为疫苗试剂上市；水稻表达的人乳铁蛋白、人溶菌酶已被作为精细化学品上市；红花表达的胰岛素已进入Ⅲ期临床。

与哺乳动物细胞工程制药类似，植物细胞工程制药的研究路径，也包括上游工程（细胞培养、细胞遗传操作和阳性克隆筛选、细胞种质的保藏）和下游工程（转化细胞到生产实践中，用于生产生物产品，产品的纯化和质量监控）。它具有如下几个基本特征：①高效的植物细胞表达系统；②植物基因转化的受体系统；③植物组织或细胞大规模培养技术；④转基因植物；⑤植物细胞工程产品的纯化；⑥植物细胞工程产品的质量控制。

与哺乳动物细胞培养系统相比，植物表达系统具有耗费极低且生产蛋白质复合物量大的潜力；在这一背景下，越来越受到研究者和制药公司的重视。其优点在于植物属于真核生物，具有形成正确结构和构象的高活性重组蛋白，植物不受人类病原菌感染，产品安全性高；植物表达的总体生产成本低于微生物和哺乳动物细胞，可食性药物还可省去下游加工；作为生物反应器生产外源蛋白的植物生产平台，可以是转基因植株，也可以是悬浮细胞，可以是永久表达，也可以是瞬时表达，灵活而高效。

将目的基因构建在植物表达载体上，利用农杆菌或基因枪等转化的方法，转化到植物细胞中并与核基因组整合获得稳定表达的转基因植株，是目前最常用的植物表达系统。而用到的表达载体是由农杆菌属微生物的 Ti 质粒或者 Ri 质粒改造而来的。

农杆菌属（*Agrobacterium*）是一类土壤杆菌。该属中的根瘤农杆菌（*A. tumefeciens*）侵染植物细胞后可引发植物组织产生冠瘿瘤；发根农杆菌（*A. rhizogenes*）能诱导植物产生毛状根。研究发现，根瘤农杆菌染色体 DNA 之外存在一个叫作 Ti 质粒的环形 DNA 分子，是诱导植物产生根瘤的直接原因。冠瘿瘤和毛状根分别是由位于农杆菌内的 Ti 质粒和 Ri 质粒引起的。Ti 质粒和 Ri 质粒上存在一段成为 T-DNA 的 DNA 片段。可自发地转移到植物细胞的染色体中，并在植物细胞进行表达，是一个天生的遗传工程师，可以高效地将外源基因转移到植物细胞中。由于野生型 Ti 质粒具有诸多缺陷。首先，T-DNA 区存在生长素和细胞分离素基因，它们在植物细胞中的过量表达诱导肿瘤，使植物细胞不能再生植株，无法获得转基因植株。其次，Ti 质粒分子量较大，限制性内切酶图谱复杂，无法确定外源基因插入位点，而且酶切的片段也无法按照原来的顺序回接。第三，插入外源 DNA 的 Ti 质粒无法在大肠杆菌中复制，也很难再转回农杆菌，这都限制了野生型 Ti 质粒在植物基因工程中的应用，必须进行改造和重新构建。目前构建了两种类型的载体，一种为共整合载体系统（cointegrate vector system）或称之为二次整合载体系统，又叫作顺式系统（cis system）；另一种是双元载体系统（binary vector system），又称反式系统。使用较多的是双元载体系统。

二、植物细胞工程制药的基本过程

（一）植物组织和细胞取材

在无菌和人工配置的培养液和环境条件（光照、温度、湿度）下，从培养植物组织、细胞、器官等部位培养细胞并促使其生长发育。按照可培养的植物部位又可分为：植物培养（指培养幼苗或较大的植株）、愈伤组织培养（从植物器官的外植体增殖而形成的愈伤组织）、悬浮培养（离体细胞或较小细胞团的培养）、器官培养（从茎尖、根尖、叶片、花器官各部位原基或未成熟的花器官各部分以及未成熟的果实培养）、胚胎培养（未成熟或成熟度的胚胎的离体培养）。

（二）植物组织和细胞培养所用的培养基

尽管培养基种类繁多，但通常都含有无机盐、碳源、有机氮源、植物生长激素、维生素等化学成分。应用最广的是 MS 培养基和 LS（Linsmaier-Besnar&Skoog）培养基。在植物培养基中，一些必需营养物质，如氮、磷、钾、钙、镁等的加入与否、浓度的高低、各组分相对浓度都会对培养结果产生重大影响，甚至起到关键作用。

MS 培养基含有两类成分：无机盐和有机元素。无机盐包括 N、P、K、Ca、Fe、Mg、Cu、Mn、Zn、B、Mo 等；有机元素包括微生物 B 族、盐酸吡哆醇、烟酸、肌醇、氨基酸、蔗糖等。LS 培养基包括 8 种微量元素和 5 种大量元素在内的总共 13 种无机盐组分，还有 2 种维生素构成，其特点是成分相对比较简单。与 MS 培养基基本成分相比，LS 培养基去掉了甘氨酸、盐酸吡哆醇和烟酸，比较适合烟草在内的草本植物的组织培养基。

在植物组织培养过程中激素的作用非常重要。如果没有激素存在，细胞就不能快速分离甚至不分裂。组织培养的优势在于让植物细胞快速分离，在短期内产生大量细胞而实现快速繁殖的目的。其次，激素对于组织的器官和胚状体形成极其重要而明显的调节作用。其中影响最显著的是生长素和细胞分裂素。有时也使用赤霉素（GA）、脱落酸（ABA）、乙烯以及其他人工合成的生长调节物质。其中生长素包括：吲哚乙酸（IAA）、萘乙酸（NAA）、2，4-二氯乙氧苯酸（2，4-D）、吲哚丁酸（IBA）。细胞分裂素包括：激动素（KT）、6-苄基腺嘌呤

（6-BA）、玉米素（ZT）等。一般认为形成的器官的类型受培养基中两种激素相对浓度的控制，较高浓度的生长素有利于根的形成而抑制芽的形成；较高浓度的细胞分裂素则促进芽的形成而抑制根的形成。

（三）培养材料

植物的根、茎、叶、花、果实、种子、髓等组织或器官都可用来诱导愈伤组织，在实际工作中往往用生长活跃部分取材，进行愈伤组织的培养。愈伤组织长大后，转移到液体培养基中进行震荡，分离细胞。一般愈伤组织不会很好分散成理想的单细胞悬浮液，而是成为细胞团。为了进一步获得均一的无性细胞，在细胞悬浮液中，待细胞分散和迅速生长达到一定阶段后，利用平板培养方式进行细胞无性系分离。即细胞悬浮液通常通过双层不锈钢网或尼龙网除去细胞聚集体，将滤过的细胞液与选定的琼脂培养基在35℃左右混合，浇到培养皿上使其形成薄层，待琼脂冷却后，细胞就比较均匀分布并固定在琼脂培养基中。由此挑取单细胞后进行培养获得无性系细胞。

（四）植物细胞大规模培养方式

植物细胞大规模培养方式有分批培养法、半连续培养法、连续培养法、固体培养法。前三种方法与动物细胞培养方法基本相似，不做赘述。

植物细胞生长后期，生长速度降低，有利于细胞分化及次生物质积累。如许多生物碱在细胞培养物致密即生长缓慢时积累最多，表明细胞成块而趋于分化时，细胞块中各个细胞处于一定理化梯度之下，细胞功能产生明显而微妙的变化，有利于次级代谢产物积累，此现象在完整植株中也存在，故提出植物细胞固定化培养技术，以及固定化反应器。这类反应器有网状多孔板、尼龙网套及中空纤维膜等形式。将细胞固定于尼龙网套内装入填充床，或固定于中空纤维反应器的膜表面，或固定于网状多孔板上，使细胞处于既有梯度分布又有多个生长点的反应器中，投入营养液循环培养，或连续流入新鲜培养液实现连续培养和连续收集培养液，必要时也通过净化空气替代搅拌。固定化培养优点在于细胞位置固定，易于获得高密度群体及建立细胞间物理学和化学联系，维持细胞间物理化学梯度，有利于细胞组织化，易于控制培养条件及获得次级代谢产物。如将辣椒细胞固定于聚氨基甲酸乙酯泡沫中，生命力维持在23天以上，辣椒素生产量较悬浮培养细胞高1000倍，其中第5天及10天分别达到1.589mg/（g·L）和3.148mg/（g·L）。如加入苯丙氨酸等底物，则辣椒素产量可增加50~60倍。

（五）植物细胞大规模培养生物反应器

生物反应器的选择取决于生产细胞的密度、通气量以及营养成分的分散程度。常用的植物细胞生物反应器有3种类型。

1. 搅拌式反应器 类似于动物细胞培养的搅拌式反应器，具有较高的溶质混合程度，适应性广，最早在植物细胞大规模培养中得到广泛使用。它能获得较高的传质效果（$K_L\alpha >$ $100h^{-1}$），而植物细胞培养所需要的 $K_L\alpha$ 一般为 $5\sim 20h^{-1}$。它的缺点是产生的剪切力对植物细胞的伤害大。但也有很多学者研究证明，桨形板搅拌器既能满足植物细胞的溶氧需求，又不至于对植物细胞造成严重危害，更适合于植物细胞的培养。但由于植物细胞生长慢，要求生物反应器具有较好的防止污染能力。搅拌式反应器搅拌轴和罐体间的轴封往往容易渗漏，且搅拌器上死角多，染菌几率大。

2. 气升式反应器 类似于动物细胞培养的气升式反应器，气升式反应器结构简单，没有渗漏点，也不存在死角，且提供了低剪切力环境，能较好地克服搅拌式反应器的缺点。因此，到 20 世纪 80 年代后期，获得了更多的认可。气升式反应器可分为外循环气升式和内循环气升式。内循环气升式结构紧凑，而且导流筒可以制成多段来加强局部及总体循环，在导流筒内还可以安装筛板，使其他分布得以改善。外循环式则在降液管安装换热器以加强传热，同时有利于塔顶即塔底物料的混合和循环。

3. 鼓泡式反应器 鼓泡式反应器是结构最简单的反应器。气体从底部通过喷嘴穿过液池实现气体传递和物质交换。它不含转动部分，整个系统密闭，易于无菌操作。培养过程中无需机械能消耗，适合于培养对剪切力敏感的细胞。鼓泡式反应器与气升式反应器存在很多相似之处，但其传质性能及混合性能很不相同。

4. 固定化细胞生物反应器 在固定化细胞培养方式中已经介绍，不再赘述。

三、植物细胞大规模培养在制药中的应用

（一）利用植物细胞培养生产天然药物

大规模培养植物细胞进行药物生产进入快速发展阶段，并取得巨大成功。如从希腊洋地黄细胞培养生产地高辛（digoxin）、人参细胞培养生产人参皂苷（ginsenoside）、日本黄连细胞培养生产黄连碱（coptisine）、红豆杉细胞培养生产紫杉醇、长春花细胞培养生产吲哚生物碱、丹参细胞培养生产丹参酮、紫草细胞培养生产萘醌、青蒿细胞培养生产青蒿素等。

（二）利用转基因植物生产重组蛋白

利用转基因植物作为生物反应器生产具有重要价值的多肽和蛋白质，包括抗体、疫苗、药用蛋白等较其他系统具有很多优越性。生产具有药学活性的植物蛋白和多肽是近年来植物生物反应器应用的另一个迅速发展的领域，例如，细胞因子、酶及其他药用蛋白和生物活性肽（表2-7）等。

表 2-7 转基因植物表达药物的临床应用

公司名称	产品	用途	宿主	阶段
Planet Biotechnology Inc.，美国	单克隆抗体 CaroRxTM	预防龋齿	烟草（田间生长）	欧盟批准（人用）
Dow AgroScience，美国	Newcastle 病毒的 HN 蛋白	Newcastle 病毒	烟草（细胞培养）	USDA 批准
Cobento As，丹麦	人乳铁蛋白、人溶菌酶	维生素 B_{12} 缺乏	拟南芥（温室）	欧盟批准（人用）
CIGB，古巴	乙肝抗体	乙肝	烟草（温室）	上市
Ventria Bioscience，美国	人溶菌酶	工业用	水稻	上市
Ventria Bioscience，美国	人乳铁蛋白	工业用	水稻	上市
Sem Biosys，加拿大	Immunosphere	虾饲料添加剂	红花	上市
ORF Genetics，冰岛	ISOkine，DERMOkine	人生长因子	大麦	上市
Meristem Therapeutics，法国	胃脂肪酶	囊性纤维化	玉米	上市
Protalix Biotherapeutics，以色列	人葡糖脑苷脂酶（prGCD）	Gaucher 疾病	胡萝卜悬浮细胞	待 USDA 批准

续表

公司名称	产品	用途	宿主	阶段
BioProcessingLLC，美国	Aprotinin	减少心肺旁路手术的全身炎症反应	烟草（室温），非烟草（室温）	非临床使用，临床试验中
SemBiosys，加拿大	胰岛素	糖尿病	红花	临床Ⅲ
Bayer Innovation，美国	个人疫苗	非霍奇金淋巴瘤	烟草	临床Ⅱ
Large Scale Biology Crop，美国	癌症疫苗	非霍林金淋巴瘤	烟草	临床Ⅱ
Biolex Therapeutics，美国	Lactoferron TM（α 干扰素）	乙肝和丙肝	浮萍	临床Ⅱ
Guardian biosciences，美国	家禽疫苗	球虫病感染	油菜籽	临床Ⅱ
Planet Biotechnology Inc.，美国	RhinoRxTM	感冒	烟草	临床Ⅱ
Planet Biotechnology Inc.，美国	ICAM-1 抗体融合蛋白	普通感冒	烟草	临床Ⅱ
Planet Biotechnology Inc.，美国	DoxoRxTM	癌症治疗引起的副作用	烟草	临床Ⅰ完成
Large Scale Biology，美国	Fv 抗体	非霍林金淋巴瘤	烟草	临床Ⅰ
Planet Biotechnology Inc.，美国	α 半乳糖苷酶	Fabry 疾病	烟草	临床Ⅰ
Biolex，美国	纤溶药物	血凝	浮萍	临床Ⅰ
SemBioSys，加拿大	载脂蛋白	心血管	红花	临床Ⅰ
Medicago，美国	H5N1 疫苗	H5N1 流感	烟草	临床Ⅰ
ProdiGeneb，美国	胃肠炎病毒衣壳蛋白	仔猪胃肠炎	玉米	临床Ⅰ
Dow Agro Sciences，美国	病毒性疫苗混合物	马、犬和鸟的疾病	烟草悬浮细胞	临床Ⅰ
ProdiGene b，美国	大肠杆菌不稳定毒素 B 亚单位	腹泻	玉米	临床Ⅰ
Arizona State University，美国	大肠杆菌不稳定毒素 B 亚单位	腹泻	土豆	临床Ⅰ
Arizona State University，美国	霍乱弧菌	霍乱	土豆	临床Ⅰ
Arizona State University，美国	Norwalk 病毒衣壳蛋白	腹泻	土豆	临床Ⅰ
Arizona State University，美国	Norwalk 病毒衣壳蛋白	腹泻	番茄	临床Ⅰ
Thomas Jefferson University，美国	乙肝疫苗抗原	乙肝	莴苣	临床Ⅰ
Thomas Jefferson University，美国	融合蛋白（包括狂犬病抗原表位）	狂犬病	菠菜	临床Ⅰ

第四节　细胞工程制药的前景和存在问题

　　细胞工程技术在 20 世纪 80 年代后进入发展黄金期，1986 年，FDA 批准了世界上第一个来源于重组哺乳动物细胞的治疗性蛋白药物——人组织纤溶酶原激活剂（human tissue plasminogen activator，tPA），标志着哺乳动物细胞作为治疗性重组工程细胞得到 FDA 认可。随着细胞大规模离体培养技术的日趋完善，以及生物反应器的种类、规模及检测和控制手段的不断提高，细胞工程在医药工业的应用于国内外都是一个新兴的发展方向。而且随着生物技术的飞速发展，以重组蛋白质药物、治疗性抗体、生物技术疫苗、细胞及干细胞治疗、组织工程等为代表的细胞工程制药已经成为当今新药研发的新宠。已上市细胞工程制药的药物主要用于癌症、人类免疫缺陷病毒性疾病、心血管疾病、糖尿病、贫血、自身免疫性疾病、基因缺陷病症和遗传疾病等疾病的治疗，生物技术药物突破了化学技术难以逾越的瓶颈，为许多"绝症"患者带来希望，因而成为医药市场上的重磅炸药，为保护人类健康、治愈疾病发挥了重要作用，未来还会有更多的新产品出现。

近年来，细胞工程制药新研发品种和新上市品种，在整个生物技术药物的比例持续增加，达到80%以上。据统计，2006年，全球生物技术药物销售额为790亿美元，占整个医药市场比例为14%；2013年，全球生物技术药物增至1650亿美元，占比提高至22%；预计到2020年，生物技术药物将达2910亿美元，其占比将超过25%。尽管生物技术药物在整个医药市场增长较为平缓，但在全球销售额排名前100位药物中却增长较快。例如，2006年，占比仅为21%，2013年则增至45%，预计2020年将达52%。与传统化学药由大型医药所垄断不同，生物制药领域内的创业型企业借助技术基础不同形成的进入壁垒，异军突起，形成了以企业间联盟为主的独特产业格局。目前，罗氏、赛诺菲、安进和诺和诺德等生物制药巨头已经占据全球生物技术药物市场。其中应用细胞工程制作的抗肿瘤单克隆抗体药物的销售强劲，罗氏以290亿美元成为2013年生物技术药物销售额最高的企业，而安进、赛诺菲分别位列第二位、三位。未来罗氏将以年均增长6%的增速继续保持在生物技术药物领先地位，至2020年市场将达435亿美元。此外，值得关注的是，2020年百时美施贵宝将显示出年均21%的最强劲增速，这主要归功于即将上市的首个PD-1抑制剂单克隆抗体（nivolumab），其主要用于治疗晚期黑色素瘤；其旗下的Opdivo在治疗非小细胞肺癌的临床实验正在开展中。

尽管目前阶段的细胞工程制药技术已经比早期进步很大，但其产品研发依然成本高、周期长、投入大、风险高。现阶段还存在很多问题，还有大量工作需要改进。

一、采用更好的宿主细胞

目前利用CHO细胞生产蛋白类药物是动物细胞制药的主要细胞系，改造CHO细胞是提高大规模细胞培养中单细胞产量的方法之一，但也不限于CHO细胞。已有的改造方法有：抑制细胞凋亡，延长培养周期。如优化培养基和氧的供应，改善细胞培养过程中营养和溶氧的缺乏；添加抗氧化剂等阻断细胞凋亡；改造抗细胞凋亡基因（Bcl-2家族）或者促细胞凋亡基因（Bax/Bak/Noxa家族），比较成熟的是通过遗传工程使哺乳动物细胞过表达抗细胞凋亡基因Bcl-2，在大多数情况下细胞生长期延长，可提高细胞在胁迫条件下生长能力，增加产物产量；或者敲除乳酸脱氢酶LDH基因，使细胞在培养中减少乳酸，从而延长细胞的培养周期。

二、改进培养工艺

减少外源因子的污染，制造无血清或者无蛋白的细胞悬浮培养技术、改进培养过程和生物反应器设计、放大与强化技术，实现培养过程计算机实时监控与控制都是目前为降低细胞工程药物高成本而正在实施的技术创新。

比如，我国已验证开发了多种适合杂交瘤细胞、rCHO、昆虫细胞大规模悬浮培养的无血清和无蛋白培养基，组成成分明确，细胞生长和产物表达水平与有血清培养基相当，成本比国外同类产品降低30%以上。不仅能促进细胞生长、防止细胞损伤，而且还能支持细胞在大规模生物反应器中实现高密度培养，有利于泡沫控制。

再如，采用机械搅拌和直接通气鼓泡强化气液传质能力和流体混合条件，可使培养液中细胞达到10^8个/ml以上的密度，并有效消除液体剪切力和气泡对细胞的损伤作用，实现扩大过程中强化供氧混合与防止细胞破损的统一。

三、优化发酵过程控制

细胞培养过程的精密控制是细胞工程制药的瓶颈。传统细胞培养过程能进行检测和控制的参数只有温度、搅拌转速、溶氧和pH等物理参数，无法对细胞生长生理状态和代谢活性相关的生理生化参数进行实时监测和控制。目前，已经建立起利用细胞耗氧速率（OUR）和细胞生长动力学、代谢动力学参数间的关系，进行计算机在线检测培养过程中OUR的变化，以检测和控制培养过程中的细胞密度、细胞代谢活性、细胞生长速度、营养物代谢途径和目标产物表达等生理生化关键参数，从而为细胞大规模培养优化提供参数。此外，现阶段还出现了电介质谱（dielectric spectroscopy）可以在线检测大孔微载体中的rCHO细胞在连续培养过程中的细胞总数，用细胞数目增加的数据控制营养物的添加。而Nicholas R等人采用抗磷酸化组蛋白H3抗体通过流式细胞仪测定有丝分裂的细胞数，来精确测量细胞的生长速率，并与计算机实时监控联系在一起。

四、开发化学限定培养基

开发无血清或者无蛋白培养基的主要目的是避免产品中外源蛋白质的污染。化学限定培养基中只含有明确的化学成分，而且有能保留血清的基本功能。通常使用常规培养基中具有蛋白质功能的非蛋白质物质。如加入螯合剂EDTA或者柠檬酸盐可模拟转铁蛋白的载体功能等。今后培养基的发展方向不一定是"无蛋白质"的，但不能含有来源于人或者动物的成分。

五、保证产品质量和安全性

细胞工程药物的安全性监控应深入到生产的各个环节，而不仅仅是最终产品质量检测。包括对原材料的监控。如所使用的基因载体和重组工程细胞的正确性，原材料的来源、杂质和污染物，生产过程中细胞不断传代是否会影响重组基因序列的正确性，生产过程是否发生污染，纯化效率是否发生变化，产品批间一致性和有效性等，均是该类药物质量监控的重点。

同时，由于细胞工程生产的药物多为重组蛋白质类，糖基化对药物活性往往具有关键作用。糖基化有两种方式，N-糖基化和O-糖基化。O-糖基化对蛋白质活性影响不大，而N-糖基化的不同，对产品可产生较大影响。N-糖链通常都有一个五糖核心，由于酵母细胞、植物系统以及昆虫系统的糖基转移酶不同所致表达的糖蛋白常和人类细胞产生的不同。由于CHO细胞缺少$\alpha-2,6$-唾液酸转移酶，无法将唾液酸糖化。为此，使用糖基化工程，现已经能够改变肽链结构、增加某些酶基因以及改进和控制某些培养基条件，达到正确糖基化目的。如Fusseneger等1999年报道在t-PA基因汇总进行点突变，改变一个氨基酸，增加一个糖基化位点，从而使t-PA在血浆中的清除率较原来的减少10多倍。此外，通过控制和改变细胞的培

养环境对 N-糖基化也能产生一定影响。

成品中的杂质去除是直接关系产品质量和安全的关键步骤。杂质分为两大类：一类是来源于培养基或者提取过程的蛋白质和非蛋白质（脂类、消泡剂、抗生素）以及来源于宿主细胞的杂质（蛋白质和核酸），另一类是外源污染物，如病毒、病毒样颗粒、细菌、真菌、支原体等。由于任何产品都不可能达到 100% 纯度，故在成品中容许有一定量的杂质存在，如每一个剂量的重组蛋白质类药物中允许存在的 DNA 最高含量是 100pg。目前，在明确杂质方面已经有一些新的方法。如为了验证清除病毒的能力，可以加入指示性病毒监测纯化步骤清除这些病毒的能力，该"掺加病毒"试验并不是在生产线上开展，而是在模拟的缩小的规模上进行。但两者工艺参数首先必须尽量一致。指示性病毒的选择很关键，应与可能污染的病毒密切相关，还要能高滴度生长和有简易、灵敏的检测方法，并且能涵盖不同病毒种类的各种理化特征（如病毒大小、有无包膜 RNA、DNA、单股或者双股）。

对病毒也可以采用灭活的方法，但通常要对目的蛋白的完整性和生物活性无损害。常用的灭火方法有：巴斯德消毒法、干热法、低 pH 值孵放法、微波瞬时加热法、辐射法、有机溶剂法、去污剂法等。

六、植物细胞制药的特殊性

利用植物生物反应器生产药用蛋白虽然上游成本比动物生物反应器要低，但是从植物中提取纯化目标蛋白的成本很高，从而增加了利用生物反应器生产药用蛋白的总体成本。目前，研究者们正在试图通过优化外源基因的调控序列、特定部位表达、使用植物病毒表达载体等方式来提高目标基因的表达量。通过选择适当的受体材料可以有效避免由于纯化目标蛋白而增加成本的问题。例如，利用香蕉作为受体材料表达食用疫苗，不但可以避免高成本纯化目标蛋白，而且可以满足人们对经济疫苗的需求。利用种子表达系统或植物细胞的悬浮培养也都可有效避免因为下游产品加工而引起的成本增加问题。

利用植物生物反应器生产药用蛋白的安全性问题也一直是人们关注的焦点。由于其目标蛋白的特殊性，必须采取有效措施保证这类特殊用途的转基因植物不能进入食物链。现在研究者们在培育药用转基因植物的初期，就充分考虑其安全性，利用现有技术和一些特殊的标记基因（如红色荧光蛋白），使得这类转基因产品很容易被识别，从而避免这类药用转基因植物中外源基因向环境中逃逸，保证其安全性。

总之，随着生物技术的发展，新的高效调控元件不断发掘，新的表达体系、转化系统和新技术的不断建立，相信在不久的将来，目前存在的这些问题都会迎刃而解，利用细胞工程制药具有更加广泛的应用前景，将会带来巨大的经济和社会效益。

七、植物细胞培养制备药物的应用研究

利用红豆杉细胞培养生产紫杉醇。

紫杉醇（taxol）是从红豆杉科红豆杉属（*Taxus* sp.）植物中分离出的一种二萜类化合物，对卵巢癌、子宫癌、乳腺癌等十几种癌症具有很好的疗效，它目前已在临床上作为乳腺癌、卵巢癌和非小细胞肺癌的一线用药。

知识拓展

　　应用转基因动物/乳腺生物反应器生产药用蛋白是药物生产的一种新模式，投资成本低、药物开发周期短和经济效益高，将成为具有巨大经济利润的新型医药产业。上海交通大学医学遗传研究所创立了以"整合胚移植"为基础的转基因家畜研究路线。应用这一技术，成功地研制和培育出我国首例乳汁中含人凝血因子IX的转基因山羊和携带人血清白蛋白基因的转基因试管牛，为建立"动物药厂"迈出了重大一步，在人凝血因子IX和人血清白蛋白的转基因动物/乳腺生物反应器制备领域，居国际领先水平。

　　目前已从9种红豆杉植物（短叶红豆杉、南方红豆杉、欧洲红豆杉、东北红豆杉、中国红豆杉、T. media、加拿大红豆杉、佛罗里达红豆杉）建立了细胞悬浮培养系统。以紫杉醇含量高的外植体作为诱导材料，可获得紫杉醇产量高的细胞系。云南红豆杉和中国红豆杉愈伤组织中紫杉醇含量较高，是获得紫杉醇高产愈伤组织系的外植体的较佳来源。而高产细胞株系的筛选更为重要。利用根癌农杆菌 T-DNA 对红豆杉原生质体转化并实现插入诱变，获得的高产转化系细胞在继代培养中的生长和紫杉醇积累基本稳定，为分离高产紫杉醇细胞系提供了新的单细胞筛选系统。大多数报道适宜红豆杉悬浮细胞培养的为 B5 培养基，碳源大多为蔗糖，半乳糖有利于促进细胞增长，果糖有利于紫杉醇的积累。采用流加补糖的方法，紫杉醇产量在静止期可显著增加。在氮源组成中，较低的 NH_4^+/NO_3^- 比值有利于细胞的快速生长。低浓度的激动素（KT）、6-苄基腺嘌呤（6-BA）及萘乙酸（NAA）、2，4-二氯乙氧苯酸（2，4-D）等植物生长激素可有效改善细胞生长状态和提高紫杉醇产量。对不同种系来源的细胞，以及细胞生长与紫杉醇积累的最适 pH，都不相同。对于东北红豆杉而言，较高 pH 值（7.0）对生长有利，但较低 pH 值（6.0）对积累紫杉醇有利；而南方红豆杉，pH 5.5 对生长有利，pH7.0 有利于紫杉醇含量提高。光线对生长和产量也有影响，暗培养比白光培养更适合细胞中紫杉醇的积累。气体组合也会较大程度影响紫杉醇含量，最为有效的气体混合组成是（体积比）：10%氧气、0.5%二氧化碳和 $5×10^{-6}$ 乙烯。许多科学家在悬浮细胞培养过程中加入促进剂，以提高紫杉醇产量。如在中国红豆杉细胞悬浮培养中加入水杨酸、硝酸银、氨基酸前体、D-果糖和硫酸镧，发现不同添加物和不同添加时间对细胞生长和紫杉醇积累有不同影响。如当在细胞培养的第 14 天添加 1.67mg/L 硝酸银，第 18 天添加 0.1mg/L 水杨酸，第 21 天添加氨基酸前体，第 21 天添加 10g/L D-果糖和 2mg/L 硫酸镧时对紫杉醇的促进作用最明显，在此最优组合处理时紫杉醇含量达到 10.05mg/L，相对于最差组合处理时紫杉醇含量仅有 1.77mg/L，紫杉醇含量提高 5.7 倍。同时，也有研究者在红豆杉培养生长期（15 天）中加入从红豆杉树皮中分离出来的黑曲霉（诱导子），诱导 6 天，结果使产量提高到 40mg/L。若同时添加前体和诱导子，并延长培养时间到 42 天，可使紫杉醇的产量继续提高到 153mg/L。

知识拓展

　　发酵过程优化与放大所依据的基本思想和方法是采用以经典动力学为基础的、最佳工艺控制点为依据的静态操作方法。如用氨水调节 pH 值时，关心的是最佳 pH，却不注意氨水加量的动态变化及与其他参数的关系。在测定溶氧时，关心的是最佳溶氧值或者临界值，而不注意细胞代谢时的消耗率。这给以活细胞代谢为主体的发酵过程带来巨大的局限性，应该充分考虑细胞代谢流的变化。应用代谢传感技术和计算机技术，国家生化工程技术研究中心（上海）设计了一种用于生物过程多尺度研究的发酵装置，由上海国强生化工程装备有限公司组织生产，型号为 FUS-50L。该装置具有 14 个以上在线检测或控制参数的探头，可用于多种类型生长模式的细胞培养。在鸟苷发酵过程中，从反应器测量参数发现了细胞代谢流迁移，从而实现了过程优化。

本章小结

　　本章介绍了动物和植物细胞工程制药，动物细胞和植物细胞的特性、细胞工程发展史、工程细胞的构建、动物和植物细胞工程制药所使用的培养基种类、细胞种类、载体种类、培养方式等，细胞工程制药发展方向和存在问题。

　　重点是动物和植物细胞工程制药特征、基本过程、生物反应器种类、大规模培养方式。

思考题

1. 动物/植物细胞制药的特征？
2. 常用的动物/植物细胞培养基的种类有哪些？
3. 如何进行细胞大规模培养？
4. 动物/植物细胞生物反应器有哪些种类？特点是什么？

5. 动物/植物细胞制药有哪些进展？

（张怡轩）

第三章　发酵工程制药

学习导引

1. **掌握**　制药微生物菌种的选育、保藏，发酵过程及其工艺控制。
2. **熟悉**　常用的发酵设备、发酵方式及发酵产品的提取方法等。
3. **了解**　发酵工程制药的基本概念、发展历程及发酵工程药物分类及应用状况。

第一节　概　述

发酵工程是生物技术四大支柱之一，是生物技术药物最主要的生产手段，从自然界中筛选的菌种、基因工程和细胞工程的研究结果都要通过微生物或细胞发酵工程来实现。

发酵（fermentation）是利用微生物（细胞）在有氧或无氧条件下的生命活动来制备微生物菌体（细胞）或其代谢产物的过程，也是有机物分解代谢释放能量的过程。

发酵工程（fermentation engineering）是指利用微生物（细胞）的生长和代谢活动，通过现代工程技术，在生物反应器中生产有用物质的一种技术系统。

发酵工程制药是指利用微生物（细胞）代谢过程生产药物的生物技术，即人工培养的微生物（细胞），通过体内的特定酶系，经过复杂的生物化学反应过程和代谢作用，最终合成人们所需要的药物如抗生素、氨基酸、有机物、维生素、辅酶、酶抑制剂、激素、各种细胞因子、单克隆抗体以及其他生理活性物质。

一、发酵工程制药的发展历程

发酵技术除了用于酿酒、酱油、醋、奶酪等的制作外，3000年前，中国已有用长霉的豆腐治疗皮肤病的记载；在我国民间早有种牛痘预防天花的实践；明代李时珍的《本草纲目》等医书中就有利用"丹曲"和"神曲"治疗疥疮、腹泻等疾病的记载。这一时期发酵产品的生产全是靠经验，不能人为控制发酵过程。

1590年，荷兰人詹生制作了世界上最早的显微镜，使人类观察微生物成为可能。1857年，法国人巴斯德证实了酒精发酵是由微生物引起的，此外，巴斯德还研究了乳酸发酵、醋酸发酵等，并发现这些发酵过程都是由不同的菌引起的，从而奠定了初步的发酵理论。1897年毕希纳发现磨碎的酵母仍使糖发酵形成酒精，从而确定是酵母菌细胞中的酶将葡萄糖转化为酒精，揭开了发酵现象的本质。

1905 年德国的罗伯特·柯赫等首先应用固体培养基分离培养出炭疽芽孢杆菌、结核芽孢杆菌、霍乱芽孢杆菌等病原细菌，建立了一套研究微生物纯种培养的技术方法。此后，随着纯种微生物的分离及培养技术的建立，以及密闭式发酵罐的设计成功，使人们能够利用某种类型的微生物，在人工控制的环境条件下，进行大规模的生产，逐步形成了发酵工程。20 世纪 30 年代，发酵产品（如乳酸、酒精、丙酮、柠檬酸、淀粉酶等）开始进入医疗领域。此时的发酵技术相对自然发酵没有较大变化，仍采用设备要求低的固体、浅盘液体发酵以及厌氧发酵，生产规模小、工艺简单、操作粗放，处于近代发酵工程的雏形期。

近代发酵工程可以说是从青霉素的工业化生产开始的。青霉素是弗莱明偶然发现的，发现金黄色葡萄球菌培养皿中长青绿色霉菌，周围的葡萄球菌菌落已被溶解。这意味着霉菌的某种分泌物能抑制葡萄球菌。鉴定表明，上述霉菌为点青霉菌，弗莱明将其分泌的抑菌物质称为青霉素。1939 年将菌种提供给澳大利亚病理学家弗洛里和生物化学家钱恩。分别进行菌种优化、青霉素提取和药理实验。1945 年，弗莱明、弗洛里、钱恩因"发现青霉素及其临床效用"共同荣获了诺贝尔生理学或医学奖。

20 世纪 40 年代初，第二次世界大战爆发，对青霉素的需求大增，迫使人们对发酵技术进行深入研究，逐步采用液体深层发酵替代原先的固体或液体浅盘发酵进行生产，即青霉素的工业大规模生产。为了达到深层发酵的各项技术要求，开发了空气无菌过滤系统和可通入无菌空气的、机械搅拌式的密闭式发酵罐。采用液体深层发酵技术，再配以离心、溶剂萃取和冷冻干燥等技术，使青霉素的生产水平有了很大的提高，其中发酵水平从液体浅盘发酵的 40U/ml 效价提高到 200U/ml。随后，链霉素、金霉素等抗生素相继问世，抗生素工业迅速崛起，大大促进了发酵工业的发展，使有机酸、维生素、激素等都可以用发酵法大规模生产。抗生素工业的发展建立了一整套好氧发酵技术，大型搅拌发酵罐培养方法推动了整个发酵工业的深入发展，为现代发酵工程奠定了基础。发酵工程技术成为近代生物制药工业的基础技术。1953 年 5 月，中国第一批青霉素诞生，揭开了中国生产抗生素的历史。

工业发酵过程是一个随着时间变化的、非线性的、多变量输入和输出的动态的生物学过程。科学家在深入研究微生物代谢途径的基础上，通过对微生物进行人工诱变，先得到适合于生产某种产品的突变类型，再在人工控制的条件下培养，就大量产生人们所需要的物质，即代谢控制发酵新技术。以该技术为基础，氨基酸发酵工业得到快速发展。1957 年日本用微生物生产谷氨酸成功，目前代谢控制发酵技术已经应用于核苷酸、有机酸和部分抗生素等的生产中。20 世纪 70 年代，开始利用固定化酶或细胞进行连续发酵。

20 世纪 80 年代以来，发酵工程进入了现代发酵工程阶段，可以通过人为控制和改造微生物，合理控制发酵工艺和过程，从而得到人类需要的各种产品。随着工业自动化水平不断升级，计算机也在发酵系统中发挥了越来越大的作用。目前已经能够实现自动记录和自动控制发酵过程的全部参数，明显提高生产效率，实现发酵工程的高度自动化。

1973 年，Cohen 等在体外获得了含四环素和新霉素抗性基因的重组质粒，并在大肠埃希菌中培养成功，是人类历史上第一次成功实现了基因重组，标志着生物技术的核心技术——基因工程技术的开始。它向人们提供了一种全新的技术手段，使人们可以按照意愿在试管内切割DNA、分离基因并经重组后导入宿主细胞，最终获得相应的药物等产品。20 世纪 90 年代基因工程技术快速发展，大量引入到发酵工业中，使发酵工业产生革命性的变化。目前可以利用DNA 重组技术和细胞工程技术的发展，开发新的工程菌和新型微生物；开发新型的生理活性多肽和蛋白质类药物，如干扰素、白介素、促红细胞生成素等；研制新型菌体制剂和疫苗。

发酵工程制药的发展历程见表 3-1。

表 3-1　发酵工程制药的发展历程

年份	事件
1676	荷兰人列文虎克自制显微镜观察了杆菌、球菌、螺旋菌等
1857	法国人巴斯德证实了酒精发酵是由微生物引起的
1905	德国的罗伯特·柯赫等建立了一套研究微生物纯种培养的技术方法
1930	发酵产品（如乳酸、酒精、淀粉酶等）开始进入医疗领域
1942	青霉素的工业大规模生产，建立液体深层发酵技术
1953	中国第一批国产青霉素诞生
1957	日本用微生物发酵生产谷氨酸成功
1973	基因重组技术诞生，通过构建基因工程菌（细胞）生产基因工程药物

二、发酵工程药物

发酵工程药物包括药用菌体，如酵母菌片、乳酸菌制剂等；各种代谢产物如氨基酸、蛋白质、维生素、抗生素等；酶制剂，如用于抗癌的门冬酰胺酶等。目前，发酵工程已广泛应用于抗生素、维生素、氨基酸、核酸、糖、免疫调节剂，药用酶及酶抑制剂等各类药物的生产。

（一）抗生素

目前已发现的抗生素种类不少于 9000 种，很多是通过微生物发酵法获得，占全部抗生素的 70%，有价值的抗生素几乎全由微生物产生。放线菌占 2/3，霉菌占 1/4，其余的为细菌。包括 β-内酰胺类抗生素、大环内酯抗生素、四环类抗生素及氨基糖苷类抗生素等。

（二）维生素

维生素是具有特殊功能的小分子有机化合物，对于人体来说，是人体生命活动必需的一类物质，通过外界摄取，可以防治因维生素不足而引起的各种疾病。通过发酵法生产的有维生素 B_2、维生素 B_{12}、维生素 C 等。

（三）氨基酸

氨基酸是构成蛋白质的基本组成单位，通过特定的空间排列构成生物活性蛋白质，其中苏氨酸、缬氨酸、亮氨酸、异亮氨酸、赖氨酸、色氨酸、苯丙氨酸、蛋氨酸为必需氨基酸。绝大多数氨基酸可用发酵法生产，菌种主要有细菌和酵母菌。目前全世界天然氨基酸的总产量已达百万吨，氨基酸及其衍生物类药物达 100 多种，分为单个氨基酸制剂和复方氨基酸制剂两类。

（四）核酸

具有药用价值的核酸、核苷酸、核苷、碱基及其衍生物，称为核酸类药物。肌苷酸、腺苷酸、ATP、辅酶 A、辅酶 I 等核酸类药物在治疗心血管疾病、肿瘤方面有特殊疗效。核酸类药物的主要生产方法有：酶解法、半合成法、直接发酵法，其中半合成法指微生物发酵和化学合成并用的方法。例如，肌苷酸可以采用半合成法制备，也可以通过产氨短杆菌腺嘌呤缺陷型突变株直接发酵获得。采用半合成法生产肌苷酸分为两步，首先发酵制备肌苷，然后磷酸化转变为肌苷酸。

（五）糖

糖类分为单糖、双糖和多糖。糖类药物中研究最多的多糖类药物在抗肿瘤、抗辐射、抗感染方面疗效显著。来源于微生物的多糖主要有酵母多糖、细菌脂多糖、香菇多糖、灵芝多糖、蘑菇多糖等。采用发酵法可生产 D-甘露醇、1,6-二磷酸果糖、右旋糖酐、多抗甲素、真菌多糖等。

（六）免疫调节剂

免疫调节剂是微生物产生的一类小分子生理活性物质。在免疫活性上，可加强或抑制抗体的产生，包括免疫增强剂和免疫抑制剂。免疫增强剂能增强机体免疫应答，对恶性肿瘤、病毒及真菌感染有效，例如，抑氨肽酶 B 等。免疫抑制剂具有免疫抑制作用，能抑制自然杀伤细胞和淋巴细胞，使机体的免疫能力降低。例如，多孢木霉菌产生的环孢菌素 A、链霉菌产生的 FK506 等免疫抑制剂主要用于抑制器官移植排斥反应。

（七）药用酶

人类的疾病，大多数与酶缺乏或合成障碍有关。药用酶是指具有治疗和预防疾病功效的酶，在助消化、消炎、心血管疾病及抗肿瘤等方面有显著疗效。包括治疗消化不良和有消炎作用的蛋白酶；用于治疗白血病的 L-门冬酰胺酶；用于防护辐射损伤的超氧化物歧化酶，用于防治血栓性疾病的组织纤溶酶原活化剂等。发酵法是药用酶的主要生产方法，可利用枯草杆菌生产淀粉酶、蛋白酶，利用大肠埃希菌生产青霉素酰化酶等。

（八）酶抑制剂

酶抑制剂类药物具有降血脂、降血压、抗血栓、降血糖、抗肿瘤等方面的疗效。例如，游动放线菌产生的阿卡波糖是 α-糖苷酶抑制剂，可治疗糖尿病；HMG-CoA 还原酶抑制剂洛伐他汀的主要产生菌是土曲霉和红曲霉，可降血脂，治疗高胆固醇症；奥利司他为胰脂酶抑制剂，是全球唯一的 OTC 减肥药。

（九）基因工程药物

利用基因工程菌、细胞的培养与发酵获得的药物就是基因工程药物，可用于肿瘤、器官移植免疫排斥、类风湿关节炎、心血管疾病、病毒感染性疾病及糖尿病等病症的治疗。主要包括人胰岛素、白细胞介素、干扰素、粒细胞-巨噬细胞集落刺激因子、人血管生成素、人生长激素、人促红细胞生成素及组织纤溶酶原激活剂等。例如，利用基因工程酵母菌生产重组人胰岛素，可治疗糖尿病；利用大肠埃希菌表达重组人粒细胞-巨噬细胞集落刺激因子，可治疗化疗后产生的白细胞减少症、白血病等；利用基因工程细胞培养生产重组人红细胞生成素，可治疗慢性肾衰竭引起的贫血。

第二节　发酵设备及灭菌技术

一、发酵设备

生物反应器是利用酶或生物体（如微生物）所具有的生物功能，在体外进行生化反应的装置系统，主要用于生物的培养与发酵等。发酵工程中的生物反应器是发酵罐（fermentation tank）。发酵罐是发酵工厂中主要的设备，为微生物生命活动和生物代谢提供了一个合适的场所。除了发酵罐外，发酵设备还包括种子制备设备、辅助设备（无菌空气和制冷）、基质或培养基处理设备（粉碎、液化与灭菌）、产品提取与精制设备（产品分离），以及废物回收处理设备（环保设备）。

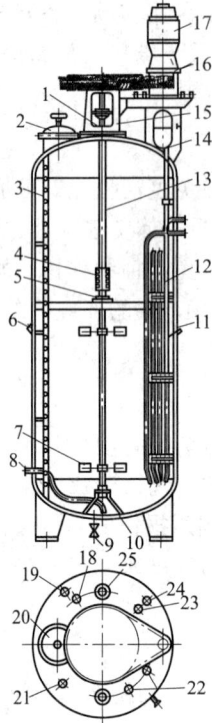

图 3-1　发酵罐的结构

1. 轴封；2. 入孔；3. 梯子；4. 连轴节；5. 中间轴承；
6. 热点偶联孔；7. 搅拌器；8. 通风管；9. 放料口；
10. 底轴承；11. 温度计；12. 冷却管；13. 轴；
14. 取样；15. 轴承柱；16. 三角皮带传动；
17. 电动机；18. 压力表；19. 取样口；
20. 入孔；21. 进料口；22. 补料口；
23. 排气口；24. 回流口；25. 视镜

通风发酵设备是生物工业中最重要的一类生物反应器。有机械搅拌式、气升式、鼓泡式、自吸式等多种类型，可用于传统发酵工业与现代生物工业。

机械搅拌式发酵罐，也称标准式或通风式发酵罐，是指既具有机械搅拌又具有压缩空气分布装置的发酵罐。机械搅拌发酵罐在发酵制药生产中应用广泛。它是利用机械搅拌器的作用，使空气和发酵液充分混合，促使氧在发酵液中溶解，以保证供给微生物生长繁殖所需要的氧气，广泛使用于抗生素、氨基酸、柠檬酸等发酵工程药物的生产。

机械搅拌式发酵罐主要部件包括罐身、搅拌器、轴封、中间轴承、空气分布器、挡板、冷却装置及视镜等，结构如图 3-1。

罐体必须密封，形状为圆柱状，两端用椭圆形或碟形封头焊接而成，小型发酵罐罐顶和罐身采用法兰连接，材料一般为不锈钢。为便于清洗，小型发酵罐顶设有清洗用的手孔。中大型发酵罐则装设有供维修、清洗的入孔。罐顶还装有视镜及孔灯，在其内面装有压缩空气或蒸汽吹管。在发酵罐的罐顶上的接管有：进料管、补料管、排气管、接种管和压力表接管。在罐身上的接管有冷却水进出管、进空气管、取样管、温度计管和测控仪表接口。

发酵罐应具有适宜的径高比；发酵罐的高度与直径之比一般为 1.7~4，罐身越长，氧的利用率较高；发酵罐能承受一定压力；发酵罐的搅拌通风装置能使气液充分混合，实现传质传热作用，保证发酵过程中所需的溶解氧；发酵罐应具有足够的冷却面积；发酵罐内应尽量减少死角，避免藏垢积污，灭菌能彻底，避免染菌；搅拌器的轴封应严密，尽量减少泄漏。

机械搅拌式发酵罐不仅能为制药企业节省可观的投资，还可大大节省能耗等运行费用，同时提高产品产量与收率。

二、灭菌技术

发酵系统中通常含有丰富的营养物质，容易受到杂菌污染。如果发酵过程污染杂菌，不仅消耗营养物质，还可能分泌一些抑制产生菌生长的物质，造成生产能力下降；另外，杂菌的代谢产物可能会严重改变培养基性质，使产物的提取困难，或抑制目标产物生物的合成，甚至分解产物；如果污染了噬菌体，会造成微生物细胞的裂解，引起失效生产。总之，染菌会给发酵带来很多负面影响，轻则造成产品质量下降或收率降低，重则导致产物全部损失。因此，整个发酵过程必须保证纯种培养，需要在整个发酵生产过程中，在每个工序采用适宜的灭菌技术，保证整个发酵过程在无菌操作下进行。

灭菌是指用化学的或物理的方法杀灭或除掉物料或设备中所有有生命的有机体的技术或工艺过程。简单说，就是杀死物体内外的一切微生物及其孢子，灭菌后的物体不再有可存活的微生物。培养基、发酵设备、空气除菌和种子的无菌操作是确保正常生产的关键。

工业生产中常用的灭菌方法有：化学物质灭菌、辐射灭菌、过滤介质除菌、加热灭菌（包括火焰灭菌、干热灭菌和湿热灭菌）。

湿热灭菌广泛应用于培养基及发酵设备的灭菌。湿热灭菌是指直接用蒸汽灭菌，一般的湿热灭菌条件为121℃（表压约0.1MPa），维持20~30分钟。由于蒸汽具有很强的穿透能力，而且在冷凝时会放出大量的冷凝热，很容易使蛋白质凝固而杀死各种微生物。由于在杀死微生物的同时也会破坏培养基中的营养成分，甚至会产生不利于菌体生长的物质。因此，在工业培养过程中，除了尽可能杀死培养基中的杂菌外，还要尽可能减少培养基中营养成分的损失。因此，在湿热灭菌时选择较高的温度，采用较短的时间，以减少培养基的破坏，即高温快速灭菌法。

培养基的灭菌操作方法有：分批灭菌、连续灭菌。连续灭菌也叫连消，培养基在发酵罐外经过一套灭菌设备连续加热灭菌，冷却后送入已灭菌的发酵罐内。具体过程就是将配制好的并经预热（60~75℃）的培养基用泵连续输入由蒸汽加热的加热塔，使其在短时间内达到灭菌温度（126~132℃）。然后进入维持罐（或维持管，进行物料保温灭菌的设备），使在灭菌温度下维持5~7分钟后再进入冷却管，使其冷却至接种温度并直接进入已事先灭菌（空罐灭菌）过的发酵罐内，如图3-2所示。

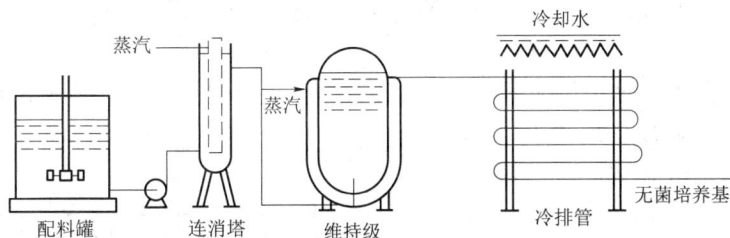

图3-2　连续灭菌流程图

发酵设备的灭菌操作方法有：空罐灭菌、实罐灭菌。发酵主要设备为发酵罐和种子罐，它们各自都附有原料（培养基）调制、蒸煮、灭菌和冷却设备，通气调节和除菌设备，以及搅拌器等。

空罐灭菌也称空消。无论是种子罐、发酵罐，还是尿素（或液氨）罐、消泡罐，当培养基（或物料）尚未进罐前对罐进行预先灭菌，为空罐灭菌。空罐灭菌一般维持罐压0.15~0.2MPa、罐温125~130℃、时间30~45分钟。空罐灭菌之后不能立即冷却，以避免罐压急速下降造成负压（甚至把罐体压瘪）而染菌。应先开排气阀，排除罐内蒸汽，待罐压低于空气压力时，通入无菌空气保压，开冷却水冷却到所需温度，将灭菌后的培养基输入罐内。

实罐灭菌，又称分批灭菌，是指将配制好的培养基放入发酵罐中用蒸汽加热，达到灭菌温度后维持一定时间，再冷却到接种温度。实罐灭菌时，发酵罐与培养基一起灭菌。

好气性发酵过程中需要大量的无菌空气，空气的灭菌操作方法有：过滤除菌、热杀菌、静电除菌、辐射杀菌等。实际生产中所需的除菌程度要根据发酵工艺而定，既要避免染菌，又要尽量简化除菌流程，以减少设备投资和正常运转的动力消耗。

如酵母培养所用的培养基成分以糖为主，酵母菌能利用无机氮，要求的 pH 较低，一般细菌较难繁殖，而酵母的繁殖速度又较快，能抵抗少量的杂菌影响，因此对无菌空气的要求不是十分严格，采用高压离心式鼓风机通风即可。而一些氨基酸、抗生素等，发酵周期长，耗氧量大，无菌程度要求也严格，即要求无菌、无灰尘、无杂质、无水，并要求有一定的温度和压力，空气必须经过严格的脱水、脱油和过滤除菌处理后才能通入发酵罐。

发酵罐的附属设备包括空气过滤器、补料系统、消沫剂系统、移种管路等，它们也需要灭菌。

总空气过滤器灭菌时，进入的蒸汽压力必须在 0.3MPa 以上，灭菌过程中总过滤器要保持压力在 0.15~0.2MPa，保温 1.5~2.0 小时。对于新装介质的过滤器，灭菌时间适当延长 15~20 分钟。灭菌后要用压缩空气将介质吹干，吹干时空气流速要适当，流速太小吹不干，流速太大容易将介质顶翻，造成空气短路而染菌。分空气过滤器在发酵罐灭菌之前需进行灭菌，维持压力 0.15MPa 灭菌 2 小时。灭菌后用空气吹干备用。

补料罐的灭菌温度视物料性质而定，如糖水罐灭菌时蒸汽压力为 0.1MPa（120℃），保温30 分钟。小体积补料罐采用实消灭菌方式；如果补料量较大，则采用连续灭菌较为合适。消沫剂罐灭菌时，其蒸汽压力为 0.15~0.18MPa，保温 60 分钟。补料管路、消沫剂管路可与补料罐、消沫剂罐同时进行灭菌，要求蒸汽压力为 0.15~0.18MPa，保温时间为 1 小时。移种管路灭菌一般要求蒸汽压力为 0.3~0.35MPa，保温 1 小时。上述各种管路在灭菌之前，要进行气密性检查，以防泄漏和"死角"的存在。

第三节　发酵工程制药工艺过程

发酵工程制药工艺过程包括菌种的选育与保藏；种子的制备；培养基的配制；培养基、发酵罐以及辅助设备的灭菌；将已培养好的有活性的纯菌株以一定量接种到发酵罐中，控制在最适条件下生长并生成代谢产物；产物的提取、精制，以得到合格的产品；发酵过程中产生的废物、废水的回收或处理。具体流程如图 3-3 所示。

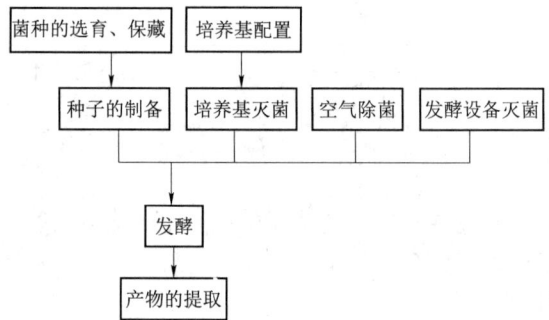

图 3-3　发酵生产一般流程

一、菌种

（一）常见的药用微生物

最常用的制药工业微生物有细菌、放线菌、霉菌及酵母菌，其中霉菌和酵母菌属于真菌。

1. 细菌　细菌（bacterium）的种类繁多，用处也很大，在制药工业中也占有极其重要的地位。细菌是具有细胞壁的原核单细胞微生物，以细胞个体形态为特征。大多数细菌个体大小在 0.5~4μm。由于它们是单细胞结构，一般以杆形或球形形式存在。大多数细菌用二分裂进行无性繁殖，少数以其他的方式繁殖，如有性繁殖。目前利用细菌在制药工业上生产氨基酸、维生素、辅酶及抗癌药物等，已成为生产药物的一个重要方面。

2. 放线菌 放线菌（actinomyces）是介于细菌和真菌之间的一类微生物。是一类单细胞有分支的丝状微生物，在培养基上向四周生长的菌丝呈放射状而得名。放线菌与细菌一样，在构造上不具有完整的核，没有核膜、核仁及线粒体。放线菌是产生抗生素最多的一类微生物。制药工业上常见的放线菌有链霉菌属（Streptomyces）、诺卡菌属（Nocardia）、小单孢菌属（Micromonospora）、游动放线菌属（Actinoplanes）等。

3. 真菌 真菌（fungus）属于真核生物，但不含叶绿素，无根、茎、叶，由单细胞或多细胞组成，按有性和无性方式繁殖。它们在自然界中分布广泛，土壤、水、空气和动植物体表均有存在，以寄生或腐生方式生活。在制药工业上有的是利用真菌的各种代谢产物包括次级代谢产物，如抗生素（青霉素、头孢菌素、灰黄霉素等）、维生素（核黄素）、酶制剂、各种有机酸、葡萄糖酸、麦角碱等。

（二）菌种的选育

进行药物的发酵生产前，首先挑选符合生产要求的菌种，再进行菌种的选育和保藏。优良的菌种应容易培养，发酵过程容易控制；产品产量高，且容易分离；遗传性状稳定；是非病原菌，不产有害生物活性物质或毒素；费用低等。

菌种的选育就是对已有菌种的生产性能进行改良，使产品的质量不断提高，或使它更适应于工艺的要求。天然菌种的生产性能较低，一般需要进行选育。菌种的选育包括自然选育和人工选育。人工选育又分为诱变育种、杂交育种、原生质体融合育种和基因工程育种。下面主要介绍自然选育和诱变育种。

1. 自然育种（nature screening） 自然育种指的是利用微生物的自然突变进行优良菌种选育的过程。自然突变的变异率很低，主要用于纯化菌种和生产菌种复壮，有时也用于选育高产菌株。微生物的遗传变异是绝对的，稳定是相对的；退化性的变异是多数的，进化性的变异是少数的。因此在生产过程和菌种保藏过程中菌种都出现一些退化现象，要经常对生产菌株进行选育复壮。

常用的自然育种方法是单菌落分离法，即把生产中应用的菌种制成单细胞悬浮液，接种于适当的培养基上，培养后，挑取在初筛平板上具有优良特征的菌株进行复筛，根据实验结果再挑选2~3株优良的菌株进行生产性能实验，最后选出目的菌种。

2. 诱变育种（mutation breeding） 诱变育种指采用合适的诱变剂处理均匀分散的微生物细胞群，在引起多数细胞致死的同时，其遗传物质DNA和RNA的化学结构发生改变，从而引起少数存活微生物的遗传变异。由于自然突变的频率极低，不能满足育种的需要。为了获得适合大规模工业生产所需的优良生产菌种，一般需要进行大量的诱变育种，通过提高菌种的突变频率，扩大变异幅度，进一步提高其生产能力，改善性能。诱变育种是菌种改良的重要手段。诱变育种过程包括诱变和筛选突变株，进行突变株的筛选比诱变过程更重要，图3-4是诱变育种的流程图。

（1）**诱变处理** 诱变育种时的主要操作步骤与自然选育方法基本相同，只是将制备的单细胞悬浮液用诱变剂处理后再涂布于平板上。诱变剂指能提高基因突变频率的物理、化学、生物因子，包括物理诱变剂（紫外线等）、化学诱变剂（碱基类似物等）和生物诱变剂（噬菌体）。

（2）**突变株的筛选** 突变株的筛选方法有随机筛选和推理筛选两种。随机筛选是诱变育

```
出发菌株 → 单孢子悬浮液的制备 → 诱变处理 → 稀释涂平板 → 挑起单菌落接斜面培养
                                                              ↓
高产菌株稳定性、特性考察 ← 筛选出高产菌株 ← 突变菌株性能检测 ← 复筛 ← 初筛
        ↓
       保存
```

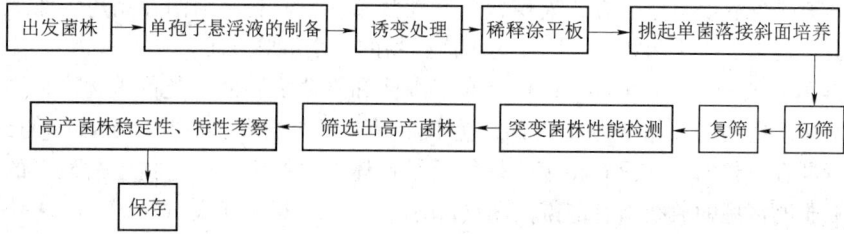

图 3-4　诱变育种的流程

种技术中一直采用的初筛方法，它是将诱变处理后形成的各单细胞菌株，不加选择地随机进行发酵并测定其单位产量，从中选出产量最高者进一步复试。这种方法较为可靠，但随机性大，需要进行大量筛选。

为了大大减少筛选的盲目性，提高筛选效率，常采用推理筛选。推理筛选是根据生产菌的生物合成途径或（和）代谢调控机制设计的筛选突变型方法。例如，筛选得到前体或其类似物抗性突变株，可以消除前体的毒性和反馈抑制作用，提高目的产物的产量。筛选得到的诱导酶突变株，在生长期即可合成某些次级代谢产物，大大缩短发酵周期。此外，根据推理筛选，还得到了膜渗透突变株、形态突变株、代谢途径障碍突变株及抗生素酶缺失突变株等。

（三）菌种的保藏

为保持菌种的活力及其优良性能，要进行微生物菌种的妥善保藏。菌种的保藏就是根据微生物生理、生化特点，通过人工创造条件，使微生物的代谢处于不活泼、生长繁殖受抑制的休眠状态。主要是低温、干燥、缺氧的状态。

菌种的保藏方法有：定期移植保藏法、沙土管保藏法、液体石蜡保藏法、液氮超低温冻结保藏法、真空冷冻干燥保藏法、低温冻结保藏法、谷粒（麸皮）保藏法等。不同微生物适应不同的保藏方法，在对菌株的特性和使用特点综合考虑下，选择合适的保藏方法。

1. 定期移植保藏法　定期移植保藏法是指将菌种接种于适宜的培养基中，最适条件下培养，待生长充分后，于 4~6℃进行保存并间隔一定时间进行移植培养的菌种保藏方法，亦称传代培养保藏法，包括斜面培养、穿刺培养、液体培养等。它是最早使用而且现今仍然普遍采用的方法。比较简单易行，不需要特殊设备，能随时观察所保存的菌株是否死亡、变异、退化或污染了杂菌。但保藏菌种仍有一定的代谢活性，保存时间不能太长；传代多，菌种容易发生变异；要进行定期转种，工作量大。

2. 沙土管保藏法　将洗净、烘干、过筛后的沙土分装在小试管内，经彻底灭菌后备用。将需要保藏的菌种，先在斜面培养基上培养，再注入无菌水，洗下细胞或孢子制成菌悬液，均匀滴入已灭菌的沙土管中，孢子即吸附在沙子上，将沙土管置于真空干燥器中，吸干沙土管中水分，最后将沙土管用火焰熔封后存放于低温（4~6℃）干燥处保藏，称为沙土管保藏法。产生芽孢或分生孢子的菌种多用沙土保藏法保藏。

3. 液体石蜡保藏法　液体石蜡保藏法是将菌种接种在适宜的斜面培养基上培养成熟，斜面上注入灭菌的液体石蜡，使其覆盖整个斜面并高于斜面 1cm，然后直立放置于低温（4~6℃）干燥处保存，可保存 2~10 年。此法不能用于可利用石蜡作为碳源的微生物。

4. 液氮超低温冻结保藏法　液氮超低温冻结保藏法是用保护剂将菌种制成菌悬液并密封于安瓿管内，在 -35℃冻结后，保藏在 -196℃的液态氮，或在 -150℃的氮气中的长期保藏方法，它的原理是利用微生物在 -130℃以下新陈代谢趋于停止而有效地保藏微生物。这是适用

范围最广的微生物保藏法，保存期最长，但保藏费用高，仅用于保存经济价值高、容易变异，或其他方法不能长期保存的菌种。

5. 真空冷冻干燥保藏法　该方法是将微生物冷冻，在减压下利用升华作用除去水分，使细胞的生理活动趋于停止，从而长期维持存活状态。事实上，从菌体中除去大部分水分后，细胞的生理活动就会停止，因此可以达到长期维持生命状态的目的。为了防止冻结和水分不断升华对细胞的损害，需要加保护剂（脱脂牛奶等）制备细胞悬液。该方法适用于绝大多数微生物菌种的保存，一般可保存5~10年，最长可达15年。

6. 低温冻结保藏法　将需要保存的菌种（孢子或菌体）悬浮于10%的甘油或二甲亚砜保护剂中，置于低温（一般为-70~-20℃）冻结。该法优点是存活率高、变异率低、使用方便。

7. 谷粒（麸皮）保藏法　属于载体保藏方法，是根据传统制曲原理来保藏微生物的方法。首先称取一定量的麦粒（或大米、小米等谷物）与自来水1：（0.7~0.9）混合，加水后的麦粒放4℃冰箱一夜或边加热边不断搅拌直至浸泡透，再用蒸汽121℃灭菌30分钟，趁热将麦粒摇松散。冷却后，将新鲜培养的菌悬液滴加在麦粒中，摇匀，放适当温度下培养，每隔1~2天，摇动一次，待麦粒上的孢子成熟后，存放于干燥器内或减压干燥，低温保藏。

二、培养基

培养基（culture medium）是人们提供微生物生长繁殖和生物合成各种代谢产物所需要的、按照一定比例配置的多种营养物质的混合物。选择的培养基能满足产物最经济的合成；发酵后所形成的副产物少；原料价格低廉、性能稳定、资源丰富并便于采购运输，能保证生产上的供应；应能满足总体工艺的要求。培养基的组成和配比是否恰当对微生物的生长、产物的合成、工艺的选择、产品的质量和产量等都有很大的影响。

（一）培养基的成分

药物发酵培养基主要由碳源、氮源、无机盐类、生长因子和前体等组成。

1. 碳源　碳源是组成培养基的主要成分之一，其主要作用是供给菌种生命活动所需要的能量，构成菌体细胞成分和代谢产物。药物发酵生产中常用的碳源有糖类、脂肪、某些有机酸、醇或碳氢化合物。

2. 氮源　氮源的主要作用是构成微生物细胞物质和含氮代谢物。可分为有机氮源和无机氮源。有机氮源有花生饼粉、黄豆饼粉、玉米浆、蛋白胨、尿素等。无机氮源有氨水、硫酸铵、氯化铵、硝酸盐等。

3. 无机盐　药物发酵生产菌和其他微生物一样，在生长、繁殖和生物合成产物过程中，都需要某些无机盐类和微量元素。其主要功能在于作为生理活性物质的组成成分或生理活性作用的调节物。如磷在菌体生长、繁殖和代谢活动中具有重要作用，但磷过量会对某些抗生素的合成产生抑制作用。

4. 生长因子　生长因子是一类对微生物正常代谢必不可少且不能用简单的碳源或氮源自行合成的有机物，如维生素等，酵母膏、玉米浆等天然材料富含生长因子，可用作对生长因子要求高的微生物培养基。

5. 前体　在药物的生物合成过程中，被菌体直接用于药物合成而自身结构无显著改变的物质称为前体。发酵培养基中加入前体能明显提高产品的产量；在一定条件下还能控制菌体合成代谢产物的流向。另外，在发酵过程中加入促进剂、抑制剂或微量生长因子等物质，也可提高产品的产量。

（二）培养基的分类及选择

1. 培养基的分类　按培养基组成物质的纯度可分为合成培养基和天然培养基。合成培养基是用完全了解的化学成分配成，适用于研究菌体的营养需要、产物合成途径等。但是培养基营养单一，价格较高，不适合用于大规模工业生产。天然培养基含有一些具体成分不明确的天然产品（如玉米糊、豆粉等），其营养丰富、价格便宜，适用于大规模培养微生物，缺点是成分不明确，影响生产。目前工业生产一般用半合成培养基。半合成培养基采用一部分天然有机物作碳源、氮源和生长因子，然后加入适量的化学药品配制而成。

按培养基的状态可分为固体培养基、半固体培养基和液体培养基。固体培养基指的是在液体培养基中加入一定量凝固剂，使其成为固体状态，适合于菌种和孢子的培养和保存。半固体培养基是在配好的液体培养基中加入少量的琼脂，一般用量为 0.5%~0.8%，主要用于微生物的鉴定。液体培养基 80%~90% 是水，其中配有可溶性的或不溶性的营养成分，是发酵工业大规模使用的培养基。

依据在生产中的用途可分为孢子培养基、种子培养基和发酵培养基。孢子培养基是供菌种繁殖孢子的一种常用固体培养基。营养不要太丰富（特别是有机氮源），否则只产菌丝，不产或少产孢子。无机盐浓度要适量，否则会影响孢子量和孢子颜色。要注意孢子培养基的 pH 和湿度。生产中常用的孢子培养基有麸皮培养基，大（小）米培养基，由葡萄糖、无机盐、蛋白胨等配置的琼脂斜面培养基。种子培养基是供孢子发芽和菌种生长繁殖用的。营养成分应是易被菌体吸收利用的，同时要比较丰富与完全，其中氮源和维生素的含量要高些，但总浓度以略稀薄为宜，以便菌种的生长繁殖。最后一级种子培养基的成分最好能接近发酵培养基，使种子进入发酵罐后能迅速适应，快速生长。发酵培养基是供菌种生长、繁殖和合成产物之用。既要使种子接种后迅速生长，达到一定的菌体浓度，又要使长好的菌体能迅速合成所需产物。发酵培养基的组成除有菌体生长所必需的元素和化合物外，还要有产物所需的特定元素、前体和促进剂等。一般属于半合成培养基。

2. 培养基的选择　发酵培养基成分和配比的选择对菌体生长和产物形成有着重要的意义。要注意快速利用的碳（氮）源和慢速利用的碳（氮）源的相互配合，发挥其各自优点；选用适当的碳氮比。氮源过多，菌体生长旺盛，pH 偏高，不利于代谢产物积累；氮源不足，菌体繁殖量少，影响产量。碳源过多，pH 偏低；碳源不足，易引起菌体衰老和自溶。

三、种子的制备

种子的制备对于发酵工程是非常重要的环节。种子的浓度及总量要能满足发酵罐接种量的要求，所以要进行种子的扩大培养。通过种子扩大培养获得的纯种培养物称为种子。种子扩大培养是指将保存在沙土管、冷冻干燥管中处休眠状态的生产菌种接入试管斜面活化后，再经过扁瓶或摇瓶及种子罐逐级扩大培养而获得一定数量和质量的纯种过程。

种子的制备过程分为实验室阶段和生产车间阶段，如图 3-5 所示。①在实验室阶段，对于不产孢子和芽孢的微生物，将种子扩大培养到获得一定数量和质量的菌体；对于产孢子的微生物，获得一定数量和质量的孢子。对于不同的微生物，采用的培养基不同。这个阶段使用的设备为培养箱、摇床等实验室常见设备，在工厂这些培养过程一般都在菌种室完成。②在生产车间阶段，最终一般都是获得一定数量的菌丝体。这样在接种后就可以缩短发酵时间，有利于获得好的发酵结果。这个阶段的培养基要有利于孢子的发育和菌体的生长，营养要比发酵培养基丰富。种子培养在种子罐中进行，一般由发酵车间管理。种子罐一般用碳钢或不锈钢制成，结构相当于小型发酵罐，可用微孔压差法或打开接种阀在火焰的保护下接种，在接种前要经过严格的灭菌。

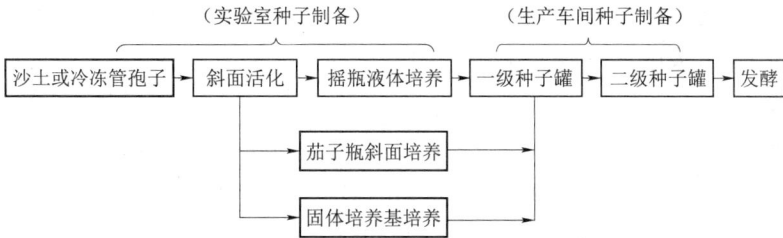

图 3-5 种子制备流程

影响种子质量的因素有原材料的质量、培养温度的控制、培养环境的湿度、通气与搅拌、斜面冷藏时间、种子培养基及 pH 等。在种子培养过程中，要提供适宜的生长环境、定时进行菌种稳定性的检查及种子无杂菌检查，从而保证纯种发酵。

四、发酵过程

发酵过程是利用微生物生长、代谢活动生产药物的关键阶段。在发酵罐使用之前，应先检查电源是否正常，空压机、循环水系统是否能正常工作。同时要检查管道是否通畅及废水废气管道的完好情况。气路、料路、发酵罐罐体及培养基必须用蒸汽进行灭菌，保证系统处于无菌状态。接种时先用火焰对接种口进行灭菌，在接种口放置酒精圈，点燃后燃烧 1 分钟左右，接种量一般为 5%～20%。培养发酵罐压力保持在 0.02～0.05MPa，根据各培养条件设定温度和通气量。大多数微生物的发酵周期为 2～8 天，但也有少于 24 小时或长达 2 周以上的。在发酵过程中，要定时取样分析和进行无菌实验，观察代谢变化和产物含量情况及有无杂菌污染。

以抗生素发酵生产过程中的代谢变化来说明发酵的几个阶段。抗生素是次级代谢产物，次级代谢的代谢变化过程分为菌体生长期、产物合成期和菌体自溶期。在菌体生长期，碳源、氮源和磷酸盐等营养物质不断消耗，新菌体不断合成，其代谢变化主要是碳源和氮源的分解代谢以及菌体细胞物质的合成代谢；在产物合成期，产物产量逐渐增多，直至达到高峰，生产速率也达到最大。代谢变化主要是碳源、氮源的分解代谢和产物的合成代谢；在菌体自溶期，菌体衰老，细胞开始自溶，氨氮含量增加，pH 上升，产物合成能力衰退，生产速率下降。此时，发酵过程必须停止，否则产物不仅受到破坏，还会因菌体自溶而给发酵液过滤和提取带来困难。在这三个代谢变化阶段，对营养物质的需求量不同，可间歇或连续补加灭菌过的碳源和氮源；或根据生产工艺要求，补加前体等物质促进产物的生成；加入消泡剂控制发酵产生的泡沫；根据对溶解氧的不同需求，控制通风量、搅拌速度的大小；此外，要控制温度、pH、CO_2 含量等发酵影响因素。

五、发酵方式

微生物发酵过程的操作方式有分批发酵、连续发酵及补料分批发酵。采用不同的发酵操作方式，会使微生物代谢规律发生变化。

（一）分批发酵

分批发酵（batch fermentation）是一种间歇式的培养方法，在每一批次的培养过程中，不再加入其他营养物料。待生物反应进行到一定程度之后，将全部培养液倒出进行后道工序的处理。分批发酵的设备要求较少，操作也较简单，工业微生物生产中经常采用。分批发酵时，微生物所处的环境在发酵过程不断地变化，需要通过人工调节影响产物形成的参数，使代谢产物浓度达到最高值。

（二）连续发酵

连续发酵（continuous fermentation）是指培养基料液连续输入发酵罐，并同时以相同流速放出含有产品的发酵液，使发酵罐内料液量维持恒定，微生物在近似恒定状态（恒定的基质浓度、恒定的产物浓度、恒定的 pH、恒定菌体浓度、恒定的比生长速率）下生长的发酵方式。但工业上很少应用连续发酵，多用于实验室，主要是因为连续发酵延续的时间长，发生杂菌污染的概率也就增加，难以保证纯种培养。

（三）补料分批发酵

补料分批发酵（fed-batch fermentation），是介于分批发酵和连续发酵之间的一种操作方法。是指在分批发酵过程中，间歇或连续地补加营养物质，但同时不取出发酵液的发酵方式。

这种发酵方式使发酵系统中维持很低的基质浓度；与连续发酵相比不需要严格的无菌条件；不会产生菌种老化和变异等问题。但要考虑生物反应器的供氧能力和培养过程中大量代谢产物积累后的细胞毒性。

六、产物提取

通过发酵过程获得的目的产物大多存在于发酵液中，也有些存在于菌体细胞内，而发酵液和菌体中都有产物存在的情形也比较常见。发酵液中除了有发酵产物外，还有菌体细胞、其他代谢产物、残余培养基等，因此发酵液的提取精制工作要分三个阶段，分别为发酵液的预处理、固液分离和细胞破碎、提取（初步纯化）和精制（高度纯化），如图3-6所示。

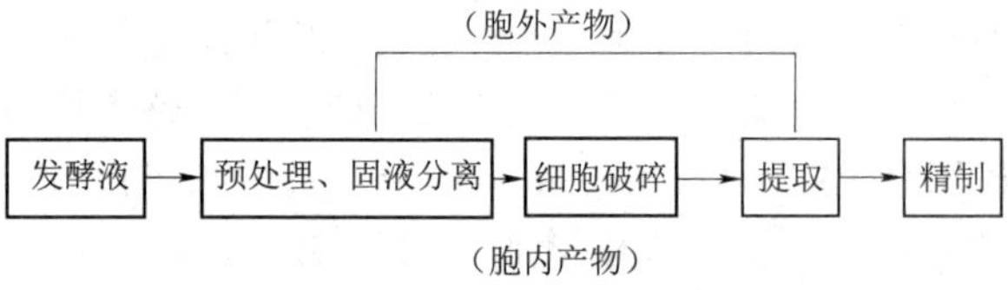

图 3-6 发酵产物的提取

将发酵液经过预处理（加热、调 pH、絮凝等）、固液分离和细胞破碎后可除去发酵液中的菌体细胞和不溶性固体等杂质。具体来说，对于胞外产物只需直接将发酵液预处理及过滤，获得澄清的滤液，作为进一步纯化的出发原液；对于胞内产物，则需首先收集菌体进行细胞破碎，使代谢产物转入液相中，然后，再进行细胞碎片的分离。

提取过程常用的方法有沉淀法、吸附法、离子交换树脂法、凝胶层析法和溶剂萃取法等。

沉淀法是最古老的分离和纯化生物物质的方法，主要用于蛋白质等大分子的提取（如L-天冬氨酸酶），也可用于抗生素（如四环素）等小分子的提取。吸附法主要用于抗生素等小分子物质的提取。在发酵工业的下游加工过程中，吸附法还可应用于发酵产品的除杂、脱色。目前应用大孔网状聚合物吸附剂可提取抗生素、维生素、酶蛋白质等多类发酵药物。离子交换树脂法应用广泛，可用于很多发酵药物的提取过程。例如，溶菌酶、细胞色素 C、肝素、胰岛素、硫酸软骨素等大分子药物及链霉素等抗生素的提取。凝胶层析法适用于分离和提纯蛋白质、酶、多肽、激素、多糖、核酸类等物质。溶剂萃取法在抗生素提取中应用很广，包括液-液萃取和液-固萃取。液-液萃取适用于胞外产物的情况，可将存在于发酵液中的产物提取出来，如青霉素、红霉素、林可霉素、麦迪霉素等抗生素的提取；液-固萃取适用于胞内产物，可将菌丝体内的产物提取出来，如制霉菌素、灰黄霉素、球红霉素等的提取。

提取过程可除去与产物性质差异较大的杂质，使产物浓缩，并明显提高产品的纯度。精制过程去除与产物的物理化学性质比较接近的杂质，包括色谱分离法、结晶等操作，也可重复或交叉使用上述五种基本提取方法。

实例分析

实例： 青霉素的发酵生产

分析： 青霉素的发酵生产工艺过程见图 3-7。

1. 青霉素的发酵　将沙土管保藏的孢子用甘油、葡萄糖、蛋白胨组成的培养基进行斜面培养，长成绿色孢子。制成孢子悬浮液，接种到大米固体培养基上，25℃培养6~7天，制成大米孢子。真空干燥后保存备用。

青霉素大规模生产采用三级发酵，可使菌体数量逐步扩大并适应发酵条件。青霉素的培养条件控制包括温度、pH、溶解氧、泡沫的控制。在自溶期即将来临之际，迅速停止发酵，立刻放罐，将发酵液迅速送往提炼工段。

2. 青霉素的提取　由于青霉素在水溶液中极易破坏而失活，整个提取过程要在低温、严格控制 pH 的情况下快速进行，防止降解。在提取之前要进行过滤和预处理，首先在发酵液加少量絮凝剂（如明矾）沉淀蛋白，或者将发酵液 pH 调至蛋白质的等电点以沉淀蛋白，再用真空转鼓过滤机或板框过滤机进行过滤。可以除掉菌丝体及部分蛋白。目前青霉素的提取大多采用溶剂萃取法，有机溶剂为醋酸丁酯。从发酵液萃取到醋酸丁酯时，pH 选择 2.0~2.5，从乙酸丁酯反萃取到水相时，pH 选择 6.8~7.2。几次萃取后，浓缩10倍，浓度几乎达到结晶要求。之后在萃取液中添加活性炭，除去色素和热原后过滤，除去活性炭。萃取液一般通过结晶提纯得青霉素纯品。

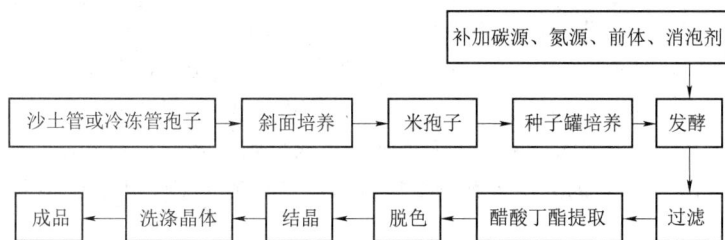

图 4-7　青霉素发酵生产的一般流程

第四节　发酵工程的过程控制

发酵工业过程分为上游工程（菌种）、发酵和下游工程（发酵产品的提取精制）三个阶段。即先进行高性能生产菌株的选育和种子的制备；然后在人工或计算机控制的发酵罐中进行大规模培养，生产目的代谢产物；最后收集目的产物并进行分离纯化，最终获得所需要的产品。微生物发酵要取得理想的效果，即取得高产并保证产品的质量，就必须对发酵过程进行严格的控制。

一、影响发酵过程的因素

发酵过程是利用微生物代谢活动获取目的产物的过程，是发酵药物生产中决定产量和质量的关键阶段。发酵产物的生成不仅涉及微生物细胞的生长、生理和繁殖等生命过程，又涉及各种酶所催化的生化反应。发酵控制的目的是使发酵过程有向利于目的产物的积累和产品质量提高的方向进行。因此，发酵过程复杂，控制过程比较困难。微生物发酵水平主要受生产菌种自身性能和环境条件的影响，因此，微生物在合成产物过程中的生物合成途径及代谢调控机制是微生物药物研究的重要内容，据此可推测出生产菌种对环境条件的要求。

在发酵生产中，生产菌种相关的营养条件和环境条件，如培养基组成、温度、pH、氧的需求、泡沫、发酵过程中补料等，直接影响发酵过程，进行合理的生产工艺控制，最大限度地发挥生产菌种的合成产物的能力，进而取得最大的经济效益。

发酵过程中微生物的代谢变化可通过各种检测装置测出的参数反映出来，主要参数包括物理参数、化学参数和生物学参数。

（一）物理参数

1. 温度（℃）　是指整个发酵过程或不同阶段中所维持的温度。

2. 罐压（Pa）　罐压是发酵过程中发酵罐维持的压力。罐内维持正压可以防止外界空气中的杂菌侵入，以保证纯种的培养。一定的罐压可以增加发酵液的溶解氧浓度，间接影响菌体的代谢。罐压一般维持在表压 0.02~0.05MPa。

3. 搅拌转速（r/min）　搅拌转速是指搅拌器在发酵过程中的转动速度，通常以每分钟的转数来表示。它的大小与氧在发酵液中的传递速率和发酵液的均匀性有关。增大搅拌转速可提高发酵液的溶解氧浓度。

4. 搅拌功率（kW）　搅拌功率是指搅拌器搅拌时所消耗的功率，常指 1m³ 发酵液所消耗的功率（kW/m³）。它的大小与液相体积氧传递系数 KLa 有关。

5. 空气流量 [m³/(m³·min)]　空气流量是指每分钟内每单位体积发酵液通入空气的体积，是需氧发酵中重要的控制参数之一。一般控制在 0.5~1.0m³/（m³·min）范围内。

6. 黏度（Pa·s）　黏度大小可以作为细胞生长或细胞形态的一项标志，也能反映发酵罐中菌丝分裂过程的情况。它的大小可影响氧传递的阻力，也可反映相对菌体浓度。

（二）化学参数

1. pH（酸碱度）　发酵液的 pH 值是发酵过程中各种产酸和产碱的生化反应的综合结果。它是发酵工艺控制的重要参数之一。它的高低与菌体生长和产物合成有着重要的关系。

2. 基质浓度（g/100ml 或 mg/100ml）　基质浓度是指发酵液中糖、氮、磷等重要营养物质的浓度。它们的变化对产生菌的生长和产物的合成有着重要的影响，也是提高代谢产物产量的重要控制手段。因此，在发酵过程中，必须定时测定糖（还原糖和总糖）、氮（氨基氮和铵盐）等基质的浓度。

3. 溶解氧浓度（ppm 或饱和度%） 溶解氧是需氧菌发酵的必备条件。利用溶氧浓度的变化，可了解产生菌对氧利用的规律，反映发酵的异常情况，也可作为发酵中间控制的参数及设备供氧能力的指标。

4. 氧化还原电位（mV） 培养基的氧化还原电位是影响微生物生长及其生化活性的因素之一。对各种微生物而言，培养基最适宜和所允许的最大电位值，应与微生物本身的种类和生理状态有关。

5. 产物的浓度（$\mu g/ml$） 是发酵产物产量高低或生物合成代谢正常与否的重要参数，也是决定发酵周期长短的根据。

6. 废气中的氧浓度（分压，Pa） 废气中的氧浓度与产生菌的摄氧率和 KLa 有关。从废气中氧和 CO_2 的含量可以算出产生菌的摄氧率、呼吸商和发酵罐的供氧能力。

7. 废气中 CO_2 的含量（%） 废气中的 CO_2 是由产生菌在呼吸过程中放出的，测定它可以算出产生菌的呼吸商，从而了解产生菌的呼吸代谢规律。

（三）生物学参数

1. 菌体浓度 菌体浓度（cell concentration）是指单位体积培养液中菌体的量，是控制微生物发酵过程的重要参数之一，特别是对抗生素等次级代谢产物的发酵控制。菌体浓度的大小和变化速度对菌体合成产物的生化反应都有重要的影响，因此测定菌体浓度具有重要意义。

2. 菌丝形态 在丝状菌的发酵过程中，菌丝形态的改变是生化代谢变化的反映。一般都以菌丝形态作为衡量种子质量、区分发酵阶段、控制发酵过程的代谢变化和决定发酵周期的依据之一。

目前较常测定的参数有温度、罐压、空气流量、搅拌转速、pH、溶解氧、效价、糖含量、NH_2N—含量，前体（如苯乙酸）浓度、菌体浓度（干重、离心压缩细胞体积%）等。不常测定的参数有氧化还原电位、黏度、排气中的 O_2 和 CO_2 含量等。

根据测定的参数可计算得到其他重要的参数，例如，根据发酵液的菌体量和单位时间的菌体浓度、溶氧浓度、糖浓度、氮浓度和产物浓度等的变化值，可分别计算得到菌体的比生长速率、氧比消耗速率、糖比消耗速率、氮比消耗速率和产物比生产速率。它们是控制产生菌代谢、决定补料和供氧工艺条件的主要依据。

二、营养条件的影响及其控制

在发酵过程中，需要加入营养基质维持微生物的生长和促进产物的合成，主要包括碳源、氮源、磷酸盐、前体和无菌水等，来自于培养基和发酵过程中的补料。不同的微生物对营养条件要求不同，培养基的成分和配比合适与否，对生产菌的生长发育、产物的合成有很大的影响。

很多微生物药物是次级代谢产物，发酵过程分为菌体生长期（发酵前期）和产物分泌期（发酵中后期）。如何控制发酵条件，缩短菌体生长期，延长产物分泌期并保持最大比生产速率是提高产物产量的关键。采用一次投料的分批发酵时，无法延长产物的分泌期，而采用中间补料的发酵方式时，则可以通过中间补料的方法使菌体培养中期的代谢活动受到控制，延长分泌期，提高产量。直接或间接的反馈控制参数可控制补料的时机。直接控制是指直接以限制性营养物浓度作为反馈控制参数，如控制氮源、碳源等。间接控制是指以溶解氧、pH、呼吸商、排气中二氧化碳分压及代谢物质浓度等作为反馈控制参数。

（一）碳源浓度的影响及其控制

按照利用的快慢，碳源分为迅速利用的碳源（速效碳源）和缓慢利用的碳源（迟效碳源）。葡萄糖等速效碳源吸收快，利用快，能迅速参加代谢、合成菌体和产生能量，但具有分解代谢物阻遏作用，会抑制产物的合成。而迟效碳源被菌体缓慢利用，不易产生分解产物阻遏效应，有利于延长次级代谢产物的分泌期，如乳糖、蔗糖、麦芽糖、玉米油分别为青霉素、头孢菌素 C、盐霉素及核黄素发酵生产的最适碳源。

使用葡萄糖等容易利用的碳源时，要严格控制它们的浓度才能不产生抑制药物合成的作用。例如，青霉素发酵中，采用流加葡萄糖的方法可得到比乳糖更高的青霉素单位，反之，青霉素合成量很少。因此在使用速效碳源时，浓度的控制是非常重要的。在发酵过程中以补加糖类来控制碳源浓度，提高产物产量，是生产上常用的方法，残糖量、pH 值等发酵参数可作为补糖的依据。

（二）氮源浓度的影响及其控制

氮源主要用来构成菌体细胞物质（如氨基酸、蛋白质、核酸）及药物等含氮代谢产物，有迅速利用的氮源和缓慢利用的氮源。前者易被菌体利用，明显促进菌体生长，但高浓度铵离子会抑制竹桃霉素等抗生素的合成。

发酵工业中常采用含迅速利用的氮源和缓慢利用的氮源的混合氮源。迅速利用的氮源能促进菌体生长繁殖，包括氨水、铵盐和玉米浆等；缓慢利用的氮源，在容易利用的氮源耗尽时才被利用，可延长次级代谢产物合成期，提高产物的产量，包括黄豆饼粉、花生饼粉和棉子饼粉等。

除了培养基中的氮源外，在发酵过程中需要补加一定量的氮源。根据残氮量、pH 值及菌体量等发酵参数：①补加某些具有调节生长代谢作用的有机氮源，可提高土霉素、青霉素等的发酵单位（效价），如酵母粉、玉米浆、尿素等。②补加氨水或硫酸铵等无机氮源，当 pH 偏低又需补氮时，可加入氨水；当 pH 偏高又需补氮时，可加入生理酸性物质如硫酸铵等。为了避免氨水过多造成局部偏碱影响发酵，一般由空气分布管通入，通过搅拌作用与发酵液迅速混合，并能减少泡沫的产生。

（三）磷酸盐浓度的影响及其控制

磷是微生物生长繁殖必需的成分，也是合成代谢产物所必需的。磷酸盐能明显促进产生菌的生长。菌体生长所允许的磷酸盐浓度比次级代谢产物合成所允许的浓度大得多，两者平均相差几十至几百倍。适合微生物生长的磷酸盐浓度为 0.3~300mmol/L，适合次级代谢产物合成所需的浓度平均仅为 0.1mmol/L，磷酸盐浓度提高到 10mmol/L 就会明显地抑制次级代谢产物的合成，例如，正常生长所需的无机磷浓度会抑制链霉素的形成，在基础培养基中要采用适当的磷酸盐浓度。

初级代谢产物发酵对磷酸盐的要求不如次级代谢产物发酵严格。在抗生素发酵中常采用亚适量（对菌体生长不是最适量但又不影响菌体生长的量）的磷酸盐浓度。磷酸盐的最适浓度必须结合当地的具体条件和使用的原材料进行实验确定。此外，当菌体生长缓慢时，可适当补加适量的磷，促进菌体生长。

（四）前体浓度的影响及其控制

在某些抗生素发酵过程中加入前体物质，可以控制抗生素产生菌的生物合成方向及增加抗生素产量。例如，在青霉素发酵中加入苯乙酸等前体，可提高青霉素的产量。由于过量的前体对产生菌有毒性，所以要严格控制前体的浓度，必须采用少量多次或连续流加的方法加入。

在发酵过程中，随着菌体的生长繁殖，菌体浓度不断增加，代谢产物增多，发酵液的表观黏度在逐渐增大，而通气效率逐渐下降，对菌的代谢活动会产生不利的影响，严重时就能影响产物的合成。为了解决这个问题，有时需要补加一定量的无菌水来降低发酵液浓度及表观黏度，从而提高发酵单位。

除了补加碳源、氮源、磷酸盐、前体和无菌水外，为了菌的生长或产物合成需要，需要补加某些无机盐或微量元素。总之，在发酵过程中，必须根据生产菌的特性和目标产品生物合成的要求，对营养基质的影响和控制进行深入细致的研究，才能取得良好的发酵效果。

三、培养条件的影响及其控制

（一）温度的影响及其控制

1. 温度对发酵的影响

（1）温度影响反应速率　微生物发酵过程都是在各种酶的催化作用下进行的，温度的变化直接影响发酵过程中各种酶催化反应的速率。

（2）温度影响产物的合成　温度可改变发酵液的物理性质，如发酵液的黏度、基质和氧在发酵液中的溶解度和传递速度、菌体对某些基质的分解和吸收速率等，从而间接影响生产菌的生物合成。

（3）温度影响生物合成的方向　如用黑曲霉生产柠檬酸时，温度升高导致草酸产量增加，柠檬酸产量降低。四环素产生菌金色链霉菌同时产生金霉素和四环素，当温度低于30℃时，这种菌合成金霉素能力较强；温度提高，合成四环素的比例也提高，温度达到35℃时，金霉素的合成几乎停止，只产生四环素。

2. 引起温度变化的因素　在发酵过程中，发酵温度的变化是由发酵热导致的。发酵热包括生物热、搅拌热、蒸发热、辐射热和显热。其中生物热和搅拌热是产热因素，蒸发热、辐射热和显热是散热因素，即发酵热＝生物热＋搅拌热－蒸发热－辐射热－显热。其中生物热是微生物在生长繁殖过程中产生的热能。在发酵进行的不同阶段，生物热的大小会发生显著变化，进而引起发酵热的变化，最终导致发酵温度的变化。

3. 最适温度的选择

（1）根据菌种选择　微生物种类不同，所具有的酶系及其性质不同，所要求的温度范围也不同。如黑曲霉生长温度为37℃，谷氨酸产生菌棒状杆菌的生长温度为30~32℃，青霉菌生长温度为30℃。

（2）根据发酵阶段选择

1）发酵前期：由于菌量少，发酵目的是要尽快达到大量的菌体，应取稍高的温度，促使菌的呼吸与代谢，使菌生长迅速。

2）发酵中期：菌量已达到合成产物的最适量，发酵需要延长中期，从而提高产量，因此中期温度要稍低一些，可以推迟衰老。因为在稍低温度下，氨基酸合成蛋白质和核酸的正常途径关闭得比较严密，有利于产物合成。

3）发酵后期：产物合成能力降低，延长发酵周期没有必要，可提高温度，刺激产物合成到放罐。如四环素生长阶段28℃，合成期26℃，后期再升温；黑曲霉生长37℃，产糖化酶

32~34℃。但也有的菌种产物形成比生长温度高。如谷氨酸产生菌生长 30~32℃，产酸 34~37℃。最适温度选择要根据菌种与发酵阶段做试验。

（二）溶解氧的影响及其控制

氧是需氧微生物生长所必需的，微生物细胞很少能利用空气中的氧，仅能利用溶解氧（disolve oxygen，dO_2），因此溶解氧是发酵控制的最重要参数之一。氧在水中的溶解度很小，需要不断地进行通风与搅拌，才能满足发酵需氧的要求。

1. 影响供氧的因素

（1）搅拌　搅拌把通入的空气泡打散成小气泡，小气泡从罐底上升速度慢，增加了气液接触面积和接触时间；搅拌会造成涡流，使气泡螺旋形上升，有利于氧的溶解；搅拌可形成湍流断面，减少气泡周围液膜的厚度，增大体积溶氧系数；保持菌丝体于均匀的悬浮状态，有利于氧的传递以及营养物和代谢产物的输送。

（2）通气（空气流量）　发酵罐的空气是压缩空气经鼓泡器通入发酵罐。通气量以每分钟每升培养基通入多少升空气计。另外，发酵液的黏度、微生物的生长状态、泡沫的产生均会影响供氧。

2. 影响溶解氧的因素

（1）微生物的种类和生长阶段不同　微生物，呼吸强度不一样；同样的微生物，在不同生产阶段需氧不一样，一般菌体生长阶段的摄氧率大于产物合成期的摄氧率。因此认为培养液的摄氧率达最高值时，培养液中菌体浓度也达到了最大值。

（2）培养基的组成　菌丝的呼吸强度与培养基的碳源有关，如含葡萄糖的培养基表现较高的摄氧率。

（3）培养条件的影响　培养液的 pH、温度等影响溶氧。温度愈高，营养成分愈丰富，其呼吸强度的临界值也相应地增长。当 pH 为最适 pH 时，微生物的需氧量也最大。

（4）二氧化碳浓度的影响　在相同压力条件下，CO_2 在水中的溶解度是氧溶解度的 30 倍。因而发酵过程中如不及时将培养液中的 CO_2 从发酵液中除去，势必影响菌体的呼吸，进而影响菌体的代谢活动。

3. 溶解氧的控制　发酵过程应保持氧浓度在临界氧浓度以上。临界氧浓度一般指不影响菌的呼吸所允许的最低氧浓度。例如，青霉素发酵的临界氧浓度在 5%~10%，低于此值会对产物合成造成损失。在发酵生产中，生物合成最适氧浓度与临界氧温度是不同的。例如，头孢菌素 C 发酵，其呼吸临界氧浓度为 5%，其生物合成最适氧浓度为 10%~20%；对于卷曲霉素，呼吸临界氧浓度为 13%~23%，而合成需要的最低允许氧浓度为 8%。

在发酵不同阶段，溶解氧浓度会分别受到不同因素的影响。在发酵前期，由于生产菌的大量生长繁殖，耗氧量大，溶解氧明显下降；在发酵中后期，需要根据实际情况进行补料，溶解氧的浓度就会相应发生改变。此外，设备供氧能力的变化、菌龄的不同、通风量改变以及发酵过程中某些事故的发生都会使发酵液中的溶解氧浓度发生变化。

发酵过程中，有时会出现溶解氧浓度明显降低或明显升高的异常变化。引起溶解氧明显降低的原因包括：污染好气型杂菌，大量溶解氧被消耗掉；菌体代谢发生异常，需氧要求增加，溶解氧下降；设备或工艺控制发生故障或变化，如搅拌速度变慢或停止搅拌、消泡剂过多、闷罐等。供氧条件不变，溶解氧异常升高的原因包括：耗氧出现改变，如菌体代谢异常，耗氧能力下降，溶解氧上升；污染烈性噬菌体，导致产生菌尚未裂解，呼吸已经受到抑制，溶解氧有可能迅速上升，直到菌体破裂后，完全失去呼吸能力，溶解氧直线上升。

发酵液的溶解氧浓度是由供氧和需氧共同决定的。当供氧大于需氧时，溶解氧浓度上升；反之就会下降。就供氧来说，发酵设备要满足供氧要求，就能通过调节搅拌转速或通气速率来控制供氧；而需氧量主要受菌体浓度的影响，可以通过控制基质浓度来达到控制菌体浓度的目的。

（三）pH 对发酵的影响及其控制

pH 是微生物代谢的综合反映，又影响代谢的进行，所以是十分重要的参数。

1. pH 对发酵的影响

（1）pH 影响酶的活性　微生物生长代谢是在体内酶的作用下进行的，pH 值会影响酶的活性。因此微生物菌体的生长繁殖及产物的合成都是在一定 pH 的环境中完成的，即发酵过程中的所有酶催化反应都会受到环境 pH 的影响。当 pH 抑制菌体某些酶的活性时，使菌的新陈代谢受阻。

（2）pH 影响微生物细胞膜所带电荷　pH 影响微生物细胞膜所带电荷，从而改变细胞膜的透性，影响微生物对营养物质的吸收、代谢物的排泄，因此影响新陈代谢的进行。

（3）pH 影响培养基某些成分和中间代谢物的解离　pH 影响培养基某些成分和中间代谢物的解离，从而影响微生物对这些物质的利用。

（4）pH 影响代谢方向　pH 不同，往往引起菌体代谢过程不同，使代谢产物的质量和比例发生改变。例如，黑曲霉在 pH2~3 时发酵产生柠檬酸，在 pH 近中性时，则产生草酸。谷氨酸发酵，在中性和微碱性条件下积累谷氨酸，在酸性条件下则容易形成谷氨酰胺和 N-乙酰谷氨酰胺。

（5）pH 影响菌体的形态　不同 pH 对菌体的形态影响很大，当 pH 高于 7.5 时，菌体易于老化，呈现球状；当 pH 低于 6.5 时菌体同样受抑制，易于老化。而在 7.2 左右时，菌体处于产酸期，呈现长的椭圆形；在 6.9 左右时，菌体处于生长期，呈"八"字形状并占有绝对的优势。

2. 发酵过程 pH 变化的原因

（1）基质代谢

1）糖代谢：特别是快速利用的糖，分解成小分子酸、醇，使 pH 下降。糖缺乏，pH 上升（是补料的标志之一）。

2）氮代谢：当氨基酸中的-NH$_2$ 被利用后 pH 会下降；尿素被分解成 NH$_3$，pH 上升，NH$_3$ 利用后，pH 下降；当碳源不足时，氮源当碳源利用，pH 上升。

3）生理酸碱性物质利用后 pH 会上升或下降。

（2）产物形成　某些产物本身呈酸性或碱性，使发酵液 pH 变化。如有机酸类产生使 pH 下降，红霉素、林可霉素、螺旋霉素等抗生素呈碱性，使 pH 上升。

（3）菌体自溶，pH 上升　在发酵后期，菌体的自溶会造成 pH 上升。

3. pH 的控制

（1）根据微生物的种类和产物调控 pH　每一类菌都有其最适的和能耐受的 pH 范围。例如，细菌在中性或弱碱性条件下生长良好，而酵母菌和霉菌喜欢微酸性环境。微生物生长阶段和产物合成阶段的最适 pH 往往不一致。这不仅与菌种的特性有关，还与产物的化学性质有关。例如，链霉菌的最适生长 pH 为 6.2~7.0，而合成链霉素的合适 pH 为 6.8~7.3。

（2）调节好基础料的 pH　考察培养基基础配方，控制一定配比，可考虑通过加入一些缓冲剂（磷酸盐或碳酸盐）。基础料中若含有玉米浆，pH 呈酸性，必须调节 pH。若要控制消后

pH 在 6.0，消前 pH 往往要调到 6.5~6.8。

（3）通过补料调节 pH　　在补料与调节 pH 没有矛盾时采用补料调节 pH，通过 pH 测量，来控制补料，可加入糖、尿素、酸或碱等。通过调节补糖速率和空气流量来调节 pH；当 NH_2-N 低，pH 低时补氨水；当 NH_2-N 低，pH 高时补 $(NH_4)_2SO_4$。控制发酵过程中 pH 变化。

（四）CO_2 的影响及其控制

CO_2 是微生物生长繁殖过程中的代谢产物，是细胞代谢的重要指标。作为基质可参与某些合成代谢，并对微生物发酵具有抑制或刺激作用。

培养基中的 CO_2 含量变化对菌丝的形态有直接影响，例如，对产黄青霉菌丝形态的影响：CO_2 含量 0~8%，菌丝主要呈丝状；15%~22%，膨胀、粗短菌丝；CO_2 分压达到 8kPa，呈球状或酵母状细胞。

在青霉素发酵生产中，排气中 CO_2 含量大于 4% 时，即使溶解氧足够，青霉素合成和菌体呼吸也受抑制。当 CO_2 分压达到 8.1kPa 时，青霉素比生产速率减小 50%。

CO_2 及 HCO_3^- 都影响细胞膜的结构。它们通过改变膜的流动性及表面电荷密度来改变膜的运输性能，影响膜的运输效率，从而导致细胞生长受到抑制，形态发生改变。此外，溶解的 CO_2 会影响发酵液的酸碱平衡，使发酵液的 pH 下降；或与其他物质发生化学反应；或与生长必需金属离子形成碳酸盐沉淀，造成间接作用而影响菌体生长和产物合成。

除了微生物代谢外，二氧化碳主要来自于通气和补料等。其大小受许多因素影响，如菌体呼吸速度、发酵液流变学特性、通气搅拌程度、罐压及发酵罐规模等。此外，发酵过程中遇到泡沫上升"逃液"现象时，如增大罐压消泡，会使 CO_2 溶解度增加，对菌体生长不利。CO_2 浓度的控制通常通过通风和搅拌来控制，在发酵罐中不断通入空气，随废气可排出代谢产生的 CO_2，使之低于能产生抑制作用的浓度。

（五）泡沫的影响及其控制

在发酵过程中，由于通气和搅拌，代谢气体的产生，培养基中糖、蛋白质和代谢物等表面活性物质的存在，使发酵液中产生一定量的泡沫。泡沫的存在可以增加气液接触面积，增加氧传递速率。但泡沫过多就会带来不利的影响，如发酵罐的装料系数减小等。严重时会造成"逃液"。从而增加染菌的机会，导致产物的损失。

泡沫的多少不仅与通风、搅拌的剧烈程度有关，还与培养基的成分及配比有关。如一些有机氮源容易起泡；糖类起泡能力低，但其黏度大，有利于泡沫稳定。培养基的灭菌方法也会改变培养基的性质，从而影响培养基的起泡能力。此外，在发酵过程中，随着微生物代谢进行，培养基性质改变，也会影响泡沫的消长。如霉菌发酵，随着发酵进行，各种营养成分被利用，使得发酵液表面黏度下降，表面张力上升，泡沫寿命缩短，泡沫减少。在发酵后期，菌体自溶，发酵液中可溶性蛋白质增加，有利于泡沫产生。

有效控制泡沫是正常发酵的基本条件。消除泡沫的方法有机械消泡和消泡剂消泡两类。机械消泡包括罐内和罐外消泡。罐内消泡是在搅拌轴上方安装消泡桨，利用消泡桨转动打碎泡沫。罐外消泡则是将泡沫引出罐外，通过喷嘴的加速作用或利用离心力来消除泡沫。这种消泡方法节省原料、染菌机会小，但消沫效果不理想。

另一种消泡方法是消泡剂消泡，常用的消泡剂有天然油脂类、高碳醇、聚醚类和硅酮类等。天然油脂类有玉米油、豆油、棉籽油、菜籽油和猪油等。天然油脂消泡剂效率不高，用量大，成本高，但安全性好。化学消泡剂性能好，添加量小（0.02%~0.035%，体积百分数），如果使用品种和方法合适，对菌体生长和产物合成几乎没有影响。目前生产上有逐渐取代天然油脂的趋势。消泡剂作用的发挥主要取决于它的性能和扩散效果。可以借助机械搅拌加速接触，也可以借助载体或分散剂使其更容易扩散。

不同产品的发酵生产，对发酵终点的判断标准也不同。在确定发酵终点时，要同时考虑发酵成本和产物提取分离的需要。

知识拓展

微生物生物合成的调节机制

微生物的代谢过程错综复杂，参与代谢的物质又多种多样，即使是同一种物质也会有不同的代谢途径，而且各种物质的代谢间存在着复杂的相互联系和相互影响。微生物的代谢调节主要通过调节参与代谢的酶的活性（激活或抑制）和酶量（诱导或阻遏）来实现。初级代谢和次级代谢都受核内 DNA 调控，而部分次级代谢产物还同时受核外遗传物质质粒的控制。在代谢调节机制方面，有共性，也有不同之处。

初级代谢产物生物合成的调节机制包括：酶活力调节和酶合成调节。次级代谢产物生物合成的调节机制包括：微生物的初级代谢对次级代谢的调节；分解代谢物调节；酶的诱导调节；反馈调节；磷酸盐的调节；ATP 的调节；细胞膜透性的调节；金属离子的调节；溶解氧的调节。

本 章 小 结

本章主要介绍发酵工程制药的基本理论和实际应用。包括发酵工程制药的基本概念、发展历程；发酵工程药物分类、应用状况；常用的发酵设备及灭菌技术；制药微生物菌种的来源、选育、保藏方法，作为生产菌种的条件；培养基的成分、种类及选择；种子的制备；发酵工艺过程及产物提取；发酵过程的影响因素及其控制等内容。

重点：制药微生物菌种的选育；影响发酵的因素，包括营养物质、发酵条件对发酵的影响；发酵产品的提取方法。

难点：影响发酵过程的因素及其控制。分析发酵过程中 pH、溶氧、温度变化对发酵的影响，引起变化的原因，控制方法等。

思考题

1. 在发酵生产中，为什么要进行灭菌操作？常用的灭菌方法有哪些？
2. 简述微生物发酵制药的工艺流程。
3. 影响发酵生产的因素有哪些？
4. 发酵过程中引起 pH、温度、溶氧变化的因素分别有哪些？
5. 溶氧异常升高或降低的原因有哪些？如何控制？

（仝 艳）

第四章　酶工程制药

第一节　概　述

酶工程（enzyme engineering）是酶学与工程学相互渗透结合并共同发展的一门新兴技术科学，它是综合了酶学、微生物学以及化学工程学的基本原理和方法技术，并有机结合而产生的新型交叉应用型学科。酶工程制药是酶工程的基本原理和方法技术在制药领域的应用，现代酶工程制药的基本技术包括酶的制备、酶和细胞的固定化、抗体酶制药技术、酶的化学修饰、酶的定点突变、酶分子的定向进化、非水相的酶反应、手性药物的酶法合成技术等。

一、酶的基础知识

酶（enzyme）是生物体内具有催化活性和特定空间构象的生物大分子。人们对酶的利用可以追溯到 4 千多年前，主要表现为酿造活动，如酿酒、制醋等。直到 19 世纪，对酶的认识才有了实质性进展。酶化学本质的认识源于 1926 年，Sumner 首次从刀豆提取液中分离纯化得到脲酶结晶并证明它具有蛋白质的性质，提出酶的化学本质是蛋白质。直到 1982 年，Thomas R. Cech 等人在研究 DNA 遗传密码转录成 RNA 时，发现嗜热四膜虫细胞的 26S rRNA 前体具有自我剪切的催化作用，随后 Sidney Altman 等人发现核糖核酸酶 P 的 RNA 部分 M1 RNA 具有核糖核酸酶 P 的催化活性，说明某些 RNA 也具有催化活性，至此形成了酶是一种具有生物催化功能的生物大分子这一概念并沿用至今。

酶与一般催化剂一样，仅能催化或加速热力学上可能进行的反应而不能改变反应的平衡常数，酶在反应前后本身的结构和性质不改变。但酶作为生物催化剂，与一般催化剂相比，具有反应条件温和、催化效率高、专一性强、催化作用受到调节控制等显著特点。

（一）反应条件温和

由于大多数酶的主要成分是蛋白质，极易受到外界条件的影响而失去催化活性。酶蛋白的分子结构特别是催化作用的必需基团，在高温、高压、强酸、强碱、紫外线、重金属离子、生物碱等不利的物理或化学条件下容易发生结构变化，使酶蛋白变性从而失去催化活性。所以催化作用一般在常温、常压、接近中性的酸碱度等较温和的条件下进行。

（二）催化效率高

酶的催化效率比一般催化剂催化的反应高 $10^6 \sim 10^{13}$ 倍，例如，1mol 马肝过氧化氢酶可以使 5×10^6 mol 过氧化氢分解，而 1mol 铁离子只可以使 6×10^{-4} mol 过氧化氢分解。

（三）专一性强

化学催化剂对底物的专一性较差，如金属镍和铂可以催化许多有机化合物的还原反应，而酶对底物及催化的反应有严格的选择性，一种酶通常只催化一种或一类化学反应，作用于某一类或某一种特定的物质。

（四）催化作用受到调节控制

生物体内酶的催化反应受到多种多样调节与控制作用，主要有酶原激活作用调节、激素作用调节、共价修饰或变构作用调节等，在多酶反应体系中调控机制更复杂，酶催化作用的可调控性也是酶区别于一般催化剂的重要特征。

二、酶工程研究的内容

酶工程的名称是随着自然酶制剂在工业上大规模应用而产生的，它与基因工程，细胞工程，发酵工程共同称为现代生物技术的四大工程。酶工程是从应用的目的出发研究酶，应用酶的特异性催化功能，并通过工程化将相应的原料转化为有用物质。

在 1971 年第一届国际酶工程会议上，酶工程得到命名并提出了研究的主要内容：酶的生产、分离纯化、固定化技术，酶与固定化酶的生物反应器，酶与固定化酶在工业、农业、医药卫生、环保以及理论研究等方面的应用等。目前被大规模生产和商品化应用的酶，只占人们已从自然界中发现并鉴定已知的酶很少的一部分，所以商品酶的应用开发还有大量的任务需要完成。酶工程所涉及的范围越来越广，在工业、农业、医药、食品卫生、环境保护等各个领域的发展也相当迅速，限制发展的因素主要有：未经改进的自然酶在脱离其原有生理环境后很不稳定，活性降低或丧失；酶在应用过程中所遇到的新环境需要优化才能达到酶的有效利用；酶在分离纯化过程中，酶活力损失很高，而且工艺复杂、成本较高。

近些年来，为了解决上述问题以便更好地应用酶，人们采用了很多手段，如酶的化学修饰、酶的固定化、化学合成法制备酶、基因工程应用于酶学等，目的是获得更加有实用价值的酶或酶制剂，从而提高酶的催化效率、降低生产成本。基于此，现代酶工程研究的内容大体概括为以下几个方面：①酶的分离、纯化、大批量生产以及开发和应用；②酶和细胞的固定化以及酶和细胞反应器的研究；③酶的结构和功能之间的关系研究以及酶的分子改造与化学修饰；④基因工程技术在酶生产过程中的应用；⑤酶的抑制剂、激活剂的开发以及应用研究；⑥模拟酶、合成酶以及酶分子的人工设计、合成的研究；⑦抗体酶、核酸酶的研究；⑧有机相中酶反应的研究；⑨酶的定向进化技术。

三、酶的来源

酶工程所用的酶主要通过两种途径获得：由动物、植物以及微生物等生物体中直接提取；利用微生物发酵的方法获取。早期酶的生产多以直接从动植物体中分离提纯，有些酶的生产现在还沿用此法，但是随着酶制剂的种类和数量的要求日益扩大，以及分离提纯技术、成本和伦理方面的问题，仅仅依靠利用动植物来源的酶已远远不能满足需求。近些年来发展了动植物体组织、细胞培养技术生产酶，但由于动、植物体来源有限、生长繁殖周期长，产酶又受到地理、气候以及季节等因素的影响，酶的生产量有限，所以也只有在少数酶的制备中发挥了作用，预计在不久的将来，动植物细胞培养技术的发展会成为从动植物体中"取酶"的助推器。目前工业上酶的生产大多以微生物发酵的方式实现，主要因为微生物发酵法具有如下突出的优点：

1. 微生物的种类繁多，产生酶的品种齐全，动植物体中存在的酶几乎都可以从微生物体中获得。

2. 微生物的生长繁殖快、生产周期短、单位时间内的产酶量高。

3. 微生物的培养方法简单、原料来源便宜且易得，经济效益高。

4. 微生物的适应性和应变能力较强，可以通过诱变、原生质体融合等筛选方法选育出优良的产酶菌株。

5. 基因工程等生物技术手段在微生物中的应用较成熟、人类完全可以按照自己的意愿使用改造的微生物来生产需要的目的酶。

目前工业上使用微生物获得的酶种类繁多，如 α-淀粉酶、β-淀粉酶、果胶酶、纤维素酶等。微生物发酵法产酶过程中，首先要挑选出优良的产酶菌种，采用适当的培养方法，在适宜的培养基中使微生物生长繁殖，产生发酵产物，然后利用提取、分离和纯化方法获得大量的目的酶。在此过程中使产酶菌种的选择尤为重要，菌种产酶性能的优劣直接关系最终获得酶量的多少，进而从发酵成本方面决定了所用微生物发酵法的合理性。优良的产酶菌种有如下特点：

1. 生长繁殖快、产量高，产生的酶符合实际使用的要求。

2. 为了节约酶的提取分离成本，产生胞外酶比胞内酶的菌种优越。

3. 无致病性且不产生毒素，系统发育也与病原体无关。

4. 生产酶的能力稳定，不易产生变异退化，不易感染噬菌体。

5. 所用培养基价格低廉，培养方法简单易行，培养周期短。

目前工业上常用的产酶菌种主要包括大肠杆菌、枯草杆菌、啤酒酵母、青霉、根霉、木霉、链霉菌等，其中以大肠杆菌和枯草杆菌应用最为广泛。

四、酶在医药领域的应用

（一）疾病治疗方面的应用

在治疗疾病过程中，酶制剂具有专一性强、用量少、疗效显著、副作用小等优势。目前治疗性酶类药物主要分为以下几类：

1. 助消化酶类药物　包括淀粉酶、胃蛋白酶、脂肪酶、纤维素酶等。

2. 消炎酶类药物　包括溶菌酶、凝乳蛋白酶、木瓜蛋白酶、枯草杆菌蛋白酶等。

3. 抗肿瘤酶类药物　包括 L-天冬酰胺酶、谷氨酰胺酶、L-精氨酸酶、L-组氨酸酶、L-蛋氨酸酶等。此类酶大多通过水解破坏肿瘤细胞生长所需要的氨基酸来达到抗癌的效果。

4. 抗血栓酶类药物　包括蚯蚓溶纤酶、蛇毒降纤酶、尿激酶和链激酶等，都是临床上有效的抗栓剂。

5. 凝血酶类药物　包括蛇毒类血凝酶、凝血酶和凝血酶原复合物三大品种，具有凝血、止血和促进术后组织愈合的功效。

6. 其他酶类药物　胰弹性蛋白酶降血脂，防治动脉粥样硬化；激肽释放酶舒张血管，治疗高血压；超氧化物歧化酶可以预防辐射损伤，也用来治疗类风湿关节炎、红斑狼疮、结肠炎等；细胞色素 C 治疗组织缺氧；右旋糖酐酶预防龋齿；胆碱酯酶可以治疗皮肤病、支气管炎气喘；α-半乳糖苷酶治疗遗传缺陷病；青霉素酶治疗青霉素过敏。

（二）疾病诊断方面的应用

人体中组织器官和细胞中的血清酶大多数活性很低，当某些组织或器官发生病变时，一些血清酶的活性会异常。以此为依据，可以通过测定血清酶的活力来诊断某些疾病。例如：

1. 测定葡萄糖氧化酶诊断糖尿病。
2. 测定血清谷草转氨酶（SAST）、谷丙转氨酶（SALT）、卵磷脂-胆固醇脂酰转移酶（LCAT）和 γ-谷氨酰转肽酶（γ-GT）诊断肝病。
3. 测定乳酸脱氢酶（LDH）同工酶和肌酸激酶（CK）同工酶诊断心肌梗死。
4. 测定半乳糖基转移酶（Gal T）同工酶诊断癌症。

（三）分析检测方面的应用

用酶进行物质分析检测的方法统称为酶法检测或酶法分析。该法是以酶对底物的专一性为基础、以酶作用于底物后，底物与产物的变化为依据来进行的。检测方法包括化学、光学和气体检测法等。近些年来，酶传感器的广泛应用与不断更新推动了酶法检测的快速发展，酶传感器将反应与检测紧密结合，具有快速、灵敏、精确的优点。根据酶反应的不同，酶法检测可以分为单酶反应、多酶偶联反应和酶标免疫反应三类。

（四）制药方面的应用

酶在药物生产中的应用是将底物转化为药物的催化过程。如用青霉素酰化酶生产半合成青霉素，用氨基酰化酶生产 L-氨基酸，用 β-D-葡萄糖苷酶生产人参皂苷。

第二节　酶的分离和纯化

酶的分离纯化是指将酶从细胞或其他含酶原料中提取出来，再与杂质分离而获得所需求的酶制剂的过程。酶的分离纯化是酶工程制药的主要内容，获得质优量足的酶必须设计好分离纯化方案。首先要明确所要获得的目的酶有何用途，如医疗、理化性质研究或生产抗原等；然后要熟知目的酶与主要杂质的性质，如分子大小、等电点和溶解度等；第三要选择快速有效的检测方法来监测每步骤的效率，以便取舍或调整。

生物细胞产生的酶有胞外酶和胞内酶两类，胞外酶在细胞内合成后分泌到细胞外，胞内酶在细胞内合成后并不分泌到细胞外。生物组织、细胞中除含有我们需要的目的酶和其他种类的酶外，还含有一般蛋白质以及其他杂质，因此，分离和纯化的过程必不可少。酶绝大多数属于蛋白质，因此，分离纯化的原理和手段与蛋白质类同。但鉴于酶的特殊性，具体分离纯化过程有如下注意事项以防止酶失活：全部操作在 0~4℃低温下进行；避免剧烈搅拌、振荡；避免用强酸强碱，最好在缓冲溶液中进行；根据需要加入一些保护剂，如少量 EDTA、巯基乙醇等；加入蛋白质水解抑制剂，防止酶蛋白水解；去除微生物，防止污染；另外在分离提纯过程中要不断测定酶活力和蛋白质浓度，以便监测和评价纯化过程。一般用总活力（total activity）的回收率和比活力（specific activity）提高的倍数衡量分离纯化方法的好坏。总活力的回收率反映了分离纯化过程中酶的损失情况；比活力是指在一定条件下，每毫克蛋白所具有的酶活力单位（U/mg 蛋白质），其提高倍数反映纯化方法的有效程度。

酶的分离纯化的步骤主要包括：粗酶液的制备（细胞破碎和酶的抽提）；酶的初步分离（沉淀分离和离心分离）；酶的纯化（透析、超滤、层析和电泳等）。

一、粗酶液的制备

（一）细胞破碎

酶的种类繁多，大多数酶都是以胞内酶形式存在的。为了获得胞内酶就得收集并进行组织或细胞的破碎。不同的组织细胞细胞壁和细胞膜的结构不同，所以应当根据具体情况采用不同的细胞破碎方法。

细胞破碎方法主要有机械法、物理法、化学法、酶解法四种，有时可以挑选其中任意几种方法综合使用来提高细胞破碎效率。表 4-1 为各种细胞破碎方法。

表 4-1　细胞破碎方法

方法	原　理	方法分类或所用试剂
机械法	利用机械运动产生的剪切力使组织细胞破碎	捣碎法、研磨法、匀浆法
物理法	通过温度、压力、声波、剪切力等物理因素使组织细胞的外层结构破坏，从而使细胞破碎	冻结-融化法、渗透压突变法、超声波破碎法
化学法	通过各种化学试剂与细胞膜作用，使细胞膜结构改变或破坏，从而使细胞破碎	甲苯、丙酮、丁醇、氯仿等有机溶剂和 Triton X-100、Tween 等表面活性剂
酶解法	利用水解酶专一性的将细胞壁破坏	溶菌酶、纤维素酶、蜗牛酶

（二）酶的抽提

抽提（extraction）是将酶从生物组织或细胞中以溶解状态最大限度释放出来的过程，即尽可能使进入溶液中的酶少含杂质并且不丧失酶的活性。可根据目的酶的特点选用不同的溶剂进行抽提。由于多数酶都具有电解质性质，常用各种水溶液提取，而脂溶性酶可用有机溶剂提取。

1. 低浓度盐提取　低浓度的中性盐可使酶蛋白表面吸附某种离子，导致其颗粒表面同性电荷增加而排斥加强，同时与水分子作用也增大，可使酶蛋白的溶解度明显增加（盐溶），达到抽提目的。低浓度 NaCl 溶液（0.05~0.2mol/L）在提取酶蛋白的过程中最常用，原因是对酶的稳定性好且溶解度大。

2. 稀酸、稀碱提取　大多数酶属于蛋白质，而蛋白质是两性电解质，在等电点（pI）时溶解度最小，反之远离 pI 时溶解度增加。所以 pI 在碱性范围内的酶蛋白可以用稀酸提取，pI 在酸性范围内的酶蛋白可以用稀碱提取，但是要避免过酸过碱引起酶蛋白失活。

3. 低温有机溶剂提取　大部分酶蛋白都可溶于水、低浓度盐、稀酸或稀碱溶液，还有一小部分酶蛋白或与脂质结合比较牢固，或分子中含有较多的非极性侧链，此类酶蛋白可以用乙醇、丙酮、丁醇等有机溶剂在低温下搅拌提取。

二、酶的初步分离——沉淀分离

经过细胞破碎和抽提过程，得到含有目的酶的无细胞抽提物，即粗酶液。在酶的进一步纯化过程中，常先采用一些沉淀技术将粗酶液初步分离。常采用的方法有等电点沉淀、盐析、有机溶剂沉淀等。

（一）等电点沉淀

酶是两性电解质，在等电点时，酶分子净电荷为零，分子间的静电排斥力最小，溶解度也最小。将溶液 pH 调节到目的酶的等电点，可使该酶沉淀析出。对于未纯化的酶，等电点一般未知，这时就需要慢慢摸索，在不同的 pH，分析沉淀或溶液中酶的活性变化来确定合适的 pH。pH 变化范围不宜过大，以免酶失活。

（二）盐析法

蛋白质在水中的溶解度受到溶液中盐浓度的影响，当加入低浓度的盐离子时，酶分子周围所带电荷增加，促进了与溶剂分子的相互作用，使得酶的溶解度增加，这种现象称为盐溶（salting in）。当盐浓度继续增大时，大量盐离子与酶竞争水分子，减弱酶的水化作用，酶分子相互聚集而沉淀下来，称为盐析（salting out）。此法条件温和，且中性盐对蛋白质有保护作用，因此是被采用频率最高的沉淀分离技术。

在得到粗酶液后通常采用硫酸铵溶液进行盐析分离，不同的酶盐析时需要的盐浓度不同，故可采用分级沉淀法分离酶。经过盐析得到的酶沉淀，含有大量的盐，一般可采用透析、超滤、层析等方法去除。

（三）有机溶剂沉淀

利用酶与其他杂质在有机溶剂中的溶解度不同，而使酶与杂质分离。有机溶剂会使溶液的介电常数降低，使得溶质分子间的静电引力增大，互相吸引而易于聚集；另外，有机溶剂与水相互作用使溶质分子表面的水化层破坏，也使其溶解度降低而沉淀析出。常用于酶沉淀分离的有机溶剂有乙醇、丙酮、异丙醇、甲醇等。由于有机溶剂容易引起酶的失活，因此尽可能在低温下操作，同时应减少有机溶剂的用量。

酶以沉淀形式析出后，需要采用高速或超速冷冻离心机将酶与含杂质的粗提液分离后，再进行进一步的纯化。

三、酶的纯化

依据酶蛋白分子大小、电荷性质、疏水作用、生物亲和作用的异同可以将酶蛋白纯化。

（一）透析和超滤

透析和超滤是依据分子大小的差异纯化酶蛋白。

1. 透析 利用小分子物质可以通过半透膜，大分子物质不能通过半透膜的性质而达到纯化酶蛋白的目的，一般在缓冲液中进行，以防止酶蛋白变性和便于后续操作。所用透析半透膜有动物半透膜、羊皮纸膜、火棉胶膜、蛋白质胶膜等。

2. 超滤 以多孔薄膜作为分离介质，依靠薄膜两侧压力差作为推动力来分离不同分子量酶蛋白的方法，超滤膜孔径的选择依据目标酶蛋白和杂质的分子量。其优点是不存在相的转换、不需加热、操作条件温和、酶蛋白不易变性等。超滤膜材料有醋酸纤维素、硝酸纤维素、改性双酚 A 型聚砜（PSF）、聚醚砜（PES）、聚砜酰胺（PSA）、酚酞型聚醚砜（PES-C）、聚醚酮（PEK-C）、聚偏氟乙烯（PVDF）、聚丙烯腈（PAN）、多孔陶瓷膜、炭膜以及金属膜等。

（二）离子交换层析

离子交换层析是以离子交换介质为固定相，根据流动相中的组分离子与交换介质上的平衡离子进行可逆交换时的结合力大小的差别来纯化蛋白质的一种层析方法。酶蛋白是两性物质，在特定的介质中所带的电荷种类和密度不同，这是纯化的理论依据。

离子交换介质分为阳离子和阴离子交换介质两大类。阴离子交换介质的电荷基团带正电，装柱平衡后，与缓冲溶液中的带负电的平衡离子结合。待分离酶蛋白液中带负电的酶蛋白与平衡离子可逆置换，结合到离子交换剂上，而带正电和中性的酶蛋白随流动相流出而被去除，如图4-1所示。然后选择合适的洗脱液和洗脱方式，如增加离子强度的梯度洗脱，随着洗脱液离子强度的增加，洗脱液中的离子可以逐步与结合在离子交换介质上的酶蛋白置换，随洗脱液流出。与离子交换介质结合力弱的酶蛋白先被置换出来，与离子交换介质结合力强的需要较高的离子强度才能被置换出来，这样各种酶蛋白就会按照与离子交换介质结合力从小到大的顺序依次被洗脱下来，达到分离的目的，阳离子交换介质亦同。

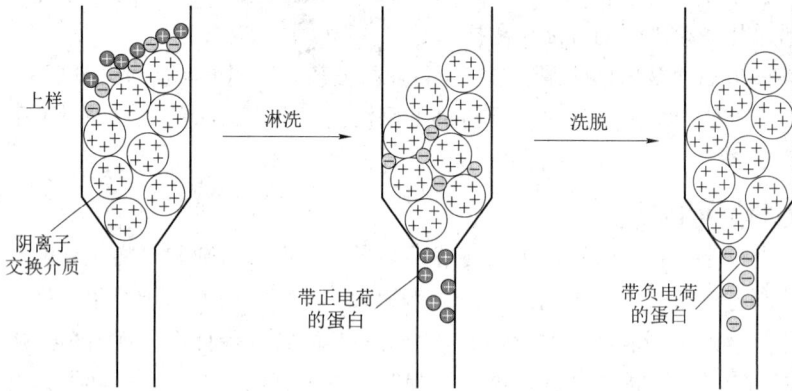

图4-1 离子交换层析原理

（三）疏水层析

疏水层析是利用偶联弱疏水基团的疏水性介质为固定相，根据不同酶蛋白与疏水性介质之间的弱疏水性相互作用的差别来纯化酶蛋白，其作用机制属于吸附层析。

水溶性酶蛋白的大多疏水侧链包埋在蛋白质内部，但酶蛋白表面也含有一些疏水基团，在酶蛋白表面形成疏水区域，这些疏水基团构成疏水补丁。疏水补丁可与疏水性固定相表面偶联的弱疏水性基团发生疏水性相互作用，从而被固定相吸附，吸附作用在于蛋白质局部变性而暴露出掩藏于分子内的疏水基团以及高盐导致的疏水性吸附作用加强。通过降低流动相的离子强度，可以按照疏水性吸附从弱到强依次解吸附，对于疏水性很强的酶蛋白需要在流动相中添加适量有机溶剂降低极性才能解吸附，但有机溶剂对酶蛋白的活性影响较大。

疏水性固定相介质是由基质和与之偶联的弱疏水基团构成。基质主要有琼脂糖、纤维素、聚苯乙烯以及聚丙烯酸甲酯等。常见与基质偶联的弱疏水基团类型有丁基、辛基、苯基、新戊基等。

（四）亲和层析

亲和层析是利用生物亲和作用而纯化酶蛋白的一种层析技术，其原理是先固定配体于不溶性基质上，利用酶蛋白和固定的配体之间结合的特异性和可逆性，对酶蛋白进行纯化，如

图 4-2。具体流程是先将制备的亲和吸附剂装柱平衡，当待纯化的酶蛋白液通过亲和层析柱时，目的酶蛋白与配体发生特异性的结合而滞留在固定相上，其他物质随洗脱液流出，然后用适当的洗脱液将目的酶蛋白从配体上洗脱下来。此法中酶蛋白和配体之间亲和力具有高度的专一性而使得分辨率很高，加之操作简便、快速，所以是分离酶蛋白的一种理想的层析方法，被广泛的应用。

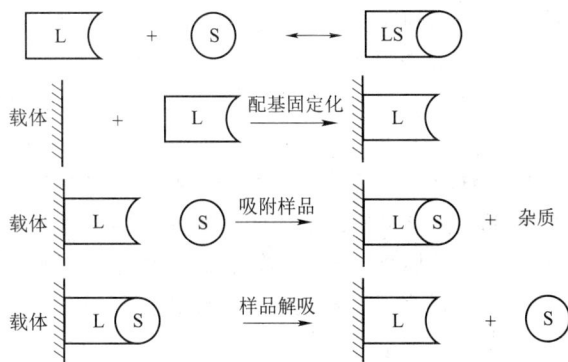

图 4-2 亲和层析的基本原理

实例分析

实例：蜡状芽孢杆菌 CMCC（B）63301 产青霉素酶的分离纯化

分析：青霉素酶（EC3.5.2.6）属于 β-内酰胺酶，可以催化水解青霉素的 β-内酰胺环，使之转化为无抗菌活性的青霉素酮酸，继而产生细菌对 β-内酰胺类抗生素的耐药性。但从另一个角度讲，利用青霉素酶可以催化水解 β-内酰胺环的特点，可以利用其检验抗生素药品质量和筛选新抗菌药物。可通过以下步骤分离纯化青霉素酶：

1. 硫酸铵分级盐析：将粗酶液边搅拌边加入研细的固体硫酸铵，使其饱和度达到 50%，离心除去沉淀。在上清液中继续加入固体硫酸铵使其饱和度达到 75%，置 4℃ 过夜。将盐析后的溶液 8000r/min 离心 10 分钟，将盐析得到的沉淀溶解于一定体积的磷酸盐缓冲液（pH7.0）中。

2. 超滤脱盐浓缩：将分级盐析所得沉淀溶液进行反复超滤处理（滤膜的截流分子量为 20000，工作压力为 70kPa），约浓缩 10 倍后将超滤液保存待用。

3. 凝胶层析：将浓缩液加到预先用磷酸盐缓冲液（pH7.0）平衡的 Sephadex G-75 层析柱（Φ800mm×18mm），其分离组分的分子量范围在 2976～79368u 之间，用同样的缓冲液洗脱，分步收集，每管 4ml，在 210nm 测紫外吸光值，同时测定酶活力。

4. 酶纯度的分析及分子量的测定：以 SDS-PAGE 进行，分离胶浓度为 12%，浓缩胶浓度为 5%。蛋白质中标记物分子量为 115.1、65.7、44.6、34.7、24.8、18.3 和 14.3ku。

亲和层析能否成功的重要因素是选择并制备合适的亲和吸附剂，具体包括基质和配体的选择、基质的活化、配体与基质的偶联等。琼脂糖、纤维素、交联葡聚糖、聚丙烯酰胺、多孔玻璃珠等都可以用作基质，而抗体、受体、酶的类似物、金属以及染料等为常用配体，当配体较小时，空间位阻效应使配体与酶蛋白不易发生亲和作用，在它们之间引入适当长度的间隔臂是必要的。

（五）凝胶过滤层析

凝胶过滤层析又称排阻层析或分子筛层析，是依据分子大小和形状的差异纯化酶蛋白。凝胶是一种多孔状不带表面电荷的物质，当待纯化的酶蛋白液通过凝胶时，分子量大的物质不能进入凝胶孔内而流动较快，分子量小的物质会进入凝胶孔内滞留一定时间后继续流动，宏观表现为分子量大的物质先流出凝胶柱，小的则后流出，这样可以达到纯化一定分子量大小酶蛋白的目的。

凝胶过滤层析的具体操作步骤包括凝胶的选择、凝胶的预处理、装柱、加样与洗脱、洗脱液收集、凝胶柱的重复使用与保存。层析柱中的凝胶是某些惰性、多孔网状具有分子筛作用的物质，如琼脂、浮石、聚乙烯醇、聚丙烯酰胺、葡聚糖凝胶等，其中葡聚糖凝胶（sephadex）应用最为广泛且型号较多，不同型号的凝胶孔径不同，排阻也有一定的范围，可根据需要选择使用。

凝胶过滤层析的优点在于固定相凝胶属于惰性载体，无电荷，吸附力较弱，操作条件较温和，无需有机溶剂等，这对于酶蛋白的纯化很有意义。

第三节　固定化酶和固定化细胞制药

酶的催化作用具有专一性强、催化效率高、反应条件温和、基本无环境污染等特点。但缺点在于：溶液中的游离酶一次性使用造成酶的浪费；反应终产品的分离纯化较困难，投入成本较大；对热、强酸、强碱、有机溶剂、重金属离子等稳定性较差，易变性和失活。1916年 Nelson 和 Griffin 将酵母中提取出来的蔗糖酶吸附在骨炭末上，发现这种吸附酶仍然具有催化活性，从此拉开了固定化酶研究的序幕。

固定化酶或细胞既保持了游离酶的催化作用，又克服了游离酶不稳定、不可以反复使用以及分离纯化难等缺点。但是游离酶在固定化后，载体等因素影响酶的结构，可能使酶的催化特性发生某些改变，这也是今后研究中的一大重点。固定化酶已在现代酶工程和生物工程中占很重要的地位，它在理论和应用上也越来越受到生物化学、微生物学、医学、化学工程等众多学者的青睐。

一、固定化酶的制备

（一）固定化酶的定义和优缺点

固定化酶（immobilized enzyme）是指限制或固定于特定空间位置的酶，具体来说，是指应用物理或化学方法处理，使酶变成不易随水流失即运动受到限制，而又能连续地进行催化反应，反应后的酶可以回收重复使用。

与游离酶相比，固定化酶的优点是：可以在很长一段时间内重复使用，使用效率提高；酶的稳定性提高；反应终止后，酶、底物和产物的分离较简单，产物易于纯化；反应条件可控制性强，更容易实现反应的连续化和自动控制；更适合于多酶反应。固定化酶的缺点在于：在酶固定化过程中，伴有酶活性的降低或丧失；通常只适合于可溶性小分子底物的转化；工厂前期投资成本较大；通常不适合于需要辅因子的协助才可以完成的反应。

（二）固定化酶的制备方法

制备固定化酶的过程称为酶的固定化，即利用载体等将酶限制或固定于特定的空间位置，使酶运动受到限制，但能发挥催化作用。自20世纪中叶以来，已经使用的固定化酶和细胞的制备方法已有上百种，没有一种方法适用于所有酶，也没有一种酶适合所有方法，具体固定化方法要根据酶本身的特性和应用的目的来选择。目前已经建立的酶固定化方法大致可分为载体结合法、交联法和包埋法三类。

1. 载体结合法 将酶结合于不溶性载体上的一种固定化方法（图4-3）。根据结合形式的不同，可以分为物理吸附法、离子结合法和共价结合法等三种形式。

（1）物理吸附法 利用范德华力、疏水作用、静电作用等非特异性物理吸附方法将酶固定在不溶性载体上。物理吸附法常用的吸附载体主要有：①无机类，如活性炭、氧化铝、硅胶、硅藻土、石英砂、沸石、白土、高岭石、多孔玻璃、多孔陶瓷、多孔塑料、羟基磷灰石、磷酸钙等；②天然高分子类，如淀粉、谷蛋白等；③大孔型合成树脂类，如大孔树脂、丹宁作为配基的纤维素树脂等；④疏水

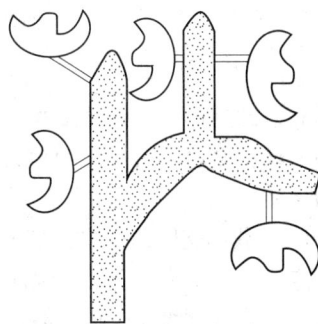

图4-3 载体结合法

凝胶类，如丁基或己基-葡聚糖凝胶。该法操作简单、条件温和、可以选用不同电荷和形状的载体、吸附作用对酶的构象影响较小、酶活性丧失后载体仍可以再生。缺点在于酶和载体之间结合力不强，不适合的温度、pH、离子强度等条件都易使酶脱落从而导致酶活性降低并污染产物，同时酶的吸附量与活力之间不一定有线性关系。

（2）离子结合法 酶通过离子键结合于具有离子交换基团的水不溶性载体或离子交换剂上。离子结合法的载体有多糖类和合成高分子类，如DEAE-纤维素、TEAE-纤维素、DEAE-葡萄糖凝胶、Amberlite CG-50、IR-45、IR-120、XE-97和Dowex-50等。该法操作简单、结合条件温和、酶的高级结构和活性中心的氨基酸残基不易被破坏、酶的活性损失少。缺点在于离子键的结合力不强，载体和酶的结合不牢固，缓冲液种类和pH对结合力的影响较大，在高离子强度结合时，酶易从载体上脱落。

（3）共价结合法 酶通过共价键结合于载体上，即使酶分子上非活性部位功能团与载体表面活泼基团之间发生化学反应，从而形成共价键的结合方法。一般先将载体有关基团活化，再与酶分子的某些非活性功能基团发生化学反应形成共价键；有些载体表面无可以用来结合的活泼基团，则在载体上预先引入活泼基团，再与酶分子形成共价键。共价结合法的常用载体有淀粉、葡萄糖凝胶、琼脂糖凝胶、氨基酸共聚物、纤维素、胶原等。酶分子中可以用来形成共价键的基团有α-氨基、ε-氨基、β-羧基、γ-羧基、巯基、羟基、咪唑基、吲哚基、苯环、酚基等，在酶进行共价结合固定时，为了保持酶活性不降低，必须要保证酶分子中形成共价键的氨基酸残基不是酶催化反应的必需基团。对于载体而言，无论是自身基团可以活化，或是先连接双功能试剂等活泼基团，最终目的是形成能与酶分子结合的基团。共价结合法所包含的化学反应有重氮化、叠氮化、烷基化、溴化氰活化、酸酐活化、缩合法、酰氯法、金属盐螯合法等。该法的优点是酶与载体结合牢固、不易因底物或盐类等因素脱落、使用时间较长。缺点是反应条件苛刻，操作复杂，常常因为反应条件强烈导致酶催化反应所需的必需基团结构改变，从而使固定化酶的活力降低或专一性发生变化。

2. 交联法 利用双功能或多功能试剂，使酶分子之间形成共价键而交联成网状结构（图

图 4-4 交联法

4-4）。常用功能试剂有戊二醛、己二胺、顺丁烯二酸酐、双偶氮苯、异氰酸酯等，其中以戊二醛应用最多。按照交联法的原理可以分为下述四种方法：

（1）交联酶法 在酶液中加入适量的多功能试剂，在一定条件下使酶分子与多功能试剂间形成共价键从而彼此连接成网络状结构。固定化时要严格控制酶浓度、多功能试剂浓度、温度、pH、离子强度、交联时间条件，交联过程中酶活力容易降低或丧失，交联形成的颗粒较小。

（2）酶-辅助蛋白交联法 在酶液中加入辅助蛋白，使酶和辅助蛋白共交联而使酶固定化。为了不影响酶的催化反应，所使用的辅助蛋白为明胶、胶原、动物血清蛋白和人免疫球蛋白等惰性蛋白。此法酶活力降低较小，常形成多孔颗粒，机械性能较好。

（3）载体交联法 先将酶吸附于载体上，再与交联剂反应，制备所得的固定化酶称为壳状固定化酶。此法综合了吸附法和交联法的优点，固定化酶的机械强度以及酶与载体的结合能力均有提高，酶与底物容易接触，酶活力也较高。

（4）吸附交联法 用同一多功能试剂的一部分化学基团偶联酶，另一部分化学基团偶联载体而形成固定化酶，该法的最大优点是固定化酶的稳定性高，酶不易脱落。

3. 包埋法 将酶与载体混合，通过物理作用将酶限定在载体形成的网络结构中，从而实现酶的固定化。包埋法所制得的固定化酶中，酶虽然受到周围网络结构的限制，但能在其中自由活动，对于底物和产物的要求则是能自由进出网络，不受到网络结构的限制。该法一般不涉及酶蛋白的氨基酸残基参与反应，基本不改变酶的高级结构或催化反应的必需基团，所以酶的回收率较高，缺点是该法只能适合于小分子底物和产物。包埋法可分为网格型和微囊型两种。

（1）网格型包埋法 将酶包埋在凝胶细微网格中，制成一定形状的固定化酶，也称为凝胶包埋法（图 4-5）。网格型包埋法的载体材料有两种：①合成高分子化合物，如聚丙烯酰胺、聚酰胺、聚乙烯醇和光交联树脂等；②天然高分子化合物，如淀粉、琼脂、明胶、胶原和海藻胶等。

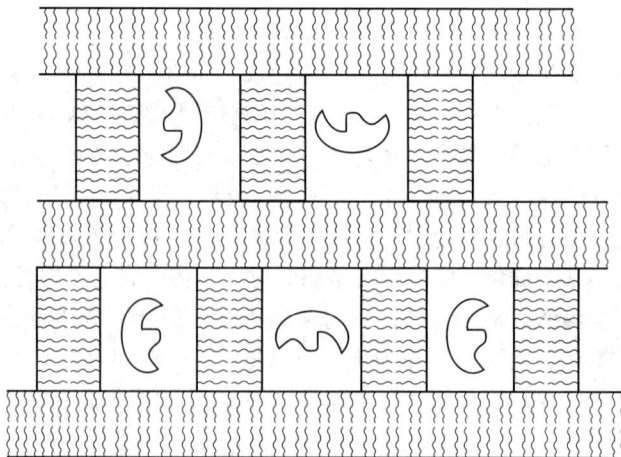

图 4-5 网格型包埋法

（2）微囊型包埋法　将酶包埋在高分子聚合物制成的半透膜中，形成小球状的固定化酶，小球直径一般从几微米到几百微米（图4-6）。微囊型包埋法常用的半透膜材料有聚酰胺膜、火棉胶膜等。该法的制备方法有界面沉降法和界面聚合法两种。

此外，为了解决制备固定化酶过程中所遇到的酶活回收率低、稳定性差、底物离催化活性中心远以及酶的固定化量低等问题，新型的酶的固定化方法不断问世，如定点固定化法、无载体固定化法、联合固定化法和耦合固定化法等。

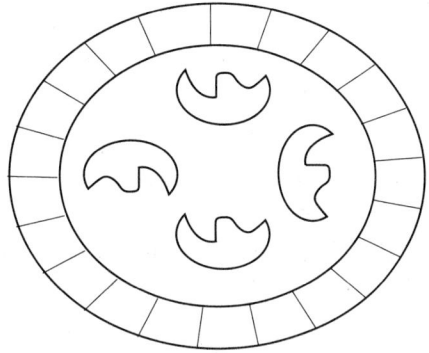

图4-6　微囊型包埋法

二、固定化细胞的制备

（一）固定化细胞的定义和优缺点

固定化细胞（immobilized cells）是指将细胞固定在水不溶性载体上，使细胞在一定的空间范围内进行生命活动。与固定化酶相同的是催化反应所用酶都是生物体细胞内产生的酶；不同的是在利用胞内酶作固定化时，固定化细胞不需要破碎细胞、提取胞内酶，而是直接将细胞固定化来催化各种化学反应。

固定化细胞技术起源于20世纪70年代，是在固定化酶的基础上发展起来的新技术，也被称为第二代固定化酶，制备固定化细胞的过程称为细胞固定化。固定化细胞比固定化酶实际应用更广泛、发展更迅速，现在已从固定化细胞扩展到固定化线粒体、叶绿体以及微粒体等细胞器。

固定化细胞既有细胞特性，又有固相催化功能；其优点是：无需进行酶的提取、分离和纯化，节约了成本；固定化细胞中的胞内酶保持了原始状态，比固定化酶更加稳定；固定化细胞可以重复或长期使用，酶回收率较高，也无需辅酶再生，减少培养成本；细胞中含有多酶体系，可以催化一系列多个反应；固定化后的胞内酶不易被污染；可以使用固定化细胞反应塔连续发酵，避免了反馈抑制和产物的消耗。固定化细胞的缺点在于：细胞壁和细胞膜影响分子量较大底物的渗透和扩散；细胞内存在多种酶，会产生不需要的副产物；某些载体对细胞产生毒性作用，导致细胞死亡或菌体自溶，影响产物的生成；大规模制备固定化细胞时过程繁琐，容易引起杂菌的污染；载体材料成本高。

（二）固定化细胞的制备方法

制备固定化细胞的方法分类与固定化酶相似，可以分为吸附法、交联法、包埋法、共价结合法和选择性热变性法（表4-2）。

表4-2　固定化细胞的制备方法

方法	原理	优点	缺点	适用
吸附法	依靠物理吸附或离子吸附作用，如静电、表面张力和黏附力等使细胞和载体表面或内部吸附而固定	操作简单、酶活力损失小	细胞和载体作用力不强，容易从载体上脱落	一般细胞

续表

方法	原理	优点	缺点	适用
交联法	利用双功能或多功能试剂与细胞表面的某些反应基团形成共价键而交联成网状结构	固定化细胞结合紧密	操作繁琐、酶活力损失较大，有时双功能或多功能试剂还可能产生细胞毒性而影响细胞活性	细胞表面具有可以与双功能或多功能试剂反应的基团，如羟基、巯基和咪唑基等
包埋法	将细胞定位于凝胶内部的微孔或由半透膜聚合形成的超滤膜内	操作简便、包埋条件较温和、形成的固定化细胞稳定以及包埋量大，此法是固定化细胞使用最多的方法	扩散阻力大、酶的动力学行为容易受到影响	胞内酶只能作用于小分子底物和产物
共价结合法	利用细胞表面与载体表面的某些功能基团产生共价化学键而使细胞固定化	固定化细胞与载体结合紧密、不易脱落	制备工艺繁琐、活力损失较大	细胞表面具有可以与载体表面形成共价化学键的基团
选择性热变性法	设置一定温度使细胞膜蛋白变性而胞内酶不变性，将酶固定于细胞膜内	操作简单，可与其他固定化方法联合使用进行双重固定，此法是固定化细胞的专用方法	加热处理时易引起酶的变性失活	胞内酶对热较稳定

三、固定化酶（细胞）的性质和评价指标

（一）固定化酶（细胞）的性质

1. 酶活力　天然酶经过固定化后，活力大多数都下降，原因主要有：固定化可能使酶的空间构象发生改变，甚至破坏酶催化反应所需活性中心内或外的必需基团；固定化后，空间位阻效应影响酶活性中心对底物的定位作用，此效应对大分子底物的影响比小分子底物的影响要大；内扩散阻力使底物分子与活性中心的接近受阻；使用包埋法制备固定化酶时，大分子底物不易透过网孔或膜孔与酶靠近。

为了减少固定化过程中酶活力的下降，反应条件要温和，还可以在反应体系中加入酶抑制剂、底物或产物来保护酶的活性中心。固定化过程也有使酶活力上升的情况存在，原因可能是由于提高了酶的稳定性或偶联过程中酶得到化学修饰。

2. 稳定性　固定化酶的稳定性是指对温度、pH、有机溶剂、蛋白酶抑制剂和变性剂的耐受程度。大部分酶经过固定化后稳定性提高了，主要表现为：

（1）操作稳定性　操作稳定性用半衰期来表示，利用较短的操作时间来推算出半衰期，通常固定化酶半衰期超过一个月就具有工业应用价值。

（2）贮存稳定性　大部分固定化酶的稳定性虽然提高了，但是经过固定化的酶也要及时使用，否则酶活力会随贮存时间延长而降低。如果固定化酶需要长期贮存，可以在其中加入酶抑制剂、底物、产物和防腐剂等，并在低温下贮存。

（3）热稳定性　固定化酶的热稳定性大都比游离酶要高，最适温度也提高，即固定化酶可以耐受较高的温度，高温可以加快酶反应速度，提高酶作用效率。

（4）蛋白酶、酶变性剂稳定性　固定化酶不易被蛋白酶水解，对尿素、盐酸胍等蛋白质

变性剂耐受性提高，原因可能是空间位阻效应使蛋白酶和蛋白质变性剂不能接触固定化酶颗粒。

（5）有机溶剂稳定性　固定化酶对各种有机溶剂较游离酶稳定，使有些酶反应可以在有机溶剂中进行。

3. 底物专一性　固定化载体的空间位阻效应可以引起固定化酶底物专一性的改变，大分子底物不易接近固定化的酶分子而降低反应速度，小分子底物受固定化载体的空间位阻效应影响较小或不受影响，反应速度与游离酶大致相同。

4. 最适温度　由酶的热稳定性和催化反应速度来综合体现，酶经固定化后，空间结构更稳定，最适反应温度提高，但也不乏最适反应温度降低的例子，如用烷基化法固定化的氨基酰化酶。

5. 最适 pH　固定化酶的最适 pH 与载体的带电性质和产物的酸碱性有关。带负电荷的载体会吸引溶液中的 H^+ 附着于载体表面，使固定化酶微环境的 pH 低于周围的外部溶液，为了抵消这种影响，外部溶液中的 pH 必须向碱性偏移，才能使酶表现出最大活力，所以带负电荷的载体使固定化酶的最适 pH 向碱偏移。反之，带正电荷的载体使固定化酶的最适 pH 向酸偏移。中性载体一般不会引起固定化酶的最适 pH 偏移。

产物为酸性时，由于扩散限制使固定化酶微环境呈酸性，pH 降低，要抵消此影响，需要提高外部溶液的 pH，所以，固定化酶的最适 pH 提高。反之，产物为碱性时，固定化酶的最适 pH 降低。产物为中性时，固定化酶的最适 pH 一般不改变。

6. 米氏常数（K_m）　固定化酶的 K_m 值有所增加。底物分子较大时，K_m 值增加较大；底物分子较小时，K_m 值增加不大。

（二）固定化酶（细胞）的评价指标

1. 固定化酶（细胞）　活力指在酶促反应过程中，固定化酶（细胞）催化该化学反应的能力，活力大小是用单位时间内、单位体积中底物（产物）的减少量（增加量）来确定的，活力单位可以表示为 $\mu mol/(min \cdot mg)$。

固定化酶通常呈颗粒状，传统的酶活力测定方法需要作改进才能用于测定固定化酶，其活力可在填充床和悬浮搅拌这两种基本反应系统中进行测定；测定方法也可以分为分批和连续测定法两种。在测定过程中，测定条件应尽量与实际应用中的工艺相同，才能使酶活力估价有意义。

2. 偶联率及相对活力　影响酶固有性质诸因素的综合效应及固定化期间引起的酶失活，可用偶联率或相对活力来表示。偶联率是指载体上固定的蛋白量占加入蛋白总量的百分比，公式如下：

$$偶联率=(加入蛋白活力-上清液蛋白活力)/加入蛋白活力 \times 100\%$$

偶联率＝1 时，表示反应控制好，固定化或扩散限制引起的酶失活不明显；偶联率<1 时，扩散限制对酶活力有影响；偶联率>1 时，有细胞分裂或载体排除抑制剂等原因。测定方法有间歇测定法和连续测定法。

固定化酶的活力回收率和相对活力的公式如下：

$$活力回收率=固定化酶的总活力/加入酶的总活力 \times 100\%$$

$$相对活力=固定化酶的总活力/(加入酶的总活力-上清液中未偶联酶的活力) \times 100\%$$

3. 固定化酶（细胞）的半衰期　指固定化酶（细胞）的活力下降为最初活力一半时所经

历的连续时间，以 $t_{1/2}$ 表示。半衰期是衡量固定化酶（细胞）稳定性的指标，通常半衰期超过一个月的固定化酶（细胞）就具有工业应用价值。

实例分析

实例：以壳聚糖磁性微球为载体固定化果胶酶

分析： 1. 磁核-纳米 Fe_3O_4 粒子的制备：将 136ml 双蒸水和 2ml $N_2H_2 \cdot H_2O$ 注入 500ml 三颈瓶中，充分搅拌 30 分钟除去氧气。将一定量的 $FeCl_3 \cdot 6H_2O$ 和 $FeSO_4 \cdot 4H_2O$ 溶解在 20ml 的双蒸水中，注入三颈瓶中，水浴恒温 40℃，剧烈搅拌下加入 10ml 浓 $NH_3 \cdot H_2O$，再逐滴加入浓 $NH_3 \cdot H_2O$ 调节 pH 至 9~10，反应 30 分钟后加入一定量的表面活性剂 PEG 4000，于水浴恒温 80℃ 下熟化一定时间，反应结束后冷却，磁座过滤，用双蒸水清洗直至 pH=7。真空冷冻干燥后即可得 Fe_3O_4 纳米粒子，或于 200ml 双蒸水中超声分散 20 分钟可得到 Fe_3O_4 胶体溶液。

2. 磁性壳聚糖微球的制备：取一定量的壳聚糖粉加到 5% 的醋酸溶液中（由 99.5% 的醋酸溶液稀释制得），超声波辅助溶解后制成 1.5% 的壳聚糖醋酸溶液。取 20 分钟前述壳聚糖醋酸溶液加入一定量 Fe_3O_4 纳米粒子，超声波分散 20 分钟使 Fe_3O_4 充分混匀。在低速搅拌下将配制的 Fe_3O_4 壳聚糖醋酸逐滴加到 80ml 液体石蜡和 2ml Span-80 的混合液中，室温下充分乳化搅拌 30 分钟，缓慢加入 10ml 稀释到一定浓度的戊二醛溶液，50℃ 水浴中反应 1 小时后用碱液（1mol/L 的 NaOH）调节 pH 值至 9.0，再于 70℃ 反应 1.5 小时。用磁铁将产物-磁性壳聚糖微球分离，依次用石油醚、丙酮及双蒸水充分洗涤，没有乳化剂和有机溶剂残留时抽滤，60℃ 下干燥，轻研成粉末备用。

3. 固定化果胶酶的制备：称取 1.0g 磁性壳聚糖微球，用 pH=3.5 的柠檬酸-柠檬酸钠缓冲液浸泡溶胀约 2 小时，滤干后加到 250ml 的锥形瓶中，再加入用缓冲液稀释到 1000 倍的果胶酶液 150ml，室温下振荡 6 小时，取出后放入 4℃ 冰箱中静置过夜，次日倒出上清液，沉淀分别用蒸馏水和上述缓冲液洗涤，直至洗涤液中无残留的戊二醛和游离酶，抽滤后即得固定化果胶酶，于 4℃ 冰箱中保存。

四、固定化酶（细胞）反应器

（一）膜反应器

膜反应器（membrane reactor，MR）可用于游离酶和固定化酶的催化反应。催化作用与半透膜的分离作用结合在一起，其结构中酶固定于一定孔径的多孔半透膜中，小分子的底物和产物分子可以自由通过半透膜，而较大分子的酶被截留在半透膜中重复使用，达到催化与分离的效果。膜反应器有中空纤维型、螺旋型、平板型、管型等形状，较为常用的是中空纤维型膜反应器（图 4-7）。膜反应器与其他类型的反应器相比，有两大优势：一是可以提供不同两液相反应界面，省去难溶或不溶于水溶质的乳化过程；二是反应产物的连续排出降低产物对酶催化作用的抑制。

（二）填充床反应器

填充床反应器（packed bed reactor，PBR）是应用较为普遍的反应器（图 4-8），适用于固定化酶的催化反应。填充床反应器先用多孔玻璃珠、聚丙烯酰胺凝胶、胶原蛋白薄膜片等载体将酶固定化后，再填充到柱式反应容器中使固定化酶聚集在一起，底物溶液以一定的方向恒速通过反应器，达到催化目的。反应器水平或垂直放置，底物流动方式有上向流动、下向流动和循环流动，工业上一般选用上向流动方式，这样可以避免下向流动的液体压力影响柱床，也使反应液流更均匀，不易阻塞柱床。在实际应用过程中，为了避免底层固定化酶颗粒由于压力而导致的变形或破碎，可以在反应器中间用托板分隔。

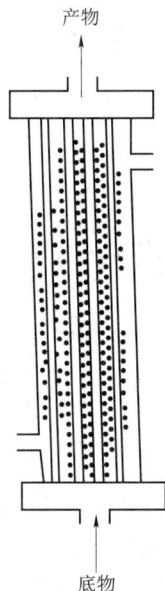

图 4-7　中空纤维型膜反应器

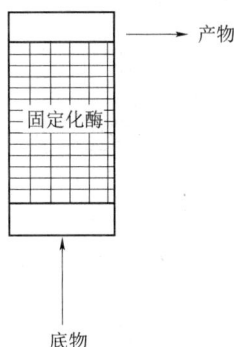

图 4-8　填充床反应器

（三）流化床反应器

流化床反应器（fluidized bed reactor，FBR）是利用底物溶液以一定速度连续自下而上通过颗粒状固定化酶床，颗粒状固定化酶处于悬浮运动状态下进行催化反应，这就要求颗粒状固定化酶要达到一定硬度，同时颗粒要小，此反应器又称沸腾床反应器（图4-9）。实际应用过程中底物溶液流动速度的控制对于反应成败很关键，流动速度快会导致催化反应不完全或固定化酶的结构受到破坏，流动速度慢则不能保证固定化酶的悬浮运动状态。流化床反应器的优点是：反应液混合均匀；可以实现固体物料的连续输入和输出；底物溶液和固定化酶颗粒的运动使床层具有良好的传质、传热性能，床层内部温度均匀，而且易于控制；便于进行酶的连续再生和循环操作，缺点是：底物溶液流动产生的剪切力和固定化酶颗粒的运动碰撞使酶结构受到破坏；床层内的复杂流体力学、传递现象，难以揭示其统一的规律，放大反应较难。

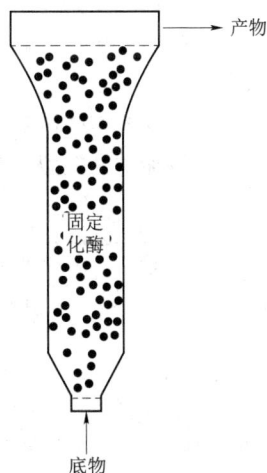

图 4-9　流化床反应器

（四）搅拌罐反应器

搅拌罐反应器（stirred tank reactor，STR）是常用的反应器，由反应罐、搅拌桨、夹套或盘管等温度控制装置组成，按照进料与出料的方式，可以分为间歇式搅拌罐反应器（batch stirred tank reactor，BSTR）和连续流动搅拌罐反应器（continuous stirred tank reactor，CSTR）。BSTR 的操作方式是将酶和底物一并加入反应罐，以一定的反应条件达到预期转化率后，再一并放出反应罐（图 4-10），此反应器主要用于游离酶反应，固定化酶很少应用。CSTR 的操作方式是连续进出料液，底物料液以一定的速度进入反应罐，在搅拌桨的作用下充分混合均匀并进行催化反应，最终产物料液再连续放出反应罐（图 4-11）。

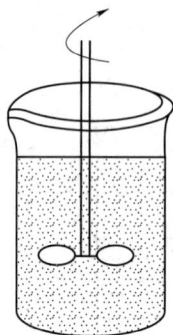

图 4-10　间歇式搅拌罐反应器

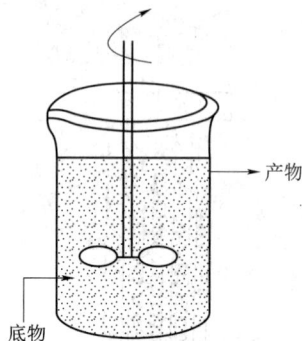

图 4-11　连续流动搅拌罐反应器

（五）喷射式反应器

喷射式反应器（projectional reactor）主要由喷射器和反应釜组成，也可根据需要增加换热器、循环泵等附件，喷射方式有从下向上喷、从上向下喷和水平喷射，喷射嘴有单孔喷嘴、多孔喷嘴、环状喷嘴、槽状喷嘴、单级喷嘴、多级喷嘴等。喷射式反应器的工作流程是先将酶和底物在喷射器中混合均匀，进行高温短时催化，再喷射到反应釜中继续催化。优点是反应器结构简单、反应物混合均匀、高温催化速度快和效率高等，缺点是只适用于耐高温酶的反应，此反应器多适用于游离酶的连续催化反应。

除了上述反应器外，还有循环反应器、滴流床反应器、淤浆反应器、转盘反应器、气栓式流动反应器、筛板反应器、连续流动搅拌罐-超滤膜反应器以及其他各种不同类型反应器的结合等。实际应用中要根据具体情况来选择适合的反应器，如固定化酶的形状、固定化酶的稳定性、底物的物理性质、酶反应的动力学特性等。

酶反应器常见类型见表 4-3。

表 4-3　酶反应器常见类型

反应器类型	操作方式	适用的酶	特点
膜反应器	连续式	游离酶 固定化酶	结构紧凑，利于连续化生产
填充床反应器	连续式 分批式	固定化酶	设备简单，操作方便混合均匀，传质和传热效果好
流化床反应器	流加分批式 连续式	固定化酶	温度和 pH 的调节控制比较容易，不易堵塞
搅拌罐反应器	分批式 流加分批式 连续式	游离酶 固定化酶	设备简单，操作容易，反应比较完全，反应条件容易调节控制
喷射式反应器	连续式	游离酶	体积小，混合均匀，催化反应速度快

五、固定化酶（细胞）在制药中的应用

固定化酶能够较长期保持较高的酶活力，利于终产物的分离纯化，可以回收再利用，提高酶的使用价值，降低生产成本；若将固定化酶装柱后使用，可以实现催化反应的连续化、自动化，简化生产流程。固定化酶技术已广泛应用于医药行业，在药物制造、氨基酸、有机酸、手性药物中间体的工业化生产，医学诊断和治疗方面已大量应用。

（一）7-氨基头孢霉烷酸（7-ACA）的酶法生产

7-ACA 是合成头孢菌素的前体，以前采用一步化学法和一步酶法生产，工艺复杂，产物收率低，并且对环境不友好。现在采用固定化酶技术，进行两步酶法反应，即可得到纯度高的产物。首先用固定化 D-氨基酸氧化酶将头孢烷菌素 C（CPC）转化为戊二酰-7-ACA（GL-7-ACA），反应时间 60~90 分钟，酶半衰期为 138 个反应批次，收率为 88%；第二步，由固定化 GL-酰化酶将 GL-7-ACA 转化为 7-ACA，收率 97.5%，反应时间 60 分钟，酶半衰期为 172 个反应批次。

（二）利用氨基酰化酶拆分氨基酸

人体可以利用的氨基酸都是 L 型的，但是目前利用化学合成法所合成的氨基酸都是无光学活性的 DL 型外消旋混合物，必须进行光学拆分来获得 L 型氨基酸。酶法拆分 DL 型外消旋氨基酸较其他方法有产品纯度高、成本低、环保等优点，具体为先将 DL-氨基酸转化为 N-酰化-DL-氨基酸，再利用氨基酰化酶水解得到 L-氨基酸和未水解的 N-酰化-D-氨基酸，经溶解度异同分离此两种产物后，再将未水解的 N-酰化-D-氨基酸外消旋为 N-酰化-DL-氨基酸，然后重复氨基酰化酶水解拆分过程。如果通过用大量可溶的氨基酰化酶和底物混合液反应，后期要进行复杂的分离提纯过程，L-氨基酸的产率降低、成本也提高。

1969 年，日本田边制药公司将从米曲霉中提取分离得到的氨基酰化酶利用离子交换法将其固定在 DEAE-葡聚糖凝胶载体上，成功制备世界上第一个适用于工业化生产的固定化酶，作用是用来拆分 DL-乙酰氨基酸，连续生产 L-氨基酸。自从此项研究成功以来，更多学者深入研究了柱式固定化氨基酰化酶对 DL-氨基酸拆分，主要研究内容包括连续地光学拆分和分离、高效的自动控制酶反应系统、合适的载体、底物的流速、酶柱的尺寸大小再次活化等。

（三）固定化酶法（细胞）生产氨基酸

目前，固定化酶法生产 L-丙氨酸在国内研究的已经很多，工艺路线也较成熟。如以卡拉胶为载体、经戊二醛交联处理，利用包埋法制备固定化假单胞菌（含 L-天冬氨酸-β-脱羧酶），装酶柱后经上行法转化底物 L-天冬氨酸生产 L-丙氨酸。

L-苹果酸是生物体内存在和可以利用的构型，常常作为复合氨基酸注射液的一种重要成分以提高氨基酸的利用率，对手术后虚弱和肝功能障碍患者很重要。L-苹果酸钾也是良好的补钾药和肾脏患者代食盐。L-苹果酸在食品、医药、日用化工和烟草等行业有着广泛的用途。L-苹果酸的制备有三种方法：一步发酵法、两步发酵法和酶法转化。酶法转化是用富马酸（盐）或马来酸为原料，用微生物酶（细胞）转化成苹果酸，相当于两步发酵法的第二步。人们对固定化酶（细胞）生产 L-苹果酸的研究较多，如用卡拉胶、明胶、羟甲基纤维素钠和琼脂等形成的混合凝胶包埋延胡索酸酶生产 L-苹果酸，克服采用单一卡拉胶包埋固定化体系因高温而造成的酶活力损失，平均转化率和固定化延胡索酸酶的操作半衰期都有所提高。另外采用海藻酸钠包埋法制备固定化黄曲霉及采用改性 PVA 凝胶作为载体制备固定化细胞生产 L-

苹果酸均取得了良好的结果。

（四）固定化青霉素酰化酶的应用

固定化青霉素酰化酶被广泛应用于半合成抗生素及中间体的制备、手性药物的拆分和多肽合成等方面。

1. 制备 6-APA 和 7-ADCA 碱性条件下青霉素酰化酶催化水解可生成半合成 β-内酰胺类抗生素所需的中间体 6-APA（6-氨基青霉烷酸）（图 4-12）和 7-ADCA（7-氨基脱乙酰头孢烷酸）。固定化酶催化具有效率高、环保、易分离、可重复使用以降低成本的优势。

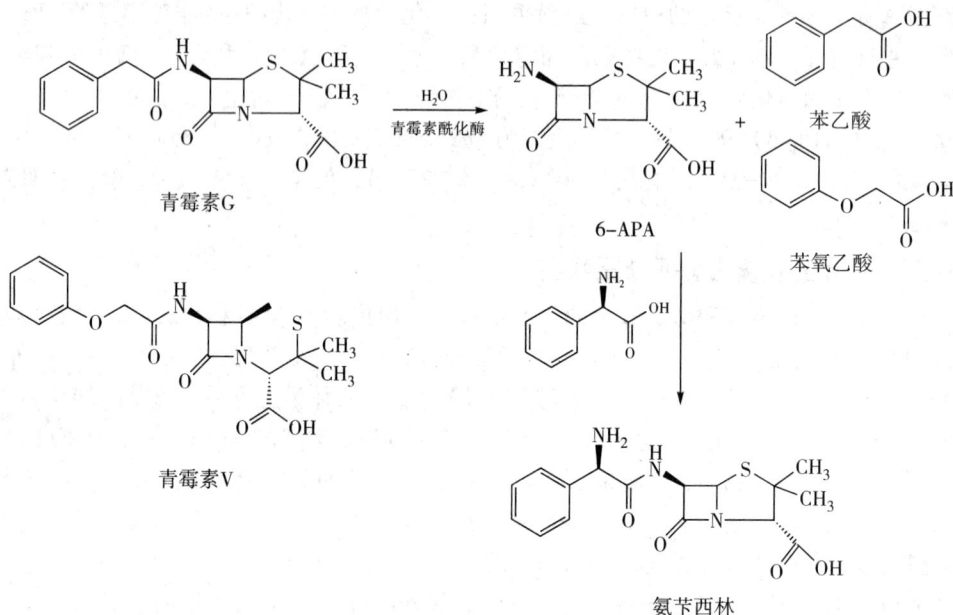

图 4-12　固定化青霉素酰化酶制备 6-APA 和半合成氨苄西林

2. 酶法合成半合成抗生素 用 6-APA 和 7-ADCA 等中间体与新的 D-氨基酸类在酸性条件下合成具有各种新的抗菌活性和抗菌谱的半合成抗生素。应用固定化酶的酶法合成具有反应条件温和、工艺操作简单、无需基团保护等优势。已报道的酶法合成产品有阿莫西林、头孢氨苄和氨苄西林等（图 4-12）。

3. 手性化合物的拆分 固定化青霉素酰化酶可用于拆分手性化合物的外消旋混合物，包括氨基酸、胺、仲醇等，其对 L-氨基酸有较高的选择性，拆分所得的单一对映体可用于合成手性药物。如用固定化青霉素酰化酶拆分 DL-苯丙氨酸制备 D-苯丙氨酸，效果优于其他酶，对 pH 耐受能力强。

4. 多肽合成中脱保护 固定化青霉素酰化酶还可以用于有机合成中活性基团的保护。有机合成中常用酰化反应保护羟基或氨基，反应结束后利用固定化青霉素酰化酶温和条件下水解，除去酰基保护基团，起到脱保护作用。

除上述应用之外，固定化酶（细胞）还有其他方面的应用，如以明胶-戊二醛包埋法制备固定化链霉菌细胞（含葡萄糖异构酶）在工业上生产高果糖浆；如以海藻酸钠包埋制备含 L-谷氨酸脱羧酶的固定化大肠杆菌生产 γ-氨基丁酸等。随着固定化技术的发展、新型固定化载体的发现以及其他交叉学科新技术的渗透，固定化酶（细胞）的应用前景会更加美好。

六、生物（酶）传感器

1962 年由 Clark 和 Lyons 首次提出生物传感器这一概念，随后在 1967 年 Updike 和 Hicks 把葡萄糖氧化酶（GOD）固定化膜和氧电极组装在一起，制成了第一只生物传感器，即葡萄糖氧化酶电极，用于定量检测血清中葡萄糖含量，此后，各领域学者对生物传感器的研究热度迅速提高。生物传感器是将酶等生物识别物质作为生物敏感元件，通过各种物理、化学信号转换器捕捉目标物与敏感元件之间的反应所产生的与目标物浓度成比例关系的可测信号，实现对目标物定量测定的分析仪器。根据生物传感器中生物识别物质的种类可将生物传感器分为酶传感器、细胞传感器、组织传感器、微生物传感器、免疫传感器等，其中酶传感器出现最早、应用最成熟。

20 世纪 70 年代，生物技术、生物电子和微电子学渗透、融合入生物传感器中，使其不再局限于生物反应的电化学过程，而是根据生物反应中产生的各种信息设计了各种探测装置，如热生物传感器、光生物传感器、压电晶体生物传感器等。生物传感器的优点是：操作系统简单、成本低；具有不溶性的酶体系；检测灵敏度好、分析精度高以及能够直接在混合待测品中高选择性的测定样本等。

（一）生物传感器的基本结构和工作原理

1. 基本结构 生物传感器主要由两部分组成，一是物质识别元件，如固定化的酶、细胞、组织、抗体等具有分子识别功能的生物活性物质，称为生物传感器膜（biosensor membranes，BM）；二是信号转换器，作用是使化学信号定量转换为电信号从而加以检测，主要的信号转换器有电极、场效应晶体管、光导纤维、热敏电阻和压电晶体等。当生物传感器膜上发生酶促反应时，产生的活性物质由信号转换器响应。

2. 工作原理 当酶电极浸入待测物质，待测物质经扩散作用进入生物传感器膜，通过分子识别发生特异的生物化学反应，产生的信号经信号转换器转换为可定量和可处理的电信号，进而可推出待测物质的浓度。

（二）生物传感器的发展

以酶电极生物传感器发展为例，生物传感器的发展可以分为三代：

1. 第一代酶电极生物传感器 1967 年由 Updike 和 Hicks 利用聚丙烯酰胺凝胶固定化葡萄糖氧化酶和氧电极制成史上第一个酶电极生物传感器，它是以氧为中继体的电催化，有如下缺点：溶氧的变化可能引起电极响应的波动；溶氧量低时难以对浓度高的底物进行测定；产物过氧化氢浓度过高时可能会使很多酶去活化；有些电活性物质也会被氧化而产生干扰信号。

2. 第二代酶电极生物传感器 为了改进第一代酶生物传感器的缺点，现在普遍采用的是第二代酶生物传感器，即介体型酶生物传感器。第二代生物传感器采用了含有电子媒介体的化学修饰层，此化学修饰层既促进了电子的传递过程，拓宽了响应的线性范围，降低电极的工作电位，又减小了噪声、背景电流及干扰信号，而且排除过氧化氢的干扰，使酶电极生物传感器的工作寿命延长。

3. 第三代酶电极生物传感器 为了改变前两种酶电极生物传感器中生物传感器膜（固定化酶膜）和信号转换器（电极）之间通讯效率低的缺点，第三代酶电极生物传感器旨在使酶与电极间进行直接电子传递，而无需氧以及其他电子受体等媒介体。此酶电极生物传感器将酶直接固定在电极上，使酶的催化活性中心直接与电极作用，加快电子传递，从而提高传感器的响应速度和灵敏度。但由于酶的催化活性中心常深埋在分子的内部，且在电极表面吸附后易发生构象变化，使得酶与电极间难以进行直接电子转移，因此在电极上有效的固定化酶成为今后研究的热点。

（三）生物传感器的应用

生物传感器在食品检验中的应用较为广泛：如食品中糖类、蛋白质、脂类、维生素和有机酸的检测；又如食品添加剂的分析、鲜度的检测、感官指标以及食品保质期等的分析。在医药领域，生物传感器可以检测体液中各种化学成分，为医生的诊断提供依据；生物传感器还可以监测生物工程技术药物生产时的各种数据，加强生物工程产品的质量管理。

核酸碱基突变在癌症的发生中起着重要的作用，探寻高灵敏度检测 DNA 的方法也受到相关领域专家的关注，DNA 生物传感器为此开辟了一条道路。DNA 生物传感器是以检测 DNA 为目的的生物传感器，其基本组成包括一个 DNA 分子识别器和一个换能器。一般将固定的单链 DNA 作为探针，即 DNA 分子识别器，其碱基序列与待测定 DNA 片段的碱基序列互补，通过杂交反应探针与待测定 DNA 片段结合成双链 DNA；换能器是将 DNA 杂交信息转换为可测定信号，且对固定化的单链 DNA 和双链 DNA 具有选择性响应，从而测定出待测定 DNA 的浓度，除此之外，DNA 生物传感器还能识别部分碱基的排列顺序。DNA 生物传感器的研究具有巨大的应用前景，已成为当前生物传感器领域较活跃的研究课题。

第四节　酶工程研究的现状与进展

一、抗体酶

（一）抗体酶的历史和概念

抗体酶（abzyme）的研究是在定义了抗体与酶的概念之后开始的。抗体（antibody）是机体的免疫系统在抗原诱导下产生的在结构上与抗原高度互补并可与相应抗原发生特异性结合的免疫球蛋白，酶是由细胞产生的与特异底物结合并对特异底物起高效催化作用的有机物。早在 1946 年，Pauling 用过渡态理论阐明了酶催化的实质：酶能够特异性结合并稳定化学反应的过渡态（底物激发态），形成酶-底物复合物，降低反应的活化能，加速反应速率。1969 年 Jencks 根据抗体结合抗原的高度特异性与天然酶结合底物的高度专一性相类似的特性，提出能与化学反应中过渡态结合的抗体可能具有酶的活性，催化反应的进行。1975 年 Kohler 和 Milstein 的单克隆抗体技术为抗体酶的出现打下了基础。1986 年 Schultz 和 Lerner 首次以过渡态类似物为半抗原，通过杂交瘤技术产生具有催化能力的单克隆抗体——抗体酶，同年，在美国的 Science 杂志发表，并定义抗体酶是一类具有催化能力的免疫球蛋白。

抗体酶是利用现代生物学和化学的理论和技术交叉研究的成果，是一种具有高度选择性的抗体分子，在其可变区赋予了酶的高效催化能力。

（二）抗体酶的特性

1. 催化反应类型的多样性　天然酶的种类有限，而抗体分子的种类繁多，抗体酶可以根据需要人工制备，制备成功的抗体酶不仅能催化天然酶可以催化的反应，而且能催化许多天然酶不能催化的反应。

2. 高度的专一性　抗体酶催化反应的高度专一性可以达到甚至超过天然酶的专一性，抗体的精细识别使其能高度专一的结合几乎任何天然的或合成的分子。

3. 高效的催化性 抗体酶催化反应速度已接近于天然酶促反应速度，一般比非催化反应快 $10^2 \sim 10^6$ 倍，但仍低于天然酶催化反应速度。

（三）抗体酶的制备方法

1. 单克隆抗体技术 又称为诱导法，是动物免疫技术和杂交瘤技术有机结合而产生的一种方法。先选择适合的反应过渡态类似物（半抗原）进行动物免疫，然后通过杂交瘤技术筛选和分离能产生单克隆抗体的杂交瘤细胞，再把这些细胞单克隆化，用单克隆化的杂交瘤细胞进行单克隆抗体的扩大生产。制备抗体酶过程中，半抗原大都是分子量较低的小分子，免疫原性很弱，在增加其分子量、提高其免疫原性的同时，可以在抗体与抗原结合的位置引入一些催化基团，如亲核催化基团、亲电基团、碱以及辅基等，提高诱导所得抗体酶的催化效率，扩展抗体酶的应用范围。

2. 基因工程技术 随着基因工程技术的发展和对抗体分子的深度认识，制备抗体的技术由细胞工程发展到基因工程，制备新抗体酶或改造抗体酶的技术也有望从基因工程中找到突破口。通过定点突变抗体酶结合部位的氨基酸对应的碱基序列，筛选出能在抗体酶结合部位有催化作用的氨基酸，从而改变抗体酶的催化效率。

随后发展起来的噬菌体抗体库技术，具有操作简便、成本低、抗体的免疫原性低、易获得稀有抗体的优点。

（四）抗体酶的应用

由于几乎所有分子都能通过免疫系统获得相应的专一性抗体，所以在理论上可以制备多样性的抗体酶，使之应用潜力巨大。抗体酶的种类是无限的，所催化反应的范围也随着半抗原的重新设计而扩大，催化效率也获得提高。抗体酶在医药、化学等领域得到广泛的应用。

1. 有机合成 到目前为止，科学家们已成功开发出能催化所有六种类型的酶促反应和几十种类型化学反应的抗体酶，可以催化很多反应困难或天然酶不能催化的反应，包括：酯水解、酰胺水解、底物异构化、酰基转移、Claisen 重排、消除反应、氧化还原、金属螯合、环肽形成等，还可以用于手性化合物的拆分以及阐明化学反应机制。

2. 前药设计 前药又称前体药物或药物前体，是指药物某一基团在体外经选择性保护，然后在体内特定部位经酶或非酶作用脱保护而发挥治疗作用的一类药物。抗体酶的制备原理可用于前体药物的设计和活化，如抗肿瘤抗体介导的酶解前药：将前药的专一性活化酶与抗肿瘤单克隆抗体交联并导向肿瘤部位，使前药在肿瘤部位转化为活性细胞毒分子，特异性地杀伤肿瘤细胞。

3. 戒毒 抗体酶可用于治疗可卡因上瘾，利用毒品可卡因水解的过渡态类似物作为半抗原，诱导产生的单克隆抗体能催化可卡因分解，从而阻断可卡因和体内受体的结合，达到戒毒目的。

此外，抗体酶还应用于阐明化学反应机制、生物传感器以及天然产物的合成等方面。虽然抗体酶存在底物专一性、反应选择性和催化效率不如天然酶，制作过程也相对复杂等缺点，但随着生物和化学技术的迅速发展、抗体酶制备技术的不断完善以及对抗体酶结构和催化机制的不断认识，抗体酶的研究会更加深入，应用会更加广泛。

二、酶的化学修饰

与化学催化剂相比，酶既有优点又有缺点，为了克服诸如稳定性差、抗原性强、分子量大、来源有限、成本高等缺点，科研人员开始研究酶的化学修饰。经过化学修饰的酶不仅可以克服上述应用中的缺点，还可以使酶产生新的催化能力和扩大酶的应用范围。

从广义上讲，凡涉及共价键的形成或破坏的转变都可以看作是酶的化学修饰，从狭义上讲，酶的化学修饰是指在较温和的条件下，以可以控制的方式使酶与化学试剂发生特异反应，从而引起单个氨基酸残基或功能基团发生共价的化学变化。

（一）酶的表面化学修饰

1. 化学固定化修饰　直接通过酶表面的酸或碱性氨基酸残基，将酶分子共价连接到惰性载体上，由于载体的引入，使酶所处的微环境发生变化，改变了酶的性质。

2. 小分子修饰　利用一些小分子修饰试剂对酶的活性部位以及之外的侧链基团进行化学修饰，改变了酶学性质。常用的小分子修饰试剂有甲基、乙基、乙酸酐、硬脂酸和氨基葡萄糖等。

3. 大分子修饰　一些可溶性大分子，如聚乙二醇（PEG）、聚丙烯酸、聚氨基酸、葡聚糖、环糊精、肝素以及羧甲基纤维素等可以通过共价键连接在酶分子表面。

4. 交联修饰　增加酶分子表面的交联键数目提高酶稳定性的方法称为分子内交联，如胰凝乳蛋白酶上的羧基经羰二亚胺活化后，可以与一系列二胺发生作用，提高了酶的稳定性。利用一些双功能或多功能试剂将不同的酶交联在一起形成杂化酶称为分子间交联，如用戊二醛将胰蛋白酶和胰凝乳蛋白酶交联在一起，降低了胰凝乳蛋白酶的自溶性。

5. 脂质体包埋修饰　某些药用酶由于分子量大而不易进入细胞内，而且此类酶在体内半衰期短，产生免疫原性反应，这些问题可以用脂质体包埋的方法解决。如用脂质体包埋 SOD、溶菌酶等。

（二）酶分子的内部修饰

1. 非催化活性基团的修饰　通过对非催化残基的修饰可以改变酶的动力学性质以及酶对特殊底物的亲和力，被修饰的氨基酸残基既可以是亲核的，如 Cys、Ser、Met、Lys；也可以是亲电的，如 Tyr、Trp；还可以是可氧化的 Trp、Met。

2. 催化活性基团的修饰　通过选择性修饰催化活性氨基酸的侧链来实现氨基酸残基的取代，使一种氨基酸侧链转化为另一种氨基酸侧链，此法又称为化学突变法。

3. 酶蛋白主链的修饰　主要靠蛋白酶对主链进行部分水解，从而改变酶的催化特性。

4. 肽链伸展后的修饰　为了更好地修饰酶分子的内部区域，酶蛋白可以先经过脲、盐酸胍处理，使肽链充分伸展，再对酶分子内部的疏水基团进行修饰，然后在适当的条件下重新将酶折叠成具有催化活性的构象。

（三）与辅因子相关的修饰

对依赖辅因子的酶，可以将非共价结合的辅因子共价结合于酶分子上或引入新的具有更强反应的辅因子。

酶的化学修饰能够提高酶的活力、稳定性、渗透性；改变酶的最适温度、最适 pH 等；能够延长半衰期；降低免疫原性和抗原性；而且还能改善酶类和多肽类药物在临床应用中的一些不良性质，赋予酶一些新的优良性质。大量的研究结果表明，合适的化学修饰剂可以快速、廉价地改善酶的性质，甚至合成出具有新功能的酶，所以酶的化学修饰有着良好的应用前景。

三、酶的定点突变

酶的定点突变是在明确已知酶的结构和功能后，有目的地改变其特定活性位点或基团，从而获得符合人类需要、具有新性状的酶，此过程又称理性分子设计。酶定点突变方法包括以下几种。

1. 寡核苷酸引物介导的定点突变　用含有突变碱基的寡核苷酸片段作引物，在体外聚合酶的作用下，启动 DNA 分子复制，诱变合成少量完整的基因，然后通过体内扩增得到大量的突变基因。此法保真度高，但操作复杂、周期长。

2. PCR 介导的定点突变　利用一段含有突变序列的寡核苷酸片段作为引物，经 DNA 复制合成靶 DNA 片段，使其子代链发生突变。此法操作简单、突变成功率高，但后续工作复杂。

3. 盒式突变　利用一段人工合成的含有突变序列的寡核苷酸片段，取代野生型基因中的相应序列，从而达到定点突变的目的。此法简单易行、突变效率高，但合成多条引物成本高且受到酶切位点的限制。

酶的定点突变具有突变的定向性、取代残基的可选择性、对高级结构的无（少）干扰性、检验手段的可靠性等特点，此法能够将待选的可能作为活性部位的氨基酸逐一验证，最终确定酶分子中的哪些氨基酸参与了底物的结合或催化。酶的定点突变可以提高酶的表达量和活性，如运用 PCR 介导的定点突变对米曲霉来源的木聚糖酶在毕赤酵母中的重组表达进行研究，获得一表达量远远高于亲本的突变株。酶的定点突变还可以提高酶的稳定性，如以大肠杆菌青霉素酰化酶的晶体结构为模板，将 β 亚基 427 位（突变 A）和 430 位（突变 B）赖氨酸残基突变为丙氨酸，降低该酶的等电点，增加了疏水性，从而提高其在酸性和有机溶剂环境中的稳定性。近些年来，酶的定点突变在研究酶的功能基团中发挥重要作用。

四、酶的定向进化

自然界存在的酶都是基于自然选择的达尔文进化的产物，受此启发，研究人员可以应用这一进化理论，使酶在自然界需要几百万年才能完成的进化过程在实验室中缩短至几个月。酶分子的改造分为合理设计与非合理设计，在充分了解酶的结构和功能的基础上对酶分子进行改造称合理设计；不需要准确知悉酶分子结构信息，通过随机突变、基团重组以及定向筛选等方法改造酶分子称非合理设计。非合理设计实用性较强，可以通过随机产生的突变改进酶特性，酶分子的定向进化就属于非合理设计，不需要先知悉酶分子的空间结构和催化机制，人为的创造特殊进化条件，模拟自然进化机制，在体外改造酶并定向筛选出所需要性质的突变酶。天然酶分子虽然已经进化了很长时间，但天然酶在生物体中存在的环境与实际应用中的环境不同，为酶提供了巨大的进化空间。

（一）定向进化的策略

1. 易错 PCR　是在使用 *Taq* 酶进行 PCR 扩增目的基因时，通过调整反应条件，如提高镁离子浓度、加入锰离子、改变体系中四种 dNTPs 浓度以及运用低保真度 *Taq* 酶等来改变扩增过程中的突变频率，以一定的频率随机引入突变构建突变库，然后筛选出需要的突变体。具体操作中对合适突变频率的选择十分重要，突变频率太高会导致有害突变占大多数，无法筛选到需要的突变体；突变频率太低会导致文库中野生型群体居多，也不易筛选到需要的突变体。

2. 连续易错 PCR　即将一次 PCR 扩增得到的有用突变基因作为下一次 PCR 扩增的模板，连续反复地进行随机诱变，使每一次获得的小突变积累而产生重要的有益突变。

易错 PCR 属于无性进化，优点是操作方法简单、产生有效突变，但大多适用于较小的基因片段而且突变碱基中转换高于颠换，应用的范围受到限制。

3. DNA 改组技术　DNA 分子的体外重组，是基因在分子水平上进行有性重组，将经随机诱变得到的不同基因中有益突变结合在一起组成新的突变基因库。具体过程是从原有益突变基因库中分离出 DNA 片段，用脱氧核糖核酸酶随机切割，所得片段经不加引物的多次 PCR 循环，随机引物之间互为模板和引物，从而获得全长基因。此法将来自原有益突变基因库中的亲本基因优势突变尽可能组合在一起。

（二）筛选的策略

酶分子的定向进化成功与否还与筛选方法有关，只有设计出合理的筛选方法，才能获得预期的进化方向和进化程度并且提高筛选的工作效率和降低筛选的成本。

（三）应用

酶分子的定向进化可以促使群体生物大分子向任意功能目标进化，它可以在短时间内增强酶的某种特性，可以用于提高酶分子的催化活力和稳定性，以及提高底物的专一性和增加对新底物催化活力的进化。随着人们对酶空间结构和功能信息的进一步探索，酶分子的定向进化将具有更加强大的功能和应用背景，也将促进酶工程技术的发展。

五、有机相的酶反应

水是酶促反应最常用的反应介质，但工业过程中的化学反应往往使用非生理性底物，如大多数有机物在水介质中难溶或不溶，在水相体系催化时产物浓度也低。另外由于水的存在，常常有利于水解、消旋化、聚合以及分解等副反应的发生。1984 年，Klibanov 等人在有机介质中进行了酶催化反应的研究，成功利用酶在有机介质中进行催化反应并获得酯类、肽类、手性醇等多种有机化合物。将酶引入有机介质中反应，不仅可以克服酶在水介质中反应的缺点，而且拓展了酶的应用范围，为酶工程技术注入了新活力。目前工业上在有机介质中的酶反应主要有水解、酯化、酰化、羰基还原等。

有机相的酶反应指酶在含有一定量水的有机介质中进行的催化反应，适用于底物或（和）产物为疏水性物质的酶促反应，酶在有机介质中基本保持完整的活性中心空间构象，能够行使催化功能。有机介质对于酶来说是一种逆性环境，它可以改变某些酶的性质，如某些水解酶在逆性环境中具有催化合成反应的能力。

有机介质中的酶反应除了具有在水中反应的特点外，还具有下列优点：利于疏水性底物或（和）产物反应、提高酶的稳定性、催化水中不能进行的反应、改变反应平衡移动方向、可以控制底物专一性、防止由水介质引起的副反应、扩大反应 pH 的适应性、易于固定化、酶和产物易于回收、易从低沸点的溶剂中分离纯化产物、可以测定某些水介质中不能测定的参数、避免微生物的污染等。

（一）溶剂体系

1. 非极性有机溶剂-酶悬浮体系（微水介质体系）　以非极性有机溶剂取代所有大量的水，只保留酶分子周围的一层水分子膜，以保持酶的催化活性，固体酶悬浮于有机相中。所用有机溶剂有正己烷、苯、环己烷等，催化反应有酯水解、酯交换、酯合成、外消旋体拆分等。

2. 与水互溶的有机溶剂-水单相体系　有机溶剂与水形成均匀的单相溶液体系，酶、底物和产物都能溶解在此体系中。所用有机溶剂有甘油、乙醇、丙酮等，催化反应有酯水解、酯交换、酯合成、外消旋体拆分等。加入有机溶剂的目的是提高底物或产物的浓度，改变酶反应的动力学。

3. 非极性有机溶剂-水两相体系 由含有溶解酶的水相和一个非极性的有机溶剂（高脂溶性）相所组成的两相体系。要求底物在水和有机溶剂中的溶解度尽量大，而产物在水中的溶解度要小。所用有机溶剂有乙醚、三氯甲烷、乙酸乙酯等，催化反应有酯水解、酯交换、酯合成、外消旋体拆分等。

4. 正胶束体系 大量水溶液中含有少量与水不溶的有机溶剂，加入表面活性剂后形成水包油的微小液滴。表面活性剂的极性端朝外，非极性端朝内，有机溶剂被包在液滴内。反应时，酶在胶束外，疏水性底物或产物在胶束内，反应则在胶束两相界面中进行。

5. 反胶束体系 大量与水不溶的有机溶剂中含有少量水，加入表面活性剂后形成油包水的微小液滴。水溶性底物进入液滴与酶结合，水不溶性底物在反胶束的表面活性剂区域或液滴中也有一定溶解度，产物形成后就连续地移出胶束。

（二）有机介质对酶性质的影响

1. 稳定性 有机介质可以提高酶的热稳定性和储存稳定性，在含水量低的有机溶剂体系中，酶的稳定性与含水量密切相关，一般低于临界含水量酶很稳定，高于临界含水量则稳定性与含水量负相关。

2. 活力 有机介质中酶活力的大小与系统中的水含量有很大关系，活力随有机介质浓度升高而增加，在最适浓度达到最大值，若浓度再升高则活力下降，一般酶活力与含水量呈钟形曲线。

3. 专一性 某些有机介质可能使某些酶的专一性改变，这是酶活性中心构象刚性增强的结果。

有机介质中的酶反应在医药、食品、能源等领域广泛应用。如手性药物的拆分：环氧丙醇衍生物的拆分、芳基丙酸衍生物的拆分、苯甘氨酸甲酯的拆分等都可在有机介质中进行；糖脂的合成：以糖为羟基供体，有机酸酯为酰基供体，蛋白酶、脂肪酶等为催化剂，在有机介质中合成糖脂；导电有机聚合物的合成：辣根过氧化物酶在与水混溶的有机介质中，催化苯胺聚合生成聚苯胺；食品添加剂的生产：利用嗜热菌蛋白酶在有机介质中生产阿斯巴甜；甾体转化：在水-乙酸丁酯或水-乙酸乙酯体系中，高效转化可的松为氢化可的松。总之，酶在有机介质中的应用会越来越广。

本 章 小 结

本章主要包括酶的分离和纯化、固定化酶和固定化细胞制药、酶工程研究的现状与进展等内容。

重点：粗酶液的制备：细胞破碎和酶的抽提；酶的初步分离：沉淀分离；酶的纯化：透析、超滤、离子交换层析、疏水层析、亲和层析、凝胶过滤层析等；固定化酶的制备方法：载体结合法、交联法、包埋法；固定化细胞的制备方法；固定化酶（细胞）的性质和评价指标等。

难点：固定化酶（细胞）的制备方法。

思考题

1. 酶工程研究的内容是什么？

2. 目前工业上应用的微生物发酵产酶法具有哪些突出的优点？优良的产酶菌种有哪些特点？

3. 酶的沉淀分离方法有哪些？各具有何特点？

4. 酶的纯化方法有哪些？各依据酶的何种特性？

5. 固定化酶和固定化细胞的制备方法有哪些？各具有何特点？

6. 酶（细胞）在固定化后，有哪些性质发生变化？怎样变化？

7. 评价固定化酶（细胞）的指标有哪些？

8. 固定化酶（细胞）反应器的基本类型有哪些？

9. 举例说明固定化酶（细胞）在制药中的应用。

（关海滨）

第五章　抗体工程制药

学习导引

1. **掌握**　单克隆抗体技术的基本原理，基因工程抗体的主要类型、结构特征和优缺点，噬菌体抗体库技术的基本原理。

2. **熟悉**　单克隆抗体的制备过程，基因工程抗体的构建策略，噬菌体抗体库的构建和筛选流程。

3. **了解**　抗体工程发展历程，核糖体抗体库技术，怎样利用现有抗体工程技术研发抗体药物。

第一节　概　述

抗体工程制药（antibody engineering pharmaceutics）是以抗体分子结构和功能关系为基础，利用基因工程和蛋白质工程技术，对抗体基因进行加工改造和重新装配，或用细胞融合、化学修饰等方法改造抗体分子生产抗体药物的过程。这些经抗体工程手段改造的抗体分子是按人类设计重新组装的新型抗体分子，可保留（或增加）天然抗体的特异性和主要生物学活性，去除（或减少或替代）无关结构，因此比天然抗体更具应用前景。抗体作为治疗药物已经有上百年的历史，主要开发了三代产品，它们是第一代多克隆抗血清、第二代单克隆抗体药物和第三代基因工程抗体药物，其中基因工程抗体药物以其对人体毒副作用小、人源化和高度特异性的疗效，越来越显示出优势。

一、抗体工程的发展过程

抗体（antibody，Ab）是高等脊椎动物的免疫系统受到外界抗原（antigen）刺激后，由成熟的 B 淋巴细胞产生的能够与该抗原发生特异性结合的糖蛋白分子。抗体是机体免疫系统中最重要的效应分子，具有结合抗原、结合补体、中和毒素、介导细胞毒、促进吞噬等多种生物学功能，在抗感染、抗肿瘤、免疫调节和监视中发挥重要作用。1968 年和 1972 年世界卫生组织和国际免疫学会联合会所属专门委员会先后决定，将具有抗体活性或化学结构与抗体相似的球蛋白统称为免疫球蛋白（immunoglobulin，Ig）。因此，抗体是一个生物学的和功能的概念，可理解为能与相应抗原特异结合的具有免疫功能的球蛋白；免疫球蛋白则主要是一个结构概念，包括抗体、正常个体中天然存在的免疫球蛋白和病理状况下患者血清中的免疫球蛋白及其亚单位。

抗体作为疾病预防、诊断和治疗制剂已有上百年的历史，经历了从抗血清即多克隆抗体的使用，到应用杂交瘤技术、基因工程抗体技术、抗体库技术进行抗体制备，并逐渐完善形成抗体工程，其发展历程大致可以分为三个阶段。

（一）多克隆抗血清

早期制备抗体是将某种天然抗原经各种途径免疫动物，成熟的 B 淋巴细胞克隆受到抗原刺激后产生抗体并将其分泌到血清和体液中。天然抗原中常含有多种不同抗原特异性的抗原表位，以该抗原刺激机体免疫系统，体内多个 B 细胞克隆被激活，产生的抗体实际上是针对多种不同抗原表位的抗体的混合物，即多克隆抗体（polyclonal antibody，pAb），是第一代抗体。获得多克隆抗体的途径主要有动物免疫血清、恢复期患者血清或免疫接种人群血清等。

1890 年德国学者 Behring 首次用白喉毒素免疫动物得到多克隆抗血清，并成功治疗白喉，这是第一个用抗体治疗疾病的例子。多克隆抗体特异性不高、易发生交叉反应，也不易大量制备，因此这些抗体的临床应用有相当大的局限性。解决多克隆抗体特异性不高的理想方法是制备针对单一抗原表位的特异性抗体——单克隆抗体。

（二）单克隆抗体

1975 年德国学者 Kohler 和英国学者 Milstein 首次将小鼠骨髓瘤细胞和经过绵羊红细胞免疫的小鼠脾 B 淋巴细胞在体外进行两种细胞的融合，形成杂交瘤细胞，该细胞既具有骨髓瘤细胞体外大量增殖的特性，又具有浆细胞合成和分泌特异性抗体的能力。其产生的均一性抗体识别一种抗原决定簇，即为单克隆抗体（monoclonal antibody，mAb），又称细胞工程抗体。这种杂交瘤技术制备的单克隆抗体为第二代抗体。杂交瘤技术的诞生不仅带来了免疫学领域的一次革命，也是抗体工程发展的第一次质的飞越，是现代生物技术发展的一个里程碑。

单克隆抗体多具有鼠源性，进入人体会引起机体的排异反应，产生人抗鼠抗体（human anti-mouse antibody，HAMA）反应，导致抗体在人体内迅速被清除，半衰期短，甚至产生严重的不良免疫反应；而且完整抗体分子量大，在体内穿透血管和肿瘤组织的能力较差，生物活性不理想；生产成本高，不适合大规模工业化生产。针对上述问题，研究人员开始对单克隆抗体进行改造，从而产生了基因工程抗体。

（三）基因工程抗体

20 世纪 80 年代初，在抗体基因的结构和功能的研究成果的基础上，利用重组 DNA 技术将抗体基因进行加工、改造和重新装配，然后导入到适当受体细胞内表达，产生基因工程抗体（genetically engineering antibody，gAb），即第二代单克隆抗体（更能与人相容的单克隆抗体或片段），是第三代抗体。基因工程抗体既保持了单抗的均一性、特异性强的优点，又能克服鼠源性抗体的不足。DNA 重组技术的发展，实现了部分或全人源化抗体的制备，如人-鼠嵌合抗体、改形抗体、小分子抗体、双特异性抗体及人源抗体等。1994 年 Winter 创建了噬菌体抗体库技术，这是抗体研究领域的又一次革命，它不用人工免疫动物和细胞融合，完全用 DNA 重组技术制备完全人源化抗体，而且还能利用基因转移和表达技术，通过细菌发酵或转基因动物、植物大规模生产抗体，在此基础上发展形成抗体工程。

由多克隆抗体到单克隆抗体，直至基因工程抗体，由不均质的异源抗体到均质的异源抗体，直至人源抗体，这是抗体产生技术的三个重要时代，反映了生命科学由整体水平、细胞水平到基因水平的进展，同时也为抗体成为医药生物技术产业的一个重要支柱奠定了基础。

21 世纪，生物技术已成为最重要的、并且可能改变将来工业和经济格局的技术。抗体工程技术随着现代生物技术发展而逐渐完善，并且是生物技术产业化的主力军，尤其在生物技术制药领域中占有重要地位。抗体药物以其对人体毒副作用小、天然和高度特异性的疗效，越来越显示优势，并且创造出巨大的社会效益和经济效益。

二、抗体的结构和功能

一个抗体分子（即免疫球蛋白）是由两条相同的的轻链（light chain，L 链）和两条完全相同的重链（heavy chain，H 链）通过二硫键和其他的分子间作用力连接形成"Y"字形结构的球状蛋白（图 5-1）。轻链由约 214 个氨基酸组成，重链由 450～550 个氨基酸组成，完整抗体的相对分子质量约为 150kDa。在 Ig 分子 N-端，L 链的 1/2 区段与 H 链的 1/4 或 1/5 区段的氨基酸组成及排列顺序多变，称为可变区（variable region，V 区）；C-端 L 链的 1/2 区段与 H 链的 3/4 或 4/5 区段的氨基酸组成和排列比较恒定，称为恒定区（constant region，C 区）。在 V 区中，某些特定位置的氨基酸残基显示更大的变异性，构成了抗体分子和抗原分子发生特异性结合的关键部位，称为互补决定区（complementary determining region，CDR），它是 V 区中特异结合抗原的部位；H 链和 L 链上各有 3 对 CDR（CDR1、CDR2、CDR3），每个 CDR 长 5～16 个氨基酸，V_L 和 V_H 的 CDR 区共同构成一个抗原结合部位。V 区中 CDR 以外的部分称为框架区（framework region，FR），FR 区为 β 片层（β-sheet）结构，氨基酸组成相对保守，不与抗原分子直接结合，但对维持 CDR 的空间构型起着极为重要的作用。而 C 区则决定了 Ig 分子的种属特异性，主要发挥抗体分子的效应功能。L 链有 V_L 和 C_L 两个功能区，H 链有 V_H 和 C_H1、C_H2、C_H3 等 4 个功能区。另外，Ig 分子是由若干折叠成球形结构组成的一种立体构型，每一个球形结构是肽链的一个亚单位，约由 110 个氨基酸组成，具有一定的生理功能，故称为功能区（domain）。

木瓜蛋白酶可水解 IgG 分子产生 2 个抗原结合片段（fragment of antigen-binding，Fab）和 1 个可结晶片段（fragment crystalizable，Fc）。Fab 片段包括完整的 L 链和部分 H 链（V_H 和 C_H1），该片段能与一个相应的抗原决定簇特异性结合。Fc 片段相当于两条重链的 C_H2 和 C_H3 功能区，由二硫键连接。Fc 段是抗体分子与效应分子或细胞相互作用的部位。胃蛋白酶水解 IgG 分子产生 1 个 F（ab′)$_2$片段，该片段含有两条 L 链和略大于 Fab 段的 H 链，由二硫键连接。

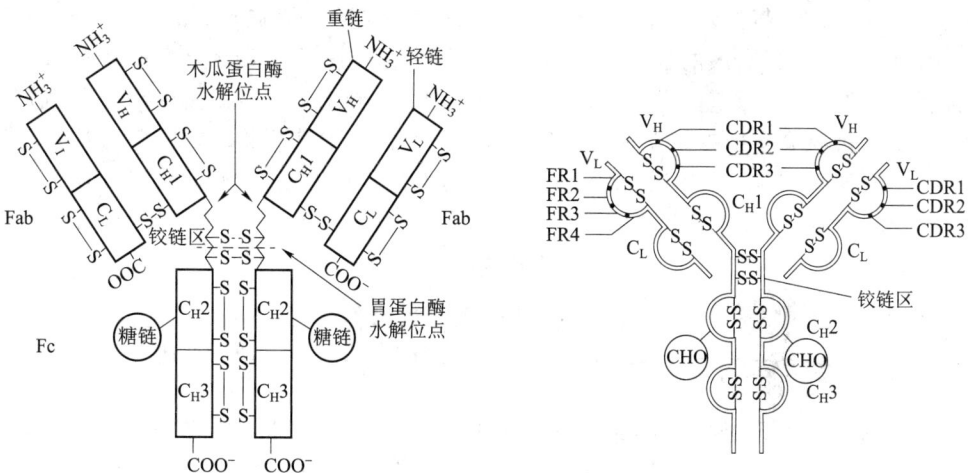

图 5-1 抗体分子的结构

了解抗体分子的结构和相应的功能对于蛋白质工程改造是极为有利的，因为可以对分子间的功能区域进行互换来改变抗体的特性，如交换抗原结合位点（Fab 或 Fv）和激活功能区域（Fc）。抗体的结构也很适合于接上其他分子如毒素、放射性核素或细胞因子等，改造成为有特异识别能力的功能性抗体分子。

第二节　单克隆抗体及其制备

1975 年 Kohler 和 Milstein 成功地将经过绵羊红细胞免疫的小鼠脾细胞与能在体外培养的小鼠骨髓瘤细胞融合，使产生抗体的 B 淋巴细胞能在体外长期存活，并通过克隆化技术，建立单克隆的杂交瘤细胞株，该细胞株可以持续分泌均质纯净的高特异性抗体，即单克隆抗体。基于该项杰出贡献，他们获得 1984 年的诺贝尔医学及生理奖。单克隆抗体具有以下基本特性：高纯度单一抗体，只与一个抗原决定簇反应；可重复性，能够提供完全一致的抗体制剂；可以通过杂交瘤细胞的大规模培养进行生产。

一、单克隆抗体技术的基本原理

单克隆抗体技术是基于动物细胞融合技术得以实现的。骨髓瘤是一种恶性肿瘤，其细胞可以在体外进行培养并无限增殖，但不能产生抗体，其遗传表现型有 $HGPRT^+-TK^+$、$HGPRT^+-TK^-$ 及 $HGPRT^--TK^+$ 等；而免疫淋巴细胞可以产生抗体，却不能在体外长期培养及无限增殖，遗传表现型为 $HGPRT^+-TK^+$。将上述两种各具功能的细胞进行融合形成的杂交瘤细胞，继承了两个亲代细胞的特性，既具有骨髓瘤细胞无限增殖的特性，又具有免疫淋巴细胞合成和分泌特异性抗体的能力。

在两类细胞的融合混合物中存在着未融合的单核亲本细胞、同型融合多核细胞（如脾-脾、瘤-瘤的融合细胞）、异型融合的双核细胞（脾-瘤融合细胞）和多核杂交瘤细胞等多种细胞，从中筛选纯化出异型融合的双核杂交瘤细胞是该技术的目的和关键。未融合的淋巴细胞在培养 6~10 日会自行死亡，异型融合的多核细胞由于其核分裂不正常，在培养过程中也会死亡，但未融合的骨髓瘤细胞因其生长快而不利于杂交瘤细胞生长，因此融合后的混合物必须立即移入选择性培养基中进行选择培养。通常使用 HAT 选择性培养基筛选杂交瘤细胞，即在基本培养基中加次黄嘌呤（hypoxanthine，H），氨基蝶呤（aminoopterin，A）及胸腺嘧啶核苷（thymidine，T）。核苷酸的合成途径有两条：从头合成途径（de novo synthesis pathway），但该途径被叶酸拮抗剂氨基蝶呤阻断；补救合成途径（salvage synthesis pathway），即利用培养基中次黄嘌呤和胸腺嘧啶核苷合成核苷酸，这一途径需要次黄嘌呤鸟嘌呤磷酸核糖转移酶（HGPRT）或胸腺嘧啶核苷激酶（TK）。而实验所用的骨髓瘤细胞是 HGPRT 缺陷（$HGPRT^-$），所以骨髓瘤细胞不能在 HAT 培养基上生长。融合的杂交瘤细胞由于从脾细胞获得了 HGPRT，因此能在 HAT 培养基上存活和增殖。经克隆化，可筛选出产生大量特异性单抗的杂交瘤细胞，在体内或体外培养，即可大量制备单抗。

二、单克隆抗体的制备过程

单克隆抗体的制备过程大致分为抗原的制备、动物的免疫、抗体产生细胞与骨髓瘤细胞融合形成杂交瘤细胞、杂交瘤细胞的选择性培养、筛选能产生某种特异性抗体的阳性克隆、杂交瘤细胞的克隆化、采用体外培养或动物腹腔接种培养大量制备单克隆抗体以及单抗的纯化和鉴定（图 5-2）。

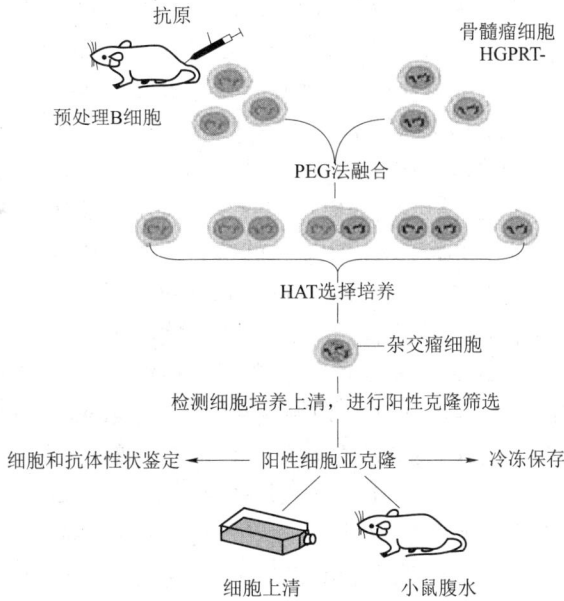

图 5-2 单克隆抗体制备流程图

（一）抗原与动物免疫

要制备特定抗原的单克隆抗体，首先要制备用于免疫的适当抗原，再用抗原进行动物免疫。在免疫动物时根据抗原的来源、免疫原性、混合物的多少等决定免疫用抗原的纯度。对于来源困难、性质不清楚或免疫原性很强的抗原只需初步纯化，有的抗原可用化学方法合成。多数情况下抗原物质只能得到部分纯化，甚至是极不纯的混合物。在制备恶性肿瘤细胞表面抗原的单克隆抗体时，情况较为复杂，需用整个肿瘤细胞作为免疫原。

因免疫动物品系和骨髓瘤细胞在种系发生上距离越远，产生的杂交瘤越不稳定，故一般采用与骨髓瘤供体同一品系的动物进行免疫。目前常用的骨髓瘤细胞系多来自 BALB/c 小鼠和 Lou 大鼠，因此免疫动物也多采用相应的品系，最常用的也是 BALB/c 小鼠。

选择合适的免疫方案对于细胞融合的成功和获得高质量的单克隆抗体至关重要。免疫方案应根据抗原的特性不同而定，颗粒性抗原免疫性较强，不加佐剂就可获得很好的免疫效果。可溶性抗原免疫原性弱，一般要加佐剂，常用佐剂有弗氏完全佐剂和弗氏不完全佐剂。目前用于可溶性抗原（特别是一些弱抗原）的免疫方案不断更新，如可将可溶性抗原颗粒化或固相化，既增强了抗原的免疫原性，又可降低抗原的使用量；可以改变抗原注入的途径，基础免疫可直接采用脾内注射；使用细胞因子作为佐剂可提高机体的免疫应答水平，促进免疫细胞对抗原反应性。

将抗原与佐剂等量混合，制成乳剂，采用腹腔注射和皮下注射等方法进行免疫，间隔 2~3 周重复注射 1~2 次，检查抗体滴度，如符合要求，可在细胞融合前 3 天用同样剂量腹腔或静脉注射加强免疫 1 次。

（二）细胞融合与杂交瘤细胞的选择

1. 脾细胞免疫小鼠 放血处死后在无菌条件下取出脾脏，去包膜，清洗，用注射器内玻璃管芯将脾细胞挤压至培养液中，计数后将脾淋巴细胞装入加盖的离心管中冷藏备用。

2. 骨髓瘤细胞　用于细胞融合的骨髓瘤细胞应具备融合率高、自身不分泌抗体、所产生的杂交瘤细胞分泌抗体的能力强且长期稳定等特点。另外为了能将杂交瘤细胞从淋巴细胞和骨髓瘤细胞中筛选出来，所选用的骨髓瘤细胞应该是次黄嘌呤鸟嘌呤磷酸核糖转移酶缺陷型（$HGPRT^-$）或者胸腺嘧啶核苷酸激酶缺陷型（TK^-）。

3. 饲养细胞　在制备单克隆抗体过程中，许多环节需要加入饲养细胞，如杂交瘤细胞的筛选、克隆化和扩大培养过程。细胞培养时单个或少数分散的细胞不易生长繁殖，若加入其他活细胞则可以促进这些细胞生长繁殖，所加入的细胞即为饲养细胞（feeder cells）。一般认为饲养细胞能释放某些生长刺激因子，还能清除死亡细胞和满足杂交瘤细胞对细胞密度的依赖性。常用的饲养细胞有小鼠腹腔巨噬细胞、脾细胞和胸腺细胞。

4. 细胞融合　取适量脾细胞（约 1×10^8 个）与骨髓瘤细胞（$HGPRT^-$ 或 TK^-，$2 \times 10^7 \sim 3 \times 10^7$ 个）进行混合，采用聚乙二醇（PEG）诱导细胞融合。一般来说，PEG 的相对分子质量和浓度越高，其促融率越高。但其黏度和对细胞的毒性也随之增大。目前常用的 PEG 的浓度为 40%~50%，相对分子质量以 4000 为佳。为了提高融合率，在 PEG 溶液中加入二甲基亚砜（DMSO），以提高细胞接触的紧密性，增加融合率。但 PEG 和 DMSO 都对细胞有毒性，必须严格限制它们和细胞的接触时间，可通过低速离心 5 分钟使细胞接触更为紧密，然后用新配制的培养液来稀释药物并洗涤细胞。

5. HAT 培养基选择杂交瘤细胞　一般在细胞融合 24 小时后，加入 HAT 选择性培养基。未融合的骨髓瘤细胞在 HAT 培养基中不可避免的死亡，融合的杂交瘤细胞由于脾细胞是 $HGPRT^+$-TK^+，可以通过 H 或 T 合成核苷酸，克服 A 的阻断，因此杂交瘤细胞大量繁殖而被筛选出来。加入 HAT 的次日即可观察到骨髓瘤细胞开始死亡，3~4 天后可观察到分裂增殖的细胞和克隆的形成。培养 7~10 天后，骨髓瘤细胞相继死亡，而杂交瘤细胞逐渐长成细胞集落。在 HAT 培养液维持培养两周后，改用 HT 培养基，再维持培养两周，改用一般培养液。

（三）筛选阳性克隆与克隆化

1. 筛选阳性克隆　在 HAT 培养液中生长形成的杂交瘤细胞仅少数可以分泌预定的单抗，且多数培养孔中混有多个克隆。由于分泌抗体的杂交瘤细胞比不分泌抗体的杂交瘤细胞生长慢，长期混合培养会使分泌抗体的细胞被不分泌抗体的细胞淘汰。因此，必须尽快筛选阳性克隆，并进行克隆化。检测抗体的方法必须高度灵敏、快速、特异，易于进行大规模筛选。常用的方法有酶联免疫吸附试验（ELISA），用于可溶性抗原（蛋白质）、细胞和病毒的单抗检测；放射免疫测定（RIA），用于可溶性抗原、细胞单抗的检测；荧光激活细胞分选仪（FACS），适用于细胞表面抗原的单抗检测；间接免疫荧光法（IFA），用于细胞和病毒的单抗检测。

2. 杂交瘤细胞的克隆化　杂交瘤细胞的克隆化是指将抗体阳性孔的细胞进行分离获得产生所需单抗的杂交瘤细胞株的过程，它是确保杂交瘤所分泌的抗体具有单克隆性以及从细胞群中筛选出具有稳定表型的关键一步。经过 HAT 筛选后的阳性克隆不能保证一个孔内只有一个克隆，可能会有数个甚至更多的克隆，包括抗体分泌细胞、抗体非分泌细胞、所需要的抗体（特异性抗体）分泌细胞和其他无关抗体的分泌细胞，要想将这些细胞彼此分开就需要克隆化。对于检测抗体阳性的杂交克隆应尽快进行克隆化，否则抗体分泌细胞会被抗体非分泌细胞抑制。即使克隆化过的杂交瘤细胞也需要定期的再克隆，以防止杂交瘤细胞的突变或染色体丢失，从而丧失产生抗体的能力。

最常用克隆化的方法是有限稀释法和软琼脂平板法。

（1）有限稀释法　从具有阳性分泌孔收集细胞，经逐步稀释，使每孔只有一个细胞；具体的操作是将含有不同数量的细胞悬液接种至含饲养细胞的培养板中进行培养，倒置显微镜观察，选择只有一个集落的培养孔，并检测上清中抗体分泌的情况。一般需要做 3 次以上的有限稀释培养，才能获得比较稳定的单克隆细胞株。

（2）软琼脂平板法　用含有饲养细胞的 0.5% 琼脂液作为基底层，将含有不同数量的细胞悬液与 0.5% 琼脂液混合后立即倾注于琼脂基底层上，凝固，孵育，7~10 日后，挑选单个细胞克隆移种至含饲养细胞的培养板中进行培养。检测抗体，扩大培养，必要时再克隆化，并及时冻存原始孔的杂交瘤细胞。

3. 杂交瘤细胞的冻存　每次克隆化后得到的亚克隆细胞是十分重要的，因为在没有建立一个稳定分泌抗体的细胞系时，细胞的培养过程随时可能发生细胞的污染、分泌抗体能力的丧失等，因此及时冻存原始细胞非常重要。

杂交瘤细胞的冻存方法同其他细胞系的冻存方法一样，原则上细胞数应每支安瓿含 1×10^6 以上，但对原始孔的杂交瘤细胞可以因培养环境不同而改变，当长满孔底时，一孔就可以冻一支安瓿。常用的细胞冻存液为：50% 小牛血清；40% 不完全培养液；10% DMSO。冻存液最好预冷，操作动作轻柔、迅速。冻存时从室温可立即降到 0℃，再降温时一般按每分钟降温 2~3℃，待降至 -70℃ 可放入液氮中。或细胞管降至 0℃ 后放 -70℃ 超低温冰箱，次日转入液氮中。冻存细胞要定期复苏，检查细胞的活性和分泌抗体的稳定性，在液氮中细胞可保存数年或更长时间。

（四）杂交瘤细胞抗体性状的鉴定

获得产生单抗的杂交瘤细胞株后，需要对其及产生的单克隆抗体进行系统地鉴定和检测。

1. 杂交瘤细胞的鉴定　对杂交瘤细胞进行染色体分析，不仅可作为鉴定的客观指标，还能帮助了解其分泌抗体的能力。杂交瘤细胞的染色体在数目上接近两种亲本细胞染色体数目的总和，在结构上除多数为端着丝粒染色体外，还应出现少数标志染色体。染色体数目较多又比较集中的杂交瘤细胞能稳定分泌高效价的抗体，而染色体数目少且较分散的杂交瘤细胞分泌抗体的能力较低。

2. 抗体特异性鉴定　可用 ELISA、IFA 法鉴定抗体特异性。除用免疫原（抗原）进行抗体的检测外，还应与其抗原成分相关的其他抗原进行交叉试验，例如，在制备抗黑色素瘤细胞的单抗时，除用黑色素瘤细胞反应外，还应与其他脏器的肿瘤细胞和正常细胞进行交叉反应，以便挑选肿瘤特异性或肿瘤相关抗原的单抗。

3. 单抗的 Ig 类与亚类的鉴定　由于不同类和亚类的免疫球蛋白生物学特性差异较大，因此要对制备的单克隆抗体进行 Ig 类和亚类的鉴定。一般用酶标或荧光素标记的第二抗体进行筛选，就可基本上确定抗体的 Ig 类型。如果用的是酶标或荧光素标记的兔抗鼠 IgG 或 IgM，则检测出来的抗体一般是 IgG 类或 IgM 类。至于亚类则需要用标准抗亚类血清系统作双扩或夹心 ELISA 来确定单抗的亚类。

4. 单抗中和活性的鉴定　常用动物或细胞保护实验来确定中和活性，即生物学活性。如果要确定抗病毒单抗的中和活性，则可用抗体和病毒同时接种于易感动物或敏感细胞，观察动物或细胞是否得到抗体的保护。

5. 单抗识别抗原表位的鉴定　常用竞争结合试验、测相加指数的方法，测定 McAb 所识别抗原位点，来确定 McAb 的识别的表位是否相同。

6. 单抗亲和力的鉴定　抗体的亲和力是指抗体和抗原的牢固程度。用 ELISA 或 RIA 竞争结合试验来确定 McAb 与相应抗原结合的亲和力，它可为正确选择不同用途的单克隆抗体提供依据。

（五）单克隆抗体的大量制备

目前单克隆抗体的生产包括体内培养和体外培养两种，体内培养是利用生物体作为反应器，主要是将杂交瘤细胞接种于小鼠或大鼠的腹腔内生长并分泌单克隆抗体。体外培养法是在转瓶或生物反应器内培养杂交瘤细胞生产抗体，有悬浮培养、包埋培养和微囊化培养等。

1. 体内培养法　小鼠腹腔内接种杂交瘤细胞制备腹水。为了使杂交瘤细胞在腹腔内增殖良好，可于注入细胞的几周前，预先将具有刺激性的有机溶剂降植烷（pristane）注入腹腔内，以破坏腹腔内腹，建立杂交瘤细胞易于增殖的环境。然后注射 1×10^6 杂交瘤细胞，接种细胞 7～10 天后可产生腹水，密切观察动物的健康状况与腹水征象，待腹水尽可能多，而小鼠濒于死亡之前，处死小鼠，收集腹水，一般一只小鼠可获 1～10ml 腹水；也可用注射器收集腹水，可反复收集数次，腹水中单抗体含量可达 5～20mg/ml。还可将腹水中细胞冻存，复苏后接种小鼠腹腔则产生的腹水快且量多。

2. 体外培养法　体外使用旋转培养器大量培养杂交瘤细胞，体外培养法多采用培养液，添加胎牛或小牛血清。由于培养液中含有血清成分，总蛋白量可达 100μg/ml 以上，给纯化带来困难。又由于支原体污染的原因和血清批间质量差异大，直接影响杂交瘤细胞生长。采用无血清培养法，虽可减少污染又有利于单克隆抗体的纯化，但产量不高。目前单克隆抗体小规模生产采用滚瓶或转瓶，大规模采用生物反应器。

（六）单克隆抗体的纯化

通过上述培养获得的培养液、腹水等，除单克隆抗体外，还有无关的蛋白质等其他物质，因此必须对产品进行分纯化。根据抗体的用途综合选择纯化方法，用于体外诊断的单抗可采用硫酸铵沉淀后经亲和层析或凝胶过滤等纯化；体内诊断或治疗用单抗，必须除去内毒素、核酸、病毒等微量污染成分，再经盐析、超滤及合适的层析技术进行纯化，鉴定分析合格后供制剂用。

第三节　基因工程抗体及其制备

单克隆抗体的问世促进了抗体在各个领域的应用，但其在体内治疗上的应用发展缓慢。研究表明，在临床治疗领域中使用鼠源单克隆抗体的主要障碍之一是产生人抗鼠抗体反应。因此对于疗程长、需反复多次给药的抗体药物，人源化是其重要的发展方向，以降低 HAMA 反应。另外单抗的生产在技术上难以克服融合率低、建株难、不稳定、产率低的问题。随着基因工程技术的崛起以及抗体遗传学的深入研究，DNA 重组技术被应用于改造现有的优良鼠源单抗，其着眼点在于改造抗体分子的结构和功能，尽量减少抗体中的鼠源成分，但又尽量保留原有抗体的抗体特异性，从而创造出新型抗体——基因工程抗体，尤其是用噬菌体抗体库技术、核糖体展示技术、转基因小鼠技术等生产全人源单克隆抗体。

基因工程抗体又称重组抗体，是指利用重组 DNA 及蛋白质工程技术对编码抗体的基因按不同需求进行加工和重新装配，经转染适当的受体细胞所表达的抗体分子。它具有以下特点：①通过基因工程技术改造，可以降低抗体的免疫原性，消除人抗鼠抗体反应；②基因工程抗体的分子量一般较小，穿透力强，更易到达病灶的核心部位；③可以根据治疗的需要，制备多种用途的新型抗体；④可以采用原核、真核表达系统以及转基因动植物生产大量的基因工程抗体，降低生产成本。基因工程抗体主要包括单克隆抗体的人源化即大分子抗体（嵌合抗体、重构抗体）、小分子抗体（Fab、ScFv）、双（多）价抗体及双特异性抗体、抗体融合蛋白及纳米抗体等。

一、大分子抗体

鼠单克隆抗体人源化是最早出现的基因工程抗体，此类抗体结构与天然抗体相似，具有完整的轻链和重链，只是将抗体中的部分鼠源性成分人源化，从而降低其免疫原性即人抗鼠抗体反应，主要有嵌合抗体和重构抗体。

（一）人-鼠嵌合抗体

嵌合抗体（chimeric antibody）是用人抗体的 C 区替代鼠的 C 区，使鼠源性单抗的免疫原性明显减弱，并可延长其在体内的半衰期及改善药物的动力学，属第一代人源化抗体（humanized antibody，HAb）。抗体的抗原结合的功能取决于抗体分子的可变区（V），免疫原性则取决于抗体分子的恒定区（C）。嵌合抗体是应用重组 DNA 技术从小鼠杂交瘤细胞基因组中分离和鉴别出抗体基因的功能性可变区，与人免疫球蛋白恒定区基因拼接后，构建成人-鼠嵌合的重链、轻链基因，再导入哺乳动物细胞中表达。其具体的制备方法是：提取杂交瘤细胞系的 mRNA，经过反转录成 cDNA；以其为模板，采用特异性引物，用多聚酶链反应（PCR）方法分别扩增 V_L 和 V_H 基因，再分别连接真核表达所需的上游启动子、前导肽序列和下游剪切信号、增强子等真核调控序列后，将 V_L 基因克隆到人 Ig 的 C_L 基因表达载体上，将 V_H 基因克隆到人 Ig 的 C_H 基因真核表达载体上；再将人-鼠嵌合的 L 链和 H 链基因重组质粒共转宿主细胞，经筛选共转染细胞，所分泌的抗体为嵌合抗体（图5-3）。

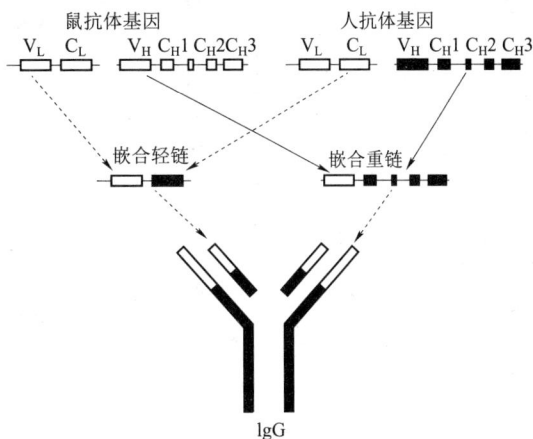

图 5-3　嵌合抗体构建示意图

实验证明，嵌合抗体除具有亲本鼠源单抗相同的特异性、亲和力和技术路线简单，易于操作，具有实用价值等特点外，还具有以下的优点：①对人体的免疫原性较亲本单抗大大减小，半衰期较鼠源单抗长；②因为人抗体恒定区与补体和 Fc 受体的相互作用力以及促发细胞溶解的功能不尽相同，可根据不同的需要选择不同亚类的人恒定区基因；③可通过恒定区中个别氨基酸的点突变来改善抗体的生物学功能，使之更有效地发挥抗体的效应功能，消除副作用。

由于嵌合抗体保持鼠源性单克隆抗体的抗原结合的特异性，但对人的免疫原性大幅度下降，因此在临床上具有良好的应用前景。1997 年 FDA 批准上市的人源化单抗 rituxan（美罗华）是一个抗 CD20 的人鼠嵌合型单抗，在非霍奇金恶性淋巴瘤患者的治疗中取得了良好的疗效。但是，由于嵌合抗体可变区仍保留鼠源性序列（约30%），可引起不同程度的 HAMA，有些仍可导致抗独特型抗体的产生，而且对肿瘤组织的穿透能力较差，清除也较慢，因而在导向诊断和治疗等方面的应用受到一定限制。为了解决大分子抗体渗透性差的问题，人们也利用重组 DNA 技术设计和制备了嵌合 Fab 和嵌合 F（ab′）₂抗体。

（二）重构抗体

重构抗体（reshaped antibdy，RAb）亦叫"改型抗体"，因其主要涉及 CDR 的"移植"，又可称为"CDR 移植抗体（CDR grafting antibody）"。它是利用基因工程技术，将人抗体可变区（V）中互补性决定簇（complementarity determinative region，CDR）的氨基酸序列改换成鼠源单抗 CDR 序列，此种抗体既具有鼠单抗的特异性又保持了人抗体的功能（图 5-4）。Ig 分子中参与构成抗原结合部位的区域是 H 和 L 链 V 区中的互补性决定区（CDR 区），而不是整个可变区。H 和 L 链各有三个 CDR，其他部分称为框架区（FR 区）。如果用鼠源性单克隆抗体的 CDR 序列替换人 Ig 分子中的 CDR 序列，则可使人的 Ig 分子具有鼠源性单克隆抗体的抗原结合特异性。重构抗体分子中鼠源部分只占很小比例，其仅有 9% 的序列来源于亲本鼠单抗，与嵌合抗体比较具有更低的免疫原性。重构抗体属第二代人源化抗体。

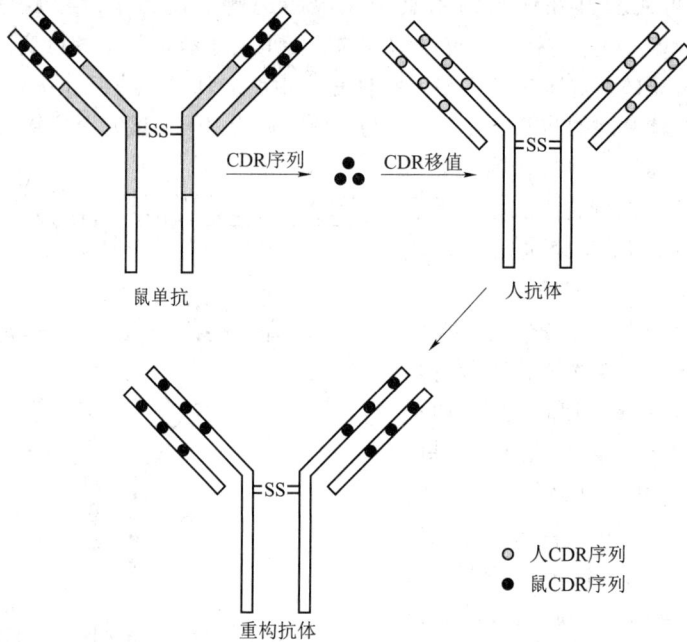

图 5-4　重构抗体的构建示意图

研究表明，框架区（FR 区）不仅提供了 CDR 的空间构象环境，有时还参加抗体结合位点正确构象的形成，甚至参加与抗原的结合，简单的 CDR 移植往往导致抗体亲和力的降低或丧失。因此，如何在 FR 中、FR 和 CDR 之间进行操作至关重要，目前主要有以下 4 种策略。

1. 模板替换　使用与鼠对应部分有较大同源性的人 FR 替换鼠 FR，使鼠 CDR 在替换后有类似的折叠环境，从而保持原来的构象。在选择人 FR 时可以对需要进行人源化的鼠单抗，用已有晶体结构数据的人源抗体 FR 作为替换的基本模板，借助序列比较与分子建模，从而确定在鼠 FR 中与 CDR 有密切作用的氨基酸残基，使其保留在替换的人源 FR 中；也可以通过对已有的抗体序列库进行筛选，得到与鼠单抗 FR 有最大同源的人源 FR 用于替换，此方法同样需要分子建模来提供与 CDR 移植相关的关键残基信息，此方法所需更改的氨基酸数目较少，能更好地保持 CDR 折叠所需空间环境。

2. 表面重塑　对鼠 CDR 及 FR 表面残基进行修饰或重塑，使之类似于人抗体 CDR 的轮廓或人 FR 的型式。1991 年 Padlan 经过研究发现尽管鼠和人的可变区来自不同种属，但暴露于表面的氨基酸残基的位置和数目却非常保守，它们是可变区免疫原性的主要来源，于是 Padlan 提出了利用表面重塑的方法来改造非人源抗体，此方法的原则是将鼠可变区中暴露在表面的骨架区残基替换为人源性残基。此方法可以不进行同源建模。

3. 补偿变换 在人 FR 中，通过对与 CDR 有相互作用、与抗体亲和力密切相关或与 FR 空间折叠起关键作用的残基的改变，来补偿完全的 CDR 移植。该方法需要以抗体晶体数据和三维结构为基础，精确评估 FR 残基对抗原结合、CDR 构象的稳定、FR 的折叠的重要程度。

4. 定位保留 在人源化单抗中，通过保留鼠源单抗中参与抗原结合的 CDR 和 FR 中的一些关键残基，其余残基进行人源化，从而保证人源化抗体的抗原结合能力和降低抗原性，但是所得到的人源化抗体序列与人抗体的保守序列在一些位置仍有差别，这些差别来源于在抗体亲和力成熟过程中产生的非典型残基。

二、小分子抗体

由于抗体分子与抗原结合的部位仅局限于其可变区，若利用基因工程技术则可构建分子质量较小的、能与抗原结合的分子片段，这些小分子片段称为小分子抗体。小分子抗体具有以下优点：①可进行原核表达；②易于穿过血管壁或者组织屏障；③无 Fc 段，减少 Fc 受体带来的影响；④易于进行基因工程改造。

（一）Fab 抗体

Fab 片段抗体由重链可变区（V_H 区）及第一恒定区（C_H1 区）与整个轻链以二硫键形式连接而成，主要发挥抗体的抗原结合功能。Fab 抗体只有完整 IgG 的相对分子质量（M_r）的 1/3。Fab 抗体易于穿透血管壁和组织屏障进入病灶，免疫原性强，避免了 Fc 段与 Fc 受体结合所带来的副作用，它可作为载体分子偶联多种活性蛋白如酶、毒素等用于肿瘤等疾病的导向性诊断和治疗。从而可改善其抗体的药代动力学特性，适合于临床的应用。

Fab 抗体是对 Fab 段进行改造而获得的基因工程抗体。即将抗体分子的重链 V 区和 C_H1 功能区的 cDNA 与轻链完整的 cDNA 连接在一起，克隆到适当的表达载体，Fab 片段抗体不需进行糖基化修饰，可在大肠埃希菌等宿主中表达。如果其中的恒定区 C_H1 与 L 链的 C 区是人源的，则成为重组 Fab 或嵌合 Fab 抗体（chimeric Fab, cFab）。由于其不含 Fc 段、分子质量小、结合力高、抗原性低，故在肿瘤治疗中有其优越性，目前已有多个 Fab 片段药物获得 FDA 批准上市，如阿昔单抗（abciximab，ReoPro），该产品以血小板糖蛋白 Ⅱb/Ⅲa 为靶点，用于防止血小板聚集及血栓形成，作为冠状动脉导管插术时预防心肌缺血的辅助用药，取得了巨大的成功；此外，还有兰尼单抗（lucentis）、赛妥珠单抗（cimzia）。

（二）scFv

scFv（single-chain Fv，单链抗体）是由 V_H 和 V_L 通过一条连接肽（linker）首尾连接在一起，通过正确的折叠，V_H 和 V_L 以非共价键形式结合形成具有抗原结合能力的 Fv，大小约为完整单抗的1/6。由于 scFv 的连接肽承担了维持 V_H 和 V_L 空间构象的功能，连接肽必须使重、轻链可变区自由折叠，从而使抗原结合位点处于适当的构型，不干扰 V_H 和 V_L 的立体折叠，并且不对抗原结合部位造成影响，保持亲本抗体的亲和力。在构建过程中，连接肽的长度是有限制的，为避免 Fv 的立体结构变形，连接肽长度应不短于 3.5nm（10 个氨基酸残基），连接肽也不宜过长，以免对抗原结合部位造成干扰，研究表明，一般连接肽的长度选择在 14~15 个氨基酸残基比较合理。目前应用最为广泛的连接肽是 4 个甘氨酸和一个丝氨酸重复 3 次，即（GGGGS）$_3$，其中甘氨酸是分子质量最小、侧链最短的氨基酸，可以增加侧链的柔性，丝氨酸是亲水性最强的氨基酸，可以增加连接肽的亲水性，因此，这条连接肽具有较好的稳定性和活力。此外，也可以设计不同长度和序列的连接肽，构建具有不同生物学功能的 scFv。

scFv 可以在多种表达系统进行表达，如原核、酵母、植物、昆虫、哺乳类动物细胞等，但是最常用的是大肠杆菌。常用的表达方式有：以包涵体或者非包涵体性不可溶蛋白形式表达，此方法表达量高，但需要进行变性-复性等，使其正确折叠；分泌表达，即将细菌前导序列与 scFv 的氨基端连接起来，使其分泌到周质腔，并在其中完成二硫键的形成和正确折叠，此方法可直接表达有活性的抗体分子，但产量低；另外随着抗体库技术的发展，也可采用噬菌体展示和核糖体展示技术进行表达。

通常 scFv 具有良好的结合活性，但有时比其亲本抗体亲和力低，且常显示聚集倾向，为改善这一缺点，有人在 V_H 和 V_L 间引入链间二硫键，构建了 ds-Fv（disulfide-stabilized Fv）。通常在远离 CDR 的结构保守骨架区设计二硫键，与相应 scFv 相比，前者稳定性有明显提升，但抗原结合活性则有所不同，即有增强，也有下降和不变的，但是由于稳定性的提高，其结合能力的下降往往能得到补偿。

由于 scFv 和 dsFv 具有分子小、穿透力强、廓清快、异源性低、易于大量生产等优点，故其在靶向载体，构建其他工程抗体（如多价小分子抗体）和细胞内抗体等方面具有乐观的应用前景。

三、双（多）价抗体及双特异性抗体

（一）双（多）价抗体

Fab 和 scFv 都是单价的，而天然抗体分子至少是双价的，抗体的多个抗原结合部位与同一表面的多个重复抗原表位结合可以获得更高的亲和力。近年来由于基因工程抗体技术的发展，将单价小分子抗体改建为双或多价抗体成为抗体工程中的一个重要领域。通常构建双或多价抗体的方式有：体外交联构建双价抗体；通过自聚化结构域构建双或多价抗体；双链（diabody）及三链抗体（triabody）。

1. 体外交联构建双价抗体　主要是在小分子抗体的羧基端设计半胱氨酸残基，通过形成二硫键或使用双顺丁烯二酰亚胺形成硫酯键使 Fab 或 scFv 交联成为双价抗体分子。此方法由于操作较烦琐，所以应用不多。

2. 自聚化结构域构建双或多价抗体　是将具有自聚化倾向的结构域连接在单价小分子抗体的 3′端，从而促使抗体分子片段多聚化。常用的自聚化结构包括亮氨酸拉链、α 螺旋束、免疫球蛋白功能区和链亲和素等，其中免疫球蛋白功能区是指在天然抗体分子中，两条重链的 C_H3 区相互作用形成紧密的球状结构，将 C_H3 连接于 scFv 的羧基端，表达的融合蛋白可在胞内自动二聚化成二聚体，称为 minibody，其分子质量在 80000Da 左右，在体内有较长的半衰期，在肿瘤治疗中有较好的前景。

3. 双链抗体及三链抗体　在大肠埃希菌表达 scFv 的时候，发现不同的 scFv 分子间 V_H 和 V_L 可以配对，形成双体。在此基础上，通过基因改造缩短 scFv 的连接肽，使得两个不同的 svFc 配对，以非共价键结合成二聚体，称为双链抗体。其后通过引入链间二硫键，以稳定双链抗体结构。在实验中发现，缩短接头不仅可以形成双链抗体，还可以形成三链甚至四链抗体分子。对同一单链抗体所构成的具有不同结合价的小分子的结合价数与功能、亲和力关系进行评估发现，四价、二价和单价分子的功能亲和力比值约为 140：20：1，又对分子质量大小与药物动力学关系的研究显示：双链抗体和 minibody 迄今显示了最好的肿瘤靶向、肿瘤组织穿透力和血液清除率，成为最具潜力的免疫治疗载体。

（二）双特异性抗体

双特异性抗体（bispecific antibody，BsAb）是由两个不同的抗原结合位点组成，即同一抗体的两个抗原结合部位分别针对两个不同的抗原，在结构上是双价的，但与抗原结合的功能是单价的，其中的一个抗原结合位点可与靶细胞表面抗原结合，另一个与效应物（如效应细胞、药物等）结合，从而将效应物直接导向靶细胞。它实际是一种杂交分子，两条 H 链之间与两条 L 链之间的结构不同，两条 Fab 片段也不同。如 Catumaxomab 能够同时靶向表皮细胞黏附因子（EPCAM）和 T 细胞上的 CD3 分子，前者是一个重要的肿瘤标志物，因此能将 T 细胞募集至肿瘤组织周围；2009 年，Catumaxomab 经欧盟委员会审批用于表皮细胞黏附因子阳性的恶性腹水、卵巢癌、胃癌的治疗。

制备双功能抗体的经典途径是化学交联法和杂交瘤细胞系融合法。化学方法构建是指使用化学交联剂将两个完整的免疫球蛋白或其抗原结合臂 F（ab′）$_2$ 片段连接起来得到双特异性抗体；由于该方法易产生同源性双抗，纯化步骤复杂，产物不稳定，且容易失活，因此目前很少再利用该技术制备双特异性抗体。杂交瘤细胞系融合法是以分泌特定单抗的杂交瘤细胞和免疫后的淋巴细胞作为亲本细胞进行融合，或者由分泌不同单抗的两种杂交瘤细胞进行融合，该方法可以获得具有完整抗体分子结构的双特异性抗体；但是由于两种重轻链在细胞内随机组合可产生 10 种不同分子数的不同的抗体分子，使得制备过程效率低、费用高。

近年来，随着分子生物学技术的飞速发展及其在免疫学上的应用，人们开始用基因重组的方式制备双特异性抗体。目前研究得较多的基因工程双特异性抗体是将同一抗体的 V_H 和 V_L 区分布在不同的肽链上，构成两种交联的 scFv，即 V_LA-Linker-V_HB 和 V_LB-Linker-V_HA。每条独立的 scFv 链均不具备结合抗原的活性，而它们从大肠杆菌共分泌后形成的异二聚体，则可同时识别并结合两种特异性抗原。目前，已构建了多种类型的表达载体，使双功能基因工程抗体可以在原核细胞、真核细胞等多种表达系统中表达，其表达量、蛋白折叠及糖基化各具特点，显示出广泛的临床应用前景。

四、抗体融合蛋白

抗体融合蛋白（antibody fusion protein）是指将抗体分子片段与功能性的蛋白融合，从而获得具有多种生物学功能的融合蛋白。根据所利用的抗体分子片段不同，可将抗体融合蛋白分为两大类：一类是将抗体 Fv 段与其他生物活性蛋白融合，利用 Fv 段的特异性识别功能将功能性蛋白靶向到特定部位，主要包括免疫靶向、免疫桥连和嵌合受体；另一类是含 Fc 段的抗体融合蛋白。

（一）Fv 抗体融合蛋白

1. 免疫靶向是将毒素、酶、细胞因子等生物活性物质与抗体融合，从而将这些生物活性物质靶向到特定的部位，有利于其生物学功能的发挥，并且减低其毒副作用，其最主要的应用领域是恶性肿瘤的靶向治疗。

（1）免疫毒素　将针对肿瘤细胞特异表达的膜分子的抗体与毒性蛋白融合称为免疫毒素，常用的有细菌来源的毒素，如铜绿假单胞菌外毒素、白喉毒素和植物来源的毒素，如蓖麻毒素、皂草素等。

（2）免疫细胞因子　许多淋巴因子能够激活免疫系统，诱发抗肿瘤免疫反应活性，但是全身应用时毒副作用明显，从而限制了其临床应用。将抗体片段与细胞因子融合，可将这些细胞因子靶向到肿瘤部位而发挥抗肿瘤作用，同时减少全身毒副作用，这类融合蛋白称为免疫细胞因子，目前与抗体融合的细胞因子有 IL-2、IL-12、TNF 及 GM-CSF 等。

（3）与蛋白酶融合抗体　与酶的融合蛋白可用于抗体导向的酶-前药治疗（antibody directed enzyme prodrug therapy，ADEPT），将酶与抗体融合后定位于肿瘤局部，再利用酶的活性，对给予的无细胞毒性的前药进行催化，转换成有细胞毒性的药物，从而达到杀伤肿瘤的目的。此方法由于选择性强、酶促反应的放大效应、所用药物多为小分子化合物等而具有极大的临床应用潜能。

（4）与超抗原连接　近来小分子抗体与超抗原的连接成为一个热点，如 T 细胞超抗原葡萄球菌肠毒素 A（staphylococcal enterotoxin A，SEA）等。目前有多个 Fab-SEA 融合蛋白正在进行临床试验，如针对大肠癌的 C215Fab-SEA、针对结肠癌的 C242 Fab-SEA 等。

2. 免疫桥连抗体分子与另一特异性靶向分子融合，构建可以同时结合效应细胞和靶细胞的融合蛋白，从而达到免疫治疗的目的。如将抗 CD3 的抗体与表皮生长因子（EGF）基因进行拼接形成融合蛋白，可将表达有 CD3 的 T 细胞与带有 EGF 受体的肿瘤细胞连接起来，介导 T 细胞杀伤效应。

3. 嵌合受体是指将抗体的抗原识别部分与特定细胞膜表面蛋白分子融合，形成的融合蛋白表达于细胞表面，该融合蛋白既可利用抗体部分结合抗原，接受刺激信号，又可以通过膜蛋白部分传导信号至细胞内，引起细胞活化，产生特定的生物学效应，如 T 细胞表面表达嵌合抗体（T-body）。免疫系统杀伤肿瘤的主要途径是细胞免疫，杀伤性 T 细胞可以穿透肿瘤组织，对肿瘤细胞进行杀伤，然而抗体却不易穿透瘤组织，从而无法有效地对肿瘤细胞进行杀伤。T-body 通过其表面的嵌合抗体与肿瘤细胞结合，从而激活 T 细胞杀伤肿瘤细胞或释放淋巴因子。

（二）Fc 抗体融合蛋白

利用 Fc 段所特有生物学功能与某些具有黏附或结合功能的蛋白融合，所获得的融合蛋白称为免疫黏附素（immunoadhesin）。Fc 段可以赋予免疫黏附素的功能包括：增加融合蛋白在血液中的半衰期，使蛋白类药物长效化；将 Fc 的生物学效应如 ADCC、激活补体及调理作用等靶向到特定的目标；用于融合蛋白的纯化和检测等。

五、纳米抗体

1993 年 Hamers 等发现在骆驼血液中，有一半抗体天然缺失轻链和重链恒定区 1（C_H1），克隆其可变区可以得到只由一个重链可变区组成的单域抗体-VHH（variable domain of heavy chain of heavy-chain antibody），由于其晶体结构呈椭圆形，直径为 2.5nm，长为 4nm，所以又称为纳米抗体（nanobody，Nb）。

（一）纳米抗体的结构和功能

纳米抗体的相对分子质量为 15kDa，为普通抗体的十几分之一，这使它比普通的抗体分子更容易接近靶目标表面的裂缝或者被隐藏的抗原表位，所以它可以识别很多普通抗体所不能识别的抗原。

研究发现 VHH 的 CDR1 和 CDR3 比人抗体 V_H 的长，在一定程度上弥补了由于轻链缺失而造成的对抗原亲和力的不足，而 CDR3 形成的凸形结构可以更好地和抗原表位的凹形结构相结合，从而提高了 Nb 抗原特异性与亲和力。由于 Nb 是单域抗体，没有普通抗体中的连接肽，并且其在内部形成二硫键，所以 Nb 分子结构比较稳定。在苛刻的条件中，如胃液和内脏中仍保持抗原结合活性，这为口服治疗胃肠道疾病提供了新思路。传统抗体的轻、重链相互作用区的大量疏水残基在 Nb 中被亲水残基所取代，所以 Nb 具有很好的水溶性，能有效地穿过血脑屏障，这有利于 Nb 进入致密组织发挥作用。Nb 没有传统抗体的 Fc 段，从而可以有效地避免 Fc 段引起的补体效应。研究发现 Nb 的 VHH 与人 V_H 基因高度同源，因此可对 VHH 进行简单的改造使其人源化。此外由于 Nb 的分子质量小、结构简单，所以很容易在微生物中大量表达，建立抗体库或者筛选。

（二）纳米抗体的种类和应用

纳米抗体结构简单、溶解性好、稳定性高且与抗原亲和力强，可以利用基因工程技术和抗体库技术对其进行改造，转变为具有多种形式与特殊功能的分子，用于疾病的诊断和治疗，如多价和多特异性纳米抗体、"融合"纳米抗体等。

1. 单价纳米抗体　通过从免疫或非免疫骆驼科动物体内分离出重链抗体，克隆其可变区用于构建单价 Nb 抗体库，再用相应抗原进行筛选，可以得到抗原特异性的 Nb。由于 Nb 能与细菌或病毒表面特异性抗原结合，从而中和或封闭这些抗原，起到一定治疗作用；此外由于 Nb 的分子质量和大小与毒液中的毒性化合物相似，因此预测它们有类似的生物分布特点，故能用于中和毒素。目前在研究抗 HIV 膜蛋白的 Nb，希望能对 HIV 起到中和作用。

2. 多价和多特异性纳米抗体　多价抗体可以识别多个同种抗原表位，比单价抗体具有更高的亲和力；而多特异性抗体可以同时识别不同抗原表位，比单价抗体具有更强的抗原识别能力，多价和多特异性抗体在免疫诊断和治疗中比较实用。与前面所述的 scFv 比较，纳米抗体具有严格的单域性质、高水溶性和稳定性，所以构建的多价和多功能抗体能在生物系统中高表达，且完全保留原有的功能，这为新型多价和多功能抗体的研究提供了思路。如 Harmsen 等构建的能结合猪 Ig 分子和手足口病毒的双特异性 Nb，在动物实验中能明显减轻动物的病毒血症。

3. "融合"纳米抗体　Nb 严格的单体特性及仅 15ku 的大小，使其成为利用基因工程构建融合分子的有效载体。将酶、抗菌肽、显影物质及延长其半衰期的物质与纳米抗体的基因融合可产生同时具有 Nb 特性和其他特定生物学活性的新融合蛋白。如通过基因重组将 VHH 和长效分子融合在一起，可以提高 Nb 在血液中的停留时间，弥补 Nb 半衰期短的缺陷；将 β-内酰胺酶和识别肿瘤标记物的 VHH 融合在一起，可制成抗体依赖的酶前体药物；将抗菌肽和特异性 Nb 结合，可杀死特异的细菌而不引起体内正常菌群的紊乱；用 Nb 的靶向性、特异性以及极强的穿透能力，通过改变造影剂外壳成分或外壳上连接抗组织特异性抗原的抗体或特异受体的配体，可构建针对特定组织的靶向超声造影剂，如连接有绿色荧光蛋白和 Nb 的复合物，通过靶向结合到活细胞，用于疾病的诊断。

基因工程抗体特别是小分子抗体独特的结构特征使其具有多样化的功能特点，也为利用各种来源的蛋白结构域开展重组生物疗法提供了更开阔的思路（表 5-1）。目前，基于小分子抗体的研究主要应用于肿瘤、免疫性疾病和感染性疾病等三大领域，尽管大多数尚处于临床开发的小分子抗体药物的安全性和有效性还有待确定，但随着工艺技术的进步以及目前靶向治疗的发展，小分子抗体的研究将在生物治疗和诊断领域具有广阔的应用前景。

表 5-1　基因工程抗体比较

基因工程抗体	结构特征	优点	缺点	现状
Fab	完整轻链和 C_H1-V_H 构成	结构稳定，制备简便，具有与完整抗体相同的抗原结合活性	表观亲和力较低	占据了临床研发基因工程小分子抗体的大多数，FDA 批准的单抗：阿昔单抗（abciximab. ReoPro）、兰尼单抗（lucentis）等
scFv	VH 和 VL 通过一条连接肽分子首尾连接，正确折叠构成	分子小，穿透力强，廓清快，异源性低，易于大量生产	有时比其亲本抗体亲和力低，且常显示聚集倾向	已有 19 种 scFv 进入临床研究，其中 3 种进入Ⅲ期临床试验
双（多）价和双特异性抗体	将 scFv、diabody 和 minibody 串联而成	具有两（多）个抗原结合部位，可与抗原发生多价、高亲和力结合，可引发受体交联等生物学效应	稳定性较差，生产工艺较复杂	—
抗体融合蛋白	抗体分子片段与功能性蛋白融合	具有免疫靶向，免疫桥连和免疫黏附等多种生物学功能	—	目前有 24 种候选物属抗体融合蛋白（44%），全部是抗肿瘤制剂，其中免疫毒素（immunotoxin）的研制是最活跃的领域之一
纳米抗体	存在于骆驼科动物血液中，只由一个重链可变区组成的单域抗体	有完整功能的最小的抗原结合片段；具有高度水溶性和构象稳定性；能识别独特的抗原表位；能有效地穿过血脑屏障	—	主要研究集中在对纳米抗体进行改造，转变为具有多种形式与特殊功能的分子，用于疾病的诊断和治疗

第四节　抗体库技术

　　抗体基因结构及功能的研究结果与重组 DNA 技术的结合，产生了基因工程抗体技术。早期用于构建基因工程抗体的抗体基因来源于杂交瘤细胞。由于获得杂交瘤细胞必须经过动物免疫、细胞融合和克隆筛选这样一个长期复杂的过程，而且利用杂交瘤技术很难制备人源抗体和自身抗原或免疫原性抗原抗体，因此限制了基因工程抗体技术的推广和应用。20 世纪 90 年代，组合化学技术与基因工程技术相结合产生了抗体库技术，从此抗体工程技术进入一个新的发展阶段。

　　所谓抗体库技术（antibody library），就是利用基因克隆技术克隆全套抗体可变区基因，然后重组到特定的表达载体，再转化宿主菌（细胞）以表达有功能的抗体分子片段，并通过亲和筛选获得特异性抗体可变区的技术。利用抗体库技术筛选到的抗体基因用于构建和表达基因工程抗体。目前抗体库筛选技术包括噬菌体展示技术和核糖体展示技术等。其中特别是噬菌体随机表面表达文库技术的建立和发展促使了噬菌体抗体库技术的产生。1991 年 Barbas 等报道噬菌体抗体库技术，这一技术使抗体的表达、扩增和筛选更为有效。

一、噬菌体抗体库技术

噬菌体抗体库技术（phage display antibody library techniques）实际是丝状噬菌体展示技术（phage display technology）与抗体组合文库技术（combinatorial immunoglobulin library technology）相结合而产生，该技术的出现开创了一条简便快捷的基因工程抗体生产路线，为人源抗体的制备提供了新途径，可视为抗体工程史的里程碑。噬菌体抗体库技术基于三项实验技术的发展：①PCR 技术，可用一组免疫球蛋白可变区中骨架部分（FR）的保守区作引物，经反转录 PCR（RT-PCR）直接从 B 淋巴细胞总 RNA 克隆出全套免疫球蛋白可变区基因，从而使抗体库的构建简单易行；②噬菌体表面展示技术的建立，将抗体通过与噬菌体外壳蛋白融合表达在噬菌体的表面，进而经亲和富集法筛选表达有特异活性的抗体，该技术的核心是实现了基因型和表型的统一，提供了高效率的筛选系统；③成功地采用大肠杆菌分泌表达具有生物活性的免疫球蛋白分子片段。

（一）噬菌体抗体库技术的基本原理

噬菌体抗体库技术的基本原理是以噬菌体为载体，将抗体基因与噬菌体编码外壳蛋白 Ⅲ（cp Ⅲ）或 Ⅷ（cp Ⅷ）的基因相连，在噬菌体表面以抗体-外壳蛋白融合蛋白的形式表达；经辅助病毒感染宿主菌后，借助 cp Ⅲ 的信号肽穿膜作用，进入宿主外周基质，在正确折叠后被包装于噬菌体尾部，随后携带表达载体的宿主菌会释放表面带有抗体片段的噬菌体颗粒。此抗体可以特异性识别抗原，又能够感染宿主菌进行再扩增。采用 PCR 技术将 B 细胞全套可变区基因克隆出来，通过上述噬菌体表面展示技术组装成噬菌体抗体的群体，则成为噬菌体抗体库（图 5-5）。

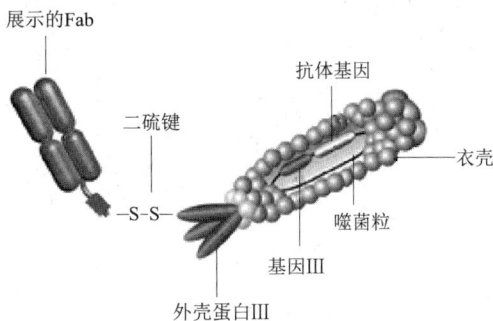

图 5-5　噬菌体抗体库的基本原理

噬菌体展示技术将表型（与抗原特异结合）和基因型（含有抗体基因片段）统一，使识别抗原的能力与进行再扩增的能力结合在一起，可以模拟生物体内 B 细胞的有关特性——识别与扩增的统一，因而是一种极为高效的表达、筛选抗体的体系。而且，该技术可绕过免疫而直接制备全人源性抗体，使单克隆抗体的制备变得简单易行，稳定有效。并解决了人杂交瘤系统低效性的难题，避免鼠源性抗体在人体应用时诱发的 HAMA 等不良反应。因此，噬菌体抗体库技术的出现及噬菌体抗体的研制成功已成为生命科学研究的突破性进展之一。

将外源蛋白分子或多肽的基因克隆到丝状噬菌体的基因组中，与噬菌体外膜蛋白融合表达，展示在噬菌体颗粒的表面，通过表型筛选即可获得其编码基因。在基因 Ⅲ 和基因 Ⅷ 的末端插入外源蛋白编码基因，表达的融合蛋白可呈现在噬菌体表面，不影响噬菌体的功能，因而 gp3 和 gp8 被应用于噬菌体展示。基因 Ⅷ 蛋白在噬菌体颗粒外壳上有 2700 个拷贝，N 端 1~5 个氨基酸暴露于噬菌体的表面，可插入外源基因，但外源肽段多于 10 肽时会影响 gp8 的功能。基因 Ⅲ 蛋白在噬菌体外壳上有 3~5 个拷贝，将外源基因紧靠基因 Ⅲ 上游，在噬菌体表面表达融合蛋白，不影响噬菌体的功能。

　　噬菌体表面展示技术是在对丝状噬菌体（filamentous phage）的生物学进行研究的基础上建立起来的。丝状噬菌体包括 M13、f1、fd 等突变体，是一种长丝状病毒颗粒，直径为 6.5nm。其基因组是一个单链环状 DNA，编码 10 种蛋白质，其中 gp3、gp6、gp7、gp8 和 gp9 五种蛋白质组成外壳蛋白，gp8 由基因Ⅷ编码，是噬菌体颗粒的主要结构蛋白，由大约 700 个亚单位围绕病毒基因组成管状蛋白外壳，其余 4 种外壳蛋白分别由基因Ⅲ、Ⅵ、Ⅶ、Ⅸ编码，各有 5 个拷贝，均参与噬菌体的组装。在噬菌体的一端还有数个拷贝的次要衣壳蛋白（gp3）。

（二）噬菌体抗体库的构建与筛选

　　噬菌体抗体库技术出现已近 20 多年，已有很大的发展，但构建及筛选的基本路线变化不大，主要过程包括：克隆出抗体全套可变区基因，与有关载体连接，导入受体菌系统，利用受体菌蛋白合成分泌等条件，将这些基因表达在噬菌体的表面，进行筛选与扩增，建立抗体库（图 5-6）。

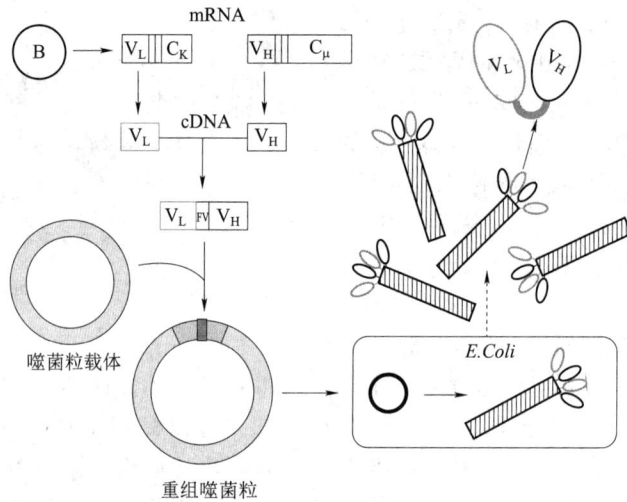

图 5-6　噬菌体抗体技术过程示意图

　　1. 抗体基因片段的扩增　一般先提取 B 细胞的 mRNA，经 RT-PCR 合成 cDNA，然后以 cDNA 为模板扩增抗体基因，如重链和轻链可变区基因。利用 PCR 技术扩增抗体 V_H 和 V_L 基因，所获得的产物需要满足两个条件：首先得到的产物必须是正确的目的基因，即具有可靠性；其次，要获得尽可能多种类的目的基因，即具有多样性。因此细胞的选择和引物的合理设计十分重要。

　　抗体 mRNA 来源的细胞有三种：①杂交瘤细胞的抗体基因已经过抗原的刺激并在体内选出，抗体 mRNA 已经剪切并富集，所以以它建库筛选出的抗体亲和力高、阳性率高，重、轻链属自然配对，但相应的库容量也小。②免疫的脾淋巴细胞或骨髓中的浆细胞构建的噬菌体抗体库特点与杂交瘤细胞的相似，但它的重、轻链属混配。③未经免疫的 B 淋巴细胞，理论上应该含有全套"自然基因库",库容量大,扩大了特异性抗体的筛选范围。但它筛选出的抗体亲和力低,有交叉反应,具有典型的初次免疫应答的特点。

由于抗体基因编码 FR 区的部分比编码 CDR 区的部分要保守,因此可以将引物设计为 FR 区的互补序列。抗体基因扩增的 5′端引物的设计通常根据成熟抗体 V 区外显子的框架 1 区(FR1)或前导区的保守序列,3′端主要依据抗体铰链区(J 区)的保守序列。依据各种抗体基因家族序列而设计一组引物,分别将抗体 cDNA 扩增后,再将扩增产物予以混合。为了便于基因克隆,在引物外侧加上合适的酶切位点,这些酶切位点要求几乎不在抗体可变区基因内出现。

2. 噬菌体抗体表达载体的构建 噬菌体抗体库技术一般采用的表达载体主要分为两类:一类是在噬菌体载体的基础上改造而成的新载体,另一类为噬菌粒载体。近年来多数学者以丝状噬菌体的复制起始点序列为基础,组建成噬菌粒(phagemid),以此作为表达载体,由于噬菌粒载体中不存在组装噬菌体颗粒的遗传信息,必须借助辅助噬菌体(helper phage)超感染,才能组装成完整的噬菌体颗粒,得到野生型与融合蛋白混合表达型的噬菌体。这些载体都具备表达载体所必需的元件,包括 LacZ 启动子、核糖体结合位点、PelB 前导序列、供外源基因插入的多克隆位点,以及丝状噬菌体 M13 的外壳蛋白基因等。pComb3 和 pCANTAB5e 是建库的常用载体。使用这些载体构建抗体基因库时,将获得的全套抗体重链基因与轻链基因以适当的内切酶消化后,克隆到载体中的相应酶切位点。一般而言,克隆入载体中的重、轻链基因间的配对存在很大的随机性,因而增加了抗体库的多样性,构建成噬菌体抗体的表达载体。

在构建表达载体时,如果将抗体基因插入次要外壳蛋白 gp3 编码基因,与辅助噬菌体超感染后,得到野生型与融合蛋白混合表达的噬菌体,其颗粒表面一般带有 2~3 个分子的野生型 gp3 和一个 gp3-外源蛋白(肽)融合蛋白。由于一个噬菌体上只带有 1 分子的外源蛋白表达产物,利用这个系统筛选出来的蛋白质具有较高的亲和力。而主要外壳蛋白 gp8 在每个噬菌体颗粒上大约有 2700 拷贝。利用 gp8 融合蛋白也可以表达外源基因,在组装出来的噬菌体颗粒上带有数以千计的融合蛋白分子。利用这一系统一般只能筛选低亲和力的蛋白质。

3. 抗体基因的表达 免疫球蛋白分子在体内有膜型和可溶性两种表达方式。噬菌体抗体的抗体分子以融合蛋白形式表达在噬菌体颗粒外膜上,相当于体内 B 细胞的膜型表达,这使我们可在体外模拟体内的抗原对特异性抗体的克隆选择过程。除呈现在噬菌体表面外,抗体片段还可以以可溶性的形式进行表达,采用的方法是在抗体基因和外壳蛋白基因相接处设计了一个琥珀(amber)密码子(TAG)。在含有琥珀抑制子(amber suppressor)的宿主菌中,抗体基因和外壳蛋白基因成为一个开放阅读框架,TAG 可翻译为某种氨基酸而不起终止密码子的作用,抗体融合基因表达为抗体-外壳蛋白融合分子;在无琥珀抑制子的宿主菌中,TAG则成为终止密码子,抗体分子不与外壳蛋白融合表达,便产生可溶性蛋白质分子。

4. 特异性抗体片段的筛选 噬菌体抗体库技术模拟了机体免疫系统的选择作用,在体外建库不仅能筛选出,而且能获得大量的各种特异性的抗体分子。由于抗体分子在融合到噬菌体外壳蛋白 C 端进行表达的过程中,可以自发地折叠成天然状态而呈现其生物学活性,所以,它可被相应的抗原分子识别,从而很容易地筛选出特异的抗体克隆。目前,从噬菌体抗体库中筛选出特异抗体的经典方法是固相纯化抗原法。其基本操作为:①将靶抗原包被在固相介质上;②加入待筛选的噬菌体,靶抗原吸附噬菌体抗体;③反复洗涤去除非亲和性或低亲和性的噬菌体;④洗脱并收集与抗原特异性结合的噬菌体;⑤再次感染大肠杆菌,使特异性的噬菌体扩增富集（图 5-7）。经过 4 轮"吸附、洗脱、扩增"的淘选，可使特异性噬菌体抗体的富集率达 10^8 以上，筛选出占库容量仅为 $1/10^8$ 的噬菌体，噬菌体抗体库技术借助这种高效的筛选系统，能够方便的对库容量在 10^8 以上的抗体进行筛选。

其他的筛选方法还有：①液相抗原的筛选，可溶性抗原先与噬菌体抗体结合，然后结合于包被抗体的支持相，此方法可较好地保持抗原的天然构象。②完整细胞的筛选，直接用表达目的抗原的细胞吸附噬菌体抗体。此法适用于细胞表面抗原特异性抗体的筛选，但有的学者认为该方法对筛选的结果具有不可预测性。③组织筛选，用于一些难以获得单个细胞的组织进行特异性抗体的筛选。

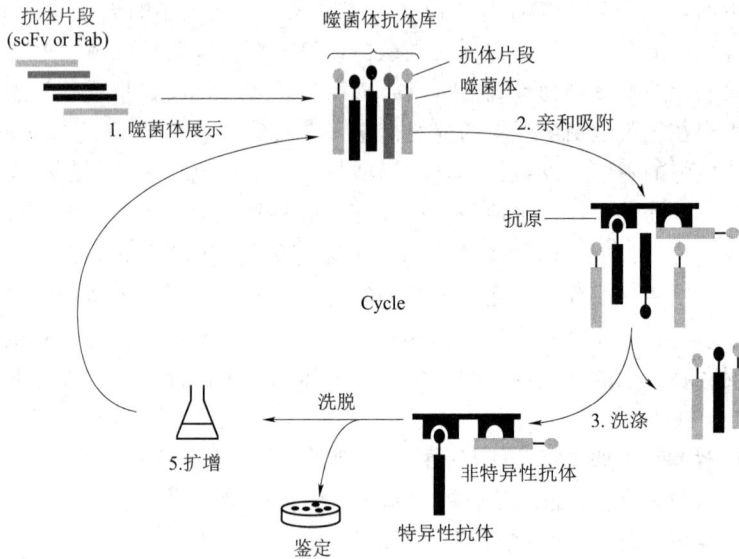

图 5-7　噬菌体抗体库"吸附-洗脱-扩增"富集性筛选流程

（三）噬菌体抗体库技术的优点

噬菌体抗体库技术的发展和应用，为抗体技术领域带来巨大的变化，尤其是在生物学、医学等领域均取得长足的进展，极大地推动了各种性能优良抗体及多功能抗体融合蛋白的开发和应用。

1. 噬菌体抗体库技术　已具备相当量的库容噬菌体抗体库中，一方面，免疫球蛋白的重链和轻链基因是以人外周血淋巴细胞、骨髓细胞或脾细胞中免疫球蛋白 cDNA 为模板进行扩增，它含有人抗体各种基因信息的全部 mRNA，为全套抗体基因的获得提供了良好材料。另一方面，在构建噬菌体抗体库时，抗体重链基因和轻链基因在体外的重组，造成重、轻链间的配对具有很大的随机性，相同的轻链能与不同的重链或相同的重链能与不同的轻链组合在一起，这种随机的组合方式进一步丰富了抗体对抗原识别的多样性，模拟了体内抗体亲和力成熟的过程。

2. 噬菌体抗体库技术无需免疫动物，可模拟天然抗体库　由于淋巴细胞中全部抗体可变区基因均得到克隆和展示，理论上说任意抗原都能作为选择分子从噬菌体抗体库中淘选到其特异结合的抗体，这对于制备危险免疫原的抗体和人源抗体尤为重要。

3. 适于大规模工业化生产　噬菌体抗体库中的 DNA 操作是在细菌中进行，比杂交瘤技术简单快速，制备单抗从取脾细胞到稳定的克隆株至少需要数月，而噬菌体抗体库技术最短只需几周的时间。由于噬菌体抗体库技术不需免疫动物，不需细胞培养和融合，因而周期大大缩短。而且噬菌体易扩增，可大量制备蛋白和多肽，所得抗体比杂交瘤技术所得抗体稳定，在大规模的工业化生产中显示出第一、二代抗体无法比拟的优势。

4. 抗体表型和基因型一致 单链抗体表型（抗原结合特异性）和基因型（含有 Fab 基因或 scFv 基因）一致，使识别抗原的能力和进行扩增的能力结合在一起。通过测定插入噬菌体的 DNA 序列，可明确所表达的抗体的氨基酸序列。

实例分析

实例：从大型人源噬菌体抗体库中筛选能与 bFGF 特异性结合的人源性单链抗体（scFv）

分析：中和碱性成纤维细胞生长因子（bFGF）的生物学活性被认为是一种治疗肿瘤的有效手段，已有多株 bFGF 单抗在小鼠体内被证实具有抗肿瘤作用。可通过以下步骤筛选人源性 scFv：

1. 大容量噬菌体抗体库的构建：收集人外周血并分离淋巴细胞，提取总 RNA，经 RT-PCR 合成 cDNA，然后用根据全部胚系可变区基因设计的多组引物，PCR 分别扩增轻、重链可变区基因 V_L 和 V_H。再将获得的 V_L 和 V_H 以外延引物进行 2 次 PCR，加入适当的酶切位点，然后进行重叠 PCR，将 V_L 和 V_H 基因拼接成 scFv 基因，纯化回收后经酶切克隆入载体，并电穿孔转化大肠杆菌 XLI—Blue，获得初级噬菌体抗体库。

2. 噬菌体抗体库的筛选：bFGF 用碳酸盐缓冲液稀释，包被免疫管，40℃过夜，加入初级噬菌体抗体库，经吸附、洗涤后，回收噬菌体抗体，常规 PEG 沉淀，所得次级噬菌体抗体库可进行下一轮的筛选。

3. 噬菌体抗体的制备及特异性检测：从筛选第 4 轮的培养盘随机挑取集落在含有 Amp 的 2YT 培养液中过夜，第二天取一定量菌液到 SB 中，37℃培养至对数生长期，加入辅助病毒 VCSM13，30℃培养过夜，收取上清进行 ELISA 检测。

4. 抗体可变区基因的 DNA 指纹分析：将筛选到的阳性克隆提取质粒，经双酶切鉴定，以正确的抗体 DNA 质粒为模板，PCR 扩增 scFv 基因，扩增产物经 CL-6B 凝胶离心纯化，以内切酶消化后，进行聚丙烯酰胺凝胶电泳，根据电泳情况分析基因的多样性。

5. 单链抗体的原核表达：将测序正确的阳性克隆，通过引物扩增后，连接到原核表达载体 PComb3X 中，转化大肠杆菌 HB2151，加入 IPTG 诱导表达之后将菌体离心，弃去上清，PBS 重悬菌体，超声破碎。12000r/min 离心之后去上清进行 ELISA、SDS-PAGE 和 Western blot 鉴定。

二、核糖体展示技术

噬菌体抗体库技术的创立给抗体工程领域带来革命性的改变，基因型和表型的直接联系与筛选的有机结合为在体外获得新型和高亲和力抗体提供了一条全新的技术路线，但是该技术也存在一定的缺陷，由于受表达系统的限制，抗体库的库容不足以支持获得稀有的抗体，而且对噬菌体或表达宿主的生长或功能产生抑制作用的抗体也难以获得。近几年在噬菌体抗体库基础上，又发展了核糖体展示抗体库技术。

核糖体展示（ribosome display）技术是 Pluncktun 等在早期多肽多聚核糖体展示（poly-ribosome display）技术的基础上建立的一种完全离体进行的功能蛋白筛选和鉴定新技术，是一种完全在体外筛选和呈现功能蛋白的方法。它将正确折叠的蛋白质及其 mRNA 同时结合在核糖体上，形成靶蛋白-核糖体-mRNA 三元复合物，将基因型与表型直接偶联，并利用 mRNA 的可复制性，使靶基因（蛋白）得到有效富集的一项技术。

核糖体展示技术的主要流程包括：模板的构建、体外转录和翻译以及亲和筛选与筛选效率的确定（图 5-8）。

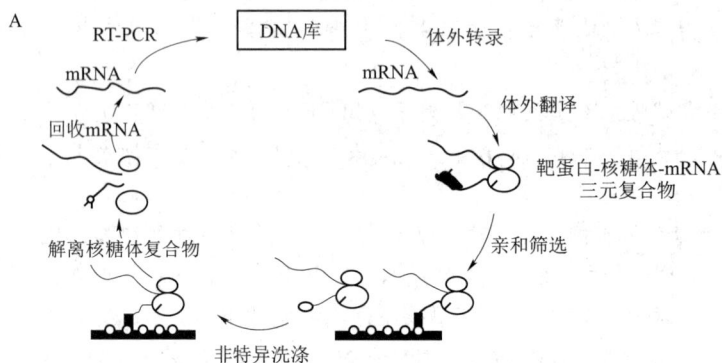

图 5-8　核糖体抗体库技术流程示意图

核糖体展示技术完全在体外进行，具有建库简单、库容量大、筛选方法简单、无需选择压力且不受转化效率限制等优点，还可以通过引入突变和重组技术来提高靶蛋白的亲和力，因此它是构建大型文库和获取分子的有力工具。在 mRNA 展示中产生的抗体片段文库与人的天然免疫系统及构建的基因工程抗体文库相比发生显著的进化，亲和力得到提高。目前，核糖体展示技术已广泛应用于筛选、进化具有较高亲和力的 scFv，核糖体展示抗体库技术代表抗体工程的未来发展趋势。

本 章 小 结

本章主要包括单克隆抗体及其制备、各种基因工程抗体及制备、抗体库技术等。

重点：利用杂交瘤技术制备单克隆抗体的基本原理和制备过程、杂交瘤的筛选；基因工程抗体包括大分子抗体（嵌合抗体和重构抗体）、小分子抗体（Fab 抗体和 scFv）、双（多）价抗体和双特异性抗体、纳米抗体等；抗体库技术包括噬菌体抗体库技术和核糖体展示技术等。

难点：噬菌体抗体库的构建与筛选。

思考题

1. 试述利用杂交瘤技术制备单克隆抗体的基本原理，以及单克隆抗体的制备过程。

2. 在利用杂交瘤技术生产单克隆过程中为什么要进行克隆化？常用的克隆化方法有哪些？

3. 单克隆抗体在使用中存在哪些问题？可采取何方法解决？

4. 什么是嵌合抗体和重构抗体？试述其构建策略。

5. 什么是 Fab 抗体和 scFv 抗体？

6. 试述双特异性抗体的概念和制备方法。

7. 何谓免疫融合蛋白？从功能上看其分为哪些类型？

8. 试述纳米抗体的结构和功能。

9. 试述噬菌体抗体库的基本原理及优势。如何构建噬菌体抗体库？

10. 试述核糖体展示技术的主要流程，与噬菌体抗体库比较有哪些优势？

（叶　丽）

下 篇

生物技术药物

第六章 疫 苗

学习导引

1. **掌握** 疫苗概念、疫苗的种类及其优缺点；佐剂的概念及种类。
2. **熟悉** 疫苗的原理、主要人用疫苗的性状与用途。
3. **了解** 疫苗发展的历程，疫苗产业的特点与发展趋势。

第一节 概 述

一、疫苗的概念

疫苗（vaccine）是利用病原微生物（如细菌、病毒等）的全部、部分（如多糖、蛋白）或其代谢物（如毒素），经过人工减毒、灭活或利用基因工程等方法制成的用于预防传染病的免疫制剂。疫苗在生产过程中，剔除病原微生物中能够致病的物质，保留病原微生物可以刺激人体产生免疫应答的特性。疫苗接种后会刺激人体产生免疫应答，继而产生抵御外界有害微生物侵袭的能力，对于预防控制感染性疾病，保护人类健康，具有十分重要的社会效益与经济价值。虽然在人类历史长河中，通过接种疫苗来抵抗疾病的历时并不长，仅仅从 20 世纪开始，大规模的疫苗接种才推广开来，但在世界范围内已有效控制了许多重要的传染病，如天花、白喉、黄热病、破伤风、脊髓灰质炎、麻疹、流行性腮腺炎、狂犬病及伤寒等。不过，现代疫苗已经超越了预防传染病的传统含义，治疗性疫苗与非感染性疾病疫苗正在广泛研究之中。

近 30 年来，随着生命科学的飞速发展，疫苗研制理论和技术工艺都得到了极大提高。基于微生物学、流行病学、免疫学、生物化学与分子生物学、遗传学等学科的理论基础，结合基因工程、细胞工程、发酵工程、蛋白质工程等现代生物工程技术，一门新兴的学科——"疫苗学"（vaccinology）逐渐发展起来。疫苗学即是一门关于疫苗理论、疫苗技术、疫苗研制流程、疫苗应用、疫苗市场及疫苗管理与法规的学科。

二、疫苗的组成与作用原理

1. 疫苗组成 疫苗主要是由具有免疫保护性的抗原（antigen，Ag）如蛋白质、多肽、多糖或核酸等与免疫佐剂（immunological adjuvant）混合制备而成，此外，还包含防腐剂、稳定剂、灭活剂及其他成分。

抗原（antigen）是指能刺激机体产生免疫反应的物质，是疫苗最主要的有效活性组分，是决定疫苗的特异免疫原性物质。通常情况下，抗原具有免疫原性（immunogenicity）和免疫反应性（immuno-reactivity）。免疫原性是指抗原能刺激机体特异性免疫细胞，使其活化、增殖、分化，最终产生免疫效应物质（抗体和致敏淋巴细胞）的特性。免疫反应性是指抗原与相应的免疫效应物质（抗体和致敏淋巴细胞）在体内或体外相遇时，可发生特异性结合而产生免疫反应的特性。佐剂是指能非特异性地增强机体免疫应答或改变免疫应答类型的物质，可先于抗原或与抗原一起注入机体，本身不具有抗原性。

2. 疫苗的作用原理 当机体通过注射或口服等途径接种疫苗后，疫苗中的抗原分子就会发挥免疫原性作用，刺激机体免疫系统产生高效价特异性的免疫保护物质，如特异性抗体、免疫细胞及细胞因子等，当机体再次接触到相同病原菌抗原时，机体的免疫系统便会依循其免疫记忆，迅速制造出更多的保护物质来阻断病原菌的入侵，从而使机体获得针对病原体特异性的免疫力，使其免受侵害而得到保护。

三、疫苗技术的发展简史与现状

（一）疫苗的发现

目前已知最早使用的疫苗接种可溯源至人痘接种术，该技术起源古代中国。中国早在宋真宗时期（998~1023年），已有关于人痘法预防天花的记载，医者从症状轻微的天花患者身上进行人工接种到健康儿童，使其通过产生轻微症状的感染获得免疫力，避免天花引起严重疾病甚至死亡。人痘法经过几百年的民间改良，至明朝隆庆年间（1567~1572年）趋于完善。

尽管人痘法存在有时也会引起严重天花的不足，但这项技术仍沿丝路传播开来。1721年，人痘接种法传入英国。英国医生琴纳（Jenner）注意到感染过牛痘（牛群发生的类似人天花的轻微疾病）的人不会再感染天花。经过多次实验，琴纳于1796年从一挤奶女工感染的痘疱中，取出疱浆，接种于8岁男孩的手臂上，然后让其接种天花脓疱液，结果该男孩并未染上天花，证明其对天花确实具有了免疫力。1798年，医学界正式承认"疫苗接种确实是一种行之有效的免疫方法"。1978年，世界卫生组织宣布全球通过疫苗接种消灭了天花（图6-1）。

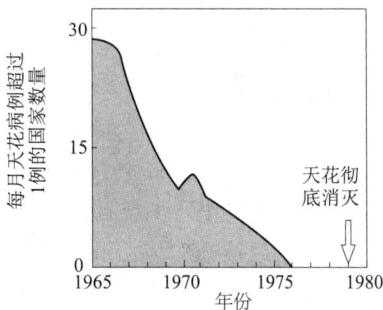

图6-1 全球天花预防进程

（二）减毒活疫苗技术的出现

琴纳的创造性发明牛痘，为人类预防和消灭天花做出了卓越贡献，但他当时并不清楚为什么牛痘能够预防天花。1870年，法国科学家巴斯德（Pasteur）在对鸡霍乱病的研究中发现，鸡霍乱弧菌经过连续培养几代，毒力可以降到很低。给鸡接种这种减毒细菌后，可使鸡获得对霍乱的免疫力，从而发明了第一个细菌减毒活疫苗——鸡霍乱疫苗，此后又陆续发现了减毒炭疽疫苗和减毒狂犬病毒疫苗。巴斯德将此归纳为对动物接种什么细菌疫苗就可以使其不受该病菌感染的免疫接种原理，从而奠定了疫苗的理论基础。因此，人们把巴斯德称为疫苗之父。

巴斯德作为微生物学奠基人之一，对人类的伟大贡献不仅在于他证明了微生物的存在，而且他史无前例地运用物理、化学和微生物传代等方法有目的地处理病原微生物，使其失去毒力或减低毒力，并以此作为疫苗给人接种而达到预防一批烈性传染病的目的。卡介苗就是成功用于人体的细菌减毒活疫苗的成功例子。Calmette 和 Guerin 将一株从母牛分离到的牛型结核杆菌在含有胆汁的培养基上连续培养 230 代，经过 13 年后获得了减毒的卡介苗（BCG），这种菌苗首先使敏感动物豚鼠不再感染结核杆菌。卡介苗于 1921 年首次给一名新生儿经口服途径进行免疫，婴儿服用疫苗后无任何副反应。这名婴儿在其母亲死于肺结核病后虽与患有结核病的外祖母一起生活，与结核杆菌有密切接触，但是在他的一生中却没有患结核病。由于卡介苗既安全又有效，到了 20 世纪 20 年代末，在法国已有 5 万婴儿服用了卡介苗。此后，卡介苗的使用由口服改成皮内注射，从 1928 年开始，卡介苗在全世界广泛使用，至今已在 182 个国家和地区对 40 多亿的儿童接种了卡介苗。

19 世纪末至 20 世纪初以研制的卡介苗、炭疽疫苗、狂犬疫苗为标志的第一次疫苗技术的发展，拯救了人类无数的生命，大量的烈性传染病得到了有效控制，人类的平均寿命得到了延长。这是科学家们对人类的伟大贡献，是疫苗立下的丰功伟绩。

（三）基因重组疫苗技术的发展

第一代疫苗技术基本上是在全菌和细胞水平上研究和开发的结果，存在抗原复杂、效果不佳及安全性较差等不足。从 20 世纪 70 年代中期开始，分子生物学技术迅速发展，使从事疫苗研究的科学家得以在分子水平上对微生物的基因进行克隆和表达。与此同时，化学、生物化学、遗传学和免疫学的发展在很大程度上为新疫苗的研制和旧疫苗的改进提供了新技术和新方法。基因克隆和表达技术解决了以往用传统方法制备抗原存在的两大困难。第一，用传统方法很难获得大量高纯度的抗原供研究和生产。然而基因重组技术可以精确提供足量的目标抗原材料，而且可以对大量的候选疫苗进行反复的筛选。第二，基因重组技术使得对病原微生物的操作变得更加安全。因为研究的对象是基因和它们的蛋白质产物，而不是能引起传染病的致病微生物。

最初的乙肝疫苗是从乙肝表面抗原阳性的携带者血浆中提取的（血源乙肝疫苗），这对接种乙肝疫苗的健康人群来说，其危险性是显而易见的。1986 年应用基因工程技术将乙肝表面抗原的基因克隆到酵母菌或真核细胞中，其表达的抗原分子具有和血源苗一样的结构和免疫原性，以该重组抗原作为乙肝疫苗用于临床，成为最具典型意义的第二次疫苗革命的代表。用基因重组制备乙肝疫苗，不仅安全、效果好，而且生产简单、快速、成本低，可以源源不断地供应于临床，不必像乙肝血源疫苗那样担心阳性血浆的安全和供应问题。

基因重组技术可以在基因水平上对细菌毒素进行脱毒。例如，在体外采用基因突变技术可以使白喉毒素蛋白中的一个氨基酸发生改变，结果既保留了毒素的免疫原性又使其失去了毒性。此外，基因重组技术和传统的遗传技术相结合可以构建无毒或减毒活疫苗。例如，将霍乱弧菌的毒素 A 基因、志贺样毒素基因和溶血素 A 基因都去掉，就可以获得安全有效的霍乱活疫苗。又如对伤寒杆菌的 galE 基因或 aro 基因在体外进行特异部位的突变，使得细菌能保留其侵入细胞和刺激免疫系统的能力，却不能引起疾病。

基因重组技术在疫苗上的另外一种应用是构建活载体疫苗，其方法是将目的基因定向克隆到已经在临床常规使用的活疫苗中去，也就是将这种安全的细菌或病毒活疫苗作为载体来表达目的基因，从而达到针对某种传染病的免疫保护作用。常用的载体有卡介苗、腺病毒和痘苗病毒等。

（四）新型疫苗理论与技术的突破与现状

随着疫苗种类的逐渐增多，许多疾病得以很好地控制。但疫苗的免疫原性不强、对于同一菌种的不同血清型无交叉保护作用等缺点抑制了疫苗在疾病预防、治疗上的应用。疫苗研究者通过各种途径研究如何增强或改进疫苗的免疫效果，提高疫苗的安全性，降低其不良反应。近些年来，随着基因工程疫苗、联合疫苗的逐渐问世和推广，新技术疫苗将逐渐替代改造传统疫苗，疫苗学理论也在不断发展。

核酸疫苗的出现与发展是疫苗发展史上的第三次革命。1990 年 Wolff 等偶然发现给小鼠肌内注射外源性重组质粒后，质粒被摄取并能在体内至少两个月稳定地表达所编码蛋白。1991 年 Williams 等发现外源基因输入体内的表达产物可诱导产生免疫应答。1992 年 Tang 等将表达人生长激素的基因质粒 DNA 导入小鼠皮内，小鼠产生特异性抗体，从而提出了基因免疫的概念。1993 年 Ulmer 等证实小鼠肌内注射含有编码甲型流感病毒核蛋白（NP）的重组质粒后，可有效地保护小鼠抗不同亚型、分离时间相隔 34 年的流感病毒的攻击。随后的大量动物实验都说明在合适的条件下，DNA 接种后既能产生细胞免疫又能引起体液免疫。因此，1994 年在日内瓦召开的专题会议上将这种疫苗定名为核酸疫苗。

治疗性疫苗是指在已感染病原微生物或已患有某些疾病的机体中，通过诱导特异性的免疫应答，达到治疗或防止疾病恶化的天然、人工合成或用基因重组技术表达的产品或制品。1995 年前医学界普遍认为，疫苗只作预防疾病用。随着免疫学研究的发展，人们发现了疫苗的新用途，即可以治疗一些难治性疾病。从此，疫苗兼有了预防与治疗双重作用，治疗性疫苗属于特异性主动免疫疗法。

作为一种新型的疾病治疗手段，治疗性疫苗通过打破机体的免疫耐受，提高机体特异性免疫应答，清除病原体或异常细胞，因而其相比目前常见的化学合成或生物类药物有着特异性高、副作用小、疗程短、效果持久、无耐药性等优势，这也使得治疗性疫苗成为继单克隆抗体之后基于人体免疫系统开发的又一类革命性新药物。目前有多个治疗性疫苗处于临床阶段，涵盖了包括各种癌症、艾滋病、乙肝、丙肝、1 型糖尿病、类风湿关节炎、老年痴呆症等多个复杂疾病。以治疗性疫苗目前的朝气蓬勃之势，在未来很可能复制单抗药物的辉煌（表 6-1）。

表 6-1　人用疫苗的发展概况

时间	减毒活疫苗	灭活全微生物疫苗	蛋白或多糖疫苗	基因工程疫苗
18 世纪	天花（1798）			
19 世纪	狂犬病	伤寒、霍乱、鼠疫		
20 世纪前半叶	结核病（卡介苗）、黄热病	百日咳、流感、斑疹伤寒	白喉类毒素、破伤风类毒素	
20 世纪后半叶	脊髓灰质炎（口服）、麻疹、腮腺炎、风疹、腺病毒、乙型脑炎、伤寒、水痘、轮状病毒、霍乱	脊髓灰质炎（注射）、狂犬病（细胞培养）、森林脑炎、甲型肝炎	肺炎链球菌多糖、脑膜炎球菌多糖、b 型流感嗜血杆菌多糖、脑膜炎球菌结合疫苗、b 型流感嗜血杆菌结合疫苗、乙型肝炎（血源）、伤寒（Vi）多糖、无细胞百日咳、炭疽（分泌性蛋白）	重组乙型肝炎病毒表面抗原、莱姆病、重组霍乱毒素 B 亚单位
21 世纪	轮状病毒（减毒和新的基因重配株）、带状疱疹		肺炎链球菌结合疫苗、四价脑膜炎球菌结合疫苗	重组人乳头瘤病毒疫苗

第二节 疫苗的分类及特点

一、传统疫苗

（一）减毒活疫苗

减毒活疫苗（live attenuated vaccine）是通过不同的方法手段，使病原体的毒力即致病性减弱或丧失后获得的一种由完整的微生物组成的疫苗制品。它能引发机体感染但不发生临床症状，而其免疫原性又足以能刺激机体的免疫系统产生针对该病原体的免疫反应，在以后暴露于该病原体时，能保护机体不患病或减轻临床症状。减毒活疫苗分为细菌性活疫苗和病毒性活疫苗两大类，常用活疫苗有卡介苗、天花疫苗、狂犬病疫苗、黄热病疫苗、脊髓灰质炎疫苗、腺病毒疫苗、伤寒疫苗、水痘疫苗、轮状病毒疫苗等。

许多全身性感染，包括病毒性和细菌性感染，均可通过临床感染或亚临床感染（隐性感染）产生持久性的乃至终身的免疫力，减毒活疫苗的原理即是模拟自然发生的感染后免疫过程。减毒活疫苗的优点在于：①通过自然感染途径接种，可以诱导包括体液免疫、细胞免疫和黏膜免疫在内的更全面免疫应答，使机体获得较广泛的免疫保护。②由于活的微生物有再增殖的特性，它们可以在机体内长时间起作用而诱导较强的免疫反应。理论上只需接种一次，即可以达到满意的免疫效果。③可引起水平传播，扩大免疫效果，增强群体免疫屏障。④一般不需要在疫苗中添加佐剂，且生产工艺一般不需要浓缩纯化，价格低廉。

减毒活疫苗同时也存在一些缺点：①一般减毒活疫苗均保留一定残余毒力，对一些个体如免疫缺陷者可能诱发严重疾病。由于种种原因如基因修饰等，减毒活疫苗有可能出现毒力回复，即"返祖"现象。②减毒活疫苗是活微生物制剂，可能造成环境污染，成为传染源而引发交叉感染。③缺损颗粒可能干扰疫苗的免疫效果，因此产品的分析评估较为困难。④保存、运输等条件要求较高，如需冷藏等。

分子生物学、现代免疫学、生物工程学等的进展使疫苗的开发发生了革命性变化，可赋予减毒活疫苗以更高的靶向性，因而可创制更为安全、有效的新一代减毒活疫苗。

（二）灭活疫苗

人类对疫苗的应用始于减毒活疫苗，但在实践中发现存在一些问题。如果减毒程度不够，在使用时有致病的可能性，过分减毒又造成免疫原性不足或丧失，失去活疫苗的效力。为克服这些缺陷，科学家们相继开展了灭活疫苗的研究。

灭活疫苗（inactivated vaccine）是将病原体（病毒、细菌及其他微生物）经培养增殖、灭活、纯化处理，使其完全丧失感染性，但保留了病原体的几乎全部组分，因此灭活疫苗具有较强的免疫原性和较好的安全性。至今使用的灭活疫苗已有数十种，包括伤寒疫苗、霍乱疫苗、鼠疫疫苗、百白破疫苗、流感疫苗、立克次体疫苗、脊髓灰质炎疫苗、狂犬病疫苗、乙脑疫苗、甲肝疫苗、森林脑炎疫苗等。

灭活疫苗具有以下特点：

1. 灭活疫苗常需多次接种 接种1剂不能产生具有保护作用的免疫，仅仅是"初始化"免疫系统。必须接种第2剂或第3剂后才能产生保护性免疫。这样所引起的免疫反应通常是体液免疫，很少甚至不引起细胞免疫。体液免疫产生的抗体有中和、清除病原微生物及其毒素的作用，对细胞外感染的病原微生物有较好的保护效果。但是灭活疫苗对病毒、细胞内寄生的细菌和寄生虫的保护效果较差或无效。

2. 接种灭活疫苗产生的抗体滴度不稳定，随着时间而下降　一些灭活疫苗需定期加强接种。灭活疫苗通常不受循环抗体影响，即使血液中有抗体存在也可以接种（如在婴儿期或使用含有抗体的血液制品后），它在体内不能复制，可以用于免疫缺陷者。

3. 制备不便　灭活疫苗需要大量抗原，这给难以培养或尚不能培养的病原体带来了困难，如乙型、丙型和戊型肝炎病毒及麻风杆菌等；对一些危险性大的病原体，如艾滋病病毒按传统方法制备灭活疫苗在应用中还存在较大风险。

疫苗发展至今，灭活疫苗已不仅仅是传统和经典方法制备的，还包括基因工程新型疫苗中的一部分，这部分疫苗均是以单一的蛋白或多肽形式制备，性质上也属灭活疫苗。因此，灭活疫苗无论从狭义或广义上讲都将继续发挥其预防、控制传染病的作用。

灭活疫苗与减毒疫苗的特点比较见表 6-2。

表 6-2　灭活疫苗与减毒活疫苗的特点比较

比较内容	灭活疫苗	减毒活疫苗
特点	用灭活的病原微生物制成	用弱毒或无毒活病原微生物制成
	在制备过程中，能杀灭任何可能污染的其他生物学因子	可采取自然感染的途径免疫，疫苗进入机体内可停留一个时期，增殖产生大量抗原
	不能产生可能损害或改变保护性抗原决定簇	能产生分泌抗体 sIgA
	可能产生毒性或潜在的有害免疫反应	疫苗在机体内有毒力恢复的潜在危险性，有可能形成潜在感染或传播
保存期及有效期	疫苗较稳定，易于保存和运输，有效期较长	疫苗不稳定，不易保存和运输，有效期相对较短
接种剂量及次数	需要多次免疫，接种剂量较大	多数只需一次免疫，接种剂量，类似人自然感染过程
免疫效果	免疫效果较差，维持时间较短，常需免疫佐剂	免疫效果巩固，维持时间较长

二、亚单位疫苗

亚单位疫苗（subunit vaccine）是除去病原体中无免疫保护作用的有害成分，保留其有效的免疫原成分制成的疫苗。亚单位疫苗是采用生物化学或分子生物学技术制备，在安全性上极大地优于传统疫苗。亚单位疫苗的不足之处是免疫原性较低，需与佐剂合用才能产生好的免疫效果。

1. 纯化亚单位疫苗　从致病微生物中纯化出来的单个蛋白抗原组分或寡糖组成的疫苗，如细菌脂多糖、病毒表面蛋白和去掉了毒性的毒素，称为纯化亚单位疫苗。例如，23 价肺炎多糖疫苗、伤寒 Vi 多糖疫苗、无细胞百白破疫苗等已经在全世界广泛使用，效果良好。这些疫苗的生产通常需要大规模培养致病微生物，成本较高，也具有一定的病原微生物扩散的隐患。

2. 合成肽亚单位疫苗　合成肽亚单位疫苗是一种仅含抗原决定簇组分的小肽，即用人工方法按天然蛋白质的氨基酸顺序合成保护性短肽，与载体连接后加佐剂所制成的疫苗。合成肽亚单位疫苗可分为 3 类，第一类是抗病毒相关肽疫苗，包括 HBV、HIV、呼吸道合胞病毒等；第二类是抗肿瘤相关肽疫苗，包括肿瘤特异性抗原肽疫苗、癌基因和突变的抑癌基因肽疫苗；第三类是抗细菌、寄生虫感染的肽疫苗，如结核杆菌短肽疫苗、血吸虫多抗原肽疫苗和恶性疟疾的 CTL 表位肽疫苗。

合成肽亚单位疫苗具有可大规模化学合成、易于纯化、安全、廉价、特异性强、易于保存和应用等优点，是最为理想的安全新型疫苗，也是目前研制预防和控制感染性疾病和恶性肿瘤的新型疫苗的主要方向之一。在短肽上连接一些化合物作为内在佐剂，还可大大提高免疫效应。另外可合成多个肽段分子以制备多价疫苗，接种后可同时预防多种疾病。但该类疫苗也存在功效低、免疫原性差、半衰期短等不足。目前还没有上市的合成肽亚单位疫苗，尚处于研究阶段。

3. 基因工程亚单位疫苗　基因工程亚单位疫苗（genetic engineering subunit vaccine），又称基因重组亚单位疫苗，主要是将病原体的保护性抗原编码基因克隆分离出来，构建表达载体，使用宿主工程菌进行高效的表达，通过目的蛋白的分离、纯化和（或）修饰等，加入佐剂制成的（图 6-2）。乙肝病毒疫苗、人乳头瘤病毒（宫颈癌）预防性疫苗等都是基因工程亚单位疫苗的典型代表。这类疫苗主要包括的是病原菌的免疫保护成分，不存在有害成分，也不需要培养大量的有害性的病原微生物。

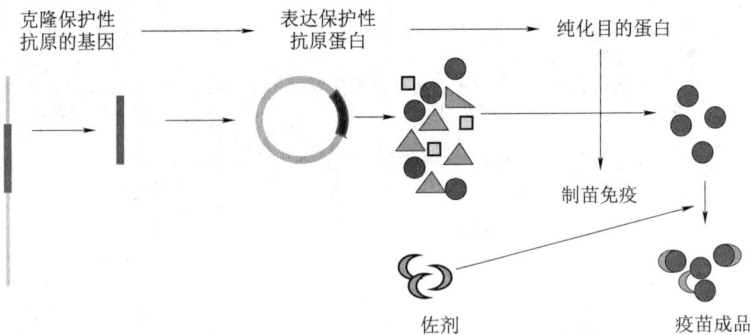

图 6-2　基因工程亚单位疫苗制备流程

大肠杆菌是用来表达外源基因最常用的宿主细胞，主要有两种表达方式。第一种方法是直接将外源基因接在大肠杆菌启动子的下游而只表达该基因的产物，这种方法的优点是能够保证抗原的免疫原性。另一种是表达融合蛋白，这需要保留大肠杆菌转录和翻译的起始信号，而将外源基因和细菌本身的基因融合在一起，表达出一个杂交的新的亚单位多肽。这种方法的优点是可以利用细菌蛋白的一些特点来帮助融合蛋白表达的鉴定或纯化。有些融合蛋白的抗原免疫原性并不一定会受到影响，如产肠毒素的大肠杆菌的纤毛蛋白能够在非致病性的大肠杆菌中高效表达，而且基因产物的免疫原性也很强。

酵母是一种低等真核细胞，用酵母来表达真核细胞的基因产物如 HBV 表面抗原代表了疫苗的一次重大突破。从破碎的酵母细胞中提纯的 HBV 表面抗原与从 HBV 携带者血浆中获得的抗原具有相同的生物化学特性和免疫原性。临床试验证明 HBV 表面抗原基因工程亚单位疫苗是安全和有效的。在中国也已经用它取代了以前使用的乙肝血源疫苗。

除了采用工程菌表达制备亚单位蛋白疫苗外，根据所用表达载体的不同，基因工程亚单位疫苗还可包括基因工程活载体疫苗、转基因植物疫苗。

（1）基因工程活载体疫苗　基因工程活载体疫苗是将病原体的保护性抗原编码基因克隆入表达载体，转染细胞或微生物后制成。以细菌为载体的基因工程疫苗中，最重要和用途最广的是沙门菌载体和卡介苗载体。前者能诱导黏膜免疫反应，而后者则具有诱导以细胞免疫反应为主的能力。以病毒为载体的基因工程疫苗可被视为病毒减毒活疫苗和亚单位蛋白质疫苗的结合，外源基因的 DNA 或 cDNA 可以在病毒内转录和翻译其特异的抗原，并以病毒作为载体，达到刺激机体免疫系统而产生抵抗相应病原微生物的免疫保护效果。这样既可以避免亚单位疫苗需要佐剂和多次接种注射的缺点，又可以诱导全面而持久的免疫反应。可作为减毒活疫苗的病毒载体有痘苗病毒、腺病毒、脊髓灰质炎病毒和单纯疱疹病毒等，其中最常使用的是痘苗病毒和腺病毒载体。

基因工程活载体疫苗具备以下特点：①可制备出不含感染性物质的亚单位疫苗、稳定的减毒疫苗及能预防多种疾病的多价疫苗。如把编码乙型肝炎表面抗原的基因插入酵母菌基因组，制成 DNA 重组乙型肝炎疫苗；把乙肝表面抗原、流感病毒血凝素、单纯疱疹病毒基因插入牛痘苗基因组中制成的多价疫苗等。并且在一定时限内的持续表达，不断刺激机体免疫系统，使之达到防病的目的；②基因工程活载体疫苗具有减毒活疫苗相似的特点，可模拟天然感染途径；③可操作性强，可以人为地设计成不同用途的疫苗或基因治疗转载系统。但载体疫苗也不可避免地带有活病毒的一些潜在问题。主要是病毒可能在不断的繁殖过程中出现自身修复、发生"毒力回复"即毒力返祖。其次，大量排毒可能造成对环境的污染，特别是一些已被消灭的疾病。如人类已经不再接种痘苗预防天花，使用痘苗病毒做载体有潜在的危险性。

（2）转基因植物疫苗　转基因植物疫苗是把植物基因工程技术与机体免疫机制相结合，把生产疫苗的系统由大肠杆菌和酵母菌换成高等植物，通过口服转基因植物使机体获得特异抗病能力。如有的植物是可以生食的，如水果、黄瓜、胡萝卜和番茄等，合适的抗原基因只要在该植物可食用部位的器官特异表达的启动子的驱动下，经转化得到的转基因植物即可直接用于口服免疫。转基因的植物疫苗具有效果好、成本低、易于保存和免疫接种方便等优点，特别适于包括中国在内的发展中国家使用，具有广泛的应用前景。

三、联合疫苗

广义上的联合疫苗（combined vaccine）是指将两种或两种以上的抗原采用混合或同次使用等方式进行免疫接种，以预防多种或不同血清型的同种，以及不同生活周期传染病的一种手段。联合疫苗是由疫苗厂家将不同抗原进行物理混合后制成的一种混合制剂，而结合疫苗（conjugate vaccine）是通过化学方法将两种以上的抗原相互偶联而制成的疫苗。联合疫苗开发的目的是在减少疫苗注射次数的同时预防更多种类的疾病。其意义不仅可以提高疫苗覆盖率和接种率、减少多次注射给婴儿和父母所带来身体和心理的痛苦、减少疫苗管理上的困难、降低接种和管理费用，还可减少疫苗生产中必含的防腐剂及佐剂等剂量，减低疫苗的不良反应等。

联合疫苗包括多联疫苗（multi-combined vaccine）和多价疫苗（multivalent vaccine），前者可用于预防由不同病原微生物引起的传染病，如百白破联合疫苗可以预防白喉、百日咳和破伤风等 3 种不同的传染病；而多价疫苗用于预防由同一种病原微生物的不同亚型引起的传染病，如 23 价肺炎多糖疫苗，由代表 23 种不同血清型的细菌多糖所组成，只能预防肺炎球菌的感染（表 6-3）。

表 6-3　现用联合疫苗的种类

国　外	国　内
百白破联合疫苗	百白破联合疫苗
无细胞百白破联合疫苗	无细胞百白破联合疫苗
三价口服脊髓灰质炎减毒活疫苗	三价口服脊髓灰质炎减毒活疫苗
三价脊髓灰质炎灭活疫苗	全细胞百日咳、白喉类毒素二联疫苗
麻疹、流行性腮腺炎、风疹联合疫苗	伤寒、副伤寒二联疫苗
麻疹、风疹联合疫苗	伤寒、副伤寒甲乙三联疫苗
乙型肝炎、b 型流感嗜血杆菌联合疫苗	冻干福氏、宋内双价痢疾疫苗
百白破、b 型流感嗜血杆菌联合疫苗	流行性出血热疫苗（双价）
无细胞百白破、b 型流感嗜血杆菌联合疫苗	二十三价肺炎多糖疫苗
百白破、乙型肝炎联合疫苗	
百白破、b 型流感嗜血杆菌、乙型肝炎联合疫苗	
百白破、灭活脊髓灰质炎联合疫苗	
百白破、灭活脊髓灰质炎、b 型流感嗜血杆菌联合疫苗	
甲型肝炎联合疫苗	
二十三价肺炎多糖疫苗	

四、核酸疫苗

（一）概念

核酸疫苗（nucleic acid vaccine）是 20 世纪 90 年代发展起来的一种新型疫苗。核酸疫苗包括 DNA 疫苗和 RNA 疫苗，由能引起机体保护性免疫反应的抗原的编码基因和载体组成，其直接导入机体细胞后，并不与宿主染色体整合，而是通过宿主细胞的转录系统表达蛋白抗原，诱导宿主产生细胞免疫应答和体液免疫应答，从而达到预防和治疗疾病的目的。核酸疫苗又称为基因疫苗（genetic vaccine）、基因免疫（genetic immunization）或核酸免疫（nucleic acid immunization）。目前研究得最多的是 DNA 疫苗，所以一般泛指的核酸疫苗就是 DNA 疫苗。由于 DNA 疫苗不需要任何化学载体，故又称为裸 DNA 疫苗（naked DNA vaccine）。

（二）核酸疫苗的优势

核酸疫苗以核酸形式存在，这种核酸既是载体又能在真核细胞中表达抗原。核酸疫苗的这一特性，使之与传统疫苗及基因工程疫苗等不同而被认为是一类特殊的疫苗，具有如下优点：

1. 增强免疫保护效力和免疫持久性　接种后蛋白质在宿主细胞内表达，直接与组织相容性复合物 MHC Ⅰ 或 Ⅱ 类分子结合，同时引起细胞和体液免疫，对依赖细胞免疫清除病原的慢性病毒感染性疾病的预防更加有效。免疫具有持久性，一次接种可获得长期免疫力，无需反复多次加强免疫。

2. 加大交叉免疫防护作用　针对编码病毒保守区的核酸序列作为目的基因，可通过对基因表达载体所携带的靶基因进行改造，从而选择抗原决定簇。其变异可能性小，可对多型别病毒株产生交叉免疫防护，所以核酸疫苗特别适用于流感病毒、HIV、HCV 等多基因型、易变异病毒的免疫防护。

3. 可精细设计，便于操作、制备简便　核酸疫苗作为一种重组质粒，易在工程菌内大量扩增，提纯方法简单，易于质控，且稳定性好，不需低温保存，储存运输方便，此外，可将编码不同抗原基因的多种重组质粒联合应用，制备多价核酸疫苗，可大大降低疫苗成本以及多次接种带来的应激反应。

4. 可用于免疫治疗 核酸疫苗诱导机体产生的 CTL，不仅可预防病原体的感染，还可对已感染病原体的靶细胞产生免疫攻击，发挥免疫治疗作用。在抗肿瘤方面，如能找到逆转细胞在恶变转化过程中的相关蛋白，可将编码此蛋白的基因作为靶基因研制成抗肿瘤的核酸疫苗，该基因疫苗接种后，可诱发机体产生 CTL 免疫应答，对细胞的恶变进行免疫监视，对癌变的细胞产生免疫应答，从而为癌症的预防和免疫治疗提供强有力的新式武器。此外，在遗传疾病、心血管疾病等领域，核酸疫苗的免疫治疗作用均有独特效用。

（三）核酸疫苗的不足

虽然核酸疫苗具有传统疫苗所没有的优越性，但是目前还存在较多的不足，因此，目前国际上核酸疫苗还处于研究阶段，尚无核酸疫苗上市。

1. 核酸疫苗的安全性尚不确定 核酸仍有可能整合到宿主细胞的基因组内，造成插入突变，使宿主细胞抑癌基因失活或癌基因活化，使宿主细胞转化成癌细胞。如果疫苗基因整合到生殖细胞，则影响更为深远。这也许是核酸疫苗的诸多安全性问题中最值得深入研究的地方。而且，质粒长期过高水平地表达外源抗原，可能导致机体对该抗原的免疫耐受或麻醉。在成年动物，尚未见到因 DNA 疫苗接种而诱发免疫耐受的例子。但新生动物的免疫系统尚未成熟，可能将外源抗原认为自己成分而形成耐受。

2. 免疫效果有待提高 持续低水平表达的抗原可能会被血中的中和抗体清除，不能引起足够的免疫应答，从而使疫苗的预防作用得不到充分的体现。实验动物越大，核酸疫苗的免疫效果越差。在小鼠试验中，检测到抗体反应高，而对其他大型的动物效果不是很明显。

3. 可能有抗核酸免疫反应 质粒核酸可能诱发机体产生抗双链核酸的自身免疫反应，引起自身免疫性疾病（如系统性红斑狼疮等）。还有核酸疫苗中含原核基因组中常见的 CpG 基序，易形成有害的抗原决定簇。

4. 免疫效力受影响因素多 影响核酸疫苗诱发机体免疫应答的因素很多，目前已知的主要有载体设计、核酸疫苗的导入方法、佐剂及辅助因子会对其免疫效果有影响。另外年龄和性别因素、肌内注射剂量和体积、预先注射蔗糖溶液等都会对肌内注射质粒 DNA 表达有影响。

五、治疗性疫苗

（一）概念

传统意义的疫苗虽然可在一个健康的人体中激活特异性免疫应答，产生特异性抗体和细胞毒 T 淋巴细胞，从而获得对该病原体的免疫预防能力，但对已感染的个体却不能诱生有效的免疫清除。随着免疫学研究的发展，人们发现了疫苗的新用途，即可以治疗一些难治性疾病。治疗性疫苗（therapeutic vaccine）即是指在已感染病原微生物或已患有某些疾病的机体中，通过诱导特异性的免疫应答，达到治疗或防止疾病恶化的天然、人工合成或用基因重组技术表达的产品或制品。

（二）分类及特点

根据目前治疗性疫苗集中研究的领域和主要的设计原则，主要分为以下几类。

1. 基于疫苗组成的分类

（1）蛋白质复合重构的治疗性疫苗 治疗性疫苗所针对的主要对象是已经感染或已患病

者。在这些感染者或患者中存在不同程度的免疫禁忌、免疫无能和免疫耐受状态。治疗性疫苗必须能有效地打破和逆转这一免疫耐受状态。通常，传统预防性疫苗的靶抗原多为天然结构抗原成分，无法在上述个体中诱导免疫应答。因此治疗性疫苗必须改造靶抗原的结构或组合，使其相似而又有异于传统疫苗的靶抗原，才有可能重新唤起患者的功能性免疫应答。对于蛋白质疫苗而言，改造可从几方面开展：在蛋白质水平上进行修饰，如脂蛋白化；在结构或构型上加以改造，如固相化、交联、结构外显及构象限定等；在组合上可有多蛋白的复合及多肽偶联等，如 HBV（PAM）2-HTL-CTL 多肽治疗性疫苗同时采用了多肽偶联和多肽氨基酸端软脂酸化的策略，抗原-抗体复合物治疗性疫苗则将两种蛋白质组合为一体，使免疫原性得以提高，又如抗原化抗体治疗性疫苗则在基因水平上对抗原和抗体的组合进行了重构，使靶抗原更具天然构型等。

（2）基因疫苗　实验证明基因疫苗具有超越常规减毒、重组核酸多肽蛋白疫苗的诸多优点：体内表达抗原使其在空间构象、抗原性上更接近于天然抗原；可模拟体内感染过程及天然抗原的 MHC I 和 MHC II 的提呈过程；可诱生抗体和特异性 CTL 应答；便于在基因水平上操作和改造，生产周期短，经济实用。此外，基因疫苗骨架中可添加免疫激活序列（ISS）及多种转录、翻译增强元件，如 KOZAK 序列等，在几种水平上增加抗原表达量和免疫原性。目前许多新型预防性及治疗性疫苗设计多以核酸为基础，如新近研制的埃博拉（Ebola）疫苗、丙型肝炎（HBV）、丙型肝炎（HCV）和人免疫缺陷病毒（HIV）疫苗等。

（3）多水平基因修饰细胞疫苗　以细胞为组成的疫苗是肿瘤治疗性疫苗设计的热点，主要有肿瘤细胞和 DC 细胞疫苗。肿瘤细胞中包含有广谱的肿瘤抗原，但通常缺乏协同刺激分子以有效识别和激活免疫细胞，同时也因缺乏正常体内环境中多种细胞因子、趋化因子的调理而失去对免疫应答的启动、方向性选择和级联放大。因此以辅助分子修饰肿瘤细胞及 DC 细胞，可增强其免疫原性，达到治疗性目的。

2. 基于治疗疾病种类的分类

（1）肿瘤疫苗　恶性肿瘤是威胁人类生命的疾病，它是人体自身细胞失控后恶性增殖的结果，其机制复杂多样，与病毒感染、基因组突变和细胞周期失控有关，至今未能明确其病因，至今尚无有效的治疗手段。肿瘤治疗性疫苗的研制迫在眉睫，但肿瘤特异性抗原的不明确性一直限制着治疗性疫苗的发展。除以肿瘤细胞为疫苗外，抗原修饰 DC 疫苗以及肿瘤相关抗原疫苗研制在不断地开发中。如端粒酶多肽成分（TERT）RNA 转染 DC 疫苗，利用 TERT 基因在正常组织中不表达，而在 85% 以上肿瘤内被激活的特性，可有效抑制小鼠黑色素瘤、乳腺癌和膀胱癌的生长；可体外激活人 PBMC 特异性抗前列腺癌、肾癌细胞功能。肿瘤治疗性疫苗可望通过获得对自身细胞生长的有效控制而真正消退肿瘤。

美国食品和药品管理局（FDA）于 2010 年正式批准 Dendreon 制药公司开发的前列腺癌疫苗的上市申请，也使其成为被 FDA 批准上市的首个肿瘤治疗性疫苗。

（2）抗感染的治疗性疫苗　感染性疾病主要包括由病毒、细菌、原虫、寄生虫等病原体感染所导致的疾病，其病程也与感染过程密切相关。如 HBV 持续感染导致慢性肝炎和肝损伤。感染性疾病通常伴随病原体的持续存在和 Th1 型免疫应答的下调。因此，针对这些特点设计的治疗性疫苗重点在于清除病原体的持续性感染和上调 Th1 型免疫应答。治疗性疫苗联合化学治疗，可进一步促进细菌的清除、在改善病理损害同时增强无皮肤肉芽肿症状的非特异浸润，显著缩短治疗时间，并使约 60%、71%、100% 的 IL、BL、BB 型患者由麻风菌素阴性转为阳性。该疫苗已完成Ⅲ期治疗性临床试验，并通过印度工业生产药审。原虫感染病如症原虫等治疗性疫苗也在研究及临床试验中。

（3）自身免疫性疾病的治疗性疫苗　自身免疫病如系统性红斑狼疮、类风湿关节炎、自身免疫脑脊髓炎（EAE）等发病率较高，严重危害人类的生命和健康，也是治疗性疫苗致力解决的一类疾病。

（4）移植用治疗性疫苗　用于抗移植慢性排斥反应的治疗性疫苗可通过封闭协同刺激分子、诱导对移植物的免疫耐受来延长移植物的存活期。未成熟DC疫苗诱导免疫耐受是当前的一个热点。

（三）治疗性疫苗与传统意义上的预防性疫苗的比较

1. 抗原性质不同　预防性疫苗主要作用于尚未感染病原体的机体，天然结构的病原体蛋白可直接用作疫苗抗原。而治疗性疫苗的作用对象则为感染的病原体，天然结构的病原体蛋白一般难以诱导机体产生特异性的免疫应答，必须经过分子设计和重新构建以获得与原天然病原体蛋白结构类似的靶蛋白。

2. 诱导的免疫作用机制不同　预防性疫苗的受用者是健康人体，对已感染的患者却束手无策。而治疗性疫苗的受用对象是患者，患者往往有不同程度的免疫缺陷、免疫无能或免疫耐受，治疗性疫苗能"教会"人体免疫系统正确识别"敌人"，打破机体的免疫耐受状态。预防性疫苗接种后主要产生的是保护性抗体，即激发体液免疫反应。而治疗性疫苗主要用于防治病原体感染，病原体一旦进入宿主细胞内，抗体的作用就减弱。治疗性疫苗应是以激发细胞免疫反应为主要目的，对胞内病原体可有免疫攻击作用。此外，治疗性疫苗有时兼具预防功能。

3. 监测指标不同　预防性疫苗接种后监测手段主要是看有无保护性抗体产生。可通过实验室进行监测，结果准确可靠。而治疗性疫苗接种后看疾病是否改善，需要结合临床症状、体征、疾病相关的实验指标进行综合测试，使用时可能有一定的不良反应，伴有不同程度的免疫损伤，因此，较为复杂且准确性尚有争议。

治疗性疫苗使人们在患严重疾病之后通过激发的免疫力再次获得对疾病的控制力，可能改变疾病的病程和预后，甚至可能改写生命科学及医药治疗史。当前，治疗性疫苗已成为现代生物技术、免疫学及疫苗学发展的新领域。

第三节　佐　剂

一、概述

（一）佐剂的概念

佐剂（adjuvant）也称免疫佐剂，又称非特异性免疫增生剂。本身不具抗原性，但同抗原一起或预先注射到机体内能增强机体对该抗原的特异性免疫应答或改变免疫反应类型，发挥其辅佐作用。

（二）佐剂的作用机制

免疫佐剂可能包括以下生物作用机制，详见图6-3。

1. 抗原物质混合佐剂注入机体后，改变了抗原的物理性状，可使抗原物质缓慢地释放，延缓抗原的降解和排除，从而延长抗原在体内的滞留时间和作用时间，避免频繁注射从而更有效地刺激免疫系统。

2. 佐剂吸附了抗原后，增加了抗原的表面积，使抗原易于被巨噬细胞吞噬，提高单核-巨噬细胞对抗原的募集、处理和提呈能力。

3. 激活模式识别受体（PRR），促进固有免疫应答启动，激活炎性体（inflammasome）。

4. 佐剂可促进淋巴细胞之间的接触，增强辅助 T 细胞的作用，可刺激致敏淋巴细胞的分裂和浆细胞产生抗体，提高机体初次和再次免疫应答的抗体滴度。可改变抗体的产生类型以及促进迟发型变态反应的发生。

（三）选择良好佐剂的条件

1. 安全，且无短期及长期的毒副作用。

2. 佐剂的化学成分和生物学形状清楚，制备批间差异小且易于生产。

3. 与单独使用抗原相比，佐剂与抗原联用能刺激机体产生较强的免疫反应。用较少的免疫剂量即可产生效力。

4. 进入体内的佐剂可自行降解且易于从体内清除。

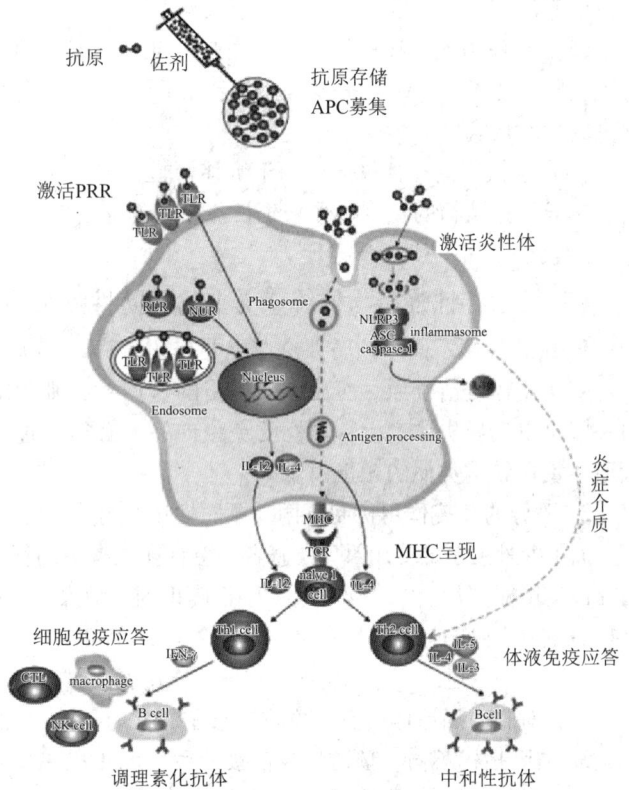

图 6-3　免疫佐剂的作用机制

二、佐剂种类和特点

佐剂的种类繁多，目前尚无统一的分类方法，大致可分为以下几类。

（一）矿物质

矿物质佐剂是传统佐剂中的一类，包括 $Al(OH)_3$、磷酸铝和磷酸钙等。这类佐剂广泛使用于兽用疫苗的制备中，铝佐剂也是目前被 FDA 批准用于人体的两个疫苗佐剂之一。常用佐剂中效果较好的是 $Al(OH)_3$ 明胶和磷酸铝佐剂，其次磷酸钙较常用。铝佐剂主要诱导体液免疫应答，抗体以 IgG_1 类为主，刺激产生 Th2 型反应，还可刺激机体迅速产生持久的高抗体水平，也比较安全，对于胞外繁殖的细菌及寄生虫抗原是良好的疫苗佐剂。但其仍存在缺点：如有轻度局部反应，可以形成肉芽肿，极个别发生局部无菌性脓肿；铝胶疫苗怕冻；可能对神经系统有影响；不能明显地诱导细胞介导的免疫应答。

已批准的含铝佐剂疫苗包括 DTP、无细胞百日咳疫苗 DTP（DTaP）、b 型流感杆菌（HIB）疫苗（不是所有的）、乙型肝炎（HB）疫苗，以及所有的 DTaP、HIB 或 HB 的联合疫苗，还包括甲型肝炎疫苗、莱姆病疫苗、炭疽疫苗和狂犬病疫苗。

（二）油乳佐剂

主要有弗氏佐剂、MF-59、白油司班佐剂、佐剂-65、SAF 系列配方等。

1. 弗氏佐剂（FA） 分为弗氏完全佐剂（FCA）和弗氏不完全佐剂（FIA）两种。弗氏不完全佐剂是由低引力和低黏度的矿物油及乳化剂组成的一种贮藏性佐剂。弗氏完全佐剂是在不完全佐剂的基础上加一定量的分枝杆菌而成。FCA 是 Th1 亚型细胞强有力的激活剂，能引起迟发型超敏反应，又可以促进细胞免疫，促进对移植物的排斥及肿瘤免疫，但其副作用较大，可引起慢性肉芽肿和溃疡，且有潜在的致癌作用，故仅限用于兽医。

2. MF-59 是一种鲨烯水包油乳剂，有效且具有可接受的安全性。MF-59 可以增强流感疫苗的免疫原性，对于对抗潜在全国流行性流感病毒株特别有优越性，对于乙肝病毒也是一种比明矾更有效的佐剂。临床试验证明 MF-59 用于人是安全可耐受的，作为 HIV 疫苗用于新生婴儿也是安全的。1997 年由意大利首先批准上市，2005 年成为美国 FDA 批准上市的第二个用于人体的佐剂。

3. 白油司班佐剂 是用轻质矿物油（白油）作油相，用 Span-80 或 Span-85 及 Tween-80 作为乳化剂制成的油乳佐剂，是当前兽医生物制品中最常用最有效的佐剂之一。佐剂-65 在机体内可被代谢而排出，不引起局部严重反应，抗体滴度超过 FCA 数十倍。

4. SAF 系列配方 由苏氨酰胞壁酰二肽、Tween-80、非离子嵌段表面活性剂、角鲨醇等组成。由于其中双亲性和表面活性剂的作用，抗原在乳鲨的表面排列，使抗原更好地靶向抗原提呈细胞，并更有效的提呈到淋巴细胞，可活化补体及诱导一系列的细胞因子产生。

（三）微生物类佐剂

1. 短小棒状杆菌（CP） 经加热或甲醛灭活制成，对机体毒性低，没有严重的副作用，能非特异性刺激淋巴样组织增生，加强单核巨噬细胞系统的吞噬能力，加速抗原处理，增加 IgM 和 IgG 的生成。

2. 卡介苗（BCG） 是巨噬细胞的激活剂，同时还能刺激骨髓的多功能干细胞发育成为免疫活性细胞，从而明显提高机体的免疫力，但大量应用会引起严重的副作用。

3. 胞壁酰二肽（MDP）及其合成的亲脂类衍生物、类化物 调节及活化单核巨噬细胞，吸引吞噬细胞，进一步增强吞噬细胞和淋巴细胞活性，使其易捕获抗原。苏氨酰-MDP 有佐剂活性且无致热性，其配合物 SAF-1 可诱导许多抗原产生体液和细胞介导的免疫反应。

4. 细菌脂多糖（LPS） 可起到多克隆 B 细胞有丝分裂原的作用，也可促进巨噬细胞等分泌单核因子，如白细胞介素 1，还可调节巨噬细胞表面 Ia 分子的表达，从而改变抗原的提呈。LPS 具有内毒素作用，所以不能直接用作人用疫苗佐剂。

5. 细菌毒素类 现在所用的疫苗大都是通过注射的方法（肌内注射或皮下注射）。近年来，通过黏膜组织作用的疫苗受到了广泛重视。霍乱毒素（CT）、大肠杆菌热稳定肠毒素（LT）及其衍生物是一种较好的黏膜佐剂。可经口服和鼻腔免疫，但两者均具有一定的毒副作用。目前无法应用于人类，但通过分子生物学技术将 CT 和 LT 改造成无毒而又保留佐剂性能是黏膜疫苗佐剂一个很有前景的研究方向。如通过定点突变修饰后产生的分子 LTK63 即显示良好的佐剂活性以及无毒的特点。

6. 脂溶性蜡质 D 是一种多肽糖脂，起佐剂作用的黏肽能够增强体液免疫应答并诱导细胞免疫。其机制、毒性尚不清楚。

（四）脂质体和 Novasomes

脂质体（liposomes）是人工合成的双分子层的磷脂单层或多层微环体，能将抗原传递给合适的免疫细胞，促进抗原对抗原提呈细胞的定向作用。已证明，小于 $5\mu m$ 的脂质体微粒能被肠道集合淋巴结提取并传递给巨噬细胞。脂质体既无毒性，又无免疫原性，在体内可生物降解，不会在体内引起类似弗氏佐剂所引起的损伤，是一种优良的佐剂。Novasomes 是目前研制的一种新型脂质体样系统用于黏膜免疫，要比常规脂质体好。该系统为非磷脂的亲水脂分子，在体内的稳定性比常规脂质体好，而且价廉，易制备。

（五）细胞因子类

细胞因子在免疫应答多样性方面发挥重要作用，可调节抗体应答与细胞介导免疫应答的相互关系。细菌毒素与 CpG 均通过细胞因子发挥佐剂效应，而大多数细胞因子又具有调整和重建免疫应答的能力，因此可直接作为佐剂发挥作用。

GM-CSF 上市产品主要用于癌症化疗引起的骨髓抑制。文献报道其具有刺激骨髓粒细胞、单核细胞、巨噬细胞等活性，可以作为疫苗和单抗的复合佐剂。在上市适应证范围内有较好的耐受性。

白介素-2（IL-2）可以提高 T 依赖型和非依赖型反应。本品为抗炎介导剂。一期临床显示主要不良反应为严重的低血压，此外还有疼痛、呼吸和血液学改变，但是在低剂量时免疫刺激活性明显高于其不良反应。

白介素-12（IL-12）是一种非常有希望进入临床试验的细胞因子佐剂。用于加强 Th1 依赖型细胞介导的免疫，目前正在进行 AIDS 和肿瘤治疗的临床试验。

但是，所有这些分子都表现出剂量依赖的毒性，同时由于其蛋白质本质，存在稳定性方面的问题，体内半衰期很短，使生产的费用相对较高，这些均限制了其在常规免疫中的使用。

（六）核酸类

目前把含有未甲基化的 DNA、细菌的质粒 DNA 以及人工合成的寡核苷酸全部统称为 CpGDNA，即核酸佐剂。它们可以诱导 B、T 淋巴细胞和巨噬细胞的增殖分化；诱导抗原提呈细胞分泌 IL-12 和其他细胞因子，形成免疫调节网络；刺激 NK 细胞分泌 IFN 及产生溶细胞活性。当与蛋白抗原的疫苗共同使用时，可以诱导细胞免疫为主的免疫反应。含有免疫刺激 CpG 基序的合成寡脱氧核苷酸（ODN）还能增强对口服、直肠或鼻腔内免疫的破伤风类毒素或流感疫苗的局部和全身免疫应答，是良好的 Th1 类候选人用疫苗佐剂。

此外，具有佐剂作用的物质还有中草药类（如蜂胶、皂苷、免疫刺激复合物 ISCOMS、多糖、糖苷及复方中药等）和一些化学物质（如左旋咪唑、西咪替丁、红霉素等）。

三、佐剂的发展前景

人用疫苗佐剂的安全性与有效性是不可或缺的两个方面，目前最常见的人用疫苗佐剂虽然仍是氢氧化铝和磷酸铝，但近年来，着眼于安全性与有效性两个方面的问题，人用疫苗佐剂的设计、研制和开发研究也取得了许多进展。目前人用疫苗佐剂研究的新方向包括 APC 佐剂、T 细胞佐剂、黏膜佐剂及结合物型佐剂的研究，它们从不同方面对综合解决佐剂的有效性与安全性问题展开研究。尽管人用疫苗佐剂研究中仍存在不少问题，随着对佐剂作用的分子机制、细胞因子的作用及参与免疫应答的不同类型细胞的认识深化，以及对免疫与各种疾病的关系进一步了解，人用疫苗佐剂将为疫苗研制的突破做出更大的贡献。

第四节　各类常见疫苗举例及应用

一、病毒类疫苗

（一）脊髓灰质炎减毒活疫苗

1. 简介　脊髓灰质炎是由脊髓灰质炎病毒引起的严重危害儿童健康的急性传染病，脊髓灰质炎病毒为嗜神经病毒，主要侵犯中枢神经系统的运动神经细胞，以脊髓前角运动神经元损害为主。患者多为 1~6 岁儿童，主要症状是发热、全身不适，严重时肢体疼痛，发生分布不规则和轻重不等的迟缓性瘫痪，俗称小儿麻痹症。

脊髓灰质炎减毒活疫苗可用于预防脊髓灰质炎。口服后对脊髓灰质炎三个型的病毒都能产生主动免疫，可诱发机体产生中和抗体及肠道局部免疫，因而减少人群中无症状的排毒者。

2. 制备与性状 口服脊髓灰质炎减毒活疫苗（poliomyelifis vaccine oral）系用 I、II、III 型脊髓灰质炎病毒减毒株，分别接种于原代猴肾细胞或人二倍体细胞培养，收获病毒液后制成的单价或三价液体疫苗，或将三价液体疫苗加工制成糖丸。本品的液体制剂为橘红色澄明液体，无异物、无沉淀。糖丸外观为白色。

3. 接种对象 主要为 2 个月龄以上的儿童。

4. 接种方法 液体制剂：2 滴/次，口服；糖丸：每次 1 丸，口服。基础免疫为 3 次，首次免疫从 2 月龄开始，连续口服 3 次，每次间隔 4~6 周，4 岁再加强免疫 1 次，每次人用剂量为 1 粒。其他年龄组在需要时也可以服用。遇周围有患者出现时，不管成人、儿童，过去有无免疫者均要再行免疫。

5. 不良反应 本品不良反应少见，偶有发热、皮疹、腹泻、多发性神经炎等。一般不需特殊处理，必要时可对症治疗。

（二）水痘疫苗

1. 简介 水痘是由水痘-带状疱疹病毒（VZV）初次感染引起的急性传染病。传染率很高。主要发生在婴幼儿，以发热及出现周身性红色斑丘疹、疱疹、痂疹为特征。冬春两季多发，其传染力强，接触或飞沫均可传染。易感儿发病率可达 95% 以上，学龄前儿童多见。水痘疫苗可刺激机体产生抗水痘病毒的免疫力，用于预防水痘。接种水痘疫苗是预防该病的唯一有效的手段，尤其是在控制水痘爆发流行方面起到了非常重要的作用。

2. 制备与性状 1974 年日本人高桥从一名患天然水痘男孩的疱液中用人胚胎肺细胞分离到 VZV，并在人胚胎肺细胞、豚鼠胚胎细胞和人二倍体细胞（WI-38）的培养物中通过连续繁殖减毒。该病毒通过人二倍体细胞（MCR-5）进一步传代，建立疫苗毒种（Oka 株），是当今世界广为应用的疫苗毒种。本疫苗系采用国际通用的水痘病毒 OKa 减毒株，经 MRC-5 人二倍体细胞培养制成。冻干成品外观呈乳白色疏松体，溶解后呈淡黄色液体。

3. 接种对象 建议无水痘史的成人和青少年接种，易感人群主要是 12 月龄~12 周岁的健康儿童。

4. 接种方法 推荐 2 岁儿童开始接种。1~12 岁的儿童接种 1 剂量（0.5ml）；13 岁及以上的儿童、青少年和成人接种 2 剂量，间隔 6~10 周。儿童及成人均于上臂皮下注射，绝不能静脉注射。疫苗应通过提供的稀释液复溶，并应完全溶解。

5. 不良反应 接种本疫苗后一般无反应，但在所有年龄组均有很低的综合反应原性，注射后偶见低热和轻微皮疹，但不良反应通常是轻微的且自行消失。

（三）狂犬病疫苗

1. 简介 狂犬病是由狂犬病毒所致的自然疫源性或动物源性人畜共患急性传染病，流行性广，病死率极高。典型临床表现为恐水症，故狂犬病又称恐水病。初期对声、光、风等刺激敏感而喉部有发紧感，进入兴奋期可表现为极度恐怖、恐水、怕风、发作性咽肌痉挛、呼吸困难等，最后痉挛发作停止而出现各种瘫痪，可迅速因呼吸和循环衰竭而死亡。人狂犬病主要通过患病动物咬伤、抓伤或由黏膜感染引起，在特定的条件下还可通过呼吸道气溶胶传染。

接种本疫苗后，可刺激机体产生抗狂犬病病毒免疫力，从而预防狂犬病。诱导机体产生中和抗体。在感染早期，中和抗体具有重要保护作用，不仅可中和体内游离的病毒，还可以阻止病毒吸附在敏感细胞上，减少病毒的增殖、扩散。但中和抗体的作用有时间限度，在感染后期，一旦病毒侵入靶细胞，中和抗体则失去作用。故对疑有感染狂犬病毒者，被宠物咬伤、抓伤者及接触该病毒机会多的人，应尽早注射。

2. 制备与性状 人用狂犬病疫苗既往种类较多，现今国内外多使用细胞培养疫苗。我国现在使用的有精制 VERO 细胞狂犬病疫苗和精制地鼠肾细胞狂犬病疫苗，系用狂犬病毒固定毒株接种于细胞，培养后收获毒液，经病毒灭活、浓缩、纯化、精制并加氢氧化铝佐剂，全面检定合格后即为预防狂犬病的疫苗。人用精制 VERO 细胞狂犬病疫苗及精制地鼠肾细胞狂犬病疫苗均为轻度混浊白色液体，久放形成可摇散的沉淀，含硫柳汞防腐剂。

3. 接种对象 一种是咬伤后（暴露后）预防。任何可疑接触狂犬病毒，如被动物（包括貌似健康动物）咬伤、抓伤（即使很轻的抓伤），皮肤或黏膜被动物舔过，都必须接种本疫苗。另一种则为无咬伤（暴露前）预防。在疫区有咬伤的高度危险或有接触病毒机会的工作人员，如疫区兽医、动物饲养管理人员、畜牧人员、屠宰人员、狂犬病毒实验人员、疫苗制造人员、狂犬病患者的医护人员、岩洞工作人员，以及与其他哺乳动物接触频繁人员及严重疫区儿童、邮递员、去疫区旅游者，均应用狂犬病疫苗进行预防接种。

4. 接种方法

（1）不分年龄、性别均应立即处理局部伤口（用清水或肥皂水反复冲洗后再用碘酊或酒精消毒数次），并及时按暴露后免疫程序注射本疫苗。

（2）按标示量加入灭菌注射用水，完全复溶后注射。使用前将疫苗振摇成均匀液体。

（3）于上臂三角肌肌内注射，幼儿可在大腿前外侧区肌内注射。

（4）暴露后免疫程序一般咬伤者于 0 天（第 1 天，当天）、3 天（第 4 天，以下类推）、7 天、14 天、28 天各注射本疫苗 1 剂，共 5 针，儿童用量相同。

对有下列情形之一的，建议首剂狂犬病疫苗剂量加倍给予：①注射疫苗前 1 个月内注射过免疫球蛋白或抗血清者；②先天性或获得性免疫缺陷患者；③接受免疫抑制剂（包括抗疟疾药物）治疗的患者；④老年人及患慢性病者；⑤于暴露后 48 小时或更长时间后才注射狂犬病疫苗的人员。

（5）暴露前免疫程序于 0 天、7 天、28 天接种，共接种 3 针。

5. 不良反应 注射后有轻微局部及全身反应，可自行缓解，偶有皮疹。若有速发型过敏反应、神经性水肿、荨麻疹等较严重副作用者，可做对症治疗。

（四）甲型肝炎病毒疫苗

1. 简介 甲型病毒性肝炎简称甲型肝炎，是由甲型肝炎病毒（HAV）引起的一种急性传染病。临床上表现为急性起病，有畏寒、发热、食欲减退、恶心、疲乏、肝肿大及肝功能异常。甲型肝炎传染源通常是急性患者和亚临床感染者，患者自潜伏末期至发病后 10 天传染性最大，粪-口途径是其主要传播途径。

甲肝疫苗是用于预防甲型肝炎的疫苗，在中国已经成为儿童接种的主要疫苗之一。市场上的甲肝疫苗主要有甲肝灭活疫苗和减毒活疫苗两大类。由于制备原理不同，在有效性和安全性上存在差异。相对于减毒活疫苗，灭活疫苗具有更好的稳定性，灭活疫苗和弱毒疫苗都是通过侵入人体，引起人体的免疫反应，从而使人体产生免疫记忆，来达到免疫的效果。

2. 制备与性状 减毒活疫苗系将甲型肝炎病毒减毒株（H2 株）接种人二倍体细胞，经培养、收获病毒、提纯，加适宜的稳定剂冻干制成，冻干疫苗应为乳白色疏松体，经溶解后为澄明无异物的近无色液体；灭活疫苗是应用灭活甲型肝炎病毒（HM175 病毒株）制备而成。

3. 接种对象　凡是对甲肝病毒易感者，年龄在 1 周岁以上的儿童、成人均应接种。甲肝灭活疫苗适用于儿童、医务工作者、食品行业从业人员、职业性质具有接触甲肝病毒的人。

4. 接种方法　减毒活疫苗：加灭菌注射水完全溶解疫苗摇匀后使用。上臂外侧三角肌附着处，皮肤消毒待干后，皮下注射 1 次。灭活疫苗：基础免疫为 1 年剂量，在基础免疫之后 6~12 个月进行一次加强免疫，以确保长时间维持抗体滴度。成人和儿童均于三角肌肌内注射，绝不可静脉注射。

5. 不良反应　注射疫苗后少数可能出现局部疼痛、红肿，全身性反应包括头痛、疲劳、发热、恶心和食欲下降。一般 72 小时内自行缓解。偶有皮疹出现，不需特殊处理，必要时可对症治疗。

（五）乙型脑炎减毒活疫苗

1. 简介　流行性乙型脑炎（乙脑）是由乙型脑炎病毒经蚊子传播的急性传染病，在人畜间流行。常累及患者的中枢神经系统，症状轻重不一，重型患者病死率很高，幸存者常残留有明显的后遗症。乙型脑炎疫苗预防乙型脑炎可收到明显的效果，1960 年我国开始使用地鼠肾细胞组织培养灭活疫苗，一直沿用至今。20 世纪 80 年代后期，我国又研制成功并使用乙型脑炎减毒活疫苗。90 年代末对乙型脑炎减毒活疫苗的生产工艺进行改进，并纯化了乙型脑炎减毒活疫苗，减少副反应。

接种疫苗后，刺激机体产生抗乙型脑炎病毒的免疫。可诱导机体产生中和抗体、血凝抑制抗体、补体结合抗体，具有中和乙型脑炎病毒的作用，可以抵抗外来乙型脑炎病毒的侵入，用于预防流行性乙型脑炎。乙型脑炎减毒疫苗免疫原性比灭活疫苗强而且稳定，免疫持续时间较长。

2. 制备与性状　将乙型脑炎病毒 SA14-14-2 株（经人工减毒使之失去致病性仍保留免疫原性）接种于原代地鼠肾细胞，经培育繁殖后收获病毒，加入保护剂冻干制成。为淡黄色疏松体，复溶后为橘红色或淡粉红色澄明液体。

3. 接种对象　乙型脑炎流行区 1 周岁以上健康儿童及由非疫区进入疫区的儿童和成人。

4. 接种方法　按标示量加入疫苗稀释剂，待完全复溶后使用。初免儿童于上臂外侧三角肌附着处，皮下注射 0.5ml。分别于 2 岁和 7 岁再各注射 0.5ml，以后不再免疫。

5. 不良反应　少数儿童可能出现一过性发热反应，一般不超过 2 天，可自行缓解。偶有散在皮疹出现，一般不需特殊处理，必要时可对症治疗。

（六）流感疫苗

1. 简介　流行性感冒（流感）是一种由流感病毒引起的可造成大规模流行的急性呼吸道传染病。流感与普通感冒相比，症状更加严重，传染性更强。流感病毒分甲、乙、丙三型。其中，甲型致病力最强，可感染动物和人类并引起流行甚至是世界范围内的大流行；乙型致病力稍弱，可引起局部流行。流感病毒经常发生抗原漂移和抗原转移，逃避机体免疫系统的防御，这也是造成大流行的原因。临床上对流感仍缺乏有效的药物进行治疗，流感疫苗在近 30 年的应用过程中，充分证明了接种流感疫苗对保护健康起很大作用。

接种流感疫苗有效减少发生流感的概率，减轻流感症状。但不能防止普通性感冒的发生，只能起到缓解普通性感冒症状、缩短感冒周期等作用。

2. 制备与性状　全病毒灭活疫苗、裂解疫苗和亚单位疫苗，国产和进口产品均有销售。每种疫苗均含有甲 1 亚型、甲 3 亚型和乙型 3 种流感灭活病毒或抗原组分。

流感全病毒灭活疫苗系用当年的流行株或相似株甲型、乙型流行性感冒病毒，分别接种鸡胚，培养后收获病毒液，经灭活、浓缩、纯化后制成。裂解型流感灭活疫苗是建立在流感全病毒灭活疫苗的基础上，通过选择适当的裂解剂和裂解条件裂解流感病毒，去除病毒核酸和大分子蛋白，保留抗原有效成分 HA 和 NA 以及部分 M 蛋白和 NP 蛋白，经过不同的生产工艺去除裂解剂和纯化有效抗原成分制备而成。裂解型流感疫苗可降低全病毒灭活疫苗的接种副反应，并保持相对较高的免疫原性，但在制备过程中须添加和去除裂解剂。20 世纪 70 和 80 年代，在裂解疫苗的基础上，又研制出了毒粒亚单位和表面抗原（HA 和 NA）疫苗。通过选择合适的裂解剂和裂解条件，将流感病毒膜蛋白 HA 和 NA 裂解下来，经纯化得到 HA 和 NA 蛋白。亚单位型流感疫苗具有很纯的抗原组分。经证实其免疫效果与裂解疫苗相同。

3. 接种对象　接种对象为易感者及易发生相关并发症的人群，如儿童、老年人、体弱者、流感流行地区人员等。

4. 接种方法　于流感流行季节前或期间进行预防接种。12～35 个月的儿童接种两剂量，每剂 0.25ml，间隔一个月。36 个月以上的儿童及成人，接种 1 剂量，每剂 0.5ml。儿童和成人均于上臂三角肌肌内注射。不能静脉注射。

5. 不良反应　流感疫苗接种后可能出现低烧，而且注射部位会有轻微红肿、痛和痒等，一般很快消失。但这些都是暂时现象而且发生率很低，不须太在意。但少数人会出现高烧、呼吸困难、声音嘶哑、喘鸣、荨麻疹、苍白、虚弱、心跳过速和头晕，此时应立即就医。全病毒灭活疫苗对儿童副作用较大，12 岁以下的儿童禁止接种此种疫苗。

（七）基因重组乙肝疫苗

1. 简介　乙型肝炎（乙肝）是由乙型肝炎病毒引起的、以肝脏为主要病变的一种传染病。我国是乙肝的高发区，人群中有 60% 的人被乙肝病毒感染，10% 的人群乙肝表面抗原（HBsAg）阳性。乙肝病程迁延，易转变为慢性肝炎、肝硬化及肝癌，是一个严重的公共卫生问题。

注射乙肝疫苗是预防和控制乙肝的最有效的措施之一。乙型肝炎疫苗的研制先后经历了血源性疫苗和基因工程疫苗阶段。前者由于安全、来源和成本等原因已被淘汰。基因工程乙肝疫苗技术已相当成熟，中国自行研制的疫苗经多年观察证明安全有效，亦已批准生产。疫苗主要成分是 HBsAg，即一种乙肝病毒的包膜蛋白，并非完整病毒。这种表面抗原不含有病毒遗传物质，不具备感染性和致病性，但保留了免疫原性，即刺激机体产生保护性抗体的能力。

2. 制备与性状　基因工程乙肝疫苗即基因重组乙肝疫苗是利用转基因技术，构建含有乙肝病毒 HBsAg 基因的重组质粒，然后转染相应的宿主细胞，如酵母、CHO 细胞，在繁殖过程中产生未糖基化的 HBsAg 多肽，经细胞破碎，颗粒形未糖基化的 HBsAg 多肽释放，经纯化，灭活，加氢氧化铝后制成。利用重组酵母生产的叫重组酵母乙肝疫苗，利用 CHO 细胞生产的叫重组 CHO 乙肝疫苗，剂量为每支 5μg。疫苗外观有轻微乳白色沉淀。

3. 接种对象　中国大多数乙肝病毒携带者来源于新生儿及儿童期的感染。由此可见，新生儿的预防尤为重要，所有新生儿都应当接种乙肝疫苗。其次，学龄前儿童也应进行接种。第三，HBsAg 阳性者的配偶及其他从事有感染乙肝危险职业的人，如密切接触血液的人员、医护人员、血液透析患者等。

4. 接种方法　乙型肝炎疫苗全程接种共 3 针，按照 0、1、6 个月程序，即接种第 1 针疫苗后，间隔 1 及 6 个月注射第 2 及第 3 针疫苗。新生儿接种乙型肝炎疫苗越早越好，要求在出生后 24 小时内接种。新生儿的接种部位为大腿前部外侧肌肉内，儿童和成人为上臂三角肌中部肌肉内注射。

5. 不良反应 经过 20 多年大规模的使用和观察，目前还没有接种乙肝疫苗后有严重副作用的病例。只有少数人接种后会产生接种部位红肿、疼痛、发痒、手臂酸重等症状，或者是产生低热、乏力、恶心、食欲不振等与一般疫苗相似的轻微反应。

知识链接

　　重组人乳头瘤病毒疫苗——人乳头瘤病毒（HPV）是一种嗜上皮性病毒，有高度的特异性，已知 HPV 可引起人类良性的肿瘤和疣。研究表明 HPV 可以在 99.8% 的宫颈癌患者中发现，HPV 感染是宫颈癌和疣的主要病因。因此 HPV 疫苗就是预防宫颈癌和疣的。宫颈癌是妇科常见的恶性肿瘤之一，发病率仅次于乳腺癌，位居第二位。由美国默沙东公司研制成功的一种专门针对 HPV 的疫苗——"加德西"（Gardasil），2012年获得美国食品及药品管理局（FDA）的上市批准。这是世界上第一个获准上市的用来预防由 HPV 6、11、16 和 18 型引起的宫颈癌和生殖器官癌前病变的癌症疫苗。获准上市的第二个疫苗是由葛兰素史克药厂生产的子宫颈癌疫苗卉妍康（Cervarix），预防由 HPV16 及 HPV18 型病变引起的子宫颈癌。目前 HPV 疫苗在中国大陆还没有通过审批，而在中国香港 HPV 疫苗已经得到推广普及。

二、细菌类疫苗

（一）卡介苗

1. 简介 结核菌是细胞内寄生菌，因此人体抗结核的特异性免疫主要是细胞免疫。卡介苗（BCG）是用于预防结核病的疫苗，使用活的无毒牛型结核杆菌制成。接种人体后，引起轻微感染，菌体经过巨噬细胞的加工处理，将其抗原信息传递给免疫活性细胞，使 T 细胞分化增殖，形成致敏淋巴细胞，当机体再遇到结核菌感染时，巨噬细胞和致敏淋巴细胞迅速被激活，执行免疫功能，引起特异性免疫反应，从而产生对人型结核杆菌的免疫力。所用牛型结核杆菌是在特殊的人工培养基上，经数年的传代丧失了对人类的致病能力，但仍保持有足够高的免疫原性，成为可在一定程度上预防结核的疫苗，对于预防结核性脑膜炎和血行播散性结核有效。

2. 制备与性状 冻干卡介苗系用卡介菌经培养后收集菌体，加入稳定剂冻干制成。为白色疏松体或粉末，复溶后为均匀悬液。

3. 接种对象 出生 3 个月以内的婴儿或用 5IU 结核菌素试验（PPD）阴性的儿童（注射后 48~72 小时局部硬结在 5mm 以下者为阴性）。

4. 接种方法 预防结核病，上臂外侧三角肌中部略下处皮内注射。10 次人用剂量卡介苗加入 1ml 所附稀释剂，5 次人用剂量卡介苗加入 0.5ml 所附稀释剂，放置约 1 分钟，摇动使之溶解并充分混匀。疫苗溶解后必须在半小时内用完。用灭菌的 1ml 蓝芯注射器将随制品附带的稀释液定量加入冻干卡介苗安瓿中，放置约 1 分钟，摇动安瓿使之溶化，混匀后进行注射，0.1ml/次。

5. 不良反应 90% 以上的受种者会在接种局部出现红肿浸润，若随后化脓，形成小溃疡，持续数周至半年，最后愈合形成疤痕，俗称卡疤。

（二）伤寒 Vi 多糖疫苗

1. 简介 伤寒是由高毒力、高侵袭性的肠道病原体伤寒沙门菌引发的严重全身性感染。

伤寒杆菌通过粪-口途径传播。虽然主要表现为地方性流行疾病，但伤寒杆菌具备流行潜力。患者表现可持续性高热（40~41℃），为时1~2周以上，出现特殊中毒面容，相对缓脉，皮肤玫瑰疹，肝脾肿大，白细胞总数低下，嗜酸粒细胞消失，骨髓象中有伤寒细胞。

接种疫苗后，可诱导机体产生体液免疫应答，预防伤寒沙门菌引起的伤寒病。

2. 制备与性状　伤寒Vi多糖疫苗系用伤寒沙门菌培养液纯化的Vi多糖，经用PRS稀释制成。本品为无色澄明液体，不含异物或凝块。

3. 接种对象　主要接种对象是部队、港口、铁路沿线的工作人员，下水道、粪便、垃圾处理人员，饮食业、医务防疫人员及水上居民或本病流行地区的人群。

4. 接种方法　上臂外侧三角肌肌内注射0.5ml，一次即可。

5. 不良反应　轻微，偶有个别短暂低烧，局部稍有压痛感，可自行缓解。

（三）ACYW135群四价脑膜炎球菌多糖疫苗

1. 简介　脑膜炎球菌为流行性脑脊髓膜炎（流脑）的病原菌。带菌者和患者是传染源。脑膜炎球菌经飞沫传染，也可通过接触患者呼吸道分泌物污染的物品而感染。本病的发生和机体免疫力有密切的关系，当机体抵抗力低下时，侵入鼻咽腔细菌大量繁殖而侵入血流，引起菌血症和败血症，患者出现恶寒、发热、恶心、呕吐，皮肤上有出血性皮疹，皮疹内可查到本菌。严重者侵犯脑脊髓膜，发生化脓性脑脊髓膜炎。根据本菌的夹膜多糖抗原的不同，通过血凝试验分为A、B、C、D四个血清群，之后又发现X、Y、Z、29E、W135等5个群。以A、B、C群为多见。

接种脑膜炎球菌多糖疫苗后，可使机体产生体液免疫应答，预防流脑的发生。脑膜炎球菌多糖疫苗分为单价A或C、双价A和C及4价疫苗。目前最好的是四价疫苗。

2. 制备与性状　本疫苗系用A、C、Y、W135群奈瑟脑膜炎球菌培养液，经提纯获得的荚膜多糖抗原，纯化后加入适宜稳定剂（乳糖）冻干制成。成品外观为白色疏松体，加入所附稀释液复溶后为无色澄明液体。

3. 接种对象　目前在国内仅推荐本品在以下范围内2周岁以上儿童及成人的高危人群使用：一是旅游到或居住在高危地区者，如非洲撒哈拉地区（A、C、Y及W135群奈瑟脑膜炎球菌传染流行区）；二是从事实验室或疫苗生产工作可从空气中接触到A、C、Y及W135群奈瑟脑膜炎球菌者；三是根据流行病学调查，由国家卫计委和疾病控制中心预测有Y及W135群脑膜炎奈瑟菌暴发地区的高危人群。

4. 接种方法　将上臂外侧三角肌附着处皮肤消毒后皮下注射本品。

剂量：2岁以上儿童和成人接种1剂，每次0.5ml。接种应于流脑流行季节前完成。

5. 不良反应　主要为接种部位1~2天的红肿和疼痛，全身不良反应主要为发热，大多数可自行缓解，并在72小时内消失。

（四）肺炎球菌结合疫苗

1. 简介　肺炎球菌，也称"肺炎链球菌"。早在19世纪，肺炎球菌已被发现会引起肺炎。肺炎球菌通常藏匿在人们的鼻咽部，可以通过咳嗽、打喷嚏、说话时释放的飞沫传染给其他人；一旦带菌者抵抗力降低，肺炎球菌就会乘虚而入，导致不同部位的一系列感染，包括中耳炎、肺炎、菌血症和脑膜炎。

在肺炎球菌结合疫苗问世之前，只有以肺炎球菌荚膜多糖为抗原成分的多糖疫苗。多糖疫苗只能诱导B细胞免疫，而不能诱导T细胞免疫，而且，接种多糖疫苗产生的抗体活性弱，并不能诱导免疫记忆。结合疫苗的抗原成分是以肺炎球菌荚膜多糖结合白喉变异蛋白一起构成的，因为有氨基酸类抗原物质参与，所以不仅能诱导B细胞免疫，也能诱导T细胞免疫。这样在2岁以下儿童体内可诱导有效的免疫应答，而 2 岁以下儿童恰恰是肺炎球菌的主要易感人群。

2. 制备与性状　七价肺炎球菌结合疫苗包含 7 种主要的致病肺炎球菌荚膜多糖血清型：4、6B、14、19F、23F、18C、9V。各型多糖与 CRM197 载体蛋白（从白喉杆菌提取）结合后吸附于磷酸铝佐剂。

3. 接种对象　用于 3 月龄~2 岁婴幼儿、未接种过本疫苗的 2~5 岁儿童。

4. 接种方法　采用肌内注射接种。首选接种部位为婴儿的大腿前外侧区域（股外侧肌）或儿童的上臂三角肌。

5. 不良反应　对本疫苗中任何成分过敏，或对白喉类毒素过敏者禁用。

知识链接

炭疽病及皮上划痕人用炭疽活疫苗——炭疽病是人畜共患急性传染病，该病由炭疽杆菌引起。人对炭疽杆菌中等敏感，在正常情况下人患炭疽多由屠宰病畜，接触污染的皮、毛、骨粉、尘土和误食病畜肉引起，是典型的畜源性传染病。皮上划痕人用炭疽活疫苗系用炭疽芽胞杆菌的弱毒株经培养、收集菌体后稀释制成。本品接种后，可刺激机体产生特异性抗体，用于炭疽病的预防。接种对象为炭疽病常发地区人群、与畜类密切接触者、皮毛及肉食加工人员等。免疫有效期 1 年。

三、联合疫苗

（一）吸附百日咳、白喉、破伤风联合疫苗

1. 简介　百日咳、白喉、破伤风混合疫苗简称百白破疫苗，它是由百日咳疫苗、精制白喉和破伤风类毒素按适量比例配制而成，用于预防百日咳、白喉、破伤风三种疾病。目前一般认为对破伤风、白喉的免疫效果更为满意。目前使用的有吸附百日咳疫苗、白喉和破伤风类毒素混合疫苗（吸附百白破）和吸附无细胞百日咳疫苗、白喉和破伤风类毒类混合疫苗（吸附无细胞百白破）。

2. 制备与性状　吸附百日咳、白喉、破伤风联合疫苗系由百日咳菌苗原液、精制白喉类毒素及精制破伤风类毒素，加氢氧化铝佐剂制成。全细胞百白破三联混合剂（WPDT）和无细胞百白破三联混合制剂（APDT）区别主要在于其中的百日咳菌体成分的不同。前者由百日咳全菌体疫苗配制，除含有有效成分外还含有多种引起副反应的有害成分如脂多糖等，预防接种后副反应较多、较严重，给儿童的日常生活带来苦恼。后者配制时去除百日咳全菌体疫苗中的有害成分（如脂多糖等），保持免疫效果的同时，降低其严重的反应，更具安全性，没有毒性逆转。为乳白色悬液，放置后佐剂下沉，摇动后即成均匀悬液，含防腐剂。

3. 接种对象　3 月龄至 7 周岁的儿童。

4. 接种方法　我国现行的免疫程序规定，新生儿出生后 3 足月就应开始接种百白破疫苗第一针，连续接种 3 针，每针间隔时间最短不得少于 28 天，在 1 岁半至 2 周岁时再用百白破疫苗加强免疫 1 针，如果超过三岁则不应再接种白百破疫苗，应等 7 周岁时用精制白喉疫苗或精制白破二联疫苗加强免疫 1 针。吸附百白破疫苗采用肌内注射，接种部位在上臂外侧三角肌附着处或臀部外上 1/4 处。

5. 不良反应 局部可有红肿、疼痛、发痒、硬结，全身可有低热、疲倦、头痛等，一般不需特殊处理即自行消退。

（二）麻疹腮腺炎联合减毒活疫苗

1. 简介 麻疹腮腺炎联合减毒活疫苗，适应证为本疫苗免疫接种后，可刺激机体产生抗麻疹和流行性腮腺炎病毒的免疫力，用于预防麻疹和流行性腮腺炎。

2. 制备与性状 本品系用麻疹和腮腺炎病毒减毒株分别接种鸡胚细胞，经培养、收获单价病毒液以合适的比例混合并加适宜稳定剂后冻干而成。冻干疫苗呈乳酪色疏松体，经溶解后为橙红色澄明液。

3. 接种对象 年龄为 8 个月以上的麻疹和腮腺炎易感者。

4. 接种方法 于上臂外侧三角肌下缘附着处皮下注射 0.5ml。

5. 不良反应 注射后一般无局部反应。在 6~10 天内，少数儿童可能出现一过性发热反应以及散在皮疹，一般不超过 2 天可自行缓解，通常不需特殊处理，必要时可对症治疗。

知识拓展

我国疫苗分类及需求——按照疫苗接种费用支付主体的不同，我国人用疫苗划分为两类。第一类疫苗是指政府免费向公民提供，公民应当依照政府规定接种的疫苗，包括国家免疫规划疫苗、特种储备疫苗（用于出国人员特殊免疫接种，以及防御生物恐怖袭击和生物战）等，由政府制定使用计划并集中采购。其中，国家免疫规划疫苗主要针对适龄儿童。特种储备疫苗的研发、生产、储备目前也已具备了一定基础。第二类疫苗是指由公民自愿接种并自费负担的疫苗，供需主要依靠市场调节，人用狂犬病疫苗、成人乙肝疫苗等一些常用品种利润相对较高，市场竞争激烈，目前第二类疫苗接种率稳步上升。2010 年，我国第一类疫苗与第二类疫苗用量约为 9 亿人份。

知识拓展

我国儿童计划免疫程序——

出生儿（24 小时内），乙型肝炎疫苗（1 次）卡介苗；

1 月龄，乙型肝炎疫苗（2 次）；

2 月龄，脊髓灰质炎糖丸（1 次）；

3 月龄，脊髓灰质炎糖丸（2 次），百白破疫苗（1 次）；

4 月龄，脊髓灰质炎糖丸（3 次），百白破疫苗（2 次）；

5 月龄，百白破疫苗（3 次）；

6 月龄，乙型肝炎疫苗（3 次）；

8 月龄，麻疹疫苗；

1.5~2 岁，百白破疫苗（加强），脊髓灰质炎糖丸（部分地区）；

4 岁，脊髓灰质炎疫苗（加强）；

7 岁，麻疹疫苗（加强），白破二联疫苗（加强）；

12 岁，卡介苗（加强，农村）。

本 章 小 结

疫苗是生物技术药物中的重要内容之一。本章主要包括疫苗的概念与作用机制、疫苗的发展史和发展趋势、疫苗的分类及各自的特点、佐剂的概念与种类以及常见主要疫苗的特点与应用等内容。

重点：疫苗的概念与优势；疫苗的分类，包括减毒活疫苗、灭活疫苗、亚单位疫苗、联合疫苗、核酸疫苗、治疗性疫苗等的特点；佐剂的概念及其主要种类的特点；常见主要细菌性疫苗和病毒型疫苗的来源、作用和性状。

难点：疫苗的作用方式与机制；新型疫苗的发展前景；佐剂的种类和作用机制。

思考题

1. 在基因工程疫苗研制中，如何筛选和优化抗原？

2. 免疫佐剂加强免疫应答的机制是什么？

3. 简述基因工程疫苗的基本特点，并举例说明基因工程疫苗与传统疫苗相比较，其优势何在？

4. 举例说明 3~4 种常规免疫佐剂的特点和应用现状。

（郭　刚）

第七章 基因治疗

学习导引

1. **掌握** 基因治疗的概念、策略以及基因转移的方法。
2. **熟悉** 基因治疗的方法、基因治疗靶细胞的选择。
3. **了解** 基因治疗在临床上应用及其前景和安全性。

第一节 概 述

一、基因治疗的概念

从 20 世纪中期 Watson 和 Crick 发现并提出 DNA 双螺旋结构以来，分子生物学迅猛发展。尤其是 20 世纪 70 年代中期，Sanger 双脱氧链末端终止法的出现，人们开始破解生物遗传密码，开启了人类基因组计划（Human Genome Project，HGP）。HGP 的成功实施使人类了解基因组序列、生命起源、生命体生长发育规律，认识种属间和个体间存在差异的原因、疾病发生发展及长寿与衰老等生命现象的机制，为疾病的诊治提供了科学依据。随之人们发现一些疾病是由基因缺陷引起的，继而期望通过对缺陷基因进行改造，达到治疗疾病的目的。美国是第一个在法律上通过基因治疗方案的国家，也是世界上开展基因治疗最早和最多的国家。1990 年，美国国家卫生研究所（National Institutes of Health，NIH）的 Michael Blease 和 French Anderson 首次利用基因治疗方法治疗由腺苷脱氨酶（adenosine deaminase，ADA）缺乏引起的重症联合免疫缺陷综合征（severe combined immunodeficiency syndrome，SCID），并获得了巨大的成功，使人们看到了基因治疗的伟大前景，促使世界各地掀起了基因治疗的热潮。我国开展基因治疗亦较早。复旦大学薛京伦教授研究小组于 1991 年开始对 B 型血友病（hemophilia B）进行基因治疗的临床研究，使 B 型血友病成为继 SCID 之后第二个基因治疗获得成功的疾病，为我国的基因治疗奠定了基础。目前，人类基因治疗的研究已在世界范围内展开，临床案例已达 2000 多个，大部分是癌症（约 64.1%），其次是单基因疾病（9.1%）、传染性疾病（8.2%）及心血管疾病（7.8%）等严重威胁人类健康的疾病。

狭义的基因治疗（gene therapy），是指通过一定的技术手段将外源目的基因导入有缺陷的细胞内，使该细胞的缺陷得到改善，以达到治疗目的。主要包括基因水平调控细胞中缺陷基因的表达、修补缺陷基因或用正常基因替代缺陷基因等，可用来治疗因某个基因缺陷所导致的遗传病、免疫缺陷病，以及原癌基因激活或抑癌基因失活引起的肿瘤等疾病；通过抑制或破坏病原微生物基因的表达，杀伤或抑制病原微生物的生长和繁殖，治疗一些传染性疾病。随着科学技术的不断发展和更新，基因治疗的定义更加广泛，凡是采用分子生物学的方法和原理，在核酸水平上开展对疾病的治疗都称为基因治疗。因此基因治疗还包括从核酸水平采取新技术和基因工程手段制备的药物，如第九章讲到的核酸类药物等。

二、基因治疗的策略

基因治疗的策略大致可分为基因置换（gene replacement）、基因修复（gene correction）、基因修饰（gene modification）、基因失活（gene inactivation）、免疫调节（immune adjustment）等形式。

（一）基因置换

基因置换指正常的功能基因原位替换有功能缺陷的基因，使得细胞恢复正常的生命活动。

（二）基因修复

基因修复又称原位修复，指在原来基因的基础上根据正常的基因序列对于病变的基因进行修复，使该基因正常表达。

以上两种方法合称基因修正，是理论上最理想和最直接的基因治疗方法，但实际操作中尚难以实现。

（三）基因修饰

基因修饰又称基因增补，指将正常目的基因导入病变细胞内，以目的基因表达产物来弥补基因缺陷所引起的疾病，达到缓解甚至治愈病症的目的。这是目前基因治疗中最常用的方式，包括基因失活和基因表达缺陷的增补治疗。

（四）基因失活

基因失活指采用特定手段（反义核酸技术、超甲基化、RNA干扰技术等）来阻断或抑制致病基因的表达，达到治疗疾病的目的。

基因导向酶前药治疗（gene-directed enzyme prodrug treatment，GDEPT），是指将某些病毒、细菌的基因导入靶细胞中，其表达产物可将无毒的药物前体催化转变为有毒物质，从而导致携带该基因的受体细胞被杀死，又称自杀基因疗法（suicide gene therapy），常用来治疗肿瘤和感染性疾病。目前基因治疗中常用的自杀基因系统有HSV-TK/GCV系统、CD/5-FC系统和VZV-tk/Ara-M系统等。

（五）免疫调节

将抗体、T细胞受体、细胞因子等免疫相关基因导入受体细胞，增强靶细胞的免疫原性，提高机体对抗原的识别和提呈能力，以增强机体的免疫能力，最终达到治疗的目的。主要用于治疗肿瘤、白血病、自身免疫性疾病等。

（六）其他方法

三、基因治疗的步骤

基因治疗的实施步骤主要包括：目的基因的选择和克隆；载体和靶细胞的选择；细胞转染；外源基因的表达及检测；回输体内等。采用基因治疗首先要对疾病发病机制进行全面了解，选择目的基因需满足可控性、长期稳定性以及对宿主的安全性。通过采用合适的基因治疗策略、正确治疗方案，实现疾病的有效治疗。

第二节　基因治疗

一、基因治疗的分类

基因治疗的方式可分为体内基因导入法（in vivo gene delivery）和离体基因导入法（ex vivo gene delivery）。

体内基因导入法是指将目的基因直接导入患者体内，利用转移载体使其直接在体内转移到靶细胞中。这是一种简便易行的方法，通过肌内注射、静脉注射、器官内灌注、皮下包埋等来完成，但其缺点是转染效率低下。目前较多采用离体基因导入法，即先从患者体内分离细胞，进行体外培养，并在体外将外源基因导入该细胞中，然后将这些基因修饰后的细胞回输给受者，使其在体内表达相应的目的基因。该方法相对安全且效率高，但易受到载体细胞的限制，操作步骤较繁琐。

二、基因治疗的方法

按照基因治疗的分类，基因治疗的方法主要包括直接导入法、物理转移法、化学转移法和生物转移法等，以实现基因转移（gene transfer）的目的。

（一）直接导入法

细胞膜具有阻止大分子物质直接进入细胞的特性，而有些小分子的核酸，如寡聚核苷酸、诱饵 RNA 和 siRNA 等可以通过网格蛋白介导的胞吞作用进入细胞。细胞外溶质（配体）可与细胞膜上小窝中脂锚定蛋白（受体）特异性结合，通过启动下游复杂的信号转导而发生内吞作用。但是大多数物质会被送到溶酶体中进行消化，只有一些小分子可以通过该途径逃逸早期或晚期的胞内体，穿过胞内体膜，进入细胞基质，然后转移至细胞核。该方法相对简单，可应用于基因疫苗。但其转化效率低，呈瞬时性表达，且仅在骨骼肌细胞、心肌细胞及抗原提呈细胞中具有较好的内化作用。

（二）物理转移法

利用物理手段来穿透细胞膜或增加细胞膜瞬时通透性，将外源基因导入受体细胞中，主要包括质粒 DNA、小分子 DNA 或 RNA（siRNA，shRNA，microRNA）。这些物理手段包括电穿孔法（electroporation）、流体力学注射法（hydrodynamic intravascular injection）、声孔效应（sonoporation）、基因枪法（gene gun）等。

1. 电穿孔法　通过电场的瞬间脉冲作用，使细胞膜形成暂时性纳米大小的孔道（大小为 $105\sim115\mu m$，时间维持几毫秒到几秒），瞬时提高细胞膜的通透性，将 DNA、RNA、多肽、蛋白质等导入受体细胞。该方法转化效率高，但电脉冲对组织有一定的破坏作用，且进入体内的目的片段存在暂时性，通常几天之后会丢失。该法主要用于皮肤、肌肉、肝、肾、肺、心脏等部位。目前以骨骼肌为靶组织进行表达的时间最长，一般可持续 15 个月。

2. 流体力学注射法　主要是通过瞬间高压注射增加局部流体静压力，使得细胞膜表面形成瞬时孔洞或缺陷，允许 DNA 和 RNA 穿过内皮细胞连接，到达靶细胞。流体力学基因转移可将大容量裸质粒、寡核苷酸和 siRNA 等注入体内，可应用于肌肉、肝和心脏等不同的器官，但仍存在转化效率低、时效性短等问题。

3. 声孔效应　低频超声辐射引起细胞膜的机械扰动，使大分子吸收附近的空化气泡；破溃的气泡使细胞膜形成瞬时小孔或增加膜通透性，便于物质进入细胞。超声微气泡可以增加细胞膜的通透性，允许基因、治疗药物和抗体进入细胞。其操作简单，将待测细胞与目的基因混合放入超声波容器中，采用不同的声频、声强及处理的时间进行处理即可，但其实验条件较易改变，难以实现标准化。

4. 基因枪法　又称微粒子轰击法。将外源基因与金属离子相结合，经特殊装置以高压高速直接注入细胞、组织或器官中。基因枪操作简单、需要量少、效率高，一般用于易进入的组织细胞中，包括表皮细胞、内皮细胞、成纤维细胞、淋巴细胞和单核细胞等。

（三）化学转移法

化学转移法是通过改变核酸本身的性质，如降低其亲水性、中和电荷等提高细胞对核酸的摄取量。目前常用的方法包括脂质体法（liposome）、阳离子聚合物（cationic polymers）等。化学转移法相对简单，且不易引起免疫反应，但其转化效率低且对于机体有一定的毒副作用。

1. 脂质体法　将外源基因包裹入脂质体中，由细胞本身的内吞作用将其导入到受体细胞中。许多阳离子类脂以脂质体的形式用于基因转移，具有无免疫原性、易生产、质粒免受核酸酶降解和无致瘤性等优点，可作为病毒载体的有效替代物用于基因的体内外转染，是目前基因体外转移的重要媒介。阳离子类脂分子主要由 3 部分构成：阳离子头部、连接键和疏水烃尾。其介导基因进入细胞的主要机制为内吞作用。首先阳离子脂质体与核酸分子通过静电作用形成阳离子脂质体/核酸复合物（lipoplex），然后带正电的阳离子脂质体/核酸复合物由于静电作用吸附于带负电的细胞膜表面，通过内吞作用进入细胞形成内涵体，进而复合物释放，最后核酸分子被摄入细胞核进行转录表达。

2. 阳离子聚合物　阳离子聚合物是一种非病毒基因载体，由于其结构中带正电荷，容易通过静电作用与带负电荷的核酸形成复合物，核酸被压缩，避免了被酶降解。通过对阳离子聚合物的修饰可促进受体介导的内吞。目前常用的阳离子聚合物包括聚乙烯亚胺（PEI）、聚赖氨酸（PLL）、壳聚糖（chitosan）、树枝状聚合物（dendrimer），这些聚合物可以是线性、分支型或者树形。

（四）生物转移法

目前生物转移法主要采用反转录病毒、腺病毒、腺病毒相关病毒、单纯疱疹病毒等载体。反转录病毒能够感染正在处于分裂期的受体细胞，可整合到细胞染色体中持续表达；但反转录病毒可载外源基因的容量较小，且与染色体的随机整合存在潜在的安全风险。而腺病毒载体具有易制备、操作过程简单、可载外源基因容量大、宿主种类较多、感染率较高、毒性低等优点，在基因治疗的临床试验中起到了较好的效果。但也存在免疫原性高、易产生抗体及炎症反应等问题，存在一定的安全风险；而且腺病毒携带的基因未整合入宿主细胞，仅可瞬时表达，因此需要反复给药。中国首个获准上市的基因治疗药物"重组人 p53 腺病毒注射液"，是由正常人肿瘤抑制基因 p53 和改构的 5 型腺病毒基因重组而成的。Glybera 是首个欧洲批准用于临床试验性基因治疗药物，以腺相关病毒为载体用于治疗脂蛋白脂肪酶缺乏症（lipoprotein lipase deficiency，LPLD）。

基因治疗方法作为基因治疗研究中的重要内容，不论是生物转移法还是非生物转移法，目前都存在一定的缺陷，需要对于基因转移技术进一步开发和创新，才能更好地应用于临床，造福于人类。

三、基因治疗的靶细胞

基因治疗的靶细胞分为体细胞和生殖细胞。由于生殖细胞介导的基因治疗存在伦理问题，同时也有许多潜在风险，因此目前对其有很大的争议而尚未被批准。《欧洲人权和人类尊严保护公约》指出："寻求修改人类基因组的任何干预措施只能用于预防、诊断或治疗疾病。并且这种干预不能给后代的基因带来任何改变"。目前一般采用体细胞进行基因治疗。对于靶细胞的选择须考虑：具有组织特异性，识别靶器官以进行特异性治疗；较易从机体中分离出来；适应体外培养且生命周期较长；离体细胞较易受外源基因转化，经转染和一定时间培养后再植回体内仍易成活等。目前常用的靶细胞有：

（一）骨髓干细胞

骨髓干细胞能够分化成各种血细胞，取材简单、易于增殖、移植后无免疫排斥反应，不涉及伦理问题，且骨髓干细胞是一种具有多向分化潜能及自我修复功能的早期未分化细胞，因此骨髓干细胞用作靶细胞是基因治疗的首选。但是骨髓干细胞也有自身的缺点，如分离效率低、代价高、稳定性差等。

（二）皮肤成纤维细胞

人皮肤成纤维细胞几乎可以满足靶细胞选取的所有条件，尤其是在增殖能力上完全达到靶细胞选取的标准。成纤维细胞能产生大量的胶原蛋白、弹性纤维蛋白及多种细胞修复因子，具有强大的自我更新能力，在抗皮肤衰老和损伤中起着重要的作用。它能合成和分泌胶原蛋白、弹性蛋白及纤维连接蛋白等，并可通过血液系统进入全身各系统，对维持皮肤的弹性和韧性起着重要作用。它还可应用于一些酶、激素或蛋白等缺陷引起的疾病，如血友病、糖尿病。但是成纤维细胞的表达周期较短，一般只有 1 个月。

（三）肝细胞

肝脏为机体的代谢中枢。目前临床上以肝细胞为靶细胞进行基因治疗的疾病，包括遗传性疾病（家族性高胆固醇血症、脂代谢异常、α_1-抗胰蛋白酶缺乏症、苯丙酮尿症、血友病和溶酶体贮藏障碍等）、肿瘤（肝细胞癌、肝转移癌）、感染性疾病（病毒性肝炎）等。

（四）血管内皮细胞

血管内皮细胞又称内皮细胞，覆盖于全身的血管内膜，含量丰富，来源充足，易于移植，对反转录病毒敏感。血管内皮是具有高度代谢活性和分泌活性的器官，它既是感应细胞，能感知血液中的切应力、压力、炎性信号、激素水平等信息，同时又是效应细胞，通过释放活性物质对这些信息做出反应，维持着血液的正常流动，起着血液与组织液间的屏障作用，而且它分泌的多种血管活性物质对维持血管壁张力、管壁的炎症修复和血管增生也具有重要作用。内皮细胞的功能障碍或损伤在动脉粥样硬化中起到重要的作用。

（五）淋巴细胞

淋巴细胞由淋巴器官产生，是机体免疫应答功能的重要细胞成分。包括 T 细胞和 B 细胞，介导机体的细胞免疫、体液免疫。淋巴细胞分化成记忆细胞后寿命较长，具有自我更新能力，且易取出和回输体内，适合于体外培养。淋巴细胞可作为免疫缺陷性疾病、肿瘤、血液系统单基因遗传性疾病等基因治疗的重要靶细胞。

（六）骨骼肌细胞

骨骼肌细胞具有取材范围广、寿命长、来源丰富、易获取及体外培养时具有一定的分裂能力等优点，适用于肌肉组织本身疾病的基因治疗。如 Duchenne 肌营养不良（DMD），是一种最常见的 X 性连锁隐性遗传性肌病，缺乏有效的治疗方法。目前以骨骼肌细胞为靶细胞的基因治疗成为其研究重点。

（七）肿瘤细胞

肿瘤的基因治疗可以肿瘤细胞作为靶细胞。肿瘤细胞的来源主要是外科手术或者活检组织，取材需避免退变或坏死组织，且离体后需尽快进行培养。肿瘤细胞培养需要采取一些特殊的方式才能生存，如加入适宜的促细胞生长因子、血清等。对于大多数肿瘤细胞，尤其是分裂旺盛期的肿瘤细胞，可以高效率转导。

第三节　基因治疗的临床应用

一、遗传性疾病

遗传性疾病是指受精卵中的遗传物质异常或缺陷所引起的子代性状异常。目前已经发现的遗传病大约有 6000 多种，主要包括单基因病、常染色体显性遗传病、常染色体隐性遗传病、性连锁遗传病、多基因病、常染色体异常和性染色体异常等，其中大多数尚缺乏有效的治疗手段。

遗传性疾病的治疗，首先须明确其发病原因以采取正确的基因治疗手段。在遗传病的基因治疗中最理想的治疗手段基因置换和基因修复，但由于目前技术不够完善尚未能实现，现最常用的治疗方法为基因修饰、基因失活和自杀基因疗法。已实现基因治疗的遗传病主要包括家族性高胆固醇血症（FH）、苯丙酮尿症（PKU）、白细胞黏附不全症（LAD）和地中海贫血症等。β-地中海贫血症，是一种由于 β-珠蛋白基因突变而导致该蛋白合成缺陷的疾病，可通过导入正常的 β-珠蛋白基因进行治疗。

实例分析

实例： 重症联合免疫缺陷病（SCID）基因治疗

分析： 该病由于腺苷脱氨酶（adenosine deaminase，ADA）缺陷导致 ADA 酶活性及稳定性均降低。ADA 酶可催化脱氧腺苷和腺苷，一旦 ADA 酶缺失或活性下降，可导致腺苷水平升高，并促进脱氧腺苷和 dATP 水平升高。dATP 是核糖核苷酸二磷酸还原酶的抑制剂，其水平升高可抑制免疫细胞中 DNA 的合成，造成免疫细胞的增殖、分化以及功能受到影响，最终导致细胞体液免疫缺陷。

ADA 基因位于 20 号染色体长臂上，全长为 32040 个碱基对，大多数患儿仅为 ADA 基因 CpG 二核苷酸的点突变（CGG→CAG），整个基因或部分基因缺失仅见于少数病例。通过基因工程技术将正常的 ADA 基因与反转录病毒进行重组之后，导入从患者外周血中分离获得的 T 淋巴细胞内，进行体外培养扩增，富集可表达正常 ADA 基因的 T 淋巴细胞，回输到患者体内。检测患者体内 ADA 含量，每隔 1~2 个月治疗一次，直至患者的症状缓解。

二、心血管疾病

心血管疾病是人类常见疾病之一。随着世界人口老龄化的加剧，心血管疾病的发病率逐年增加。心血管疾病多发于中老年，主要包括心肌及肢体缺血、血栓形成、动脉粥样硬化、心功能不全、心律失常和遗传性心血管病等。目前心血管疾病已成为威胁人类健康的第一大杀手，位居导致人类死亡的三大疾病之首。

当前基因治疗在心血管疾病的治疗中发挥着重要作用，并在实际应用中也取得了较好的效果。目前心血管疾病的基因治疗策略大体分为两种：基因修饰和基因失活。在基因修饰方面，通过导入促血管舒张因子（vasorelaxation factors）基因可以降低血压；通过导入血管内皮生长因子（vascular endothelial growth factor，VEGF）促进血管的生成，为冠心病等缺血性疾病提供新的治疗方式。在基因失活方面，利用反义核酸抑制引起血管收缩和高血压的相关基因的表达，如血管紧张素原（angiotensinogen，AGT）基因，从而抑制引起高血压的活性蛋白质（如血管紧张素Ⅱ）的产生，达到降低血压的治疗目的。

三、肿瘤

目前肿瘤的治疗方法主要是外科手术及化疗、放疗手段，但均未达到理想的治疗效果。近年来随着基因治疗技术和手段的进步，肿瘤的基因治疗已逐步走向临床，成为攻克肿瘤的希望。目前肿瘤基因治疗主要包括以下几个方面：

（一）导入抑癌基因

抑癌基因的失活与肿瘤的发生发展密切相关。因此，肿瘤细胞中导入抑癌基因，以控制肿瘤细胞生长速度或促进肿瘤细胞凋亡，有望实现延长患者生命甚至治愈肿瘤的可能。现阶段研究比较多的抑癌基因有 P53、WT-1、APC、P16、RB 基因等，其中以 P53 基因的应用最常见。目前携带 P53 基因的重组腺病毒已在中国被批准应用于临床，对喉癌、肺癌、神经胶质瘤、乳腺癌和卵巢癌的治疗都有较好的效果。

（二）抑制癌基因的表达

与抑癌基因相反，癌基因的过表达或激活，可导致细胞过度增殖，并与肿瘤的发生密切相关。利用癌基因的反义 RNA 或 RNAi 技术来抑制癌基因的表达，有望实现治疗肿瘤的目的。目前常见的癌基因治疗靶点有 RAS、Survivin、MYC 等。例如，利用 Survivin 的反义核苷酸及 RNAi 技术抑制其表达，对抑制肿瘤生长具有较好的效果，成为肿瘤治疗的一个理想靶点。

（三）自杀基因疗法

将无毒的药物前体变成有毒物质杀伤肿瘤细胞，同时还具有旁观者效应，可以通过血管或者细胞间隙，将毒性产物由导入自杀基因的肿瘤细胞扩散到邻近的肿瘤组织，从而增强其杀伤作用。目前常用的自杀基因有胸苷激酶（thymidinekinase，tk）、胞嘧啶脱氨酶（cytosine deaminase，cd）、鸟嘌呤黄嘌呤磷酸核糖基转移酶、嘌呤核苷磷酸化酶（purine nucleoside phosphorylase，PNP）、大肠埃希菌硝基还原酶（nitroreductase，NTR）、蛋氨酸裂解酶等。尽管肿瘤自杀基因疗法具有很好的抑制肿瘤效果，但是目前还处于实验室研究阶段，尚未应用于临床，将来有望成为治疗肿瘤的有效方法。

（四）抑制血管生成

肿瘤的快速生长特性要求有足够的氧气和营养物质的供给，因此肿瘤部位会有大量的血管生成。通过阻断促血管生长因子的表达或促进血管生长抑制因子的表达都可达到控制肿瘤血管生成的目的，使肿瘤出现坏死、凋亡、萎缩。内皮抑素（endostatin）和血管抑素（angiostatin）是肿瘤基因治疗中比较常见和有效的抑制血管生成的分子，可抑制血管内皮细胞增殖、促进细胞凋亡，从而抑制肿瘤血管的生成和肿瘤的生长，可用于肾癌、肺癌、淋巴瘤、黑色素瘤等的治疗。

（五）细胞因子的基因治疗

细胞因子按功能分类可以分为白细胞介素、干扰素、肿瘤坏死因子、集落刺激因子、生长因子、趋化因子等。肿瘤的免疫逃逸和免疫耐受与肿瘤发生发展密切相关。细胞因子基因治疗通过将细胞因子基因导入机体细胞使其分泌细胞因子，或将细胞因子受体基因导入肿瘤细胞，使肿瘤细胞表面细胞因子受体表达增加，从而增强机体免疫系统对肿瘤细胞的识别和杀伤作用。较之单纯给予外源性细胞因子治疗，细胞因子基因治疗相对毒副作用小，且表达持久，疗效更佳。

（六）耐药基因的靶向治疗

由于耐药基因的存在，肿瘤细胞经过化疗和放疗后会产生一定的耐药性。耐药基因表达的蛋白可将药物主动泵出细胞外，保护肿瘤细胞免受化疗药物的杀伤。通过反义 RNA 技术或 RNAi 技术，抑制肿瘤细胞多药耐药基因的表达，或向正常组织细胞中导入耐药基因，减轻化疗药物对正常组织的毒性，从而提高化疗的效果。

（七）DNA 疫苗

DNA 疫苗又称基因疫苗（genetic vaccine），利用基因重组技术将编码肿瘤特异性抗原或肿瘤相关抗原的基因装入相应表达载体制备 DNA 疫苗。将疫苗直接注入机体，使外源基因在体内表达目的抗原，诱导宿主产生对该抗原的特异性细胞免疫和体液免疫应答，达到预防和治疗肿瘤的目的。肿瘤 DNA 疫苗的研究已经进入了临床试验阶段，研究表明 DNA 疫苗是一种安全有效的治疗肿瘤的手段，高效且费用低。但正常组织中也存在部分肿瘤相关抗原，因而对 DNA 疫苗的靶点选择必须仔细甄别，以免出现自身免疫反应。

（八）抑制端粒酶活性

人端粒酶（human telomerase）是一种核糖核酸酶，由端粒酶 RNA 组分（hTR）、端粒酶相关蛋白（hTEP1）和人端粒酶反转录酶（hTERT）3 个亚单位构成。在正常细胞中端粒酶一般不表达，只有在干细胞、造血细胞和生殖细胞等不断分裂的细胞中才能检测到端粒酶活性的存在。端粒酶的激活是细胞永生化过程中的重要事件之一，与肿瘤的发生密切相关。研究表明 hTERT 的表达水平上调和端粒酶的活性成正比，因此调控 hTERT 的表达水平可用于肿瘤的基因治疗。

（九）嵌合抗原受体 T 细胞疗法

嵌合抗原受体（chimeric antigen receptor，CAR）T 细胞是由单链抗体（scFv）和 T 细胞信号传导区域连接而成，scFv 与相应的肿瘤抗原结合后能以主要组织相容性复合体（MHC）非限制性方式使 T 细胞活化，进而发挥抗肿瘤效应。目前 CAR 的研究已经历了几代：第一代 CAR 不含共刺激信号元件，只有 scFv 与 CD3-ζ 链或 FcεRIγ 相连，通过特异性激活 T 细胞，来杀伤肿瘤细胞；第二代 CAR 的胞内段含有 1 个共刺激信号元件，如 CD28、ICOS、CD134、CD137 等，提高 T 细胞毒性，增加细胞增殖能力并促进细胞因子的释放；第三代 CAR 含有 2 个或 2 个以上共刺激信号元件，可进一步提高 T 细胞的存活能力，促进细胞因子的释放，从而增强细胞杀伤能力；第四代 CAR 整合自杀基因，可精确调控，促进细胞因子释放，激活 NK 细胞和巨噬细胞等天然免疫细胞。CAR-T 细胞在体内外都对特定肿瘤抗原具有高亲和性，对抗原负载细胞具有高效杀伤特性，显示出了良好的靶向性、杀伤性和持久性，具有巨大的应用潜力和发展前景。近年来 CAR-T 细胞技术在白血病、淋巴瘤、黑色素瘤、脑胶质瘤等恶性肿瘤治疗中均显示出良好的抗肿瘤效应。例如，利用 CD19 进行 CAR-T 治疗急性淋巴细胞白血病（acute lymphoblastic leukemia，ALL）已在临床中取得了良好的效果。

目前基因治疗的方法和手段不断地改进和完善，基因治疗范围逐步扩大。基因治疗除了上述针对遗传病、心血管疾病和肿瘤的治疗外，还可用于治疗艾滋病、乙型肝炎等传染性疾病；帕金森综合征（Parkinson's disease，PD）、阿尔茨海默病（Alzheimer disease，AD）等神经性疾病；糖尿病；自身免疫性疾病等。但大多数的基因治疗仍处于实验研究阶段，实现真正的临床应用还需继续探索。

第四节　基因治疗的安全性和现状

目前基因治疗作为一种新的治疗手段，在实验室研究和临床应用中发展迅猛，取得了很大的进步。但是总体而言，科学技术在基因治疗方面仍不够成熟，导致基因治疗面临着诸多问题和挑战，如安全性、靶向性、有效性等问题均亟待解决。只有解决好这些问题，基因治疗才能成为未来疾病治疗的有效手段。

一、基因治疗的安全性

1. 载体的因素　基因治疗最常用的是病毒载体。病毒载体用于基因治疗最可能产生的危险是接受治疗的患者受到有复制能力的病毒的感染。作为载体的病毒，其结构基因部分已经去除，不会复制完整的病毒，但仍存在恢复性突变的可能，且可能会引起人体免疫反应等。

2. 基因导入系统缺乏靶向性　携带治疗目的基因的病毒载体进入患者靶细胞后，不是定向整合至突变基因部位，而是随机插入或整合到染色体上的，存在插入突变及细胞恶性转化的潜在风险。如可能破坏细胞生长的必需基因，引起正常代谢紊乱；也可能是患者靶细胞内抑癌基因的失活或原癌基因的激活，导致肿瘤的发生。

3. 导入基因表达的可控性　治疗基因导入人体靶细胞后，应能适时、适量表达，才能达到理想的治疗效果。比如导入胰岛素基因实现体内胰岛素的分泌目前是可行的，但是导入的胰岛素基因需要感受体内血糖浓度和激素水平的变化进行适时适量的表达，方能发挥良好的治疗效果，否则将会造成严重后果。因此，基因表达的可控性也是基因治疗必须解决的问题。

4. 基因导入过程中的副作用和抗体形成问题　由于基因治疗用载体属于外源性物质，在导入机体过程中可能会出现一定的副作用，同时也有可能刺激免疫系统产生针对这一外源物质的抗体，引起严重免疫反应，甚至产生自身免疫反应，从而影响基因治疗的效果。

二、基因治疗的受限性

目前临床上应用的治疗基因主要集中于少数几种基因，可供选择使用的治疗基因还很少。而且限于当前医学科技的发展水平，许多疾病的病因尚不完全清楚，是由单基因还是多基因因素引起的，所选择的治疗基因是否是关键基因等问题都会导致这些疾病尚不能开展基因治疗。

三、基因治疗的有效性

1. 基因导入效率低　基因治疗的基因导入需要高效，且能够定向地导入到体内的靶细胞中。然而目前的手段多数低效和无导向性，因此即使导入的基因有治疗效果，但由于不能有效和定向导入，效果也会大受影响。

2. 导入基因的表达量低　目的基因进入体内需要能够持续表达且达到一个适当的表达水平，表达量低将直接影响治疗效果。如血友病 B 的基因治疗，导入的凝血因子 9 基因的表达量只有正常人的 5%，难以达到很好的治疗效果。

3. 缺乏药效评价的动物模型　对于获得性疾病和遗传性疾病的基因治疗，目前大多还缺乏能够实现药效学评价的动物模型，这也是制约基因治疗的关键因素之一。

由于基因治疗技术在临床应用中的安全性问题，曾一度被中止临床应用。第一个死于基因治疗的案例是 1999 年美国亚利桑那州，一位重症联合免疫缺陷病患者进行基因治疗临床试验时，因发生严重的免疫反应而死亡。同年，在法国 9 名患有 SCID-X1 病的婴儿接受基因治疗，其中 1 名因患白血病死亡，之后又有 3 人患白血病。因此实施基因治疗必须慎重，一方面基因治疗实施需要对于人类基因组进行更深入的研究，另一方面在临床试验之前增加试验项目，从中总结失败和教训，进一步优化实验方案以最终达到可实施的标准。

随着基因治疗相关技术的进步和飞速发展，批准上市的基因治疗药物不断增加。2003 年我国批准第一个基因治疗药物 Gendicine——重组人 p53 腺病毒注射液，用于头颈部肿瘤的治疗；2005 年，我国研发的基因治疗药物 Oncorine 用于晚期复发性鼻咽癌的治疗；2011 年俄罗斯首次批准上市的基因治疗药物 Neovasculogen，用于治疗严重肢端缺血（CLI）；2012 年欧洲药品管理局（EMA）在欧盟范围内批准由荷兰生物技术公司 UniQure 研发的以重组腺相关病毒（AAV）为载体的基因治疗药物 Glybera（AAV-LDL），用于脂蛋白脂肪酶缺乏症（LPLD）的治疗，这是西方国家首个获批上市的基因治疗产品。相信随着科学技术的不断提高，人们有望通过基因治疗的方法摆脱恶性肿瘤、艾滋病等多种疾病的困扰。

> ### 实 例 分 析
>
> **实例**：重症联合免疫缺陷病（SCID）基因治疗
>
> **分析**：该病由于腺苷脱氨酶（adenosine deaminase，ADA）缺陷导致 ADA 酶活性及稳定性均降低。ADA 酶可催化脱氧腺苷和腺苷，一旦 ADA 酶缺失或活性下降，可导致腺苷水平升高，并促进脱氧腺苷和 dATP 水平升高。dATP 是核糖核苷酸二磷酸还原酶的抑制剂，其水平升高可抑制免疫细胞中 DNA 的合成，造成免疫细胞的增殖、分化以及功能受到影响，最终导致细胞体液免疫缺陷。
>
> ADA 基因位于 20 号染色体长臂上，全长为 32040 个碱基对，大多数患儿仅为 ADA 基因 CpG 二核苷酸的点突变（CGG→CAG），整个基因或部分基因缺失仅见于少数病例。通过基因工程技术将正常的 ADA 基因与反转录病毒进行重组之后，导入从患者外周血中分离获得的 T 淋巴细胞内，进行体外培养扩增，富集可表达正常 ADA 基因的 T 淋巴细胞，回输到患者体内。检测患者体内 ADA 含量，每隔 1~2 个月治疗一次，直至患者的症状缓解。

本 章 小 结

　　本章主要包括基因治疗的概念、策略、分类、基因转移的方法，基因治疗的靶细胞选择，基因治疗在遗传性疾病、心血管疾病和肿瘤方面的应用以及基因治疗的安全性问题。

　　重点是基因治疗的策略，大致可分为基因置换、基因修复、基因修饰、基因失活、免疫调节；基因转移手段主要包括物理转移法、化学转移法和生物转移法，了解各种转移方式的优缺点，进行正确的选择；通过掌握疾病发病的机制，有针对性的选取靶细胞进行基因治疗。肿瘤的基因治疗主要包括导入抑癌基因、抑制癌基因的表达、自杀基因治疗法、抑制血管生成、细胞因子的基因治疗、耐药基因的靶向治疗、DNA 疫苗、抑制端粒酶活性、嵌合抗原受体 T 细胞疗法等方面。

思考题

1. 什么是基因治疗？
2. 基因治疗的策略有哪些？
3. 基因治疗的方式有哪些？
4. 基因治疗目前主要用于治疗哪些疾病？
5. 肿瘤的基因治疗有哪些方法？

（陆　斌）

第八章 核酸类药物

学习导引

1. **掌握** 核酸类药物的基本概念、种类、主要作用机制及递送体系。
2. **熟悉** 核酸类药物的制备。
3. **了解** 核酸类药物的发展过程、临床应用及前景。

第一节 概 述

一、核酸类药物的概念

广义的核酸类药物包括核苷酸药物、核苷药物及含有不同碱基化合物的药物，主要有核酸适体（aptamer）、抗基因（antigene）、核酶（ribozyme）、反义核酸、RNA 干扰剂。本章所介绍的核酸类药物，不包括传统的核苷酸类药物，特指那些具有特定碱基序列、可在细胞中特异性降低靶基因表达水平的寡聚核苷酸药物，主要包括反义核酸药物和 RNA 干扰药物（siRNA 和 miRNA 药物）等。

二、核酸类药物的发展历程

（一）反义核酸药物

1967 年，Belikova 等提出了利用一段反义寡核苷酸特异性地抑制基因表达的设想。1978 年，Zamecnik 和 Stephenson 最早在实验室合成了一种长度为 13 个脱氧核苷酸的反义寡核苷酸，成功地抑制了劳斯肉瘤病毒（Rous sarcoma viruses，RSV）的复制和 RNA 翻译，引起了极大的关注。他们首次提出了反义寡脱氧核糖核酸能够抑制特定基因表达的设想，并大胆预测了反义寡聚核苷酸在治疗病毒性疾病和肿瘤方面的前景。1984 年，Izant 和 Weintraub 提出了反义核酸技术的概念，推动了反义核酸研究的快速发展。1998 年，第一个反义核酸药物福米韦生（fomivirsen）在美国上市，反义核酸药物的研究成为热潮。目前应用人工合成的反义核酸药物抑制真核基因、癌基因、病毒基因以及内源基因的表达，已成为一种治疗肿瘤、感染性疾病等的重要候选药物。

（二）小干扰 RNA

1990 年，Jorgensen 研究组将调控类黄酮合成的关键酶——查耳酮合酶转入矮牵牛花中，希望能通过增加花青素来获得颜色更深的矮牵牛花，但结果却意外地得到了具有白色或白紫杂色的矮牵牛花，当时认为这是一种"共抑制"现象，即转入的外源性查耳酮合酶基因抑制了矮牵牛花中内源性查耳酮合酶基因的表达。1995 年，康奈尔大学的 Su Guo 博士用反义 RNA 阻断线虫基因 par-1 表达，发现反义和正义 RNA 均可阻断基因的表达。1998 年 2 月，Andrew Fire 和 Craig Mello 的研究证明，在正义 RNA 阻断基因表达的实验中，真正起作用的是体外转录正义 RNA 时生成的双链 RNA，于是提出了 RNAi 概念。他们也因此共同获得了 2006 年诺贝尔医学和生理学奖。

（三）microRNA

1993 年，Lee 等在秀丽新小杆线虫（Caenorhabditis elegan）中发现了第一个可时序调控胚胎后期发育的基因 lin-4。2000 年，Reinhart 等又在线虫中发现第 2 个具有时序调节功能的基因 let-7，当时被命名为小时序 RNA（small temporal RNA，stRNA）。2001 年有 Lee、Lau 和 Lagos-Quintana 等 3 个课题组在同期 Science 杂志上连续报道了从线虫、果蝇和人体中克隆出几十个类似 lin-4 的小 RNA，被命名为 microRNA（miRNA）。之后科学家们又从各种生物体包括病毒、家蚕和灵长类动物中发现了数以千计的 microRNA。这些 microRNA 均被收录在 miRBase 网站（http：//www.mirbase.org/），可供查询。

miRNA 参与生命过程中一系列重要进程，包括早期发育、细胞增殖、分化、凋亡、死亡、免疫调节和脂肪代谢等，在肿瘤的发生与发展中也有 miRNA 的直接或间接参与。因此，开发以 miRNA 为基础的核酸药物成为基因治疗的重要途径。

第二节　核酸类药物

一、核酸类药物的种类

（一）反义核酸药物

反义核酸是指能与特定 mRNA 精确互补、特异阻断其翻译的一种 RNA 或 DNA 分子。反义核酸技术（antisense acid technology）则是利用碱基互补原理，通过人工合成或生物体合成的特定 DNA 或 RNA 片段抑制或封闭靶基因，影响其转录与表达，或诱导 RNase H 识别并切割 mRNA，使其功能丧失。反义核酸技术不仅可抑制内源性基因，包括癌基因或其他致病基因，也可用于抑制外源性基因，包括细菌、病毒甚至寄生虫基因等，因而，这一技术的出现为新药的研发提供了新的手段。利用反义核酸技术研制的药物，被称为反义核酸药物（简称反义药物），它主要包括反义 DNA（antisense deoxyribonucleic acid，asDNA）、反义 RNA（antisense ribonucleic acid，asRNA）、核酶、多肽核酸（peptide nucleic acid，PNA）和反义寡聚核苷酸（antisense oligodeoxynucleotide，ASODN）等。

1. 反义 DNA　指能与 DNA 双链中的有义链发生互补结合的 DNA 片段。

2. 反义 RNA　指能与 mRNA 发生互补的 RNA 片段。

3. 核酶　指一类具有酶的催化活性的 RNA 分子，可特异性的催化切割靶 RNA 达到封闭 RNA 功能的作用。从结构上可分为锤头状核酶和发夹状核酶。

4. 多肽核酸　指一种以肽骨架取代反义寡核苷酸的磷酸-糖骨架后获得的一种新型的 DNA 类似物，能够与互补 DNA 或 RNA 发生高亲和力的结合。

5. 反义寡核苷酸　是人工合成的、与靶 mRNA 互补而抑制其翻译的反义小核酸分子。

（二）RNA 干扰剂

RNA 干扰剂（RNA interfering agents）主要包括 siRNA 和 microRNA 等。它们与反义药物有一定的相似性，但 RNA 干扰剂仅需 1/10 的用药量，且作用更为专一有效。RNA 干扰技术已成为传染性疾病及恶性肿瘤在基因治疗领域的重要工具。

小干扰 RNA（small interfering RNA，siRNA），又称为短干扰 RNA（short interfering RNA）或沉默 RNA（silencing RNA），是一种由 20~25 个核苷酸组成的双链 RNA 分子。目前已知 siRNA 是主要参与 RNA 干扰过程的重要中间效应分子，可特异性调节靶基因的表达，在生理和病理过程中发挥着重要作用。

MicroRNA（miRNA）是真核生物中一类内源性的、大小为 19~24 个碱基、具有转录后调控作用的非编码单链小分子 RNA。miRNA 药物可根据最终作用结果分为基因抑制治疗药物和基因替代治疗药物两类。目前最常用的 miRNA 药物是 miRNA 的反义寡聚核苷酸（Anti-miRNA oligonucleotides，AMO），可与内源性 miRNA 结合，阻碍 miRNA 对靶基因的抑制作用。

（三）核酸适体

核酸适体（aptamer）是通过指数富集的配基系统进化技术（SELEX）筛选出的能特异结合蛋白质或其他小分子物质的寡聚核苷酸片段。核酸适体可以类似抗体的方式与靶分子发生特异性结合，其对结合的配体有严格的识别能力和高度的亲和力。以核酸适体介导的主动靶向药物和诊断试剂的研发已成为国内外研究的热点。

二、核酸类药物的作用机制

（一）反义核酸药物的作用机制

目前普遍认为反义核酸药物主要是在复制、转录、表达 3 个水平发挥作用，即反义核酸基于碱基配对原则，与靶序列以碱基配对结合的方式，通过以下途径参与对相关基因表达的调控：①反义 DNA 在胞核内以碱基互补配对形式，与基因组 DNA 结合成三链核酸（triple helix nucleic acid）的结构，或与单链 DNA 结合成双链结构，阻止靶基因的复制与转录；②反义 RNA 与 mRNA 结合形成互补双链，阻断核糖体蛋白与 mRNA 的结合，抑制核糖体介导的 mRNA 翻译成蛋白质的进程；③反义核酸在胞核内与 mRNA 结合后，可抑制 mRNA 出核；④反义核酸与 mRNA 分子结合形成双链杂交分子，诱导 RNase H 降解 RNA，从而缩短了 mRNA 的半衰期，减少蛋白质的翻译。这四种作用途径均可使反义核酸药物特异性地与靶基因结合，抑制该致病蛋白质的表达，从而实现治疗目的。

（二）RNA 干扰的作用机制

RNA 干扰（RNA interference，RNAi）是指内源性或外源性双链 RNA（dsRNA）介导的细胞内 mRNA 发生特异性降解，从而导致特定基因表达抑制的现象。小干扰 RNA 的作用机制从过程上来讲，主要包括 3 个阶段：起始阶段、效应阶段和倍增阶段（图 8-1）。

1. 起始阶段 由 RNA 病毒感染、转座子转录等多种方式引入的 dsRNA，在细胞内特异性地与 RNase Ⅲ 家族中的 Dicer 酶结合，随后 Dicer 酶以 ATP 依赖方式将 dsRNA 切割成 21~23nt 长度的短双链 RNA，即产生小干扰 RNA（siRNA）。

2. 效应阶段 siRNA 双链可以与含 Argonauto（Ago）蛋白的核酶复合物结合，形成 RNA 诱导沉默复合体（RNA-induced silencing complex，RISC）并被激活。激活的 RISC 可将 siRNA 的双链分开，其中的一条 RNA 链被剪切清除，另一条与 RISC 复合体结合的 RNA 链成为识别

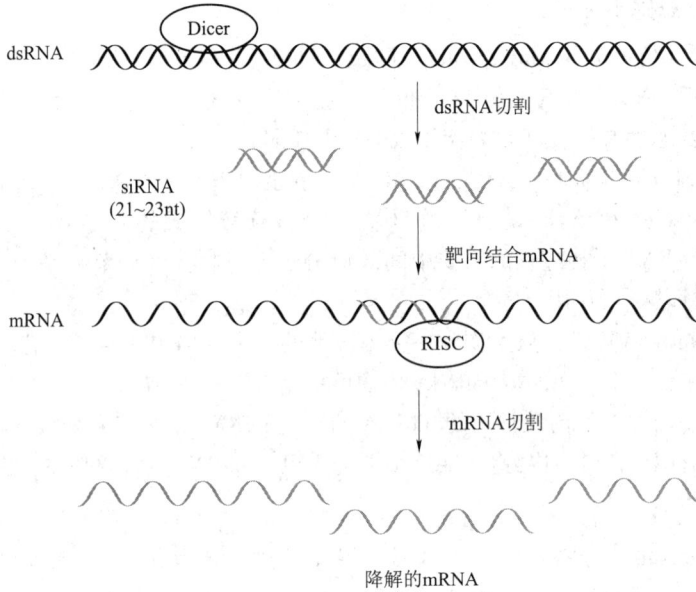

图 8-1　siRNA 的作用机制

靶 mRNA 分子的探针；此时在 RISC 中核心组分核酸内切酶 Ago 的催化下，反义 RNA 链可寻找与其互补的 mRNA 链，然后 RISC 在距离 siRNA 3′端 12 个碱基的位置将 mRNA 切断降解，从而阻止靶基因表达，使基因表达沉默。

3. 倍增阶段　在 RISC 中的 RNA 依赖性 RNA 聚合酶（RNA-dependent RNA polymerase，RdRP）的作用下，以 mRNA 为模板，反义 RNA 链为引物，扩增产生新的 dsRNA 作为底物提供给 Dicer 酶，产生更多的 siRNA，再次形成 RISC，并继续降解 mRNA，从而产生级联放大效应。在这种方式下，少量的 siRNA 即可在短时间内产生高效的基因沉默效果。

MiRNA 在细胞内最初由 RNA 聚合酶Ⅱ（RNApolⅡ）转录成长度 100~1000 个核苷酸的初级转录物（pri-miRNA）。然后 pri-miRNA 经过 RNase Ⅲ核酸内切酶剪切成长度约 70 个核苷酸、具有茎环结构的 miRNA 前体（pre-miRNA）。Pre-miRNA 从核内转运至胞质，然后在 RNase Ⅲ核酸内切酶（Dicer）的作用下被剪切成长度为 21~25 个核苷酸的 miRNA。这种双链 RNA 很快被引导进入沉默复合体（RISC）中，其中一条成熟的单链 miRNA 保留在这一复合体中，而另一条被降解。miRNA 通过与相应 mRNA 位点的结合，调控靶基因表达。一般情况下，一种 miRNA 在相应的 mRNA 上存在多个识别位点，从而保证其发挥转录后抑制作用。

三、核酸类药物的制备

（一）反义核酸药物的制备

反义核酸药物主要通过化学合成法或基因工程法进行制备。化学合成法主要采用亚磷酰胺化学合成法，即基于 N-取代的 2，4-二羟基丁酰胺的固相载体和亚磷酰胺通用试剂合成寡核苷酸，通过脱二甲氧基三苯甲基（DMT）、偶联、封闭和氧化/硫化四步进行循环反应，最后从固相载体上切割下来并脱保护和纯化。目前多采用高效自动化合成仪进行合成。基因工程法制备反义核酸药物类似于一般基因克隆和表达方法，即由 cDNA 的制备、反义 RNA 表达载体的构建和表达细胞的转染三个步骤构成，最后在细胞内转录出反义 RNA。

反义核酸的稳定性是反义核酸药物成功的一个重要因素。未经修饰的寡聚核苷酸不论在体液内还是细胞中都极易被广泛存在的核酸酶降解，因而难以发挥作用。目前可通过化学修饰法来增强反义核酸的稳定性，抵抗核酸酶的降解作用，主要分两类：

1. 碱基修饰 碱基是寡聚核苷酸与靶基因形成氢键直接接触的部位，氢键形成又是其功能发挥的必要条件。因此，碱基修饰应以不影响氢键形成为前提。一般碱基修饰主要是杂环修饰，最常使用的手法是在胞嘧啶的 5 位点甲基化，其他基团还包括三氟甲基、炔丙基、咪唑丙基等。

2. 骨架修饰 ①磷原子的修饰：最常用的为硫代磷酸寡核苷酸，即用硫原子取代反义核苷酸骨架上非桥连的氧原子，以形成 P-S 键取代易被核酸酶水解的 P-O 键，被称为"第一代反义药物"；②糖环修饰：糖环参与核酸骨架的形成，对其进行修改可使核酸酶不能有效识别磷酸二酯键，其方式主要包括 α 构型、1′位取代、2′位取代、3′-3′连接、5′-5′连接等；③构建嵌合体结构的反义核酸，在硫代磷酸寡核苷酸基础上，将序列两翼或中间的核糖的 2′位用其他基团修饰，成为嵌合型反义核酸，被称为"第二代反义药物"；④磷酸二酯键修饰：通过将核糖磷酸骨架置换成多聚酰胺、吗啡啉或碳胺酯，增加其稳定性。其中代表性的为肽核酸（PNA），它是以中性的多聚酰胺骨架代替核糖磷酸骨架的一种 DNA 类似物，可有效抵抗核酸酶和蛋白酶的降解作用，显示出较高的稳定性、生物利用度、安全性和疗效，被称为"第三代反义药物"。

（二）RNA 干扰剂的制备

目前制备 RNA 干扰剂的方法主要分体外制备和体内转录。体外制备包括化学合成法、体外转录法、体外酶切法；体内转录法则是将表达 siRNA 或 miRNA 的质粒或病毒，或者 PCR 产物转染细胞，在细胞内部产生 siRNA 的方法。另外还需对 RNA 进行适当的化学修饰以增强其稳定性。

1. 化学合成法 以核苷酸单体为原料，通过化学合成的方法合成正义链和反义链，然后退火形成双链 siRNA。这是 siRNA 合成的经典方法，合成成本高但获得的序列最为准确。

2. 体外转录法 在体外通过 T7 RNA 聚合酶进行体外转录获得正义链和反义链，退火后形成双链，经纯化后形成 siRNA。此方法应用简便，相对化学合成法价格低廉，现已广泛用于RNAi 实验，最适用于 siRNA 设计序列的筛选。

3. 体外酶切法 按照体外转录法合成 200~1000bp 长度的 dsRNA，然后在大肠埃希菌菌核酸酶Ⅲ（RNase Ⅲ）的作用下进行切割，纯化后获得混合的 siRNA 群，可有效抑制靶基因。此方法无需设计和筛选有效的 siRNA 序列，适用于大规模 RNAi 实验。

4. 体内转录法 通过携带 RNA 聚合酶Ⅲ启动子 U6 或 H1 及其下游设计的靶 siRNA 序列特殊结构的质粒或病毒载体，或 PCR 片段，转染细胞后可转录出短发夹 RNA（shRNA），然后再被 Dicer 酶剪切成 siRNA 发挥作用。此方法中的质粒或病毒方式可适用于长时间基因沉默的功能性研究。

四、核酸类药物的传递系统

核酸类药物必须先进入靶细胞，且达到有效浓度后，才能发挥其作用。通过传递系统的给药方式，可提高核酸类药物的细胞通透性和靶向性。目前核酸类药物的传递系统主要分为病毒载体系统和非病毒载体系统。

（一）病毒载体系统

病毒载体包括腺病毒、反转录病毒、慢病毒、腺相关病毒等，其优点是体外转染效率高，体内作用时间久。但由于病毒系统尚存在一定的安全性问题，在临床应用中受到了很大的限制。

1. 腺病毒（adenovirus） 采用一种复制缺陷型腺病毒，可感染增殖期和静止期细胞，转染效率高，进入细胞内并不整合到宿主细胞基因组，安全性高；但仅瞬时表达，稳定性较差，且有一定的细胞毒性和免疫反应。目前腺病毒载体在基因治疗临床试验方面有了越来越多的应用。

2. 反转录病毒（retrovirus） 又称逆转录病毒，是一种 RNA 病毒，主要感染增生期细胞，感染效率高，与宿主细胞核的整合能力强，整合后可稳定、持续表达。但有产生野生型病毒或辅助型病毒的可能，随机整合又可能产生治疗的安全性问题。

3. 慢病毒（lentivirus） 是以人类免疫缺陷Ⅰ型病毒（HIV-1）为基础研发的一种病毒载体，属反转录病毒科。但区别于反转录病毒，慢病毒对分裂细胞和非分裂细胞均具有感染能力。慢病毒系统将外源基因有效地整合到宿主染色体上，稳定持续表达。适用于神经元细胞、肝细胞、心肌细胞、肿瘤细胞、内皮细胞、干细胞等多种类型细胞的感染。在美国已经开展了临床研究，效果非常理想，因此具有广阔的应用前景。

（二）非病毒载体系统

非病毒载体系统能在保持一定转染效率的同时，通过修饰增加体内作用时间，减少临床安全性问题。目前主要有脂质体、受体介导、纳米粒介导等基因传递系统。

1. 脂质体 是由磷脂双层构成的具有水相内核的脂质微囊，可通过静电吸附与核酸药物形成易穿过细胞膜的脂溶性复合体，同时发挥保护核酸药物免受体内核酸酶降解的作用。其优点在于制备简单，能包裹大量的核酸分子，易被细胞吸收，可转染多种类型的细胞，用途广，但其缺点在于毒性强、无组织特异性、免疫反应较大，转染效率不及病毒载体系统。常用的脂质体为阳离子脂质体。

2. 受体介导传递系统 特异受体的配体导向递送方法可把核酸类药物递送到特异的细胞和器官中。如聚-L-赖氨酸（pLK）衍生物，既可通过静电作用与寡核苷酸结合，又可与细胞膜表面受体的配体分子结合成耦合物；靶向脂质体，即掺入细胞膜表面受体对应的抗体或配体的脂质体作为靶向载体。肿瘤细胞较之正常细胞表面会有某些特异性细胞受体，可适用于这种递送方式。

3. 纳米粒介导传递系统 聚合物纳米粒子是近年来发展迅速的一种非病毒载体传递系统。用于制备纳米颗粒的材料包括壳聚糖、环糊精、树枝状聚合物、聚乙烯亚胺、聚乙烯酸、海藻酸盐等。纳米颗粒作为载体的优点在于稳定性、释放可控性、包装容量大，表面易修饰进而可提高其稳定性、运输能力、靶向性及生物吸收等。纳米颗粒聚合物还能生物降解，具有生物相容性且无毒，是一种非常有前景的非病毒载体传递体系。

第三节　核酸类药物的临床应用

随着人们对核酸结构和功能的认识不断深入，具有特异性结合或降解致病基因的核酸类药物也应运而生，其作用效率高，应用范围广，可发挥对传统药物概念的补充，具有潜在的巨大临床应用前景。核酸类药物的作用基础是干扰或阻断细胞增殖的基础物质核酸的作用，可有效地杀灭或抑制细菌、病毒和肿瘤细胞，因此核酸类药物在抗病毒、抗肿瘤等方面具有传统药物不可替代的治疗作用。

一、抗病毒治疗

核酸类药物在抗病毒治疗中具有非常重要的作用。它可直接抑制与人类疾病相关的 RNA 病毒的复制，发挥抗病毒的作用。目前核酸类药物抗病毒的研究主要是针对艾滋病毒（HIV）、丙型肝炎病毒（HCV）和乙型肝炎病毒（HBV），另外还包括呼吸道合胞病毒、脊髓灰质炎病毒、流感病毒、疱疹病毒等。

福米韦生（fomivirsen）是 FDA 批准上市的第 1 个反义药物，由 21 个硫代脱氧核苷酸组成，其核苷酸序列为 5'-GCGTTTGCTCTTCTTCTTGCG-3'，主要通过玻璃体内注射用于艾滋病（AIDS）患者并发的巨细胞病毒（CMV）性视网膜炎的治疗。其最常见的不良反应是眼内压升高和轻、中度的眼前、后房炎症反应，通常是暂时的，不需处理或局部使用皮质激素治疗即可恢复。

乙型肝炎病毒（HBV）慢性感染者全球超过 3 亿人，每年因肝硬化、肝功能衰竭和肝癌导致死亡的至少有 78 万。美国 Arrowhead 公司开发了用于治疗乙肝的 RNAi 药物 ARC-520，通过 RNA 干扰封闭乙肝病毒某些蛋白的表达，造成病毒无法增殖，最后再利用机体的免疫系统对残余病毒进行清除。目前已进入 Ⅱ 期临床试验。美国 Alnylam 公司、澳大利亚 Benitec 公司和加拿大 Tekmira 公司也争相效仿，准备推出 HBV 药物的临床试验。

丙型肝炎病毒（HCV）感染人群全球超过 1.5 亿人，可导致肝衰竭、肝癌等不良后果。Benitec 公司研发了靶向 HCV 的 RNAi 药物 TT-034，由腺相关病毒介导将 3 种 shRNA 递送至宿主细胞核中。目前也已进入 Ⅰ/Ⅱ 期临床试验。

不仅如此，对于烈性传染性疾病，核酸类药物也可发挥重要作用。Tekmira 公司研发的 TKM-Ebola 可靶向埃博拉病毒基因组中的多个位点，抑制病毒的复制。

二、抗肿瘤治疗

RNAi 技术的出现让人们看到了治愈肿瘤的希望。以往的小分子药物主要是抑制可能导致肿瘤生长的蛋白质的功能，而核酸药物可以更加特异性地阻断癌基因的表达、阻止致病蛋白质的产生，来抑制肿瘤细胞生长，达到治疗肿瘤的目的。尽管设计的这些药物最初在体外实验和动物实验中取得了良好的效果，显示了其在肿瘤治疗中的美好前景，但是目前还没有一种抗肿瘤的核酸类药物进入 Ⅲ 期临床试验。

2010 年，Arrowhead 公司研发的用于治疗黑色素瘤的 CALAA-01 药物，可通过阻断靶基因核糖核苷酸还原酶 M2 亚单位 RRM2 的翻译，抑制细胞分裂。但在完成 Ⅰ 期临床试验后，由于疗效和副作用问题最终停止了该项目。其他利用 RNAi 技术进行抗肿瘤治疗研究，均尚处于早期的临床试验阶段。2014 年 4 月，美国 Dicerna 公司开始了 DCR-MYC 药物的 Ⅰ 期临床试验，用于治疗 MYC 驱动的实体瘤、多发性骨髓瘤和淋巴瘤等。2014 年 5 月，Tekmira 公司也对其 TKM-PLK1 药物进行 Ⅰ/Ⅱ 期临床试验，其靶基因为 polo 样激酶 1（PLK1），用于治疗肝癌；同时还针对胃肠神经内分泌肿瘤和肾上腺皮质癌进行 Ⅱ 期临床试验。位于耶路撒冷的 Silenseed 公司则研制了靶向癌基因 K-ras 突变体的 siRNA 药物 siG12D LODER，用于治疗胰腺癌，现已完成 Ⅰ/Ⅱ 期临床试验，正进入 Ⅱ/Ⅲ 期临床试验，有望在 2018 年上市。

三、其他疾病治疗

核酸类药物除在抗病毒、抗肿瘤等方面，还在心血管疾病、代谢性疾病、纤维化病变及一些罕见病的治疗中发挥重要作用。第一个进入临床试验的 RNAi 药物是美国 OPKO 公司的 Bevasiranib。它是针对血管内皮细胞生长因子（VEGF）的 siRNA 类药物，主要用于治疗渗出性老年性黄斑变性。该病主要是由于视网膜后血管大量生长，导致患者出现严重的不可逆性视力损伤。直接眼部注射 Bevasiranib 可下调 VEGF 基因的表达，有效减少新生血管数量。但因Ⅲ期临床试验效果不佳于 2009 年 3 月终止研发。

核酸类药物的临床应用尽管还处于初级阶段，但是随着核酸药物设计开发和制备工艺的不断优化，将会有更多的核酸类药物通过临床研究并最终进入临床治疗。可以预见的是在不远的将来，核酸类药物将在感染性疾病、自身免疫性疾病、肿瘤、心血管疾病、移植排斥等方面发挥越来越大的作用。

第四节　核酸类药物的临床试验现状及前景

一、反义核酸药物

现代医学研究表明，许多疑难杂症与体内某些基因的改变有关，包括肿瘤、风湿性关节炎、重症肌无力、多发性硬化症、牛皮癣、糖尿病、视网膜黄斑退化症、克罗恩症（慢性结肠炎）、血管炎以及艾滋病引起的并发症（如巨细胞病毒视网膜炎）等。而反义核酸药物作用的位点正是这些关键的致病基因。目前国内外研发的并已进入临床试验阶段的反义药物新药已有几十种，另有上百种反义药物正处于临床前研究阶段。

目前 ISIS 制药公司是反义药物领域最领先的公司，迄今为止，唯一获得批准上市的反义药物就是诺华、ISIS 制药的福米韦生（fomiversen）。随着 RNA 化学的发展，一些第二代反义药物也进入了临床试验阶段。ISIS 和 Elan 联合开发了抗 TNF-α 的反义核酸药物 ISIS-104838，用于治疗风湿性关节炎和牛皮癣等自身免疫性疾病。以 PKC-A 为靶点的反义药物 ISIS3521 用于治疗实体瘤，以 ICAM-1 为靶点的反义药物 ISIS2302 用于治疗肠炎，以 apoC-Ⅲ 为靶点的反义药物 ISIS301012 用于降血脂，都已进入Ⅲ期临床试验阶段，未来具有非常大的潜力。美国 Genta 公司研发的以 Bcl-2 为靶点的反义药物 Genasense，作为第三代反义药物骨架化合物，是第一个直接针对凋亡系统的抗肿瘤药物，用于治疗复发性慢性淋巴细胞白血病、转移性黑色素瘤等。德国 Antisense Pharma 公司的 AP12009 是转化生长因子-β 的反义抑制剂，主要用于治疗复发或无法手术的神经胶质瘤，已获准进入 Ⅰ/Ⅱ 期临床试验，初步结果表明该药的安全性和耐受性非常好，并获得欧盟授予的罕见药资格。美国 AVI 公司研发的口服反义制剂 NEUGENE，可抑制细胞转录因子的生成和癌基因 c-myc 的活性，用于心血管术后再狭窄、肿瘤及多囊肾的治疗，目前 Ⅰ 期临床试验已获得圆满成功。

随着第二代乃至第三代反义药物的问世，可以预计专治某些疑难杂症，如神经胶质瘤、慢性白血病、风湿性关节炎、多发性硬化症、慢性结肠炎、银屑病以及心血管再狭窄等反义药物将会涌现，反义药物将会具有较好的市场前景。

二、siRNA 药物

RNA 干扰技术作为一种新型的基因沉默技术，具有高效性、特异性、低毒性等优点。应用该技术开发新型的靶向药物，已成为当今药物研究领域中的重要发展方向之一。然而 siRNA 药物用于临床治疗还多处于临床试验阶段。

美国 OPKO 公司开发的第一个 siRNA 干扰药物 Bevasiranib 因Ⅲ期临床试验效果不佳于 2009 年 3 月终止研发。另外，针对 VEGFR/RTP801/半胱天冬酶及 ADRB2 等基因作为靶点，设计了以眼部为靶器官的多种不同的 siRNA 药物，则进入了不同的临床试验阶段，其中 QPI-1007 是美国 Quark 公司开发的一种新型 siRNA，用于治疗非动脉炎性前部缺血性视神经病变，目前已进入Ⅱ/Ⅲ期临床试验。

在肿瘤的基因治疗方面，以肿瘤相关信号通路分子、凋亡抑制分子、肿瘤血管生成相关分子、多药耐药基因等作为靶点，设计了多种 siRNA 药物，部分已进入临床试验阶段。

在抗病毒方面，靶向调控病毒复制的重要基因设计 siRNA，抑制其在宿主细胞上的增殖。Alnylam 公司的抗病毒药物 ALN-RSV01 用于治疗呼吸道合胞病毒，是首个进入临床试验阶段的抗病毒 siRNA 药物。Ⅰ期临床试验展示了较好的安全性和耐受性，但在 2012 年 5 月宣告Ⅱb期临床试验失败。

在其他疾病方面，如美国 TransDerm 公司开发的 TD101，通过抑制变异角蛋白的产生而用于先天性厚甲症的治疗，且已被 FDA 批准为用于治疗罕见疾病的特定药品。该药物是首次将 siRNA 技术用于皮肤病的治疗，同时也是针对突变基因的首个 siRNA 药物。美国 ZaBeCor 公司开发的靶向沉默 Syk 激酶表达的 siRNA 药物 Excellair，是第一个靶向肺的 siRNA 药物，用于治疗哮喘，已进入Ⅱ期临床试验。这些 siRNA 药物的研发和临床试验结果，表明 siRNA 药物在各类疾病的治疗方面都有良好的应用前景。

但是 siRNA 的稳定性、脱靶效应、导入问题等仍是该领域新药开发的最大障碍。随着纳米技术等多种药物转运技术的发展，可将 siRNA 靶向转运至靶器官和靶细胞，同时减少毒性和脱靶效应。我们相信 siRNA 药物会成为继小分子药物、生物制品后的又一类用于临床治疗的特殊基因药物。

三、miRNA 药物

近年来越来越多的研究表明 miRNA 在肿瘤、糖尿病、心血管疾病等多种疾病的发生和发展中发挥着重要的作用，研发新的 miRNA 药物发挥抑制或替代 miRNA 的作用成为目前核酸类药物研究领域的重要组成部分。目前，越来越多的 miRNA 药物进入了临床试验阶段，并取得了一定的疗效，相信将来会有更多 miRNA 进入临床应用。

1. 丙型肝炎 2008 年，丹麦 Santaris Pharma 公司实施了首例 miRNA 药物（SPC3649）治疗丙型肝炎的Ⅰ期临床试验。其靶点 miR-122 是一种肝特异性 miRNA，能够调节 HCV 的复制，抑制 miR-122 可用于治疗 HCV 感染。Ⅰ期临床试验显示该 miRNA 药物耐受性很好，未发现肝毒性，使之有望成为首个针对 miRNA 的反义核酸，为 miRNA 药物的开发提供新的思路。

Regulus 公司也研发了一种用于丙肝治疗的 miRNA 药物 RG-101，目前处于临床试验阶段。但 2015 年 2 月Ⅰ期临床试验结果显示 RG-101 的效果并不理想，单次皮下注射给药 8 周后，仅有 64% 患者体内的病毒被完全清除，远低于市售的丙肝治疗药物的治愈率。下一步拟将 RG-101 结合其他治疗方式和增加临床用药剂量，提高丙肝患者体内对该药物的持续性应答，以期达到理想的治疗效果。

2. 肿瘤 Mirna Therapeutics 公司首个 miRNA 抗癌药物 MRX34 于 2013 年 5 月进入Ⅰ期临

床试验，用于治疗原发性肝癌或肝转移性肿瘤。MRX34 是采用 SMARTICLES 药物递送技术的肿瘤抑制剂 miR-34 的变种 miRNA，临床前结果显示优于索拉非尼。其他与肿瘤相关的 miRNA 药物研究还包括：Mirna Therapeutics 公司正在开发的 miR-Rxlet-7 用于抑制肺癌；Regulus Therapeutics 公司与赛诺菲（Sanofi）公司合作开发的针对 miR-221 的药物，目前都尚处于临床前研究阶段。

3. 其他疾病 Regulus Therapeutics 公司开发了 RG-012 抑制 miR-21，用于治疗遗传性肾炎奥尔波特综合征（Alport Syndrome，AS），已进入 I 期临床试验。MiRagen Therapeutics 开发了 miR-208 反义核酸，用于治疗高血压引起的心力衰竭；miRagen Therapeutics 与 Servier 合作开发针对 miR-15 和 miR-195 的反义核酸，用于治疗心肌梗死；Regulus Therapeutics 与 AstraZeneca 合作开发针对 miR-103、miR-107 靶点的药物，可改善葡萄糖稳态和胰岛素敏感性，但目前这些研究尚处于临床前研究阶段。

尽管 miRNA 在疾病的发生中发挥着重要的作用，可用作多种疾病检测的生物标志物和潜在的治疗靶点，并显示出良好的应用前景，但是目前 miRNA 药物仍处于临床前研究和临床试验阶段。miRNA 药物的稳定性差、传递系统的靶向性不佳，及对机体的毒性反应等均阻碍了 miRNA 药物的临床应用。因此，研发稳定性高和靶向性好的 miRNA 模拟物和抑制物以及高效低毒的传递系统将极大地推动 miRNA 药物的临床应用。

实例分析

实例：口服反义寡核苷酸药物 Mongersen（GED-0301）

该药是美国 Celgene 公司开发的一种用于治疗中度至重度克罗恩病的药物。

目前，Mongersen 已顺利通过一项涉及 166 例克罗恩病患者的 II 期研究，在两个高剂量组（40mg 和 160mg）中分别有 55% 和 65% 的患者在治疗 2 周后达到了临床缓解，且停药后 2 周仍处于缓解期。下一步即将进入 III 期临床试验。

分析：在许多克罗恩病和溃疡性结肠炎患者中，Smad7 蛋白在炎症肠道内呈过表达的状态，从而抑制了 $TGF-\beta_1$ 抗炎信号通路的活性。$TGF-\beta_1$ 不仅可调控免疫细胞的功能，还可维持肠与身体其他部位之间屏障的完整性。2001 年，Monteleone 研究小组提出利用寡核苷酸从 RNA 水平上抑制 Smad7 的生成，从而使 $TGF-\beta_1$ 正常发挥功能，控制肠道炎症。

Mongersen 是一种合成的由 21 个碱基组成的寡核苷酸，序列为 5'-GTCGCCCCTTCTCCCCGCAGC-3'，其结合位点是靶基因 Smad7 的 107-128（5'-GCTGCGGGGAGAAGGGGCGAC-3'）。该寡核苷酸采用硫代磷酸骨架来增加其稳定性，减少降解的可能，属于第一代反义药物。而且鸟嘌呤前的胞嘧啶（第 3 位和第 16 位胞嘧啶）被 5-甲基-脱氧胞嘧啶取代，以避免免疫细胞被 CpG 基序激活。Mongersen 可通过经典的反义机制由 RNase H 介导靶基因 RNA 的降解。同时，为进一步增强药物的靶向特异性，药物包衣还采用甲基丙烯酸-丙烯酸乙酯共聚物，可抵抗胃液的消化，并对 pH 值变化产生反应，从而调控使药物在回肠末端至右结肠间进行释放。

本 章 小 结

本章主要内容包括核酸类药物的概念、种类、作用机制、制备方法和传递系统等，并介绍了核酸类药物在临床上的应用，进入临床试验情况及其前景。

重点是核酸类药物的作用机制、制备方法和传递系统。核酸类药物主要包括反义核酸药物、RNA 干扰剂（siRNA 和 miRNA）及核酸适体等，不同的核酸类药物既有共性部分，又有一定的差异性。体内或体外方式制备核酸药物后，通过化学修饰法可进一步增强核酸类药物的稳定性，抵抗核酸酶的降解作用。核酸类药物的传递系统主要分为病毒载体系统（腺病毒、反转录病毒和慢病毒等）和非病毒载体系统（脂质体、受体和纳米颗粒介导等）。在临床应用方面，核酸类药物在抗病毒、抗肿瘤等方面具有传统药物不可替代的治疗作用；更多核酸类药物已进入了临床试验阶段，相信随着这类药物相关的特异性、稳定性、传递方式和毒副作用等一系列问题的解决，核酸类药物必将在疾病治疗中展示出令人憧憬的前景。

思考题

1. 核酸类药物的种类和各自作用的机制？
2. 核酸类药物的传递系统有哪些？
3. 简述核酸类药物在临床上的应用及其前景。

（陆　斌）

第九章 多肽类药物

学习导引

1. **掌握** 多肽类药物的概念、制备方法、制剂与给药途径。
2. **熟悉** 影响多肽类药物稳定性的因素及其解决手段、检测方法。
3. **了解** 多肽类药物的临床应用及前景。

第一节 概 述

一、多肽类药物的概念

多肽类药物是指可用于疾病的预防、治疗和诊断的一种多肽类生物药物。多肽是由氨基酸通过肽键缩合而成的一类化合物。一般氨基酸残基数量在 10 个以下缩合而成的多肽称为寡肽。多肽与蛋白质本质上没有明确的界限，但一般把分子量在 10000Da 以下或由 50 个以下氨基酸组成的肽链称为多肽，把分子量在 10000Da 以上或由 50 个以上氨基酸组成的肽链称为蛋白质。与多肽相比，蛋白质具有更长的肽链，且结构更为复杂。蛋白质经部分水解可生成多肽。

自然界中存在大量的生物活性多肽，它们在生理过程中发挥着极其重要的作用，涉及分子识别、信号转导、细胞分化及个体发育等诸多领域，被广泛地应用于医疗、卫生、保健、食品、化妆品等多个方面。而药用多肽多数源于内源性肽和天然肽，结构清楚，作用机制明确，且易于合成和改造，具有巨大的开发价值。

二、多肽类药物的特点

多肽类药物具有特定的优势和临床应用价值，目前已经成为药物开发的重要方向。与一般有机小分子药物相比，多肽类药物具有生物活性强、用药剂量小、毒副作用低、疗效显著等突出特点，但其半衰期一般较短，不稳定，在体内容易被快速降解。多肽类药物临床试验通过率往往高于化学小分子药物，且药物从临床试验到批准上市所需时间相对较短。与蛋白类大分子药物相比，多肽类药物免疫原性相对较小（除多肽疫苗外），用药剂量少，单位活性更高，易于合成、改造和优化，产品纯度高，质量可控，能迅速确定药用价值。多肽类药物的合成成本也一般低于蛋白类药物。

三、多肽类药物的种类

目前多肽类药物的种类主要包括多肽疫苗、抗肿瘤多肽、抗病毒多肽、多肽导向药物、细胞因子模拟肽、抗菌性活性肽、诊断用多肽及其他药用小肽等。

1. 多肽疫苗　是目前疫苗研究的重要方向。目前主要是针对病毒的多肽疫苗进行了研发，包括艾滋病病毒和丙肝病毒等。

2. 抗肿瘤多肽　通过选择与肿瘤发生、发展和转移过程中密切相关基因或调控分子，筛选与其可特异性结合的多肽，抑制肿瘤细胞的生长、促进细胞凋亡，从而发挥抗肿瘤的作用。

3. 抗病毒多肽　从肽库中筛选获得可与宿主细胞特异性受体或者病毒蛋白酶等活性结合位点相结合的多肽，用于抗病毒的治疗。

4. 多肽导向药物　将具有结合能力的多肽，与细胞毒素或细胞因子等进行融合，将其导向至病变部位，发挥治疗作用，同时减少毒副反应。

5. 细胞因子模拟肽　指从肽库中筛选获得能够与细胞因子受体特异性结合，同时具有细胞因子活性的多肽。这些模拟肽的序列一般与细胞因子的氨基酸序列不同。

6. 抗菌性活性肽　从昆虫、动物体内筛选获得的具有抗菌活性的多肽分子，目前已筛选获得上百种。

7. 诊断用多肽　通过从致病体或肽库中筛选获得的多肽，用作诊断试剂，检测体内是否存在病原微生物、寄生虫等的抗体。包括对肝炎病毒、艾滋病病毒、类风湿疾病等抗体的检测。

第二节　多肽类药物的制备

多肽类药物的制备主要有分离纯化法、化学合成法和基因工程法等。其中，化学合成法是目前主要的制备方式，包括固相合成法和液相合成法，具有生产过程易控制、安全性相对较高的特点，也是本节重点介绍内容。

一、分离纯化法

自然界中广泛存在多肽类物质，因此多肽类药物通常可从动植物和微生物中进行提取、分离和纯化获得。在提取过程中，首先选择富含此类多肽的生物材料，通过特定的人工液相体系将多肽或蛋白质的有效成分提取出来。在分离纯化过程中，根据多肽各自不同的理化性质选择不同的纯化方式，包括盐析法、色谱法、电泳法和膜分离法等。但由于多肽分子具有一定的相似性，单独使用一种分离纯化方法难以达到很好的效果，需要把这些方法进行组合实现多肽分子的分离纯化。

1. 盐析法　是指通过在溶液中加入无机盐使生物大分子的溶解度降低而沉淀析出的方法。可用于蛋白质、多肽、多糖和核酸等的分离纯化。常用作盐析的无机盐有氯化钠、硫酸钠、硫酸镁、硫酸铵等。

2. 色谱法　是基于混合物各组分在体系中两相间分配系数的差异，使各组分得以分离的方法。用于多肽分离纯化的方法主要包括高效液相色谱（HPLC）、分子排阻色谱（size-exclusion chromatography，SEC）、离子交换色谱（iron-exchange chromatography，IEC）、疏水色谱（hydrophobic interaction chromatography，HIC）、高效置换色谱（high-performance displacement chromatography，HPDC）等。

3. 电泳法 根据混合物中各组分携带的电荷、分子大小和形状等的差异，在电场作用下产生不同的迁移速度，从而对样品进行分离的技术。包括毛细管区带电泳（capillary zone electrophoresis，CZE）、胶束电动毛细管电泳（micellar electrokinetic capillary electrophoresis，MEKC）、毛细管等电聚焦电泳（capillary isoelectric focusing，CIEF）、毛细管凝胶电泳（capillary gel electrophoresis，CGE）等。

4. 膜分离法 是根据混合物中不同分子的粒径不同，在通过半透膜时实现选择性分离的技术。根据半透膜的孔径大小可分为：微滤膜（MF）、超滤膜（UF）、纳滤膜（NF）、反渗透膜（RO）等。膜分离都采用错流过滤方式。膜分离纯化技术可保护多肽的活性。

二、化学合成法

尽管多肽类药物可以通过从生物体内分离纯化获得，但是天然存在的多肽分子含量少，无法完全满足临床应用的需求。因此化学合成法成为多肽类药物制备的主要方法。与一般化学小分子药物合成不同，多肽类药物的化学合成法是通过氨基酸逐步缩合的化学反应来实现。该方法一般是从羧基端向氨基端，重复逐个添加氨基酸的过程。多肽的化学合成法分为液相合成法和固相合成法。

（一）固相合成法

1963年，Merrifield首次提出了多肽固相合成（solid phase peptide synthesis，SPPS）方法，该法合成方便、快速，成为多肽合成的首选，并且带来了多肽有机合成上的一次革命。Merrifield也因此获得了1984年诺贝尔化学奖。固相合成法的出现促进了肽合成的自动化。20世纪80年代初期世界上第一台真正意义上的多肽合成仪出现，标志着多肽合成自动化向前迈出了一大步。

1. 基本原理 是先将目标多肽的第一个氨基酸的羧基以共价键的形式与不溶性固相载体连接，而氨基端则先被封闭基团保护；然后脱去氨基保护基团，使其与相邻氨基酸的羧基发生酰化反应，形成肽键，多次循环重复此操作步骤，以达到所要合成的肽链长度；最后将肽链从固相载体上裂解下来，经过纯化获得目标多肽。

2. 主要方法 根据氨基端保护基团的不同分为两类：α-氨基用Boc（叔丁氧羰基）保护的称为Boc固相合成法；用Fmoc（9-芴甲基氧羰基）保护的称为Fmoc固相合成法。Boc方法合成多肽，需要反复使用三氟乙酸（TFA）脱去Boc，然后用三乙胺中和游离的氨基末端，活化后偶联下一个氨基酸。但其缺点在于反复使用酸进行脱保护，会引起部分肽段从固相载体上脱落；合成的肽越大，丢失越严重。而且，酸催化还会引起侧链的一些副反应，尤其不适于合成含有色氨酸等对酸不稳定的肽类。而Fmoc方法采用了碱可脱落的Fmoc为α-氨基保护基，最后用氢氟酸（HF）水解肽链和固相载体之间的酯键，得到目的肽。后者反应条件温和，对实验条件要求不高，得到了非常广泛的应用。

3. 主要过程 是一个重复添加氨基酸的过程。其主要由以下几个步骤组成：

（1）保护与去保护 游离氨基酸先用Boc或Fmoc基团进行氨基保护；当氨基酸添加完毕、新的肽键形成后，根据保护基团的不同使用酸性或碱性溶剂去除氨基的保护基团。

（2）激活和交联 下一个氨基酸的羧基被活化剂所活化，然后与游离的氨基反应交联，形成肽键。上述两个步骤反复循环直至合成完毕。

（3）洗脱和脱保护 多肽从固相载体上洗脱下来，其保护基团被一种脱保护剂洗脱和脱保护。

4. 多肽固相合成的优点 主要表现在最初的反应物和产物都是连接在固相载体上，可以在一个简单的反应容器中进行所有的反应，简化并加速了合成步骤，便于自动化操作。由于固相载体共价连接的肽链处于适宜的物理状态，可以通过快速抽滤和洗涤完成中间的纯化，避免重结晶和分离步骤，大大减少了中间处理过程的损失。同时加入过量的反应物可进一步增加产率。

（二）液相合成法

1953年，Vigneaud等人采用液相合成的方法首次成功合成了催产素，标志着多肽液相合成法在合成多肽类药物方面的巨大进步。多肽液相合成法是多肽合成的经典方法，直到现在仍然被广泛使用，尤其是大多数商品化多肽类药物制备的首选方法。主要包括线性合成法和分段合成法两种。

1. 线性合成法 是将氨基酸逐个添加至多肽序列中，直至目标多肽全部序列合成完毕。该方法通常从C端开始，向不断增加的氨基酸组分中添加单个α-氨基保护和羧基活化的氨基酸，在完成一轮反应后除去N端保护基。由于该方法操作繁琐、纯化困难，因此，线性合成法多适用于合成10~15个氨基酸的多肽，大规模生产时，一般只有5个或6个氨基酸的缩合。

2. 分段合成法 是指在溶液中多肽片段依据其化学专一性或化学选择性，自发连接成长肽的合成方法。它可用于长肽的合成，具有合成效率高、成本低、易于纯化、可大规模合成、反应条件多样等优点。常用的连接方式包括天然化学连接和施陶丁格连接。

天然化学连接是多肽分段合成的基础方法，是多肽合成技术中最有效的途径之一。通过以C端为硫酯的多肽片段与N端为半胱氨酸（Cys）残基的多肽片段在缓冲溶液中进行反应，得到以Cys为连接位点的多肽。但其合成的多肽必须含有Cys残基，因而限制了该方法的应用范围。其延伸方法包括化学区域选择连接、可除去辅助基连接和光敏感辅助基连接等，扩大了天然化学连接的应用范围。

施陶丁格连接方法是另一种以叠氮反应为基础的分段连接方法，通过以C端为膦硫酯的多肽片段与N端为叠氮的多肽片段进行连接，生成一个天然的酰胺键，连接产物中不含有残留原子，也不需要连接位点有Cys，拓展了连接位点的范围，得到了广泛的应用。正交化学连接方法是施陶丁格连接方法的延伸，通过简化膦硫酯辅助基来提高片段间的缩合率。

三、基因工程法

除化学合成法之外，以基因工程法进行多肽的表达，已成为了多肽类药物制备的重要方法。与化学合成相比，基因工程法更适合于长肽的制备。基因工程法主要通过基因工程技术，将拟表达的多肽基因插入表达载体，导入宿主细胞中进行表达，然后通过分离纯化获得该多肽分子。根据宿主细胞的不同可分为原核表达和真核表达两种。

第三节 多肽类药物的制剂

与传统小分子化学药物相比，多肽类药物的稳定性较差，因此需要运用多种手段对多肽类药物进行化学修饰和分子结构改造，以提高多肽的稳定性。多肽类药物通常采用注射给药方式，而近年来非注射给药途径，包括口服给药、鼻腔给药、肺部给药和皮肤给药等也逐渐成为多肽类药物重要的给药方式。

一、多肽类药物的稳定性

目前多肽类药物的临床应用越来越广泛，但是多肽类药物与传统的化学小分子药物相比，稳定性较差。

多肽类药物的稳定性是影响其疗效的重要因素。导致多肽不稳定的原因主要包括：①蛋白水解酶的破坏：体内存在大量的蛋白水解酶，尤其是胃肠道，当多肽分子进入体内后容易被酶解成小分子肽或氨基酸。②物理变化：包括变性、吸附、聚集或沉淀等，都会使多肽活性受到影响。③化学变化：包括氧化、水解、消旋、β-消除、脱酰胺反应、糖基修饰、形成错误的二硫键等，导致多肽结构改变和活性丧失。④受体介导的清除：较大分子量的多肽可通过受体介导的方式被特异性清除。⑤给药途径：不同的给药途径会影响多肽类药物的体内分布、代谢过程、生物利用度和药理作用等。因此需要采取多种手段提高多肽类药物的稳定性，延长多肽类药物的半衰期。其方法包括：

1. 化学修饰法　主要通过改变多肽分子的主链结构或侧链基团的方式进行，包括侧链修饰、骨架修饰、组合修饰、聚乙二醇（PEG）修饰、糖基化修饰和环化等。目前可用作多肽修饰剂的物质有很多，如右旋糖苷、肝素、聚氨基酸及 PEG 等，其中研究最多的是 PEG 修饰。PEG 是一种水溶性高分子化合物，具有毒性小、无抗原性、溶解性和生物相容性好等特点。PEG 与多肽结合后能够提高多肽的热稳定性，抵抗蛋白酶的降解，延长体内半衰期。糖基化修饰可影响多肽的空间结构、药代动力学特征、生物活性、溶解性、对蛋白酶的稳定性和凝聚性等，从而延长多肽的半衰期，同时也可与 PEG 联合修饰多肽，减少免疫原性等。环化则通过限制和稳定多肽的空间构象，增强多肽对蛋白酶的稳定性。

2. 基因工程法　通过基因工程技术进行定点突变或以融合蛋白表达的形式增加多肽的稳定性、生物活性，延长其半衰期。①定点突变，即替换引起多肽不稳定或影响活性的残基，或引入能增加多肽稳定性的残基，来提高多肽的稳定性。②基因融合，即通过将多肽基因与分子量大、半衰期长的分子进行融合表达，融合蛋白仍具有多肽分子的生物活性，其稳定性更好、半衰期更长。常用于融合的分子是人血清白蛋白。

3. 制剂方式改变或优化　多肽类药物的制剂形式，可增加多肽类药物的稳定性。①冻干法，由于多肽发生一些化学反应需要水的参与，因此冻干可提高多肽的稳定性。②缓控释制剂，通过缓释或控释技术对多肽分子进行修饰，延缓药物的扩散或释放速度，稳定血药浓度，延长作用时间，从而达到增强疗效的目的。

二、多肽类药物的检测

与传统小分子药物相比，生物样品中多肽类药物的检测面临的难度较大，其主要原因有：多肽类药物多为生理活性物质，结构特殊，稳定性差；生物体内存在大量干扰物质，如结构相同或相似的内源性蛋白多肽类物质；多肽类药物生理活性强，用药剂量小，因此要求检查方法灵敏度高。常用的多肽类药物检测方法如下：

（一）生物检定法

生物检定法可以用来研究多肽类药物的生物活性及药物动力学。主要分两种方式：体内测定法和体外测定法。体内测定法最能反映多肽类药物在动物体内的生物活性，但需要通过动物模型和外科手术，比较耗时，且观察结果具有主观性，因而变异性大，灵敏度低。体外测定法通常采用体外细胞培养技术，以细胞增殖、分化或细胞毒性为基础，以细胞数的增减为量效指标，来评价多肽类药物的生物活性。该方法可靠、灵敏度高，但无法体内示踪和反映血清中内源性物质干扰的可能性。

（二）免疫学方法

通过免疫学方法可测定多肽类药物的免疫活性或结合活性。常用的方法有放射免疫测定法（RIA）、化学发光免疫测定法（FIA）和酶联免疫吸附测定法（ELISA）等。其中 ELISA 法具有灵敏度高、重复性好、无放射性危害等优点，被广泛应用于药物动力学的研究。免疫学方法测定的是多肽的免疫活性而不是生物活性，而且不能同时测定代谢物，因此具有抗原决定簇的代谢片段可能会产生误差，同时也容易受到内源性物质的干扰。

（三）同位素标记示踪法

通过将同位素标记于多肽分子上来进行示踪的方法，是多肽分子药代动力学研究的主要手段之一。具有灵敏度更高、操作便捷的优点，适于药物组织分布研究，但不适于人体药物代谢动力学的研究。通常有两种标记方法，内标法和外标法。外标法，又称化学联结法，常用化学法将 ^{125}I 连接于多肽上，其相对简单而被广泛运用。外标法不可行时使用内标法（又称掺入法），即把含有同位素如 ^{3}H、^{14}C 或 ^{35}S 的氨基酸，加入生长细胞或合成体系中，获得含同位素的多肽分子，该方法复杂而应用受限。

（四）质谱分析技术

质谱分析技术是多肽类药物结构分析的重要手段。常用的质谱分析工具有：快原子轰击质谱（FAB-MS）、电喷雾质谱（ESI-MS）和基质辅助激光解析电离飞行时间质谱（MALDI-TOF-MS）等。快原子轰击质谱应用于小分子多肽类药物的分析，可准确分析热不稳定以及难挥发的多肽类药物。电喷雾质谱则擅长测量大分子多肽类药物及准确测定其分子量。如果与 HPLC 联用，可获得精确的分子结构信息及完整的氨基酸序列。基质辅助激光解析质谱则提供了一种更好的离子化方式，避免多肽类药物直接进行离子化。

（五）核磁共振技术

核磁共振技术（nuclear magnetic resonance，NMR）作为一种重要的物理测试技术，广泛应用于解析化学物质结构和反应性能。该法可用于核定多肽的微观理化性质，能够检测一些不能用 X-射线晶体衍射分析方法检测的多肽。同时也可用于确定氨基酸序列和定量混合物中各组分的含量；NMR 谱检测的某些指标还可反映多肽的生物功能特别是酶促反应动力学过程等。

（六）色谱-光谱联用技术

随着分析技术的发展，色谱-光谱联用技术逐渐发展成熟，使色谱分离和光谱鉴定成为连续过程，该技术是生物样品分析最常用的技术之一，在多肽分析中应用十分广泛。该项技术主要包括液相色谱-质谱联用（LC-MS）、毛细管电泳-质谱联用（CE-MS）、气相色谱-质谱联用（GC-MS）和液相色谱-核磁共振-质谱联用（LC-NMR-MS）等。

三、多肽类药物制剂与给药途径

多肽类药物的给药方式相对单一，通常采用注射给药方式，操作繁琐，患者依存性差，而随着科学技术的发展，注射剂控缓释技术以及口服给药、鼻腔给药、肺部给药和皮肤给药等其他非注射给药方式的研究逐渐成为多肽类药物研究的热点。

（一）多肽类药物注射制剂

多肽类药物通常采用注射给药方式，主要剂型包括注射液针剂和冻干粉针剂。采用冻干工艺制备冻干粉针剂，相对而言可提高药物的稳定性，且便于运输和储藏，但需频繁给药，患者用药依从性差。近年来，通过引入控释或缓释技术，保护多肽类药物在体内免于被快速降解、延缓药物释放、减少给药次数等。

1. 微球 是药物溶解或分散在高分子材料中形成直径为 1~250μm 的微小球状实体。多肽微球是指采用生物可降解聚合物，特别是以聚乳酸（PLA）和聚乳酸-羟基乙酸共聚物（PLGA）为骨架材料，包裹多肽类药物制成的可注射微球制剂。这些聚合物具有良好的生物相容性和安全性，在体内降解后生成乳酸和羟基乙酸，最终代谢为二氧化碳和水而被排出体外。目前多肽微球的制备方式主要有复乳-液中干燥法、喷雾干燥法、相分离法、乳化交联法、低温喷雾提取法和超临界流体技术等。

2. 埋植剂 是指埋于皮下的一种微型给药载体。其优点在于：①载药量大；②药物零级释放；③埋植前无需用溶媒溶解；④可达到局部或全身用药的目的。埋植剂可用于多肽类药物的递送系统。埋植剂所用的可降解聚合物包括 2 大类：①天然聚合物，包括明胶、葡聚糖、清蛋白、甲壳素等；②合成聚合物，包括聚乳酸、聚丙交酯、PLGA、聚丙交酯乙交酯（PLCG）、聚己内酯和聚羟丁酸等。

3. 脂质体 是由类脂质双分子层形成的封闭小囊泡，可作为药物载体包裹生物活性物质，如蛋白质、多肽和寡核苷酸等。脂质体最常用的给药方式是静脉注射，另外还有口服给药等方式。脂质体的制备方式主要有物理分散法、两相分散法和表面活性剂增溶法。

4. 纳米粒 是粒径小于 1μm 的固态胶体颗粒，由天然或人工合成的高分子聚合物构成。纳米控释系统具有许多优越性：①保护被包裹的药物，提高药物的稳定性和安全性；②具有靶向性，可通过血液循环靶向特定的组织和细胞；③提高药物的溶解度和溶出度；④具有缓释作用。纳米粒可用于静脉注射和肌内注射，还可用于口服。纳米粒口服后可通过小肠 Peyer 结摄取入血，具有较好的生物利用度。按纳米粒的制备过程不同可分为骨架实体型的纳米球和膜壳药库型的纳米囊。

5. 原位水凝胶 是一类能以液体状态给药，并在用药部位感知响应立即发生相变，形成非化学交联的半固体给药系统。原位水凝胶具有多个优点：①具有凝胶制剂的亲水性三维网络结构；②组织相容性良好；③与用药部位特别是黏膜组织亲和力强；④具有独特的溶液-凝胶转变性质；⑤制备工艺简单、使用方便。因此原位水凝胶适于用作多肽类药物的控释制剂，具有缓释作用，可减少给药剂量和不良反应。其独特的溶液-凝胶转变性质使其克服了微球和脂质体的缺点。制备水凝胶材料主要有两大类：一类是合成高分子；一类是天然生物材料，如多糖和蛋白等。

6. 微乳 是由水、油、表面活性剂和助表面活性剂四部分组成的光学上均一、热力学稳定的液态体系，其粒径为 10~100nm，又称为纳米乳。微乳作为多肽类药物转运系统，具有如下优点：①可将药物包封于内水相及表面活性剂层中，对多肽及蛋白质药物起到保护作用；②水包油（O/W）型微乳作为疏水性药物的载体，提高药物的溶解度和生物利用度，对于水溶性药物则可延长释放时间，起到缓释作用；③与油剂相比黏度低，注射时不会导致剧烈疼痛；④热力学稳定，可高温灭菌，易于制备和保存；⑤微乳口服后可经淋巴吸收，克服肝脏首过效应；⑥微乳体系表面张力较低，易通过胃肠壁的水化层而与胃肠上皮细胞直接接触，促进药物的吸收和提高生物利用度。微乳根据结构可分为水包油型（O/W）、油包水型

（W/O）及双连续型。

（二）多肽类药物非注射制剂

随着生物技术的发展，有越来越多的具有生物活性的多肽类药物进入临床。但是由于多肽本身的特性，如稳定性差、易降解、半衰期短等，使得多肽类药物临床应用的主要剂型仍为注射制剂，这也给临床用药带来了不便，尤其是需频繁给药的药物，导致患者依从性差、副作用明显。近年来，随着制药工艺和药剂学的发展，多肽类药物的给药途径已经向多元化方向发展，目前比较成熟的有口服、鼻腔、口腔黏膜、肺部以及透皮吸收等给药途径。

1. 口服给药 在所有给药途径中，口服给药一直是最常用、最受欢迎的给药方式。但多肽类药物由于其自身特点，直接口服基本无效。其原因主要包括：①多肽分子量大，脂溶性差，难以通过生物膜屏障，导致胃肠道对多肽类药物的低吸收性；②胃肠道中大量蛋白酶对多肽分子具有快速的降解作用；③吸收后易被肝脏消除（肝首过效应）；④多肽分子本身的不稳定性。其中前两个是实现多肽类药物口服给药的两大障碍。目前主要通过化学修饰、加入吸收促进剂、蛋白酶抑制剂、应用微粒给药系统、定位释药系统等途径来实现多肽类药物的口服给药。

2. 鼻腔给药 是多肽类药物给药的理想途径之一，其优点在于：①鼻黏膜部位细微绒毛较多，有较大的吸收表面积，同时毛细血管丰富利于药物的迅速吸收；②药物吸收后直接进入体循环，无肝脏首过效应；③操作方便，便于患者自我给药。主要剂型包括滴鼻剂和鼻喷雾剂，喷雾给药比滴鼻给药的生物利用度高 2~3 倍。多肽类药物直接进行鼻腔给药一般不易吸收，可使用吸收促进剂、酶抑制剂、化学修饰或应用微粒给药系统等促进黏膜对药物的吸收。

3. 肺部给药 人体肺部的吸收表面积巨大（约$140m^2$），血流量达到5L/min。因而肺部给药具有鼻腔给药的优点，同时由于肺泡壁比毛细血管壁薄、通透性更好，更利于多肽类药物的吸收。选择合适的给药装置将药物送至肺泡组织是肺部给药的关键，多肽类药物肺部给药系统主要有干粉吸入剂和定量型气雾剂。干粉吸入剂携带方便，操作简单，且干燥粉末可增加多肽类药物的稳定性。定量型气雾剂的研究已经逐渐臻于成熟，尤其是有关胰岛素肺部吸入制剂的研究已经取得一定成果。目前多肽类药物进行肺部给药的前景良好，但是尚存在作用时间短、生理活性低、有免疫原性和剂量准确性差等问题。

4. 经皮肤或黏膜给药 该方法具有诸多优点，如释药速度恒定可控、避免胃肠道对药物的影响和肝脏首过效应、延长药物的作用时间、提高药物生物利用度、使用方便等。但皮肤角质层是大多数药物尤其是大分子的多肽类药物的天然屏障，其穿透性低成为多肽类药物透皮吸收的主要障碍，尤其是对大分子的多肽类药物。目前应用较多的是离子导入技术，即借助电流控制离子化药物释放速度和释放时间，促进药物进入皮肤。将离子导入技术与电穿孔、超声导入技术及化学渗透剂相结合，可使药物更好地透皮吸收。

第四节 多肽类药物的临床应用与前景

多肽作为药物应用的研发时间虽然较短，但到目前为止，全球已有至少70多种人工合成或基因重组的小分子多肽类药物被批准应用于临床，其中多数来源于天然多肽的活性片段或根据蛋白质结构设计而成。这些多肽类药物在治疗糖尿病、肿瘤、心血管疾病、骨质疏松症、中枢神经系统疾病、肢端肥大症、免疫性疾病以及抗感染等方面具有显著效果。

一、多肽类药物的临床应用

（一）糖尿病

临床用于治疗糖尿病的多肽类药物主要有艾塞那肽（exenatide）、利拉鲁肽（liraglutide）和普兰林泰（pramlintide）等。艾塞那肽和利拉鲁肽主要用于2型糖尿病的治疗，前者能够模拟内源性GLP-1的糖调控作用，降低空腹和餐后血糖，并能够降低患者体重；而后者是一种GLP-1类似物，通过升高细胞内cAMP，诱导胰岛素释放，并以血糖依赖性方式降低胰高血糖素的分泌。普兰林泰是一种胰岛B细胞分泌的神经内分泌激素类似物，具有调节胃排空、防止餐后血糖升高等作用，用于成人1型和2型糖尿病的治疗。

（二）肿瘤

多肽类药物阿巴瑞克（abarelix）是一种合成的十肽，可通过直接抑制促黄体生成激素和卵泡刺激激素分泌来减少睾丸睾酮的分泌，目前用于前列腺癌的姑息疗法；西曲瑞克（cetrorelix）是一种LHRH拮抗剂，对各种激素依赖性疾病具有抑制作用，目前主要用于前列腺癌和子宫肌瘤等的治疗。除此之外，治疗肿瘤的多肽类药物还有很多，如硼替佐米（bortezomid）能够治疗多发性骨髓瘤和套细胞淋巴瘤；戈那瑞林（gonadorelin）和亮丙瑞林（leuprorelin）能够治疗前列腺癌和乳腺癌；米伐木肽（mifamurtide）用于治疗可切除的骨肉瘤；乌苯美司（ubenimex）用于治疗白血病等。

（三）心血管疾病

多肽类药物比伐卢定（bivalirudin）是一种直接凝血酶抑制剂，其有效抗凝成分为水蛭素衍生物片段，能够可逆性地短暂抑制凝血酶的活性位点，抑制凝血酶活性，临床用于预防不稳定型心绞痛血管介入治疗前后的缺血性并发症；卡培立肽（carperitide）是由28个氨基酸组成的重组人心房利钠肽，用于治疗急性失代偿性心力衰竭；而依替巴肽（eptifibatide）属于血小板糖蛋白Ⅱb/Ⅱa受体拮抗剂，能够抑制血小板凝集和血栓形成，临床用于急性冠脉综合征的治疗。

（四）骨质疏松症

临床治疗骨质疏松的多肽类药物主要有依降钙素（elcatonin）和特立帕肽（teriparatide）。依降钙素是鳗降钙素结构修饰物，能够抑制骨吸收，促进骨形成，减少钙从骨骼释放到血液中，并具有改善炎症和中枢性镇痛作用，可用于治疗骨质疏松及其引起的疼痛。特立帕肽是重组人甲状旁腺素的多肽片段，能够调节骨代谢，调节肾小管对钙和磷的重吸收及肠道对钙的吸收，用于绝经后妇女骨质疏松症及男性原发性骨质疏松症的治疗。

（五）中枢神经系统疾病

多肽类药物施普善（cerebroprotein hydrolysate）是一种猪脑组织提取物，主要含神经多肽、核酸、神经递质等生物活性成分，具有调节神经发育、营养神经细胞、调节和改善神经元代谢、促进突触形成、诱导神经元分化等多种作用，目前用于治疗早老性痴呆和血管性痴呆等疾病。

（六）肢端肥大症

临床用于治疗肢端肥大症的多肽类药物主要有兰瑞肽（lanreotide）和奥曲肽（octreotide）。兰瑞肽和奥曲肽均是生长抑素的八肽类似物，其作用机制同天然生长抑素相似，前者用于治疗外科手术和放疗效果不佳，或不适合外科手术及放疗的肢端肥大症患者，后者除可以治疗肢端肥大症外，还可用于类癌瘤及血管活性肠肽瘤的治疗。

实例分析

实例： 多肽类药物奥曲肽临床主要适应证为肢端肥大症、类癌瘤及血管活性肠肽瘤等，也可用于治疗食管静脉曲张出血。

分析： 天然的生长抑素（somatostatin，ST）是一种具有广泛生物活性的调节肽，可抑制生长激素和胰高血糖素的分泌，但内源性生长抑素在肝内通过肽链内切酶迅速代谢，然后从尿中排出，导致健康人内源性生长抑素在血浆中的浓度很低。

奥曲肽是1982年由瑞士Sandoz公司Bauer等通过对生长抑素十四肽进行选择性切除和修饰分析后，人工合成获得的八肽生长抑素类似物。其化学名为L-半胱氨酰-D-苯丙氨酰-L-半胱氨酰-L-苯丙氨酰-D-色氨酰-L-赖氨酰-L-苏氨酰-N-［2-羟基-1-（羟甲基）丙基］-环（2→7）-二硫化物。

奥曲肽除去了ST中的6个氨基酸，1、4位为D型氨基酸，8位为氨基醇，从而不易被蛋白酶迅速水解，延长了体内半衰期。其药理作用与生长抑素相似，作用更强且持久，半衰期较天然抑素长30倍。奥曲肽通过化学合成法制备，其检测分析方法为HPLC法。临床给药途径为静脉注射或皮下注射。为了提高其稳定性，一般需要针对性的加入一些添加剂，如乳酸、甘露醇、碳酸氢钠等。另外还有奥曲肽微球注射液，是一种长效微球制剂，每月仅需注射一次。

（七）免疫性疾病

多肽类药物胸腺喷丁（thymopentin）是从胸腺生成素Ⅱ中得到的含5个氨基酸的小肽，是胸腺生成素的活性中心，具有与胸腺素相同的免疫系统调节功能，目前用于治疗慢性乙型肝炎、原发或继发性T细胞缺陷病、自身免疫性疾病（如类风湿关节炎、系统性红斑狼疮等）、细胞免疫功能低下及肿瘤的辅助治疗等。

（八）感染性疾病

1. 病毒感染 多肽类药物恩夫韦肽（enfuvirtide）是一种新型抗反转录病毒药物，可抑制病毒与细胞膜融合，从而干扰并阻止HIV-1进入宿主细胞，抑制HIV复制。美国FDA批准其用于治疗HIV感染。

2. 细菌感染 多肽类药物多黏菌素E甲磺酸钠（colistimethate sodium）是一种表面活性剂，通过改变细菌细胞膜的通透性而杀菌，临床用于治疗革兰阴性杆菌感染；达托霉素（daptomycin）是利用玫瑰孢链霉菌发酵制得的环肽抗生素，对革兰阳性菌具有快速杀伤作用，并对多药耐药的金黄色葡萄球菌具有显著抑制作用，目前用于严重皮肤感染及葡萄球菌引起的菌血症的治疗；杆菌肽（bacitracin）是从枯草杆菌中分离得到的多肽，目前用于治疗葡萄球菌属、溶血性链球菌以及肺炎链球菌等敏感菌所导致的皮肤软组织感染。

3. 真菌感染　多肽类药物阿尼芬净（anidulafungin）是一种半合成的棘球白素类抗真菌药物，能够抑制葡聚糖合成酶，从而导致细胞壁破损和细胞死亡，能够治疗食管念珠菌病；卡泊芬净（caspofungin）是一种新型的棘白素类抗真菌药物，能够抑制真菌细胞壁重要成分的合成，临床用于治疗真菌感染、念珠菌感染和侵袭性曲霉病等。

（九）其他

多肽类药物在其他一些疾病的治疗及辅助治疗方面同样发挥了重要的作用。如精氨酸加压素（arginine vasopressin）用于预防和治疗术后腹胀和尿崩症；阿托西班（atosiban）用于抑制宫缩，推迟早产；环孢素 A（ciclosporin）用于抑制器官移植排斥反应等。

由此可见，多肽类药物在对多种疾病的治疗方面具有独特的优势，在未来的发展过程中将展现出重要的应用价值和广阔的发展前景。

二、多肽类药物的临床应用前景

在过去的几十年间，多肽在医学和生物技术方面得到了极其广泛的应用。治疗用多肽的研究正在经历一场革命，各种多肽类药物如雨后春笋般出现。目前全球药物市场上有 70 多种多肽类药物，另有超过 200 种药用多肽正处在临床试验阶段，处于临床前试验阶段的药用多肽则超过 500 种。

目前多肽类药物主要用于治疗肿瘤和代谢相关的重大疾病，如肥胖和 2 型糖尿病等，因而多肽类药物拥有非常广阔的消费市场。2011 年治疗前列腺癌的多肽类药物 Lupron 的销售额就超过了 23 亿美元；2013 年治疗糖尿病的多肽类药物 Lantus 的销售额达到了 79 亿美元。基于多肽类药物的潜在价值，全球多肽类药物市场会持续扩大，同时新型创新多肽类药物的市场份额也将进一步增加。

目前全球多肽类药物的市场每年约有 200 亿美元，尽管与近万亿美元的全球药物市场相比，所占比重不到 2%，但其近年来保持着高速增长的趋势，获批上市和进入临床的多肽类药物数量不断增加，预计到 2018 年市场可达到 254 亿美元。在全球多肽类药物市场中，美国和欧洲分别占有约 60% 和 30% 的市场份额，而亚洲和其他各地仅约占 10% 的市场份额。其中亚洲多肽类药物市场又以日本为主，中国市场非常小，且主要为进口或仿制产品，还没有一个自主创新的多肽新药。中国仍需加大对创新多肽类药物研发的投入和政策支持。

尽管多肽类药物的研发势头迅猛，但依然存在一些关键性的技术难题。首先，多肽的合成需要依靠昂贵的螯合试剂、树脂和保护氨基酸，所以需要寻找更加廉价的合成及纯化方法；其次，为了促进多肽类药物的膜渗透性，迫切需要发展不影响多肽的构象及生物学活性的新型修饰方法；再次，需要发展新的多肽传递和转运方式，维持多肽类药物在体内的稳定性和活性。目前大约 75% 的多肽类药物通过注射途径给药，发展多肽类药物口服给药、鼻腔给药、肺部给药或皮肤给药将大大促进多肽类药物的应用和市场推广。

当前多肽类药物已成为全球新药研发的重要方向之一。随着多肽化学、生物有机化学、分子生物学等多学科的交叉和融合，以及多肽载体技术和基因重组技术的发展，多肽类药物的研制将在降低多肽类药物生产成本，提高稳定性和靶向性，延长作用时间，增加摄入和渗透性，优化给药方式等方面取得突破。而新技术、新方法的出现更将加快多肽类药物的研发速度，拓展多肽类药物的开发和应用范围。多肽类药物必将具有更加广阔的临床应用前景。

知识拓展

　　药物的发现是药物研发流程的第一个阶段，其主要目的是通过筛选及活性分析，确定具有后续开发价值的候选药物，对其进行结构确证、表征和合成。多肽类药物的发现模式除从天然多肽中发现活性多肽外，还发展出其独有的模式，即通过有计划的构建多肽库进行筛选，并自主设计出所需要的多肽类药物，具体涉及如下几个方面：

　　1. 天然活性多肽的发现，包括天然多肽分离和生理活性研究以及基于生理和病理现象的多肽类药物的发现。

　　2. 基于肽库的多肽类药物研发，包括天然肽库、生物合成肽库及化学合成肽库的构建与多肽类药物筛选。

　　3. 基于蛋白质功能区域的多肽类药物研发。

　　4. 基于分子设计和修饰的多肽类药物研发，包括基于构效关系的多肽分子设计，具有特定构象的多肽类药物设计，多肽类药物的结构改造设计，降低合成难度及提高可溶性的肽链设计以及改善多肽类药物药学特征的多肽修饰设计。

本 章 小 结

　　本章主要内容包括多肽类药物的概念、特点、种类和制备方法，多肽类药物的稳定性及其影响因素和检测方法，多肽类药物制剂和给药途径等，并介绍了部分多肽类药物在临床上的应用情况及其前景。

　　重点是多肽类药物的制备方法，包括分离纯化法、化学合成法和基因工程法；多肽类药物的制剂按给药途径分为两类，注射制剂包括微球、埋植剂、脂质体、纳米粒、原位水凝胶和微乳等，非注射制剂可用于口服给药、鼻腔给药、肺部给药和经皮肤或黏膜给药途径等。

　　难点是影响多肽类药物稳定性的因素，提高多肽类药物稳定性的手段主要包括化学修饰法、基因工程法以及改变或优化制剂形式等。需对目前多肽类药物在临床上的应用情况及前景有初步的了解。

思考题

1. 多肽类药物的制备方式有哪些？
2. 提高多肽类药物稳定性的方法有哪些？
3. 多肽类药物非注射给药途径有哪些，分别有什么优点？

（陆　斌）

第十章 治疗性抗体药物

学习导引

1. **掌握** 抗体药物偶联物的结构特征和作用机制。
2. **熟悉** 基于单克隆抗体的肿瘤免疫治疗方法。
3. **了解** 治疗性抗体药物发展史和研发进展，抗体药物的质量控制。

第一节 概　述

　　1975 年 Kohler 和 Milstein 创立杂交瘤技术，制备鼠源单克隆抗体，开创了单克隆抗体技术的新时代。随着分子生物学技术、抗体库技术、转基因技术的发展，单克隆抗体经历了嵌合单抗、人源化单抗、全人源单抗几个阶段。单克隆抗体以其特异性、均一性、可大量生产等优点，广泛用于疾病的治疗。目前已上市的抗体药物已达 53 个，其中抗肿瘤占 42.5%，免疫性疾病占 32.5%，器官移植和心血管各占 7.5%，感染性疾病占 2.5%（表 10-1）。抗体药物主要通过中和阻断作用、抗体依赖细胞介导的细胞毒性（antibody dependent cell-mediated cytotoxicity，ADCC）、补体依赖的细胞毒性（complement dependent cytotoxicity，CDC）等机制杀伤靶细胞。为了增加抗体的效应功能，人们不断对抗体分子进行改造，其中，抗体药物偶联物（antibody-drug conjugate，ADC）、小分子抗体、双特异性抗体成为增强抗体治疗效果的主要研发方向。

表 10-1　历年上市抗体药物一览表

时间	药物
2015	Sccukinumab、Dinutuximab
2014	Ramucirumab、Siltuximab、Nivolumab、Pembrolizumab、Blinatumomab、Vedolizumab
2013	Itolizumab *、Obinutuzumab
2012	Mogamulizumab、Pertuzumab、Raxibacumab
2011	Belimumab、Belatacept、Aflibercept、Ipilimumab、Brentuximab、Mctuximab *
2010	Tocilizumab、Denosumab
2009	Ustekinumab、Ofatumumab、Golimumab、Canakinumab、Catumaxomab
2008	Certolizumab、Rilonacept、Nimotuzumab *

续表

时间	药物
2007	Eculizumab
2006	Ranibizumab、Panitumumab
2005	Abatacept
2004	Cetuximab、Bevacizumab、Natalizumab
2003	Omalizumab、Tositumomab、Alefacept、Efalizumab
2002	Ibritumomab、Adalimumab
2001	Alemtuzumab
2000	Gemtuzumab
1998	Basiliximab、Palivizumab、Trastuzumab、Etanercept、Infliximab
1997	Rituximab、Dadizumab
1994	Abciximab
1986	Orthoclone

注："*"表示未申请 FDA 批准；黑框表示已退市抗体。

一、抗体药物的发展史

1986 年，FDA 批准了第一个鼠源单克隆抗体药物 Muromonab-CD3（Orthoclone）上市，用于预防肾移植时急性器官排斥。从 20 世纪 90 年代以来，单克隆抗体产业进入快速发展时期。2014 年全球销售额超过 50 亿美元的抗体药物达到 6 个（Adalimumab、Infliximab、Etanercept、Rituximab、Bevacizumab、Trastuzumab），其中阿达木单抗（Adalimumab）以 128 亿美元再拔头筹。随着肿瘤免疫治疗荣登 2013 年十大科学之首，抗体药物开发再掀高潮，2014 年上市的抗体药物就达 6 个，包括 2 个抗 PD-1 的肿瘤免疫检验点抗体药物 Nivolumab 和 Pembrolizumab。单克隆抗体类型也从鼠源单克隆抗体、改构单克隆抗体逐渐过渡到全人源单抗。

（一）鼠源单克隆抗体

迄今为止，FDA 仅仅批准了 3 个鼠源单克隆抗体（鼠源单抗）。鼠源单克隆抗体是异源蛋白，具有免疫原性，易使人体产生抗鼠抗体（HAMA）免疫反应；其次，鼠源单抗与 NK 等免疫细胞表面 Fc 受体亲和力弱，产生的 ADCC 作用较弱，而且它与人补体结合能力低，对肿瘤细胞的杀伤能力较弱；另外，鼠源单抗在人体循环系统中很容易被清除，半衰期短。因而，鼠源单抗在疾病的治疗上有较大的局限性，需要对它进行人源化改造。FDA 批准的第一个抗体药物 Orthoclone 就因其鼠源性于 2010 年退出市场。

（二）人鼠嵌合抗体

人鼠嵌合抗体是指用人的恒定区取代小鼠的恒定区，保留鼠单克隆抗体的可变区序列，形成人鼠杂合的抗体。1994 年上市的阿昔单抗（abciximab）是人鼠嵌合单克隆抗体 7E3 的 Fab 片段，它与血小板表面的糖蛋白Ⅱb/Ⅲa 受体结合，以阻断纤维蛋白原、血小板凝集因子和其他有黏性的分子与受体位点结合，从而抑制血小板聚集，防止形成血栓。与鼠源单抗相比，嵌合抗体大大减少了鼠源序列，但它仍保留着 30% 的鼠源序列，可引起不同程度的 HAMA 反应。1997 年上市的利妥昔单抗（rituximab）是嵌合抗体的代表，2013 年全球销售额高达 85.8 亿美元。临床显示不同的嵌合抗体有着不同程度的免疫原性，所以有必要进一步降低鼠源性。

（三）人源化抗体

由于嵌合抗体恒定区的人源化只是部分消除鼠单抗的异源性，可变区的鼠源序列仍可以诱导人体产生 HAMA 反应，因此需要对鼠源部分进行进一步人源化改造，主要方法包括表面重塑技术和重构抗体。重构抗体就是互补决定区（complementarity-determining region，CDR）移植，该方法是人源化单抗最常用、最基本的方法。将鼠抗体的 CDR 移植到人抗体的骨架区，这样人源化程度可达 90% 以上。1997 年，第一个人源化单抗药物抗 CD25 单抗 Zenapax（Dadizumab）在美国上市，该抗体与白介素-2 受体上的 CD25 又称 Tac 亚单位特异性地结合，从而抑制后者与白介素-2 的结合，阻断激活状态下 T 淋巴细胞的扩增，可减少免疫应答致急性排异反应的发生。

（四）全人源抗体

全人源抗体是用于人类疾病治疗的理想抗体，目前它主要通过 3 种途径来研制：噬菌体抗体库技术、核糖体展示技术和转基因小鼠制备技术。

1985 年，Smith 将外源基因插入丝状噬菌体的基因，使目的基因编码的多肽以融合蛋白的形式展示在噬菌体表面，从而创建了噬菌体展示技术。阿达木单抗（Humira）就是利用噬菌体展示技术研发成功的第一个全人源单克隆抗体，适于类风湿关节炎等自身免疫疾病的治疗，2002 年上市，近几年销售额一直位列第一。

1997 年，Plückthun 实验室创建了核糖体展示技术。核糖体展示技术是将正确折叠的蛋白及其 mRNA 同时结合在核糖体上，形成 mRNA-核糖体-蛋白质三聚体，在无细胞体系中完成转录和翻译，使目的蛋白的基因型和表型联系起来，翻译出来的抗体可用抗原进行筛选。与噬菌体展示技术相比，具有建库简单、库容量大、分子多样性强、无需选择压力等优点。

1994 年，Genpharm 公司和 Cell Genesys 公司宣布利用转基因小鼠生产全人源抗体。转基因小鼠技术是用人免疫球蛋白基因位点取代鼠免疫球蛋白基因位点，形成转基因鼠，在抗原的刺激下，该转基因鼠可分泌合成全人源抗体。由于转基因小鼠产生的全人源抗体经历了正常装配和成熟的过程，因此具有功效高、靶亲和力强的优点；但也存在一些缺陷，即该技术生成的抗体具有不完全的人序列和鼠糖基化模式。

知识链接

阿达木单抗

商品名： Humira

结构特点： 本品为抗人肿瘤坏死因子（TNF）的全人源化单克隆抗体，是人单克隆 D2E7 重链和轻链经二硫键结合的二聚物。

开发与上市厂商： 由英国 Cambridge Antibody Technology（CAT）与美国雅培公司联合研制，2002 年首次在美国上市，随后相继在德国、英国和爱尔兰获准上市。

适应证： 用于缓解抗风湿性药物（OMARD）治疗无效的结构性损伤的中至重度类风湿关节炎（RA）成年患者的体征与症状。本品可单独使用，也可与甲氨蝶呤或其他 OMARD 合用。

二、抗体药物的研发进展

目前抗体药物的研发趋势是通过构建各种形式的工程抗体来改善它们的特性和效能，主要有制备抗体药物偶联物，增加对靶细胞的杀伤；构建小分子抗体，使之有较好的肿瘤穿透性；制备双特异性抗体，同时结合两个不同的抗原表位；增加抗体的亲和力；改进抗体的 ADCC 或 CDC 效应；改变抗体的药代动力学，延长半衰期。

（一）抗体药物偶联物

ADC 是一类新颖的治疗性抗体药物，正日益受到全球制药公司的关注。ADC 药物由单克隆抗体和强效毒性药物（toxic drug）通过生物活性连接器（linker）偶联而成，是一种定点靶向癌细胞的强效抗癌药物。由于其对靶点的准确识别性及非癌细胞不受影响性，极大地提高了药效并减少了毒副作用。

2000 年 FDA 批准的第一个 ADC 药物 Mylotarg 是抗 CD33 单抗与卡奇霉素（calicheamicin）的免疫偶联物，用于治疗复发和耐药的急性淋巴细胞性白血病。但因上市后未表现出预期的良好治疗效果，并且会导致更高的死亡率，于 2010 年退出美国市场。其后 FDA 分别于 2011 年和 2013 年批准了两个 ADC 药物上市（Adcetris 和 Kadcyla）。Adcetris 是抗 CD30 单抗与单甲基耳抑素（monomethylauristatin E，MMAE）的偶联物，用于治疗 CD30 阳性的霍奇金淋巴瘤和复发性间变性大细胞淋巴瘤，由于 Adcetris 良好的药效，未进行Ⅲ期临床试验就被 FDA 批准进入市场。Kadcyla 是靶向 HER2 的抗体（曲妥珠单抗）与微管抑制剂 DM1 的偶联药物，用于 HER2 阳性、晚期或转移乳癌患者的治疗。HER2 是人表皮生长因子受体家族中的一员，其表达状况与肿瘤发生密切相关。

目前，约有 45 个 ADC 药物处于临床开发，其中约 25% 处于Ⅱ期/Ⅲ期阶段，而临床前管线正在迅速扩张。

（二）小分子抗体

抗体及抗体偶联物均为大分子物质，难以通过毛细管内皮层和细胞外间隙到达组织深部的靶细胞，因此，研制小分子抗体药物对提高疗效有重要意义。质量较小的具有抗原结合功能的分子片段称为小分子抗体。小分子抗体较易穿透细胞外间隙到达深部的肿瘤细胞，另外与完整抗体相比小分子抗体的免疫原性较弱。常见的单价小分子抗体类型包括 Fab、Fv、scFv 及单域抗体等；多价小分子抗体有 F（ab'）$_2$ 片段、双链抗体、三链抗体等。

Lucentis 是一种人源性血管内皮生长因子（vascular endothelial growthfactor，VEGF）亚型单克隆抗体的 Fab 片段，它能通过与活化形式的 VEGF-A 结合，抑制 VEGF 和受体的相互作用，从而减少新生血管生成。2006 年，FDA 批准 Lucentis 用于治疗老年湿性黄斑病变，2012 年又批准了糖尿病性黄斑水肿适应证。

Anascorp 为刺尾蝎属（蝎子）免疫 F（ab'）$_2$（马）注射剂，由经蝎毒免疫后的马血浆制成。它可以结合、中和毒素，使毒素再分布而远离靶组织，进而从机体消除。2011 年，Anascorp 作为首个用于刺尾蝎属蝎螫伤的特效治疗药物被 FDA 批准，但 Anascorp 对马血蛋白敏感人群可能会引起早发或迟发性的过敏反应。

（三）双特异性抗体

由于基因工程的发展，目前双特异性抗体已经研发出三功能双特异性抗体、串联单链抗体（串联 scFv）、三价双特异性分子、IgG-scFv、DVD-Ig 等多种类型。

2009 年欧盟批准三功能双特异性抗体 Catumaxomab 上市，用于治疗上皮细胞黏附分子 EpCAM 阳性肿瘤所致的恶性腹水。Catumaxomab 可以特异性地靶向 EpCAM 和 CD3 抗原，由于 CD3 抗原表达于成熟 T 细胞表面，因此 Catumaxomab 可以使 EpCAM 阳性肿瘤细胞、T 细胞近距离接触，实现针对肿瘤细胞的免疫反应，并且 Catumaxomab 具有抗体 Fc 段，可以激活 Nk 细胞表面的 Fcγ 受体，产生 ADCC 或 CDC 效应，最终致使肿瘤细胞死亡。

2014 年底上市的 Blinatumomab 是一种串联单链抗体（串联 scFv），两个靶点分别是白细胞分化抗原 CD19 和 CD3，对急性淋巴细胞白血病和非霍奇金淋巴瘤具有很好的疗效。该抗体的上市具有重要的里程碑意义，有可能开启双特异性抗体的研发热潮。

三、我国抗体药物发展现状

单克隆抗体药物逐渐成为生物医药领域发展的主要方向。从全球市场来看，抗体药物成了国际制药业争夺的焦点，并购成为国际制药业巨头快速切入抗体产业的捷径。此外，目前市场上 75% 的抗体药物将于 2015 年专利到期，这也给我国生物制药公司提供了介入抗体药物的时机。

我国目前共有 19 个单抗产品上市，其中进口产品 11 个，国内产品 8 个（表 10-2）。目前在抗体领域发展的国内企业已有数十家，其中中信国健和赛金生物处于领先地位。

表 10-2　国内抗体药物产品

产 品 名 称	生 产 单 位	靶点
注射用重组改构人肿瘤坏死因子	上海维科生物制药有限公司	TNF
I-131 美妥昔单抗注射液	成都华神生物技术有限公司	
注射用重组人Ⅱ型 TNF 受体-抗体融合蛋白	上海赛金生物	TNF
注射用重组人Ⅱ型 TNF 受体-抗体融合蛋白	上海中信国健药业	TNF
重组抗 CD25 人源化单抗注射液	上海中信国健药业	CD25
注射用抗人 T 细胞 CD3 鼠单抗	武汉生物制品研究所	CD3
康柏西普眼用注射液	成都康弘生物科技有限公司	VEGFR
抗 IL-8 鼠单抗乳膏	大连亚威药业有限公司	IL-8

中国抗体制药发展的首要任务，首先是要通过加强抗体基础平台技术的改造和升级，缩短抗体药物的研发周期；第二，目前市售的抗体药物价格不菲，尤其是进口抗体药物，降低成本满足国内市场需求迫在眉睫；第三，全球抗体药物的 80% 以上的销售份额来自主要的 5 个靶点，做好这些靶点产品的升级或 me-better 将为中国诸多企业带来新的春天；最后，抗体作为靶向性药物，只有针对特异性靶点高表达的患者才具有较好的疗效，比如针对 HER2 阳性的患者，只有该基因表达和扩增明显才能对 Trastuzumab 起到积极的治疗作用，因此伴随诊断方法的进步显得尤为重要。

知识拓展

新一代降脂单抗药 PCSK9 抑制剂：2003 年法国学者发现导致高胆固醇血症关键基因——蛋白转化酶枯草杆菌蛋白酶/西布曲明 9a 型（PCSK9），抑制该分子的活性，成为开发药物的重要思路，利用 PCSK9 单克隆抗体开发新的降血脂药物，是当前大型医药公司的竞争热点。最近一些医药公司业界掀起 PCSK9 抑制剂研发狂潮，竞争已趋白热化。2014 年，安进拔得头筹，率先向 FDA 提交 PCSK9 抑制剂 Evolocumab 上市申请，代表着全球首个 PCSK9 抑制剂监管申请，但赛诺菲已耗资 6000 多万美元入手 FDA 加速审评。多项研究显示，几种 PCSK9 抑制剂可使不同患者人群的 LDL-C 降低 50%~70%，且安全性和耐受性良好。目前，4 项Ⅲ期试验正在评估这些药物能否减少心血管事件，涉及超过 7 万名参与者。美国 FDA 也正在对几个 PCSK9 抑制剂的现有数据进行审查，在 2018 年心血管终点试验完成之前，这些药物可能就已经上市了。PCSK9 抑制剂是心血管领域的一个突破性进展。目前经典的降血脂药物是他汀类药物。

第二节　基于单克隆抗体的肿瘤治疗方法

"免疫逃逸"是肿瘤发生过程中的重要标志和主要机制。肿瘤的免疫疗法（immunotherapy）是通过增强机体对癌细胞的识别能力，利用机体自身的免疫能力对肿瘤进行清除。与手术、化疗、放疗等传统疗法相比，肿瘤免疫疗法具有肿瘤靶向性好、疗效持久、临床副作用小等优点。目前，应用于临床的肿瘤免疫疗法主要有：细胞疗法、细胞因子和单克隆抗体。其中单克隆抗体的应用最为广泛。自 1997 年首个抗肿瘤抗体药物 Rituximab 上市以来，目前已有 20 余种单抗药物用于多种血液肿瘤、实体瘤的治疗，占已上市治疗性抗体的 42.5%。随着近年来诸多新一代抗体如免疫检验点抗体、能够招募 T 细胞的双特异性抗体（Bi-specific T-cell engaging antibodies，BiTE）及抗体药物偶联物在多种恶性肿瘤治疗上的突破性进展，2013 年 *Science* 评选的"年度十大科学突破"中肿瘤免疫疗法位列榜首。

基于单克隆抗体的肿瘤免疫治疗方法从作用方式上可以分为四种：肿瘤细胞的单克隆抗体靶向疗法、改变宿主体内应答、应用单克隆抗体运输细胞毒性分子和重塑 T 细胞（图 10-1）。

一、肿瘤细胞靶向疗法

恶性肿瘤细胞表面表达着一些异于普通健康细胞的抗原，这些抗原可以作为单克隆抗体的良好靶点。体外与动物体内的实验显示，针对这些靶点的抗体可以引起细胞的凋亡，并通过补体介导的细胞毒性（CDC）以及抗体依赖细胞介导的细胞毒作用（ADCC）杀死靶细胞。但是在不同临床实验中，具体是哪一种机制更为重要还有待研究。近年的研究发现，对于 Trastuzumab 与 Cetuximab 而言，激活体内效应 T 细胞也是抗体药物杀伤肿瘤的重要机制。

值得注意的是，针对同一靶点的不同单抗药物，其作用机制并不一定完全相同，临床疗效与不良反应也有所差异。如：Trastuzumab 和 Pertuzumab 均靶向 HER2，但是两者的抗原识别

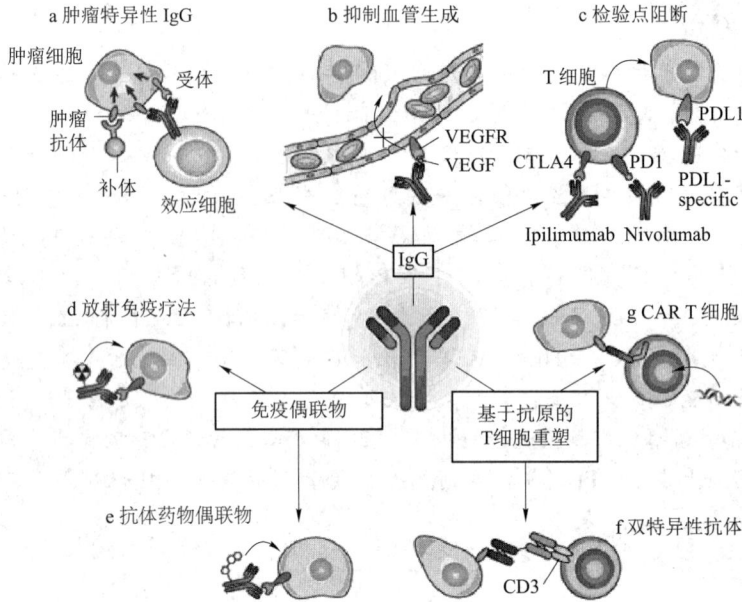

图 10-1　基于单克隆抗体的肿瘤治疗策略

表位不同，前者可抑制 HER2 受体的同源二聚化和异源二聚化，而后者只抑制 HER2 与 EGFR 或 HER3 的异源二聚化，因此两者在临床上联合用药具有协同效应；靶向 EGFR 的 Cetuximab、Panitumumab 和 Nimotuzumab 虽然抗原结合表位相同，但是由于亲和力和 IgG 亚型的差异，临床上引起的皮肤毒性也有所差异；Ofatumumab 和 Rituximab 均靶向 B 细胞抗原 CD20，但是由于 Ofatumumab 的结合表位不同和解离速度较慢，其在体外介导的效应功能更强。

二、改变宿主体内应答

（一）抑制肿瘤血管生成

1971 年，Folkman 提出了肿瘤的生长、转移依赖血管的概念，肿瘤的生长转移和新血管的生成有密切关系，其中血管内皮细胞生长因子（vascular endothelial growth factor，VEGF）及其信号途径在肿瘤血管生成中起关键作用。阻断该途径的任何环节均可有效抑制肿瘤血管的生成，进而抑制肿瘤的生长和转移。

近年来，已有多种以 VEGF/VEGFR 为靶点的抗肿瘤血管生成药物投入临床应用，其中 Bevacizumab 为第一个获批上市的抗肿瘤血管生成药物，与化疗药物联合使用，作为治疗转移性结直肠癌的一线药物。Bevacizumab 是一种 93% 人源化的鼠 VEGF 单克隆抗体，能够和人 VEGF A 的所有亚型结合，阻断 VEGF/VEGFR 信号通路，抑制肿瘤血管生成。由于放、化疗诱导凋亡机制，肿瘤组织中的低氧分压诱导 VEGF 的表达，Bevacizumab 与放化疗药物的联用有效地预防此种继发性反应。

2011 年上市的 Aflibercept 是一种以基因工程手段获得的人 Fc 融合蛋白，这种杂交分子的药代动力学明显优于单克隆抗体，能更好地遏制肿瘤血管的发生并消退已形成的肿瘤血管。在肿瘤的临床治疗中，比 Bevacizumab 显示出更大的优势。2014 年上市的 Ramucirumab 是完全人源化的 VEGFR2 抗体，临床试验用于转移性乳腺癌和胃癌耐受性较好。

（二）T 细胞检验点阻断

人体免疫系统能够通过识别肿瘤特异性抗原，产生 T 细胞免疫应答清除肿瘤细胞。T 细胞表面受体识别由抗原提呈细胞（antigen-presenting cells，APC）提呈的抗原肽-主要组织相容性复合体（MHC），使 T 细胞初步活化。然后，APC 表面的共刺激分子（配体）与 T 细胞表面的相应共刺激分子（受体）结合，使 T 细胞完全活化成为效应 T 细胞。除了共刺激分子，T 细胞表面还有共抑制分子。在正常生理情况下，共刺激分子与共抑制分子之间的平衡，即免疫检验点（immune checkpoint）分子的平衡，使 T 细胞的免疫效应保持适当的深度、广度，从而最大程度减少对于周围正常组织的损伤，维持对自身组织的耐受、避免自身免疫反应。然而，肿瘤细胞可异常上调共抑制分子及其相关配体，如 PD-1、PD-L1，抑制 T 细胞的免疫活性，造成肿瘤免疫逃逸，导致肿瘤发生、发展。越来越多的证据表明阻断共抑制分子与配体结合可以加强及维持内源性抗肿瘤效应，使肿瘤得到持久的控制（图 10-2）。

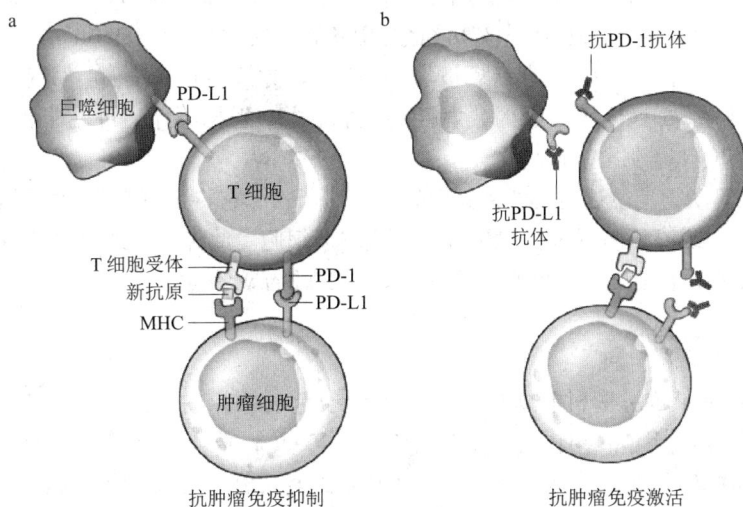

图 10-2 免疫检验点阻断激活抗肿瘤免疫

目前临床研究最为透彻的免疫检验点分子有：细胞毒性 T 淋巴细胞相关抗原 4（cytotoxic T lymphocyte associated antigen 4，CTLA-4）、程序性死亡分子 1（programmed death 1，PD-1）/PD-1 配体（PD-1 ligand，PD-L1）。针对这些免疫检验点的抗体分子能阻断相关信号通路逆转肿瘤免疫微环境，增强内源性抗肿瘤免疫效应，这些抗体分子成为免疫检验点抗体。

CTLA-4 主要表达于活化的 T 淋巴细胞表面，可与抗原递呈细胞（APC）表面的协同刺激分子（B7）结合抑制 T 细胞活化。Ipilimumab（Yervoy，伊匹单抗）是一种全人源化单克隆抗体，靶向作用于 CTLA-4，通过作用于 APC 与 T 细胞的活化途径而间接活化抗肿瘤免疫反应，达到清除癌细胞的目的，是首个被 FDA 批准的能延长黑色素瘤患者生存期的免疫检验点抗体。

PD-1 表达于活化的 CD4$^+$ T 细胞、CD8$^+$ T 细胞、B 细胞、自然杀伤 T 细胞、单核细胞和树突细胞上，PD-L1 是 PD-1 的主要配体，在许多恶性肿瘤中高表达，与 PD-1 结合后抑制 CD4$^+$ T、CD8$^+$ T 细胞的增殖和活性，负性调节机体免疫应答过程。PD-1/PD-L1 信号通路激活可使肿瘤局部微环境 T 细胞免疫效应降低，从而介导肿瘤免疫逃逸，促进肿瘤生长。Opdivo（nivolumab）是作用于 T 细胞、祖 B 细胞和巨噬细胞表面受体 PD-1 的免疫检验点抗体，于 2014 年在日本获批上市，用于不可切除的黑色素瘤。接着于 2015 年在美国上市，除了用于不可切除的黑色素瘤患者，还可用于 Yervoy 治疗后进展的黑色素瘤。另一个 PD-1 抑制剂单抗 Keytruda（pembrolizumab）于 2014 年在美国上市，获批的适应证和 Opdivo 一样，即用于不可切除或转移的黑色素瘤。

三、运输细胞毒性分子

"智能炸弹（smart bomb）"被用来描述向癌细胞运输细胞毒性分子的单抗。这些细胞毒性分子包括放射性核素、具有细胞毒性的小分子以及免疫系统里的细胞因子等。

使用单抗的放射免疫疗法有其独特的优势。首先，没有表达靶抗原的癌细胞也能被发射的辐射杀死，即所谓的旁观者效应；其次，放射性核素不会受制于癌细胞的多药耐药性——常规肿瘤化疗最重要障碍之一。放射性免疫疗法的缺点是，临床操作困难；且辐射可能会对放射敏感的正常组织产生毒性，尤其是骨髓。在淋巴瘤治疗中，放射性免疫偶联物的应用非常成功。在 2002~2003 年，2 个放射性标记的抗 CD20 单抗^{90}Y-Ibritumomab tiuxetan（Zevalin）和^{131}I-Tositumomab（Bexxar）分别被 FDA 批准用于淋巴瘤的治疗。Ibritumomab 是嵌合单抗 Rituximab 的鼠源原型，与 DTPA 偶联后被^{90}Y 标记，构成^{90}Y-Ibritumomab。^{131}I-Tositumomab 是由抗 CD20 单抗 B1 被^{131}I 标记后形成的放射性免疫偶联物，根据临床研究结果被批准用来治疗与^{90}Y-Ibritumomab 相同的适应证。

抗体-药物偶联物是最近研发的极具前景的抗癌药物。它将带有细胞毒性的药物和具有特异性的抗体偶联，提高了特异性同时更好地杀死肿瘤细胞。此外免疫细胞因子如 IL-2 和 GM-CSF 也被结合用在抗体上，用于靶向肿瘤细胞，改变肿瘤微环境。

四、重塑 T 细胞

随着对癌细胞免疫逃逸机制认识的深入和肿瘤免疫治疗的兴起，激活 T 细胞的抗体药物研究备受重视。通常认为有效激活 T 细胞需要双重信号，第一信号来自抗原提呈细胞 MHC-抗原复合物与 T 细胞受体 TCR-CD3 的结合，第二信号为 T 细胞与抗原提呈细胞表达的共刺激分子相互作用后产生的非抗原特异性共刺激信号。由于多数癌细胞表面的 MHC 的表达下调甚至缺失，从而逃逸免疫杀伤。CD3×双功能抗体则能够分别结合 T 细胞表面 CD3 分子和癌细胞表面抗原，从而拉近细胞毒性 T 细胞与癌细胞的距离，引导 T 细胞直接杀伤癌细胞，不再受 T 细胞受体识别抗原的 MHC 分子的限制。这类抗体属于能招募 T 细胞的双特异性抗体（Bi-specificT-cell engaging antibodies，BiTE）。CD3-EpCAM 双特异抗体 Catumaxomab 和 CD3-CD19 双特异抗体 Blinatumomab 均属于具有 BiTE 结构的治疗性抗体药物。

还有一种重塑 T 细胞方法是嵌合抗原受体 T 细胞（chimeric antigen receptor T cells），即大名鼎鼎的 CAR-T 细胞。这类被修饰过的 T 细胞包含具有特异性的抗体可变区和 T 细胞激活的基序，能够进攻表达特异抗原的细胞，它不是一种抗体药物，而是基于单克隆抗体技术的免疫细胞疗法。CAR-T 细胞可以分裂生长，并保持肿瘤细胞特异性。目前 CAR-T 细胞疗法在临床试验中取得了非常显著的疗效。尽管随之而来的细胞因子风暴会带来一定危险，不过使用细胞因子的抗体可以减轻它的负面影响。CAR-T 试验的经验还在不断积累，未来这一技术将渐渐成熟。

实例：肿瘤的联合免疫疗法，即联合抗体（分别靶向 PD-1/PD-L1 和 CTLA-4 的免疫检验点抗体）和放疗，可以通过不同的、非重复性的机制，有效地促进抗肿瘤免疫。

分析：在 22 个转移性黑色素瘤患者的 I 期临床试验中，一个单一的病变在放疗后，采用了 4 轮 CTLA-4 特异性单克隆抗体 Ipilimumab 的治疗。分析发现，18% 的患者有部分反应，18% 的患者在治疗后病情稳定，这些结果提示，在一部分患者中，放疗和 Ipilimumab 的联合疗法有有益的影响。然而，64% 的患者对治疗是抵抗的，病情仍在发展中。数据表明，肿瘤细胞上 PD-L1 的高表达，是肿瘤细胞对放疗和 Ipilimumab 联合治疗的主导抵抗机制。如果额外再添加 PD-L1 特异性阻断抗体后，完全缓解率从双联合治疗的 18% 提高到了三项联合治疗的 80%，即 CTLA 和 PD-L1（PD-1）阻断加放疗。这三项的联合治疗是一种非重复的、互补的方式：PD-L1 阻断疗法复兴了耗尽的 $CD8^+$ T 细胞，CTLA-4 阻断疗法主要减少了 TReg 的细胞数量，两者加在一起，这些免疫检验点抑制剂增加了 CD8/TReg 的比例，促进了 TIL 细胞的四周克隆扩增。放疗的主要作用是多元化 TIL 的 T 细胞受体，塑造出扩增的外周细胞克隆。这些数据支持探索一种治疗方法，即将阻断 PD-L1（或 PD-1）和 CTLA 及放疗联合起来，治疗黑色素瘤和其他可能的实体瘤。

第三节 抗体药物偶联物

化疗依然是包括手术、放疗，以及靶向疗法在内的最重要的抗癌手段之一。尽管高效细胞毒素很多，但癌细胞和健康细胞之间微小差别造成这些抗癌化合物毒副作用较大，限制了它们在临床上的广泛应用。鉴于抗肿瘤单克隆抗体对肿瘤细胞表面抗原的特异性，抗体药物已经成为肿瘤治疗的标准疗法，但单独使用时疗效经常不尽人意。抗体药物偶联物（antibody drug conjugate，ADC）把单克隆抗体和高效细胞毒素完美地结合到一起，充分利用了前者靶向、选择性强，后者活性高，同时又消除了前者疗效偏低和后者副作用偏大等缺陷。其中抗体是 ADC 的制导系统，能够靶向性地把效应分子输送到肿瘤细胞，有效地提高抗体本身对癌细胞的杀伤力。

一、抗体药物偶联物的结构特征与作用机制

（一）抗体药物偶联物的结构

抗体药物偶联物（ADC）由"抗体（antibody）""接头（linker）"和"效应分子（drug）"三个主要组件构成（图 10-3），和传统的完全或部分人源化抗体或抗体片段相比，ADC 因为能在肿瘤组织内释放高活性的细胞毒素从而理论上疗效更高；和融合蛋白相比，具有更高的耐受性或较低的副作用。经过几十年的改进，抗体药物偶联物的设计已经逐步完善，成为目前肿瘤研究的重要方向和研究热点之一。

一个抗体分子往往需要连接多个药物分子，但如果连接了过多的药物分子，ADC 就会加

快聚合，失去对抗原的亲合性，在体内也会被识别成有害物质并被很快清除。一般情况下，每个单抗连接 2~4 个药物分子可以平衡各方面的利弊，具有最佳的治疗效果。此外，为了避免干扰抗原识别，药物分子应该连接在单抗的重链区，不影响单抗与抗原的结合。可裂解的接头能够在目标细胞内将药物分子以完整的形式释放出来。

（二）抗体药物偶联物的作用机制

ADC 药物要达到设计目标并发挥药效需经过以下四个步骤（图 10-4）：

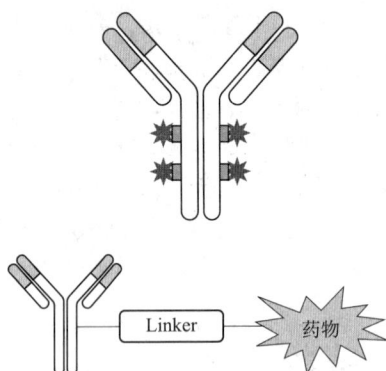

图 10-3　抗体药物偶联物结构示意图

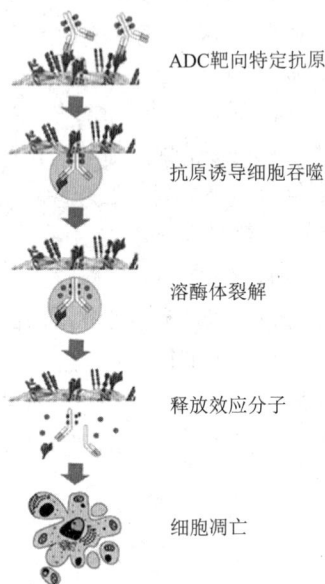

ADC靶向特定抗原

抗原诱导细胞吞噬

溶酶体裂解

释放效应分子

细胞凋亡

图 10-4　ADC 作用机制示意图

1. ADC 渗透到肿瘤组织与靶抗原结合，该过程受抗体分子大小、对抗原的亲合力等影响。

2. 偶联物被靶向的细胞吞噬，研究表明仅有少部分 ADC 被细胞吞噬并发挥作用。

3. 溶酶体裂解 ADC。

4. 效应分子释放，诱导细胞凋亡。

（三）理想的 ADC 应该具有的分子特性

1. 稳定性　理想的 ADC 药物必须在循环系统有足够的稳定性，过早的裂解会使效应分子在尚未到达目标组织时释放出来，产生对正常组织的毒性，而稳定性又和抗体的天然特征如鼠源或人源、分子大小、偶联物接头的稳定性、效应分子性质和个数等相关。

2. 渗透性　由于肿瘤尤其是固体肿瘤组织的复杂性，良好的渗透性是生物抗体药有效抵达靶点组织的必备条件，通常渗透性和药物的分子量成反比。

3. 抗体对抗原适当的亲和力　肿瘤细胞表达抗原的丰度和抗体对抗原的亲和力直接影响抗体药物偶联物的黏合效率，其中药物动力学又起到关键性作用。

4. 吞噬率　包括抗体和抗原的天然性能等很多因素影响肿瘤细胞对抗体药物偶联物的吞噬率。

5. 效应分子的释放　药物在肿瘤细胞内从偶联物上的脱离效果（通常通过溶酶体起作用）对 ADC 的疗效起关键性作用。

6. 效应分子的扩散 鉴于细胞表面抗原表达丰度的不同导致细胞吞噬的不均一性，在很多情况下效应分子必须迁移到周围细胞才能杀伤这些癌细胞。再者，效应分子在细胞内也需要迁移到靶向区域如细胞核（DNA）或微管等才能发生作用。

二、抗体的选择

抗体是抗体药物偶联物的制导部分，其选择对 ADC 的成功起关键作用。理想抗体是针对仅仅在肿瘤细胞表面表达，而在健康组织或细胞表面不表达的抗原。除此之外，抗体药物偶联物不仅能在肿瘤细胞内释放效应分子，也必须能保持抗体或抗体片段原有的特征。

ADC 的抗体部分至少具有三方面作用：①能有效地把偶联物输送到靶向细胞表面，是"生物导弹"的制导系统；②诱导细胞吞噬，进入溶酶体并导致效应分子细胞内的有效释放，对于靶向造血分化抗原的抗体，内化过程有时需要补体的参与；③保持裸抗体的全部或部分性质，诱导抗体依赖性的细胞毒性（ADCC），也就是说单抗部分也是有效的药物。

目前常用的抗肿瘤单抗药物理论上都可以和药物偶联，制备抗体药物偶联物，靶向特异抗原高表达的肿瘤。单抗药物常用的靶点包括白细胞分化抗原 CD 分子、血管内皮生长因子（VEGF）、表皮生长因子受体（epidermal growth factor receptor，EGFR）家族、表皮生长因子受体 2（epidermal growth factor receptor 2，HER2）等。如第一个 ADC 药物 Mylotarg（gemtuzumab ozogamicin）选择的抗体是 CD33 的单克隆抗体，主治急性髓细胞型白血病；第二个 ADC 药物 Adcetris（brentuximab vedotin）采用的抗体是人源 CD30 特异性的嵌合型 IgG1 抗体，用于治疗 CD30 阳性的霍奇金淋巴瘤和复发性间变性大细胞淋巴瘤；最近上市的 Kadcyla（T-DM1）采用的抗体曲妥珠单抗（trastuzumab）是 FDA 批准药物，其靶标是 HER2（图 10-5）。HER2 是 EGFR 成员，参与乳腺癌的发生。

三、效应分子的选择

化疗药物、毒素、放射性核素等对肿瘤细胞具有较大杀伤作用的细胞毒性物质理论上都可以作为抗体药物偶联物的效应分子。用于和单抗偶联的化疗药物的基本要求主要有三点：①作用机制清楚，如抗有丝分裂和 DNA 损伤剂等；②高活性，一般要求 EC90 小于 1nmol/L；③可以采用化学方法偶联，并在肿瘤细胞内释放高活性的细胞毒素本身或其高活性衍生物。

目前最常用的 ADC 效应分子包括两类，即微管蛋白抑制剂 auristatins 和美登素衍生物（maytansine）。Auristatins 是全合成药物，化学结构相对容易改造，便于优化其物理性质和成药特征。用于和抗体偶联的 Auristatins 衍生物主要包括 Auristatin E（MMAE）和 Auristatin F（MMAF），Adcetris 采用的效应分子就是 MMAE。美登素发现于 20 世纪 70 年代初期，是从非洲灌木（*Maytenus ovatus*）树皮中分离得到的，抑制微管蛋白聚集，从而导致肿瘤细胞凋亡。DM1 是美登素（maytansine）的衍生物，直接或间接地由双硫键（DMDS）或稳定硫醚键（SMCC）与抗体相连接，是 Kadcyla 采用的效应分子。

ADC 常用的另外一类效应分子是作用于 DNA 的细胞毒素（DNA 损伤剂），如卡奇霉素（calicheamicins）是天然的抗肿瘤抗生素，1987 年自土壤微生物（*Micromonospora echinospora* ssp. Calichensis）中分离提取获得，是一族既有广谱抗菌活性又能强效杀伤多种肿瘤细胞的抗生素细胞毒素。卡奇霉素和 DNA 双螺旋结构的小沟结合，通过 Bergman 环化反应产生苯环双自由基，切割 DNA 双螺旋骨架并杀伤肿瘤细胞。卡奇霉素是 Mylotarg 的效应分子。

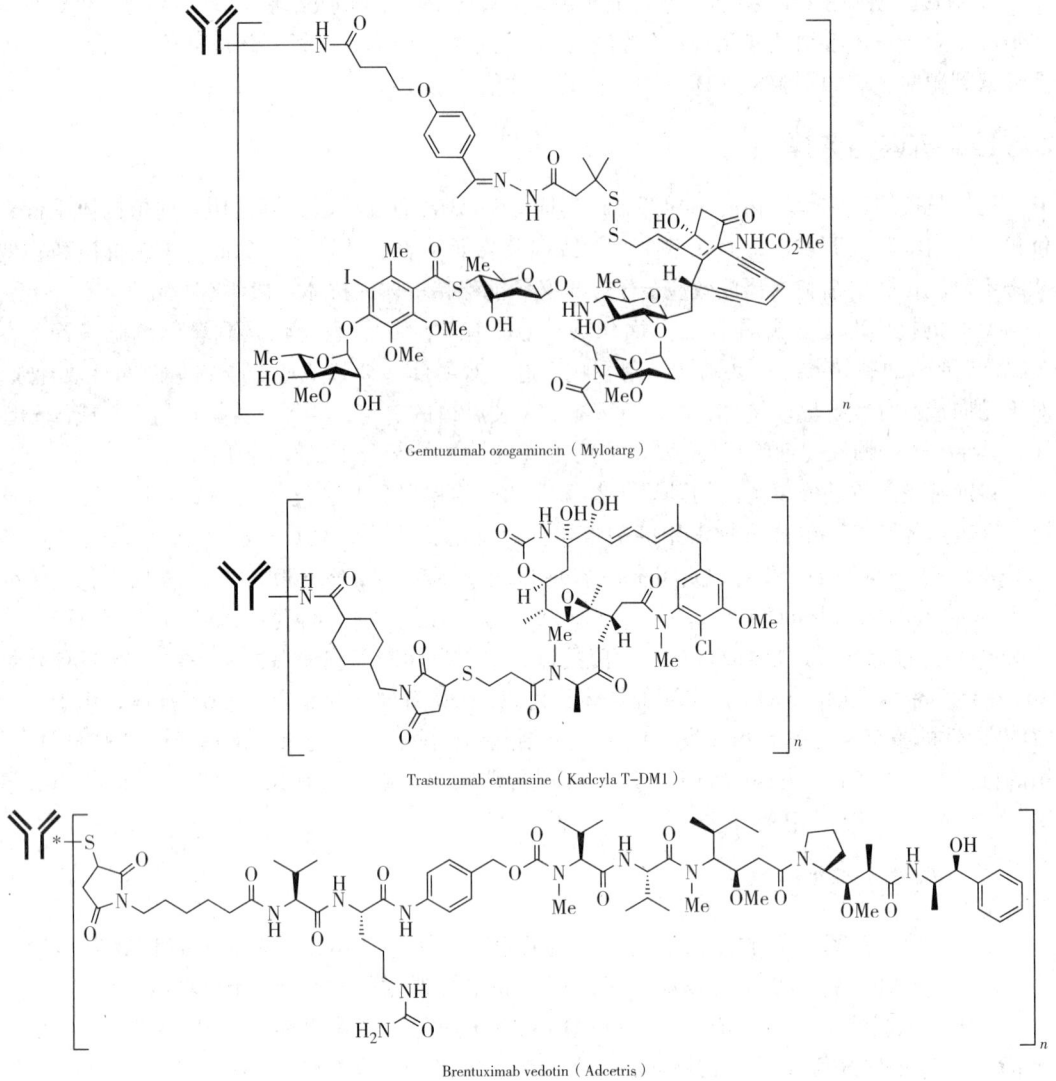

图 10-5 主要的抗体药物偶联物化学结构

四、接头的选择

ADC 的接头极为关键，早期的 ADC 如 Mylotarg，最大的问题在于在血液中不稳定，连接单抗和小分子的接头被血液中的内源性蛋白酶破坏，提前释放出小分子，导致产生与单独使用化学治疗时同样的副作用。接头至少要符合两个标准：①在体内足够稳定，不会在血液循环中脱落，避免因效应分子脱落产生毒性；②在靶点有效地释放效应分子。接头从性能上可以分为两大类：可裂解性接头和稳定性接头，可裂解性接头又包括化学裂解性接头和酶裂解性接头两种。

（一）化学裂解性接头

可裂解性接头裂解并释放出药物分子的原理是基于血液和细胞液的环境不同。接头在血液中稳定（血液的 pH=7.3~7.5），但是在进入细胞后由于 pH 值较低，就会断裂（核内体的

pH＝5.0~6.5，溶酶体的 pH＝4.5~5.0）。早期 ADC 发展的接头是腙，腙在弱酸性条件下可以断裂，而在中性条件下稳定。然而，腙键接头选择性相对较低，在循环系统中能释放一定的细胞毒素从而半衰期较短。

二硫键接头是目前抗体药物偶联物领域常用的化学可裂解接头之一，其依据是二硫键能在细胞内还原的环境中被分解，而在循环系统中保持稳定的特征。在细胞内，尤其是相对缺氧环境的肿瘤细胞内还原剂谷胱甘肽的浓度要高一千倍（毫摩尔数量级），以致 ADC 化合物在肿瘤细胞内顺利裂解，释放细胞毒素。为了避免在血液中裂解，提高 ADC 的稳定性，通常在二硫键接头的一端引入一个或两个甲基修饰。

腙键或二硫键接头不仅可以单独使用，联合应用有时能提高释放细胞毒素的效率表现更好疗效（双功能接头）。Mylotarg 就是采用二硫键和腙键联用的 NDMDS 接头，连接人源化单克隆抗体 CD33 IgG4k 和卡奇霉素。

（二）酶裂解性接头

化学裂解性接头的最大问题是在血浆里不稳定，用肽将抗体和小分子药物连接起来能获得更好的药物释放控制。在一些癌变组织中，较高水平的溶酶体蛋白酶能将药物从载体中释放出来。由于 pH 环境和血清蛋白酶抑制剂，蛋白酶在细胞外一般没有活性，所以肽键在血清中有很好的稳定性。

含有缬氨酸-瓜氨酸（vc）的二肽接头是目前应用最广泛的接头之一，利用还原单抗的二硫键产生多个游离巯基，如还原抗 CD30 的单抗 cAC10 能得到 8 个游离巯基，而这些巯基可以与马来酰胺基团作用，生成 cAC10-vc-MMAE 也就是 Adcetris。该类 ADC 在抗原诱导内化后，肿瘤细胞内高度表达的组织蛋白酶、血浆酶切断二肽（vc）和苯胺之间的两个酰胺键，释放细胞毒素 MMAE。与化学裂解性接头相比，酶裂解性接头对循环系统有更高的稳定性。

（三）非裂解性接头

Kadcyla（T-DM1）中硫醚键接头的发现纯属偶然，T-DM1 原本是计划用来作为对照实验，但是非常意外，这种非裂解硫醚连接的 ADC 非常有效，而且半衰期显著延长。其释放机制是当 ADC 内化后，单抗部分在溶酶体中降解，释放出连有赖氨酸残基的美登素衍生物，然而药物的化学修饰并没有消除生物活性（也只有这种情况下才可以使用非裂解性接头）。可能因为可离子化的赖氨酸的存在，美登素衍生物不能通过细胞膜，因而无法渗透到相邻细胞并显示细胞毒性。所以这类 ADC 对不同细胞株的广谱性还有待确认。有数据表明，以 T-DM1 为代表的含有稳定性接头的 ADC 药物显示更高的稳定性和耐受性。

与二肽酶催化接头相比，适应于稳定接头的效应分子有很大随机性，到目前为止还没有一个明显规律可循。

（四）没有接头的偶联物

药物还可以直接通过共价键连接到单克隆抗体或抗体片段，并显示类似活性。这类 ADC 化合物的设计原理和采用稳定硫醚键接头的偶联物相仿，ADC 内化并分解后，释放具有高活性的含有氨基酸残基片段的效应分子。其中连接药物和抗体之间的隔离区越短越有益于偶联物的稳定性和药效。因为靶点清楚、技术成熟、选择性好等优点，抗体药物偶联物研究在未来几年里预计继续成为抗癌领域的研究热点。成功的 ADC 药物设计不仅要优化每个 ADC 组件，把每个部分连接起来的方式和细节也同等重要，如偶联位点和药物数量的控制。Ambrx 公司通过在抗体的特定位点引入带有特殊基团的非天然氨基酸，实现药物和抗体的位点特异性偶联，得到单一的同源偶联物，除提高抗体的稳定性外，这种控制位点的偶联对 ADC 的均一性和批量生产也有关键作用。

第四节　抗体药物的质量控制

治疗性抗体药物因其特异靶向性、明确的作用机制和疗效等优势，在自身免疫、肿瘤、感染性疾病的治疗领域应用广泛，是目前国内外生物药中增长最快的领域。随着近年来各类技术的进步，各类新结构、新靶点、全人源、糖基化改造的具有经典 IgG 免疫球蛋白分子结构抗体药物不断涌现，同时又衍生出包括抗体融合蛋白、抗体类偶联药、双特异抗体、抗体片段和复方抗体（antibody cocktail）等众多新型抗体类生物治疗产品，可以说抗体类生物治疗药物是迄今为止结构最为复杂的药物。药品的规范生产与质量控制与其安全有效性息息相关，欧美药典中均设有对此类药品质量控制的总体要求，2015 版《中国药典》在进一步保障药品安全和提高质量控制水平的编制指导思想下，也纳入对单克隆抗体类生物治疗药物的总体要求。

确保抗体药物质量可控，安全有效最低标准的前提是研发与生产的主体应具有"质量源于设计（quality by design）""风险评估（risk assessment）"的基本理念，并建立行之有效的"质量管理体系（quality management system）"。由于抗体类生物治疗药物种类多样，为便于理解，本节侧重于以哺乳动物细胞大规模培养技术制备的 IgG 型单克隆抗体，所包括的分析方法、基本原则也可适用于其他相关分子，如 IgM 或其他同种型的抗体，抗体片段和 Fc-融合蛋白（或以原核表达系统制备的此类产品）。当抗体药物的活性成分是一种偶联抗体时，这些分析可在纯化抗体未修饰/偶联之前进行。

一、抗体药物的制造

（一）制造的基本要求

抗体药物的生产过程包括利用重组 DNA 等生物技术将所需基因克隆后，插入宿主细胞筛选和培养，在对目标产品的产量和质量进行优化后，进行放大规模发酵或细胞培养生产。其化学属性与其他蛋白质相似，因此其生产中工艺验证、纯化、分析技术、环境控制、无菌生产、质控体系等环节在理论上类似于重组 DNA 产品。

合理的工艺设计是单克隆抗体生产的保障，可利用缩小规模的过程模型和实验设计，制定工艺操作参数以及明确影响工艺过程的变量。应在产品研发早期阶段即开始关注生产工艺的确定，并应在获准上市之前完成对生产工艺的全面验证，这也是制定工艺过程控制和终产品质量控制标准的基础。

1. 工艺验证　在产品研发过程中，需要对生产工艺从如下几个方面进行验证：①生产工艺的一致性，包括发酵或细胞培养、纯化以及抗体片段获得的裂解或消化方法；②感染性因子的灭活或去除；③有效去除产品相关杂质和工艺相关的杂质（如宿主细胞蛋白和 DNA、蛋白 A、抗生素、细胞培养成分等）；④保持单克隆抗体的特异性和特异的生物学活性；⑤非内毒素热原物质的去除；⑥纯化用材料的重复使用性（如色谱柱填料），在验证中应确认可接受标准的限度；⑦抗体偶联药物的偶联方法，或根基于品种质量属性的其他抗体修饰方法；⑧生产中所需的一次性材料也要进行规范的监控。

2. 产品表征　分析应采用现有先进的分析手段，从物理化学、免疫学、生物学等角度对产品进行全面的分析，并提供尽可能详尽的信息以反映目标产品内在的天然质量属性。这些表征分析包括但不仅限于结构完整性、亚类、氨基酸序列、二级结构、糖基化修饰、二硫键、特异性、亲和力、特异的生物学活性和异质性，以及是否与人体组织有交叉反应。对于通过片段化或偶联修饰的产品，要确定使用的工艺对抗体质量属性的影响，并建立特异的分析方法。还需采用合适的方法评价产品在设定有效期内的稳定性。

3. 其他要求 ①中间品：如果需要储存中间品，必须经过稳定性资料来确定失效日期或储存时间；②生物学活性：测定依据单克隆抗体预期的作用机制或作用模式（可能不仅限于一种），建立相应的生物学分析方法；③参比品：选择一批已证明足够稳定且适合临床试验的一个批次，或用它的一个代表批次作为参比品用于鉴别、理化和生物学活性等各种分析，并应按表征分析要求对其进行全面的分析鉴定；④批次的定义：一个批次的界定需要贯穿于整个工艺过程中；⑤工艺变更：在产品研发过程中以及上市之后，如果生产工艺发生变更，遵循 ICH Q5E "生物技术产品/生物制品在生产工艺变更前后的可比性"原则，应对变更前后的产品进行可比性研究。可比性研究的目的在于，确保生产工艺变更生产的药物质量、安全性和有效性。

（二）抗体药物生产的细胞系

通过以下方法来确定单克隆抗体生产细胞系的适用性：

1. 细胞系历史的文件记录，包括细胞永生化或转染及克隆步骤。
2. 细胞系的特征（如表型，同工酶分析，免疫化学标记和细胞遗传学标记）。
3. 抗体的相关特征。
4. 抗体分泌的稳定性，涉及在常规生产的最高群体倍增水平或代次及以上时，抗体各种质量属性的表征、抗体分泌表达水平和糖基化情况。
5. 对重组 DNA 产品，在常规生产的最高群体倍增水平或代次及以上时，宿主/载体遗传学和表型特征的稳定性。

（三）细胞库

应分别建立原始细胞库、主细胞库、工作细胞库的三级管理细胞库；如生产细胞为引进，应分别建立主细胞库、工作细胞库的两级管理细胞库。一般情况下主细胞库来自原始细胞库，工作细胞库来自主细胞库。各级细胞库均应有详细的制备过程、检定情况及管理规定，应符合《中国药典》"生物制品生产用动物细胞基质制备及检定规程"的相关规定。

（四）细胞培养和收获

对限定细胞传代次数的生产（单次收获），细胞在培养至与其稳定性相符的最高传代次数或种群倍增时间后，或根据所确定的固定收获时间，一次收获所有产物；对细胞连续传代培养生产（多次收获），细胞在一段时间内连续性培养（与系统的稳定性和生产的一致性相符）并多次收获。在整个培养过程中需监测细胞的生长状况，监测频率及监测指标根据生产系统的特点来确定。

每次收获以后均需检测抗体含量、内毒素及支原体，并在合适的阶段进行常规或特定的外来病毒检查。如果检测到任何外源病毒，必须停止收获，并仔细分析确定在工艺中造成污染的原因。

（五）纯化

经验证的纯化工艺，已能够证明有效去除和（或）灭活感染性因子，以及去除产品相关杂质与工艺相关杂质，并得到具有稳定质量及生物学活性的纯化抗体。纯化的单克隆抗体经无菌过滤装入用于贮存的容器中，即成为原液或原料药。如有必要，在纯化的单克隆抗体中可以加入稳定剂或赋形剂。应采用适当方法对原液的生物学负载和细菌内毒素、纯度、分子完整性和生物学活性等质量属性进行检测，在有必要时应与参比品进行比较。原液必须贮存在对生物负载和稳定性经过确认的条件下。

（六）半成品

对于一些产品，在制备成品之前，如需对原液（可以是冻融之后的）进行稀释或加入其他必要的赋形剂制成半成品，则应采用相应的检测方法并确定可接受的标准，以保证半成品的安全、有效。

（七）成品

成品由原液（可以是冻融之后的）或半成品经无菌过滤后分装于无菌容器中制成。将分装后的无菌容器密封以防污染，如需冷冻干燥，先进行冷冻干燥再密封。应采用适当方法对成品的质量进行检测。

二、产品检定

原液/原料药以及成品的质量标准是对预期产品进行全面质量控制的重要组成部分。根据产品质量属性和工艺能力的特征，应采用包括但不仅限于以下所列的检验项目设立相应产品的质量标准。

（一）鉴别

采用已通过验证的目标产品专属性方法对供试品进行鉴定，如采用包括但不仅限于 CZE、cIEF、CEX-HPLC，肽图或免疫学方法等将供试品与参比品比较。应符合已验证的系统适应性要求，测定结果应在该产品规定的范围内。

（二）纯度分析

采用适宜的方法检测分子大小分布，如凝胶过滤对单体、聚合体或片段的定量层析分析，并通过适当的经过验证的方法，如采用包括但不仅限于在非还原或还原条件下的 CE-SDS、HIC-HPLC、RP-HPLC、CEX-HPLC 等不同分离、分析机制方法进行检测。应符合已验证的系统适应性要求，供试品测定结果应在该产品规定的范围内。

（三）异质性分析

1. 电荷变异体 通过适当的经过验证的方法，如采用包括但不仅限于 CZE、cIEF、CEX-HPLC 等方法进行检测。

2. 糖基化修饰和唾液酸分析 通过适当的经过验证的方法，对供试品的糖基化成分进行分离、标记，并采用包括但不仅限于如 CE 或 HPLC 等方法进行检测。

3. 应用于修饰抗体的检测 根据所修饰抗体的类型、修饰特性，采用适合的方法进行检测，或与参比品进行比较，应符合已验证的系统适应性要求，供试品测定结果应在该产品规定的范围内。

（四）杂质

1. 产品相关杂质 通过适当的经过验证的方法，对供试品氧化产物、脱酰胺产物或其他结构不完整性分子进行定量分析；如目标产为经过修饰的抗体的类型，则应根据该修饰后分子特性，采用适合的方法对相应的特殊杂质进行检测，或与参比品进行比较。应符合已验证的系统适应性要求，供试品测定结果应在该产品规定的范围内。

2. 工艺相关杂质　用适当的方法对供试品宿主蛋白、蛋白A、宿主细胞和载体DNA及其他工艺相关杂质进行检测。如目标产品为经过修饰的抗体的类型，则应根据该修饰工艺，采用适合的方法对相应的特殊杂质进行检测，或与参比品进行比较。应符合已验证的系统适应性要求，供试品测定结果应在该产品规定的范围内。

（五）效力分析

1. 生物学活性　依据单克隆抗体预期的作用机制和工作模式，采用相应的生物学测定和数据分析方法，将供试品与参比品进行比较，应符合已验证的系统适应性要求，供试品测定结果应在该产品规定的范围内。

2. 结合活性　依据单克隆抗体预期的作用靶点和工作模式，采用相应的结合活性测定和数据分析方法，将供试品与参比品进行比较，应符合已验证的系统适应性要求，供试品测定结果应在该产品规定的范围内。

（六）总蛋白含量

根据产品质量属性，建立特异的含量方法，如在确定消光系数后采用分光光度法进行测定，供试品含量应在规定的范围内。并建议采用其他绝对含量溯源方法进行校正。

其他常规质量控制项目还包括外观及性状、溶解时间、pH值、渗透压、装量、不溶性微粒检查、可见异物、水分、无菌检查、细菌内毒性和异常毒性检查等。

本节内容以哺乳动物细胞大规模培养技术制备的IgG型单克隆抗体为依据，描述了抗体药物从细胞株、生产工艺过程控制、目标产品表征分析至放行控制等总体质量要求，但相应具体抗体类生物治疗药物品种及其各类衍生物，应结合其本身特殊的关键和预期的质量属性，确定质量控制关键点，并研究建立适合的分析方法、质控方案与质量标准，以求切实可行的方法，确保其有效、质量可控。

本 章 小 结

本章主要包括抗体药物的发展过程、单克隆抗体在肿瘤治疗方面的应用、抗体药物偶联物和抗体药物的质量控制等。

重点：抗体药物经历了嵌合单抗、人源化单抗、全人源单抗几个阶段，抗体药物偶联物、小分子抗体、双特异性抗体成为增强抗体治疗效果的主要研发方向；基于单克隆抗体的肿瘤免疫治疗方法可以分为四种：肿瘤细胞的单克隆抗体靶向疗法、改变宿主体内应答、应用单克隆抗体运输细胞毒性分子和重塑T细胞。抗体药物偶联物由抗体、接头和效应分子三个主要组件构成。

难点：抗体药物偶联物中抗体、效应分子和接头的选择。

思考题

1. 用于肿瘤免疫治疗的抗体药物从作用方式上分为哪几种？分别举例说明。

2. 何谓免疫检验点抗体？目前研究最多的免疫检验点有哪些？

3. 举例说明什么是能招募T细胞的双特异性抗体（BiTE）？其具有哪些优点？

4. 简述抗体药物偶联物的结构和作用机制。

5. 简述理想的抗体药物偶联物应该具有的分子特性。

6. 简述常用的抗体药物偶联物的效应分子有哪些?

7. 简述抗体药物偶联物接头选择的标准及种类。

（叶　丽）

第十一章　细胞因子类药物

第一节　概　述

一、概念

细胞因子（cytokine，CK）是免疫原、丝裂原或其他刺激剂诱导机体各种细胞分泌的多肽类或蛋白质分子，绝大多数细胞因子为分子量小于 25kDa 的糖蛋白，通过结合细胞表面的相应受体发挥调节免疫、抗炎、抗病毒、抗肿瘤、调节细胞增殖、分化等生理与病理反应等多种作用，是除免疫球蛋白和补体之外的另一类免疫分子。

细胞因子已经广泛应用于疾病的预防、诊断和治疗过程中。随着分子生物学、细胞生物学及基因重组等各项生物工程技术的飞速发展，目前大多数细胞因子的制备均可利用基因工程技术而获得。自干扰素成为第一个得到美国 FDA 批准上市细胞因子药物以来，多种细胞因子的应用在临床特别是肿瘤生物治疗领域取得了较好的成果，其以低剂量、高疗效的特点受到了人们的广泛关注。有理由相信，在不久的将来，会有更多的细胞因子药物在临床治疗中得到更广泛的应用。

二、分类

细胞因子的产生主要由活化免疫细胞和非免疫细胞完成，这些合成和分泌的细胞因子种类繁多，生物学作用表现多样。细胞因子的分类如图 11-1 所示。

$$
细胞因子
\begin{cases}
按功能分
\begin{cases}
\text{干扰素：IFN-α、IFN-β、IFN-γ} \\
\text{白细胞介素：IL-1~IL-38、IL-}n\cdots\cdots \\
\text{肿瘤坏死因子：TNF-α、TNF-β} \\
\text{集落刺激因子：G-CSF、M-CSF、GM-CSF、Multi-CSF（IL-3）、EPO 等} \\
\text{生长因子：EGF、PDGF、FGF、VEGF 等} \\
\text{转化生长因子-β 家族：TGF-β}_1\text{、TGF-β}_2\text{ 等} \\
\text{趋化因子家族：GRO/MGSA、PF-4、MIP-1α、MCP-1/MCAF 等}
\end{cases} \\
按来源分
\begin{cases}
\text{淋巴因子：IL-2~IL-6、IL-10、IFN-γ、TNF-β、GM-CSF 等} \\
\text{单核因子：IL-1、IL-8、TNF-α、G-CSF、M-CSF 等} \\
\text{非淋巴细胞、非单核-巨噬细胞产生的细胞因子：EPO、IL-7、IL-11、SCF 等}
\end{cases}
\end{cases}
$$

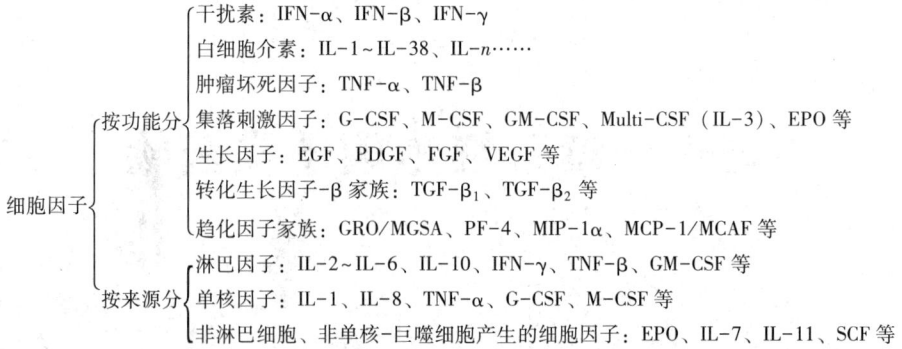

图 11-1　细胞因子的分类

三、作用方式及特点

细胞因子由抗原、丝裂原或其他刺激物激活的细胞分泌，通过旁分泌（paracrine）、自分泌（autocrine）或内分泌（endocrine）的方式发挥作用。若某种细胞因子作用的靶细胞即是其产生细胞，则该细胞因子对靶细胞表现出的生物学作用称为自分泌效应，如 T 淋巴细胞产生的白细胞介素-2（IL-2）可刺激 T 淋巴细胞本身生长。若细胞因子的产生细胞不是靶细胞，但两者邻近，则该细胞因子对靶细胞表现出的生物学作用称为旁分泌效应，如树突细胞产生的 IL-12 可支持近旁的 T 淋巴细胞增殖及分化。少数细胞因子如 TNF、IL-1 在高浓度时也可通过进入血液（体液）途径作用于远处的靶细胞，则表现内分泌效应。

体内的各种细胞因子之间并不是孤立存在的，而是有着复杂的相互作用，它们之间通过合成和分泌的相互调节、受体表达的相互调节及生物学效应的相互影响组成一个复杂的细胞因子调节网络。细胞因子发挥生物学作用表现出一些基本的特点：①多效性：一种细胞因子作用于多种靶细胞，产生多种生物学效应。如 IFN-γ 既可上调有核细胞表达 MHC I 类分子，也可激活巨噬细胞；②重叠性：几种不同的细胞因子作用于同一种靶细胞，产生相同或相似的生物学效应的累加效应，如 IL-6 和 IL-13 均可刺激 B 淋巴细胞增殖；③拮抗性：某种细胞因子抑制其他细胞因子发挥的生物学作用，如 IL-4 可抑制 IFN-γ 刺激 Th 细胞向 Th1 细胞分化的功能；④协同性：一种细胞因子强化另一种细胞因子的功能，两者表现协同性，如 IL-32 和 IL-11 共同刺激造血干细胞的分化成熟。

细胞因子的作用方式与基本特性分别见图 11-2、图 11-3。

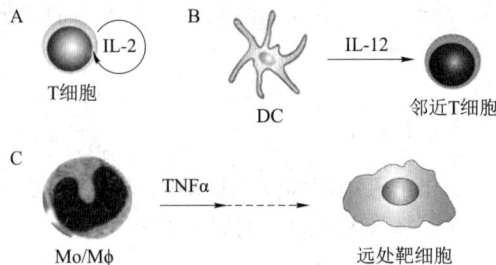

图 11-2　细胞因子作用方式模式图

A. 自分泌；B. 旁分泌；C. 内分泌

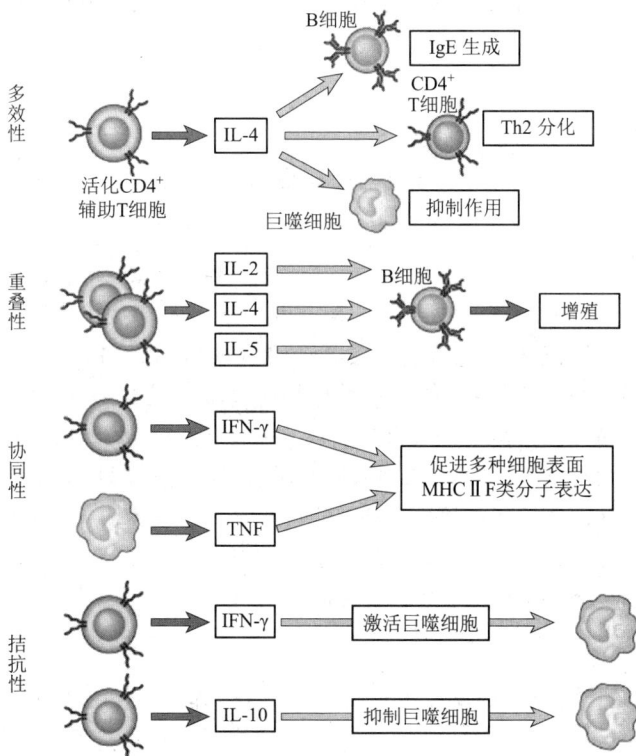

图 11-3 细胞因子的基本特性

四、细胞因子受体

细胞因子发挥广泛多样的生物学功能是通过与靶细胞膜表面的受体相结合并将信号传递到细胞内部，启动复杂的细胞内分子间的相互作用，最终引起细胞基因转录的变化。随着对细胞因子受体的广泛而深入地研究，发现细胞因子受体的不同亚单位中有共享链现象。这从受体水平上对阐明各种细胞因子生物学活性的相似性和差异性提供了分子依据。绝大多数细胞因子受体存在可溶性形式，探明可溶性细胞因子受体产生的规律及其生理和病理意义，有助于扩展人们对细胞因子网络作用的认识。检测细胞因子及其受体的水平已成为基础和临床免疫学研究中的一个重要的方面。

根据细胞因子受体（cytokinereceptor，CK-R）cDNA 序列以及受体胞膜外区氨基酸序列的同源性和结构性，可将细胞因子受体主要分为四种类型：免疫球蛋白超家族（IGSF）、造血细胞因子受体超家族、神经生长因子受体超家族和趋化因子受体。

细胞因子受体中的共享链：大多数细胞因子受体是由两个或两个以上的亚单位组成的异源二聚体或多聚体，通常包括一个特异性配体结合 α 链和一个参与信号的 β 链。α 链构成低亲和力受体，β 链一般单独不能与细胞因子结合，但参与高亲和力受体的形成和信号转导。通过配体竞争结合试验、功能相似性分析以及分子克隆技术证明在细胞因子受体中存在不同细胞因子受体共享同一种链的现象。

在自然状态下，细胞因子受体主要以膜结合细胞因子受体（mCK-R）和存在于血清等体液中可溶性细胞因子受体（sCK-R）两种形式存在。细胞因子复杂的生物学活性主要是通过与相应的 mCK-R 结合后所介导的，而 sCK-R 却具有独特的生物学意义。sCK-R 水平变化与某些疾病的关系日益受到学者们的重视。

> ### 知识拓展
>
> #### sCK-R 与临床
>
> 检测某些 sCK-R 水平辅助临床对某些疾病的早期诊断，了解病程的发展与转归，并可对患者免疫功能状态及预后进行评估，对临床治疗也有一定指导意义。大多数 sCK-R 与细胞因子结合后阻断细胞因子与膜受体结合，从而抑制细胞因子的生物学活性，应用 sCK-R 为减轻或防止炎症性细胞因子造成的病理损害提供了新的治疗途径。动物实验结果表明，局部注射 sIL-1R 可抑制 IL-1 介导的炎症反应。sIL-1R 可降低小鼠同种异体心脏移植的排异反应以及大鼠实验性关节炎和过敏性大脑炎。在体外 sIL-1R 可明显抑制急性髓样白血病患者骨髓细胞的增殖。应用 IL-1R 基因工程产品治疗关节炎、糖尿病以及防治器官移植排斥等进入临床验证。动物体内注射 sIL-4R 可延长同种异人本移植物的存活，抑制 GVHR，降低 I 型超敏反应。应用 sTNFR 可减轻 TNF 在自身免疫性疾病中所介导的病理损害，并可减轻败血症休克。

第二节　干　扰　素

一、概述

干扰素（interferon，IFN）是由病毒或其他 IFN 诱生剂刺激单核细胞和淋巴细胞所产生的一组具有多种功能的分泌性蛋白质（主要是糖蛋白），它们在同种细胞上具有广谱的抗病毒、影响细胞生长与分化，以及调节免疫功能等多种生物活性。干扰素是一种广谱抗病毒剂，但并不直接杀伤或抑制病毒，而主要是通过细胞表面受体作用使细胞产生抗病毒蛋白，从而抑制病毒的复制。干扰素的产生其实是人体细胞对病毒的防御反应结果。同时干扰素还可增强自然杀伤细胞（NK 细胞）、巨噬细胞和 T 淋巴细胞的活力，从而起到免疫调节作用。干扰素可分为 α-（白细胞）型、β-（成纤维细胞）型、γ-（淋巴细胞）型。干扰素的分子小，对热较稳定，4℃可保存很长时间，-20℃可长期保存其活性。经近 30 年的临床研究和临床应用，干扰素已成为一种重要的广谱抗病毒、抗肿瘤治疗药物。

干扰素可以从来源分为两大类。第一类是天然 IFN，种类繁多，分子量不同，抗原性亦不同。按动物来源可分为人 IFN（HuIFN）、牛 IFN（BovIFN）等；第二类是指基因工程 IFN，即以基因重组技术生产的 IFN。这类重组 IFN 具有与天然 IFN 完全相同的生物学活性。根据 IFN 蛋白质的氨基酸结构、抗原性和细胞来源，将人细胞所产生的几种 IFN 分为 IFN-α、IFN-β 和 IFN-γ。在此 3 型 IFN 中又因其氨基酸顺序不同，可分为若干亚型，IFN-α 至少有 20 个以上的亚型，而 IFN-β 则有 4 个亚型，IFN-γ 只有 1 个亚型。IFN-α 的亚型有 IFN-α_1、IFN-α_2、IFN-α_3 等或 IFN-α_{1b}、IFN-α_{2a}、IFN-α_{2b}、IFN-α_{2c} 等。

二、干扰素的性质与结构

IFN-α 主要由人白细胞产生，IFN-β 主要由人成纤维细胞产生，均表现出较强的抗病毒作用。IFN-γ 由 T 细胞产生，表现出较强的免疫调节作用。用仙台病毒刺激白细胞可以产生 IFN-α，用多聚核苷酸刺激成纤维细胞则可以产生 IFN-β，而用抗原刺激淋巴细胞则会产生 IFN-γ。

（一）IFN-α 和 IFN-β

人源 IFN-α 分子由 165/166 个的氨基酸组成，无糖基，分子量约为 19kDa，IFN-β 分子含 166 个氨基酸，有糖基，分子量为 23kDa。两型 IFN 的氨基酸序列有 60% ~ 70% 的相似性，基因的碱基序列有 30% ~ 40% 的相似性。现代研究表明，IFN-α 和 IFN-β 具有相同的受体，分布相当广泛，如结合相同的受体，将发挥相似的生物学效应。

人 α 和 β 型 IFN 位于人 9 号染色体，并连锁在一起。IFN-α 基因至少有 20 个，成串排列在同一个区域，无内含子，同种属 IFN-α 不同基因产物其氨基酸同源性 ≥80%。IFN-β 基因只有 1 个，无内含子。

人 INF-α 由 2 个亚族（subfamily）组成，分别称为 IFN-α₁ 和 IFN-α₂，其中 IFN-α₁ 至少由 20 个有功能的基因组成，其结构上有两个特点：①第 139~151 之间的氨基酸序列有较高的保守性；②IFN-α 分子含有 4 个半胱氨酸，第 1 和 98/99 之间，第 29 和 138/139 之间有分子内二硫键结合。第 1 和 98/99 之间二硫键的结合与其生物活性无关。IFN-α₂ 亚族有 5~6 个基因成员，目前只发现 1 个有功能的基因，其余是假基因。

人 IFN-β 分子含有 3 个半胱氨酸，分别在 17、31 和 141 位氨基酸。31 与 141 位半胱氨酸之间形成的分子内二硫键对于 IFN-β 生物学活性有非常大的影响，141Cys 被 Tyr 替代后则完全丧失抗病毒作用，Cys17 被 Ser 替代后不仅不影响生物学活性，反而使 IFN-β 分子稳定性更好。但是人 IFN-β 分子中的糖基对生物学活性无影响。

（二）IFN-γ

人 IFH-γ 成熟分子由 143 个氨基酸组成，糖蛋白以同源双体形式存在，其生物学作用有严格的种属特异性。INF-γ 基因定位于第 12 号染色体，与 α 和 β 型 IFN 基因完全不同，在氨基酸序列上与 α 和 β 型也无同源性，而且三者的理化性质也大不相同。IFN-α/β 在 pH 2~10 以及热（56℃）条件下仍稳定，而 IFN-γ 则很易丧失活性。人 IFN-γ 受体基因定位于第 6 号染色体，IFN-γ 受体分布也相当广泛，其 N 末端与 IFN-α/β 受体有一定的同源性，具有种属特异性。目前认为人 IFN-γ 受体可能存在第二条链。IFN 的性质特点见表 11-1。

表 11-1 INF 的性质和特点

IFN 的性质特点	IFNα	IFNβ	IFNγ
物理性质			
分子量	18~20kDa	23kDa	20~25kDa
氨基酸数	165/166	166	143
酸稳定性（pH2）	稳定	稳定	不稳定
热稳定性（56℃）	稳定	稳定	不稳定
等电点	5.7~7.0	6.5	8
遗传学			
基因定位	人 9 号染色体	人 9 号染色体	人 12 号染色体
编码基因	>20	1	1

IFN 的性质特点	IFNα	IFNβ	IFNγ
同源性	与 β 有 30% ~ 40% 相似性	与 α 有 30% ~ 40% 相似性	与 α、β 无同源性
内含子	无	无	有
生物学特征			
来源	白细胞	成纤维细胞	T 细胞
诱导剂	病毒	polyI：polyC	抗原，PHA，ConA
抗原型	α	β	γ
活性结构	单体	二聚体	三或四聚体
受体	与 β 作用同受体	与 α 作用同受体	γ 受体
作用特点			
种属特异性	不严格，对牛肾细胞感受性高	不严格，对牛肾细胞感受性低	严格
抑制细胞生长活性	较弱	较弱	强
诱导抗病毒速度	快	很快	慢
与 ConA 结合力	小或无	结合	结合
免疫调节活性	较弱	较弱	强

IFN-α、β 和 γ 的种属特异性不同，IFN-α 和 IFN-β 的种属特异性并不严格，如人 IFN-α 不仅对猴有效，对家兔也有效，且对牛肾细胞也有较高的感受性，但 IFN-β 对牛肾细胞感受性较低。与此相对应，IFN-γ 则具有严格的种属特异性，如人的 IFN-γ 对猴则无效。

三、干扰素的生物学活性与临床应用

不同类型的 IFN 因其性质、结构等差异，其生物学活性及临床应用也有所不同。

（一）抗病毒作用

IFN 作为一种广谱抗病毒的细胞因子药物，其抗病毒作用并不是直接杀伤或抑制病毒，而是首先作用于细胞的 IFN 受体，经信号转导等一系列过程，激活细胞基因表达多种抗病毒蛋白，从而实现对病毒的抑制作用。

IFN 抗病毒的作用特点：①间接性：通过诱导细胞产生抗病毒蛋白等效应分子发挥抗病毒作用。②广谱性：抗病毒蛋白属于广谱性酶类，对多数病毒均有一定抑制作用。③种属特异性：一般在异种细胞中无活性，而在同种细胞中活性较高。④发挥作用迅速：IFN 既能限制病毒扩散又能中断受染细胞的病毒感染。在感染初期，即体液免疫和细胞免疫发生作用之前，干扰素发挥重要的抗感染作用。此外，IFN 还可增强自然杀伤细胞（NK 细胞）、巨噬细胞和 T 淋巴细胞的活力，从而起到免疫调节作用，并提高机体抵抗力。

由于干扰素几乎能抵抗所有病毒引起的感染，如水痘、肝炎、狂犬病等，因此它是一种抗病毒的特效药。目前，IFN-α 用于治疗乙型、丙型肝炎疗效是肯定的。利巴韦林联合 IFN-α 治疗丙型肝炎，对于 40% 慢性丙型肝炎患者具有不同程度的疗效。而且，基因重组技术为保障 IFN 的临床推广应用提供了广阔的天地。例如，新开发的一种药物聚乙二醇干扰素，由于其独特的药动学特点，在机体内耐受性要优于普通干扰素，临床试验中显示出比普通干扰素更好的疗效。聚乙二醇干扰素联合利巴韦林治疗慢性丙型肝炎被证明是目前的最佳疗法，也是中国市场上第一个长效 IFN 类药物，可以在丙肝病毒基因分型基础上进行抗病毒治疗。此外，IFNα 还可以用来治疗尖锐湿疣、流行性感冒、带状疱疹、病毒性角膜炎等常见病毒性疾病。

（二）抗肿瘤作用

IFN 有明显的抗肿瘤作用，早在 IFN 发现后不久就已经被证明，IFN 可以抑制某些 RNA 或 DNA 肿瘤病毒在试管内的细胞转化作用。在动物实验中也已证实，IFN 不论对由肿瘤病毒引起的动物肿瘤，还是对动物移植肿瘤均有明显的抑制作用。此外，IFN 不仅能抑制细胞的 DNA 合成，还能减慢细胞的有丝分裂速度。而且，这种抑制作用有明显的选择性，对肿瘤细胞的作用比对正常细胞的作用强 500~1000 倍。

现代研究表明，IFN 抗肿瘤机制如下：①直接抑制肿瘤细胞的增殖；②通过调节免疫应答间接抗肿瘤。如 IFN-α/β 杀伤肿瘤细胞主要是通过促进机体免疫功能，提高巨噬细胞、NK 和细胞毒 T 淋巴细胞（CTL）的杀伤水平。还能促进主要组织相容性抗原（MHC）的表达，使肿瘤细胞易于被机体免疫力识别和攻击。

IFN 对部分肿瘤疗效确切，尤其在肿瘤负荷小鼠作用明显。抗肿瘤 IFN 已应用于乳腺癌、骨髓癌等多种癌症的临床治疗。目前多主张 IFN-α 长期低剂量使用，同时配合采用瘤内或区域内给药，并与放疗、化疗合用效果更佳。IFN-γ 单独应用对抗肿瘤无效，但与一些细胞因子合用则有抗肿瘤活性。如 IFN-γ+TNF 配合其他化疗药物治疗胃肠道肿瘤、黑色素瘤和肉瘤有一定的治疗作用。

（三）免疫调节作用

IFN 对于整个机体的免疫功能（包括免疫监视、免疫防御、免疫稳定）均有不同程度的调节作用。

1. 对巨噬细胞的作用 IFN-γ 可促进巨噬细胞吞噬免疫复合物、抗体包被的病原体和肿瘤细胞。并可使巨噬细胞表面 MHC Ⅱ 类分子的表达增加，从而增强其抗原提呈能力。

2. 对淋巴细胞的作用 IFN-γ 对淋巴细胞的作用可受剂量和时间等因素的影响而产生不同的效应。应用低剂量 IFN 或者在抗原致敏之后加入 IFN 能产生免疫增强的效果，而在抗原致敏之前使用大剂量 IFN 或将 IFN 与抗原同时投入则会产生明显的免疫抑制作用。

3. 对其他细胞的作用 研究表明，IFN-γ 有刺激中性粒细胞，从而增强其吞噬能力的作用；IFN-γ 也可以使某些正常不表达 MHC Ⅱ 类分子的细胞（如血管内皮细胞、某些上皮细胞和结缔组织细胞）表达 MHC Ⅱ 类分子，从而发挥抗原提呈作用。

临床研究表明，通过观察接受 IFN 治疗的肿瘤患者，其周围血淋巴细胞的 NK 活力有明显增加，甚至在每日注射 IFN 长达 9 个月的患者，这一增加仍然持续。在用大剂量的人 IFN-α 制剂治疗病毒性疾病的过程中，也发现接受 IFN 治疗患者的周围血淋巴细胞对植物血凝素（PHA）的反应受到抑制。此外，IFN 可用于治疗多发性硬化病；IFN 可以治疗慢性肉芽肿；利用 IFN 的免疫调节作用还可用于脓毒性休克、类风湿关节炎的治疗等。

（四）IFN 临床应用的不良反应

1. 发热初次用药时常出现高热现象，以后逐渐减轻或消失。

2. 感冒样综合征，多在注射后 2~4 小时出现。有发热、寒战、乏力、肝区痛、背痛和消化系统症状，如恶心、食欲不振、腹泻及呕吐。治疗 2~3 次后逐渐减轻。对感冒样综合征可于注射后 2 小时，给对乙酰氨基酚等解热镇痛剂对症处理，不必停药；或将注射时间安排在晚上。

3. 骨髓抑制出现白细胞及血小板减少，一般停药后可自行恢复。治疗过程中白细胞及血小板持续下降，要严密观察血象变化。

4. 神经系统症状，如失眠、焦虑、抑郁、兴奋、易怒、精神病。出现抑郁及精神病症状应停药。

5. 出现癫痫、肾病综合征、间质性肺炎和心律失常等这些疾病和症状时，应停药观察。

6. 诱发自身免疫性疾病，如风湿性关节炎、红斑狼疮样综合征、甲状腺炎、血小板减少性紫癜、溶血性贫血和血管炎综合征等，停药后可减轻症状。

知识链接

干扰素在妇产科的应用举例

尖锐湿疣是一种由乳头瘤病毒感染所致的性传播疾病，该病易于复发，临床缺乏特效疗法，研究人员用激光治疗联合皮损内注射干扰素治疗尖锐湿疣取得了满意疗效。共68例患者，男48例，女20例，将患者随机分为2组，治疗组40例，用激光加干扰素100万 IU 皮损内注射；对照组28例，用激光加干扰素100万 IU 肌内注射（全身性用药）。其他治疗如酌用药物防止创面感染、促进创面愈合等措施相同。治疗组40例，半年内复发4例，复发率10%；对照组28例，半年内复发10例，复发率36%。两组疗效有显著差异（$P<0.005$）。干扰素皮损内注射组的复发明显低于对照组，说明干扰素治疗尖锐湿疣可降低复发率。作者认为皮损内注射干扰素可使局部产生一个相对高的浓度，更好地发挥抗病毒和提高 T 细胞功能活性的作用，另一方面又能对亚临床感染的皮损发挥治疗作用。

四、干扰素的制备

作为蛋白质类药物，IFN 主要存在生物半衰期短和活性不稳定的问题，前者要求患者进行频繁注射，后者则存在药物在大剂量或长期使用时产生较大不良反应的可能性，因此开发长效和高效的 IFN 是目前的发展方向。

IFN 制剂按制备方法的不同，可分为人天然 IFN 和利用基因工程生产的重组 IFN 两大类。目前市场上能大量供应的天然 IFN 只有由类淋巴母细胞产生的 IFN（IFN-α_{N1}），其为多亚型的混合物，而临床常用的主要是重组制剂，如 INFα_{2a}、α_{2b} 和 α_{1b}。

（一）传统的天然 IFN 生产

人天然 IFN 是通过相应诱生剂刺激各类细胞（表 11-2），促其分泌 IFN，然后通过纯化技术从人体白细胞中提取获得，不仅量少，且含有较多杂质，导致纯度低、活性低。此外，由于提取纯化技术的差异，无统一的质量标准，使得不同厂家、不同批号 IFN 的疗效差异很大。因此，上述缺点限制了传统 IFN 的生产和发展。

表 11-2　3 种可供大量生产人 IFN 的细胞

项目	白细胞	成纤维细胞	类淋巴细胞
培养方式	悬浮培养	表面培养	悬浮培养

项目	白细胞	成纤维细胞	类淋巴细胞
细胞传代性	原代	35~45 代	无限
细胞来源	困难	较容易	容易
刺激物	病毒	聚肌胞	病毒

（二）基因工程 IFN 制备

基因工程 IFN 即指将目的干扰素 DNA 分子进行克隆、重组，构建表达载体，并用工程菌表达，基因工程 IFN 的产量是传统技术所不能比拟的。1992 年，我国研制了基因工程 IFN-α，这是我国第一个进入产业化的基因工程药物。

1. 基因的克隆、基因文库的构建和调用　克隆到 IFN 的基因序列，并将其构建成文库，以便于随时调取和使用，是基因工程 IFN 的制备的第一步。IFN 的基因文库构建一般是用诱导剂对可以产生 IFN 的肿瘤细胞株进行诱导，从中抽提 mRNA，通过相应的引物对 IFN 的 mRNA 进行反转录-PCR 扩增，将其与一定的质粒相连接后用合适的宿主菌进行培养、扩增即可。

如果是为了构建嵌合需要的 IFN 片段，则需要对已经构建好的文库进行亚克隆，即将从噬菌体文库中调出的 cDNA 片段，用含有较多酶切位点的限制性内切酶进行切割，将切割后的混合物用琼脂糖凝胶电泳纯化，并选择性地洗脱不同分子量的 DNA 片段，将其与新的质粒载体连接，即可得到 IFN 的亚克隆文库。

2. 目的基因的表达　一直以来，大肠杆菌都被用作表达外源基因的主要宿主菌，并成功地表达了多种外源性蛋白。但是由于大肠杆菌不能表达结构复杂的蛋白质，且分泌型表达的天然产物产量较低，因此，以大肠杆菌作为基因表达的宿主菌有其相对局限性。近年来，酵母被开发作为外源基因表达系统受到广泛关注。其优点为：①其属于单细胞低等真核生物，有原核生物易于培养、繁殖快、便于基因工程操作和高密度发酵等特性；②酵母有适于真核生物基因产物正确折叠的细胞环境和糖链加工系统；③能分泌外源蛋白到培养液中，利于纯化。

3. IFN 的提取、纯化和鉴定　对 IFN 的提纯可分为粗提和进一步纯化。对 IFN 的分离纯化方式是根据其分子的理化性质与生物学特性来决定的。分离纯化的方法包括离子交换层析、反相色谱、亲和层析、凝胶过滤等多种方式，一般为先采取低分辨率操作单元（如沉淀超滤、吸附等）去除非蛋白质类杂质，之后再采用高分辨率操作单元（如离子交换层析和亲和层析）进行进一步纯化。而后采用凝胶过滤，以达到最大的分离纯化效果。

4. 质量控制　为了保证基因重组 IFN 在产业化生产中的质量，在其出厂前的成品质量控制主要包括：①生物活性测定：需通过动物体内试验和细胞培养，进行体外效价测定；②理化性质测定：包括特异性、非特异性鉴别；相对分子质量的测定；等电点测定以及肽图的分析、氨基酸组成分析等；③重组 IFN 的浓度测定和相对分子质量的测定：一般应用双缩脲法进行分析；④纯度分析：即采用 SDS-PAGE、等电聚焦、各种 HPLC、毛细管电泳等方法进行含量测定；⑤杂质检测：即用免疫分析法检测对除 IFN 以外的其他蛋白质和利用热原法等检测非蛋白质杂质的存在。

（三）新型 IFN 研究

由于基因文库的构建为利用 IFN 基因片段构建嵌合 IFN 提供了方便，现代基因重组技术可以对 IFN 进行结构修饰或嵌合，从而可以生产出活性更高、稳定性更强、效果更好的 IFN。例如：现在临床经常使用的重组人 IFN-α_{2a}、IFN-α_{2b}、IFN-β_{1a}、IFN-γ 转移因子等，不仅可以增强疗效，更重要的是重组 IFN 还可以降低不良反应的发生率。

1. 活性和稳定性增加的 IFN 通过定点突变或 IFN 的嵌合技术可提高 IFN 的活性。新型杂合的 IFNαD 对 NK 细胞的调节能力比亲本提高了 10~400 倍，如将 IFN-α_4 与 IFN-α_1 进行嵌合，得到的 IFN 活性可达亲代的 4~20 倍。此外，如将重组 IFN-β 17 位的 Cys 改为 Ser，可将 IFN 的抗病毒活性提高 10 倍。普通的重组 IFN 在 -70℃ 保存 75 天后大多数丧失抗病毒活性，而诱导突变后的 IFN 在同样条件下可以保存 150 天仍不失活。

2. 改变抗原性和种属特异性的 IFN 如用 Tyr 代替 IFN-β 141 位上 Cys，则其抗原性发生改变，其不再与体内自然存在的 IFN-β_1 争夺受体。尽管这种抗原性改变的几率很小，但是对指导改变 IFN 的抗原性研究来说还是至关重要的。IFN-α_D 在牛细胞株中活性最高，IFN-α_A 在人细胞系中活性最高，而其嵌合体与两个亲本都不相同，在鼠细胞中的活性最高，即改变了种属特异性。

3. 聚乙二醇 IFN 不管是传统的天然 IFN 还是基因工程 IFN，均存在半衰期短（约 4 小时）的不足，导致血药浓度不稳定，患者需要频繁注射，在一定程度上限制了其临床应用。为了克服其缺点，将聚乙二醇（PEG）与 IFN 结合，制成了 IFN 的新剂型：聚乙二醇化 IFN（PEG-IFN）。聚乙二醇是一种惰性、易溶于水的物质，普通干扰素通过它的"改造"后，分子就会变大，很少通过肾脏漏出，从而达到了延长在体内的时间的目的。将 IFN 进行 PEG 化的研究，经历了从线性 PEG 到支链 PEG 对 IFN 进行修饰的过程，并先后研发了小分子直链 PEG-IFN-α_{2b}（半衰期约为 40 小时）和大分子支链 PEG-IFN-α_{2a}（半衰期约为 80 小时）等制剂。PEG-IFN 可浓聚于靶器官如肝脏，已被 FDA 批准用于慢性丙型肝炎和慢性乙型肝炎的临床治疗。其有以下明显优点：①半衰期长，可以在血液内达到稳态血药浓度，从而在体内对病毒起到持久抑制作用，所以又称其为"长效 IFN"；②只需 1 周给药 1 次，减少患者的用药痛苦，方便用药，提高了患者的依从性；③与普通 IFN 相比，其毒副反应并没有增加；④治疗慢性乙型肝炎的持久应答效果比普通 α-干扰素提高了 10% 左右；⑤临床研究还证明对普通 α-干扰素治疗无效的患者可以产生疗效。

第三节　白细胞介素

一、概述

白细胞介素（interleukin，IL）（白介素）是由多种细胞产生并作用于多种细胞的一类细胞因子。由于最初发现是由白细胞产生又在白细胞间发挥调节作用，所以由此得名。IL 现在是指一类分子结构和生物学功能已基本明确，具有重要调节作用统一命名的细胞因子。IL 在传递信息，激活与调节免疫细胞，介导 T、B 细胞活化、增殖与分化及在炎症反应中起重要作用，是淋巴因子（lymphokins）家族中的成员，由淋巴细胞、巨噬细胞等产生。

研究者在对免疫应答的研究过程中，发现在各种刺激物处理的细胞培养上清中存在许多具有生物活性的分子，就以测得的活性进行命名，十几年陆续报道了近百种因子。后来借助分子生物学技术进行比较研究发现，以往许多以生物活性命名的因子实际上是能发挥多种生物学效应的同一物质。为了避免命名的混乱，1979 年第二届国际淋巴因子专题会议将免疫应答过程中白细胞间相互作用的细胞因子统一命名为白细胞介素，在名称后加阿拉伯数字编号以示区别，例如 IL-1、IL-2……，新确定的因子依次命名。只有明确克隆化的基因、产物的性质和活性才能得到国际会议的认可。白细胞介素是非常重要的细胞因子家族，截至 2013 年 12 月，得到承认的成员已达 38 个（表 11-3）。

表 11-3　白细胞介素的分类

分类	性质	主要成员
白细胞介素-1 家族（IL-1F）	有 11 个成员，绝大多数是促炎性细胞因子，主要通过刺激炎症和自身免疫病相关基因的表达，诱导环氧化酶 2、磷脂酶 A_2、一氧化氮合酶、干扰素 γ、黏附分子等效应蛋白的表达，在免疫调节及炎症进程中扮演着重要的角色	IL-1α、IL-1β、IL-1 受体拮抗剂、IL-18、IL-36Ra、IL-36α、IL-37、IL-36β、IL-36γ、IL-38 和 IL-33
白细胞介素-2 家族（γc 家族）	有 5 个成员，是信号传导都依赖于 γc 链的一组细胞因子	IL-2、IL-4、IL-13、IL-15 和 IL-21
趋化因子家族	IL3、IL8 和一些不属于白细胞介素的细胞因子归类为趋化因子家族，IL8 属于其 C-X-C/α 亚族	IL-3、IL-8
白细胞介素-12/白细胞介素-6 家族	白细胞介素 12 家族/白细胞介素 6 家族包含 5 个成员	IL-6、IL-12、IL-23、IL-27（即 IL-30）、IL-35
白细胞介素-10 家族	IL-10 家族是 Ⅱ 类细胞因子的一个亚家族，对免疫系统发挥着多种多样的调节作用	IL-10、IL-19、IL-20、IL-22/IL-TIF 和 IL-24/MDA-7、IL-26 等
白细胞介素-17 家族	白细胞介素 17 家族 IL-17A~IL-17F	IL-17 和 IL-25（IL-17E）
其他	其余的白细胞介素不明确属于任何一个家族	IL-5、IL-7、IL-9、IL-11、IL-14、IL-16、IL-31、IL-32

二、重要人白细胞介素的特性

（一）IL-1

1. 性质

（1）IL-1 又名淋巴细胞刺激因子，主要由活化的单核-巨噬细胞产生，但几乎所有的有核细胞，如 B 细胞、NK 细胞、角质细胞、树突细胞、中性粒细胞、内皮细胞及平滑肌细胞等都可以产生 IL-1。在正常情况下，只有皮肤、汗液和尿液中含有一定量的 IL-1，而绝大多数细胞只有在受到抗原或丝裂原等外来刺激后，才能合成和分泌 IL-1。

（2）IL-1 分子有 IL-1α 和 IL-1β 两种存在形式。两者分别由不同的基因编码，前者由 159 个氨基酸组成，后者含 153 个氨基酸。虽然 IL-1α 和 IL-1β 的氨基酸序列仅有 26% 的同源性，但两者能够以同样的亲和力结合于相同的细胞表面受体，发挥相同的生物学作用。

（3）IL-1 通过结合其受体（IL-1R）发挥作用，IL-1R 几乎存在于所有有核细胞表面，且每个细胞的 IL-1R 数目不等，少则几十个（如 T 细胞），多则数千个（如成纤维细胞）。IL-1R 也有两种类型：一种为 IL-1R1，由于其伸入细胞质内的肽链部分较长，起着传递活化信号的作用；另一种为 IL-1R2，因其胞内部分的肽段较短，则不能有效地传递信号，而能够将胞外部分的肽链释放到细胞外液中去，并以游离形式与 IL-1 结合，发挥负反馈作用。GM-CSF、G-CSF 及 IL-1 自身均可提高细胞 IL-1R 的表达水平，而 TGF 及皮质类固醇能降低 IL-1R 的表达。

2. IL-1 的生物学活性及机制

（1）局部作用　局部低浓度的 IL-1 主要发挥免疫调节作用。①与抗原协同作用，可使 CD4$^+$T 细胞活化，诱使 IL-2R 表达；②促进 B 细胞生长和分化，也可促进抗体的形成；③促进单核-巨噬细胞等 APC 的抗原提呈能力；④可与 IL-2 或干扰素协同增强 NK 细胞活性，吸引中性粒细胞，引起炎症介质释放，从而使趋化作用增加；⑤可刺激多种不同的间质细胞释放蛋白分解酶并产生一些效应。例如，类风湿关节炎的滑膜病变（胶原破坏、骨质重吸收等）就是由于关节囊内 Mφ 受刺激后活化并分泌 IL-1，使局部组织间质细胞分泌大量的前列腺素和胶原酶，分解破坏滑膜所致；⑥对软骨细胞、成纤维细胞和骨代谢也有一定影响。

（2）全身性作用　动物实验证明，IL-1 的大量分泌或注射可以通过血循环引起全身反应，有内分泌效应。①作用于下丘脑可引起发热，具有较强的致热作用。这种作用与细菌内毒素明显不同：内毒素致热曲线为双向，潜伏期至少有 1 小时，而 IL-1 致热曲线为单向、潜伏期 200 分钟左右。内毒素耐热性较好，而 IL-1 对热敏感，易被破坏。给家兔反复注射内毒素可出现耐受，但对 IL-1 不会耐受。②刺激下丘脑释放促肾上腺皮质素释放激素，使垂体释放促肾上腺素，促进肾上腺释放糖皮质激素，同时对 IL-1 有反馈调节作用。③作用于肝细胞使其摄取氨基酸的能力增强，进而合成和分泌大量急性期蛋白，如 α$_2$ 球蛋白、纤维蛋白原、C-反应蛋白等。④使骨髓细胞库的中性粒细胞释放到血液，并使之活化，增强其杀伤病原微生物的能力。⑤与 CSF 协同可促进骨髓造血祖细胞增殖能力，使之形成巨大的集落，还可诱导骨髓基质细胞产生多种 CSF 并表达相应受体，从而促使造血细胞定向分化。

3. IL-1 的临床应用　IL-1 目前尚未广泛用于人体研究，但由于 IL-1 参与了机体的多种病理过程，而且其对免疫系统的特殊生物活性使其在临床应用方面有相当诱人的前景。目前已经利用基因重组技术，成功克隆出 IL-1 受体拮抗剂（IL-1 receptor antagonist，IL-1RA），该拮抗剂与天然拮抗剂不同的是，在其氨基端增加了一蛋氨酸残基，现已批准投放市场，并与甲氨蝶呤合用治疗中重度类风湿关节炎。

（二）IL-2

1. IL-2 的结构和性质　IL-2 也称为 T 细胞生长因子（T cell growth factor，TCGF），是体内最强，也是最主要的 T 细胞生长因子。IL-2 主要由 T 细胞（特别是 CD4$^+$T 细胞）受抗原或丝裂原刺激后合成，B 细胞、NK 细胞及单核-巨噬细胞亦能产生 IL-2。

IL-2 分子量为 15.5kDa，是由 133 个氨基酸残基组成的糖基化蛋白。天然 IL-2 在 N 端含有糖基，但糖基对 IL-2 的生物学活性无明显影响。IL-2 分子有 3 个半胱氨酸，分别位于第 58、105 和 125 位，其中 58 位与 105 位半胱氨酸所形成的链内二硫键对保持 IL-2 生物学活性起重要作用。IL-2 具有一定的种属特异性，人类细胞只对灵长类来源的 IL-2 起反应，而几乎所有种属动物的细胞均对人的 IL-2 敏感。

IL-2 的靶细胞包括 T 细胞、NK 细胞、B 细胞及单核-巨噬细胞等。这些细胞表面均可表达 IL-2 受体（IL-2R）。IL-2R 包含 3 条多肽链：1 条为 α 链，分子量为 55kDa；1 条为 β 链，分子量为 75kDa；另 1 条为 γ 链，分子量为 64kDa。α 链的胞内区较短，不能向细胞内传递信号，而 β 链和 γ 链的胞内区较长，具有传递信号的能力。若 3 种肽链单独与 IL-2 结合，亲和力较低，只有当 3 种肽链同时表达时才能产生高度亲和力。

2. IL-2 的生物活性

（1）促 T 细胞生长作用　各种刺激物活化的 T 细胞一般不能在体外培养中长期生存，加入 IL-2 则能使其较长时间的持续增殖，因此被命名为 T 细胞生长因子。Th、Tc 和 Ts 细胞都是 IL-2 的反应细胞，但静止的 T 细胞表面不表达 IL-2R，对 IL-2 没有反应；受丝裂原或其他刺激活化后 T 细胞才能表达 IL-2R，成为 IL-2 的靶细胞；而 IL-2 又可进一步诱导靶细胞增加 IL-2R 的表达。IL-2R 受体在 T 细胞上的表达是一过性的，一般会在活化后 2~3 天达到高峰，6~10 天消失。随着 IL-2 受体的消失，T 细胞即失去对 IL-2 的反应能力。因此，要维持正常 T 细胞在体外长期生长，必须持续存在丝裂原或其他刺激物，以维持 IL-2R 的表达。胸腺细胞和 T 细胞经抗原、有丝分裂原或同种异体抗原刺激活化后，在 IL-2 存在的条件下进入 S 期，具有维持细胞增殖的潜力。

（2）诱导细胞毒作用　IL-2 可诱导 CTL、NK 和 LAK 等多种杀伤细胞的分化和效应功能。①接收了预刺激信号的 $CD8^+$T 细胞可以受 IL-2 的作用活化为 CTL，发挥细胞毒作用；在一定条件下，$CD4^+$T 细胞也可受 IL-2 的诱导而具有杀伤作用。②NK 细胞是唯一正常情况下表达 IL-2R 的淋巴样细胞，因此始终对 IL-2 保持反应性。然而静止的 NK 细胞上只表达 IL-2R 的 β 链和 γ 链，对 IL-2 的亲和力低，只能对高浓度的 IL-2 发生反应。一旦 NK 细胞活化，就表达 IL-2R 的 α 链，成为高亲和力的受体。③诱导杀伤细胞产生 IFN-γ、TNF-α、TNF-β 和 TGF-β 等细胞因子，促进非特异性细胞毒素作用。

（3）对 B 细胞的作用　IL-2 对 B 细胞的生长及分化均有一定促进作用，可直接作用于 B 细胞，促进其增殖、分化和 Ig 分泌，并可诱导 B 细胞由分泌 IgM 向分泌 IgG_2 转换。

（4）对巨噬细胞的作用　人类单核-巨噬细胞表面在正常时有少量 IL-2Rβ 链的表达，但是受到 IL-2、IFNγ 或其他活化因子作用后，可表达高亲和力 IL-2R。单核-巨噬细胞在受到 IL-2 的持续作用后，其抗原提呈能力、杀菌力、细胞毒性均明显增强，且分泌某些细胞因子的能力也得到进一步提升。

（5）对肿瘤细胞的作用　已有实验表明，IL-2 在体外可诱导 PBMC 或肿瘤浸润淋巴细胞（TIL）成为淋巴因子激活的杀伤细胞（LAK）。因此，IL-2 的抗肿瘤作用主要是通过诱导部分淋巴细胞转化为 LAK 细胞杀伤肿瘤细胞。除此之外，IL-2 的抗肿瘤作用还与其诱导 NO 的产生有关。

3. IL-2 的临床应用　由于 IL-2 能诱导和增强细胞毒活性，应用 IL-2 治疗某些疾病的研究得到了广泛开展，单独使用 IL-2 或与 LAK 细胞等联合使用治疗肿瘤取得了一定的疗效，用于病毒感染、免疫缺陷病及自身免疫病的治疗也存在较好的前景。

（1）抗肿瘤　LAK/IL-2 对肾细胞癌、黑素瘤、非霍奇金淋巴、结肠直肠癌有较明显疗效，对肝癌、卵巢癌、头颈部鳞癌、膀胱癌、肺癌等则表现出有不同程度的疗效。值得提出的是，IL-2 的抗肿瘤作用通常都需要较大剂量，常伴随较严重的药物不良反应。

（2）抗感染　IL-2 本身无直接抗病毒活性，但其通过增强 CTI、NK 活性以及诱导 IFN-γ 产生而发挥抗病毒作用。因此在临床上可用于病毒、细菌、真菌或原虫导致的感染，如 AIDS、活动性肝炎、单纯疱疹病毒感染、结核杆菌感染、结节性麻风等。

（3）作为免疫佐剂　IL-2 可作为佐剂增强机体对疫苗的免疫应答。应用 IL-2 作为佐剂可与免疫原性弱的亚单位疫苗联合应用，用于提高机体保护性免疫应答的水平。

但是，IL-2 的副作用也日益引起人们的注意：IL-2 可引起发热、呕吐等一般症状，还可导致水盐代谢紊乱和肾、肝、心、肺等功能异常；最常见、最严重的是毛细血管渗漏综合征，使患者不得不中止治疗。IL-2 的副作用常与 IL-2 的剂量及用药时间呈相关，停止用药后症状多迅速减轻或消失。IL-2 引起副作用的机制是多方面的，但主要是间接性的，即 IL-2 诱导产生的某些因子或杀伤性细胞起着重要作用。

4. IL-2 的制备 基因重组 IL-2 的临床应用与天然 IL-2 相同，但用量低且不良反应小，因此是临床应用的主要产品。虽然酵母和哺乳动物细胞已成功表达了重组人 IL-2，但大量生产重组 IL-2 主要还是使用大肠杆菌工程菌，所产生抗体的比例比天然 IL-2 高得多，长期应用 IL-2 时应测定其抗体。

在 IL-2 基因产物的提纯和复性过程中，二硫键配错或分子间形成二硫键都会降低 IL-2 的活性。因此，目前已应用点突变技术，将第 125 号位半胱氨酸突变为亮氨酸或丝氨酸，使之只能形成一种二硫键，从而保证了在 IL-2 复性过程的活性。另有报道显示，用蛋白工程技术生产新型 rIL-2，将 IL-2 分子第 125 位半胱氨酸改为丙氨酸，改构后 IL-2 的活性比天然 IL-2 有明显增加。且 IL-2 在体内的半衰期只有 6.9 分钟。有报道称用 PEG 对 IL-2 加以修饰，不影响生物学活性，同时可延长半衰期 7 倍左右。

（三）IL-17

1. IL-17 的性质与生物学活性 IL-17 是 Th17 细胞主要效应因子，是近年新发现的细胞因子，包括被分别命名为白介素-17A 到白介素-17F 的一个 IL-17 家族，是 T 细胞诱导的炎症反应的早期启动因子，可以通过促进释放前炎性细胞因子来放大炎症反应，可以促进 T 细胞的激活和诱导上皮细胞、内皮细胞、成纤维细胞合成分泌 IL-6、IL-8、粒细胞-巨噬细胞刺激因子（GM-CSF）、PGE2，促进细胞黏附分子 1（cellular adhesion molecule 1，CAM-1）的表达。

IL-17 最初被命名为杀伤性 T 淋巴细胞相关抗原 8（CTLA-8），但其结构与 CTLA 家族的其他成员几乎没有共同之处。随后的研究还发现该物质是一个分泌型因子，生物学特性与细胞因子相同，所以被重命名为 IL-17。人 IL-17 是一个约由 155 个氨基酸组成的糖蛋白，未糖基化时分子质量约为 15ku，糖基化后则约为 22ku。N 端为 19~23 个氨基酸残基组成的信号多肽，剪切掉信号肽后，借助二硫键共价结合成同源二聚体，此为分泌形式，在体内其还可以寡聚体的形式发挥作用。

人们还找到了 IL-17 家族的受体家族：IL-17 受体 A 到白介素-17 受体 E。这些 IL-17 细胞因子可以结合到相对应的受体成员上从而介导不同的炎症反应。IL-17 与受体结合后，可通过 MAP 激酶途径和核转录因子 κB（nuclear factor κB，NF-κB）途径发挥其生物学作用。Th17 细胞能够分泌产生 IL-17A、IL-17F、IL-6 以及肿瘤坏死因子 α（tumor necrosis factor α，TNF-α）等，这些细胞因子可以集体动员、募集及活化中性粒细胞。Th17 细胞产生的 IL-17 能有效地介导中性粒细胞动员的兴奋过程，从而有效地介导组织的炎症反应。

2. IL-17A IL-17 家族中最具代表性的成员是 IL-17A。在机体受感染或损伤处，迁移过来的淋巴细胞会分泌 IL-17A。IL-17A 一方面会诱导炎症因子以及趋化因子的表达，从而招募更多的免疫细胞到达炎症部位加剧机体的炎症反应；另一方面，IL-17A 还会诱导一些组织修复相关因子的表达从而加速机体的恢复。虽然 IL-17A 在宿主抗感染和组织修复过程中起到扩大免疫防御反应保护自身机体的作用，但是，在很多自身免疫病患者和肿瘤患者当中，IL-17A 又是高表达的，由于它可以诱导很多炎症因子的表达，过高的 IL-17A 水平对疾病的病理发展又起到恶化作用。大量动物实验证明，IL-17A 缺失或用抗体中和 IL-17A，可以有效地抑制多种自身免疫病病理程度。针对 IL-17A 的治疗性抗体正处于研发之中。

3. IL-17E IL-17 家族中另一个成员是白介素-17E。其具有异于 IL-17A 的功能。

（1）IL-17E 的结构与性质 白细胞介素 17E（IL-17E），又称作 IL-25，与 IL-17 有同源性。染色体定位分析提示 IL-17E 位于 14q11.2，由 2 个外显子和 1 个内含子组成，与

CKLFSF5（趋化素样因子超家族成员 5，chemokine-like factor superfamily member 5）紧密连锁，仅相距约 500bp。目前发现 IL-17E 有两种 cDNA，一种编码 177 个氨基酸，另一种编码 161 个氨基酸，两种蛋白产物羧基端的 159 个氨基酸残基完全相同，区别仅在于氨基端。信号肽预测和实验证明，距羧基端 145 个氨基酸残基处为切割位点，两种不同的编码产物分别切割掉氨基端的 33 个和 16 个氨基酸残基，生成相同的由 145 个氨基酸残基组成的单体。成熟的 IL-17E 是一种分泌性糖蛋白，为同源二聚体分子，每个单体上有一个 N-糖基化位点。人 IL-25 是通过同源性分析、序列拼接获得的，到目前为止，尚未用 Northern Blot 方法在任何组织中检测到其 mRNA 的存在。IL-17E 确切的生理性细胞来源亦尚属未知。应用 RT-PCR 技术，在脑、肾脏、肺、前列腺、睾丸、脊髓、肾上腺、气管等多种组织中均可检测到较低水平 IL-17E 的转录。Ikeda 等用 RT-PCR 和免疫印迹的方法证明，肥大细胞可在 IgE 作用后产生 IL-17E。免疫系统中 IL-25 的表达调控仍属未知。

（2）IL-17E 的生物学活性 IL-17E 的生理功能目前仍不明确，推测其可能与炎症反应的精确调控有关。研究提示，IL-17E 可刺激多种来源的细胞系表达 IL-6、8 等前炎因子和 G-CSF 等造血因子，这一特点与 IL-17A 十分相似，但目前已知的 IL-17E 的靶细胞谱比后者窄。IL-17E 具有多效性，主要参与 Th2 细胞介导的免疫应答，还与某些前炎因子引起的组织特异免疫病理改变有关。IL-17E 可引起并调控多种炎症反应，这提示它有可能在慢性炎症和自身免疫性疾病中发挥作用。

4. IL-17 的临床应用 IL-17 家族的细胞因子就如同一把双刃剑，在急性炎症反应中，它们可以快速地分泌出来保护机体不受外源有害物质的危害，而当人体产生由于多种遗传和环境因素所导致的慢性炎症时，它们又会加速多种慢性疾病的病程。所以，IL-17 家族细胞因子和人类的健康息息相关，科学家所要做的就是研究清楚它们对于不同炎症反应的调控机制，这会为防治许多炎症相关重大疾病提供宝贵的参考依据和治疗策略。

（四）其他主要的 IL 概述

1. IL-3 由于 IL-3 可刺激多能干细胞和多种祖细胞的增殖与分化，又称为多重集落刺激因子（multi-CSF）。主要由活化 T 细胞或 T 细胞克隆产生。人类的 IL-3 基因位于第 5 染色体长臂区，IL-3 的基因组含有 5 个外显子和 4 个内含子。N 端 26 氨基酸残基为信号肽，有 166 氨基酸残基，含有糖基，相对分子质量为 25~28kDa。

IL-3 的主要生物学活性为：①刺激造血干细胞的增殖；②刺激粒细胞、单核细胞、红细胞、巨噬细胞系的祖细胞集落形成；③刺激肥大细胞的增殖；④加强巨噬细胞的吞噬功能。由于 IL-3 对早期阶段造血细胞的作用较广，临床上常用于放疗或化疗后患者造血系统的重建或骨髓增生不良症，IL-3 还可用于自身骨髓移植与抗癌治疗后防止白细胞减少症。

2. IL-4 IL-4 由激活的 T 细胞、肥大细胞及嗜碱粒细胞产生。人 IL-4 基因与 IL-3、IL-5 一样，位于第 5 号染色体长臂上。IL-4 基因长度约为 10kb，是现知淋巴因子基因中较大的一个，含 4 个外显子和 3 个内含子。成熟人 IL-4 是分子量为 15~19kDa 的糖蛋白分子，由 129 氨基酸残基组成，含 6 个半胱氨酸，参与分子内二硫键的组成，有 2 个糖基化点。

IL-4 的生物学活性如下：①对 B 细胞的作用：IL-4 可促使抗原或丝裂原活化的 B 细胞分裂增殖，但其作用远弱于 IL-2。但 IL-4 可作用于静息 B 细胞，诱导静息 B 细胞表达 MHC Ⅱ 类抗原和 Ⅰ a 抗原，使 B 细胞较快进入 S 期。同时，IL-4 是 Ig 重链基因类转换的主要调节因子，可诱导 B 细胞由产生 IgM 转为产生 IgG_1，也可诱导脂多糖激活的 B 细胞产生 IgE，从而增强 B 细胞的抗原提呈能力，因此曾称其为 B 细胞刺激因子。②对 T 细胞的作用：IL-4 是 T 细胞自分泌性的生长因子，IL-4 对成熟 T 细胞，在丝裂原或 PMA 协同下，可促进 T 细胞增殖，发挥 T 细胞生长因子的作用。此外，IL-4 还能促进 Tc 细胞的活性。③对其他细胞的作用：IL-4 与 IL-3 可协同维持和促进肥大细胞的增殖，并与 IL-3 和 G-CSF 等协同，刺激骨髓 GM 前体细胞增殖，促进红细胞和巨核细胞前体细胞集落形成。IL-4 不能刺激巨噬细胞增殖，但可增强巨噬细胞的功能，巨噬细胞受刺激后 II 类抗原和 fcγr 的表达量均明显增加，提呈抗原的能力及对肿瘤细胞的细胞毒素作用也显著增强。

重组 IL-4 在临床上主要用于治疗某些癌症和免疫缺陷病。另外，由于体内、体外均证实 IL-4 可以抑制 IL-1、IL-6 和 TNF 分泌，并促进 IL-1Ra 产生，因此应用 IL-4 可能为治疗败血症休克提供一种新的方法。IL-4 本身没有抗癌活性，其肿瘤抑制作用为 IL-4 所介导的非特异性和特异的免疫记忆。IL-4 通过激活 CD4 细胞，可以引起多种淋巴因子和化学趋向因子释放，从而使多种效应细胞聚集于肿瘤附近的淋巴结。而这些炎症性反应有利于诱导肿瘤特异的、系统的和持续的免疫反应。IL-4 作为肿瘤免疫调节剂已进入 II 期临床试验。此外，还开始进行治疗免疫缺陷症的临床试验。

3. IL-10 IL-10 是一种多细胞源、多功能的细胞因子，调节细胞的生长与分化，参与炎性反应和免疫反应，是目前公认的炎症与免疫抑制因子。在肿瘤、感染、器官移植、造血系统及心血管系统中发挥重要作用，与血液、消化，尤其是心血管系统疾病密切相关。

IL-10 基因定位于第 1 号染色体，其基因组含 5 个外显子和 4 个内含子。由于不同糖基化可使相对分子质量有所差别，在 35~40kDa 之间，通常为二聚体酸性条件下不稳定。体内最重要的来源主要是单核-巨噬细胞和 T 辅助细胞，此外，树突细胞、B 细胞、细胞毒性 T 细胞、γδT 细胞、NK 细胞、肥大细胞以及中性粒细胞和嗜酸粒细胞也能合成 IL-10，这些细胞分泌 IL-10 主要取决于特定的刺激、受损组织类型和某种免疫反应时间点。

IL-10 能够抑制活化的 T 细胞产生细胞因子，从而抑制细胞免疫应答，因此曾称为细胞因子合成抑制因子（CSLF）。IL-10 还可以降低单核-巨噬细胞表面 MEIcII类分子的表达水平。此外，IL-10 还能干扰 NK 细胞和巨噬细胞产生细胞因子，刺激 B 细胞分化增殖，促进抗体生成。

IL-10 在各种疾病的发病机制中均有很重要的作用。并分为 IL-10 表达过多疾病和 IL-10 表达减少疾病。在 IL-10 表达过多的疾病中，可以看到 IL-10 引起的免疫抑制作用和一些肿瘤生长，如红斑狼疮、EBV 相关淋巴瘤、皮肤恶性瘤属于这类疾病。在免疫麻痹形成，创伤后临时免疫缺陷的发生、重大手术、烧伤、休克，以及高风险能够致命的细菌/真菌感染等情况中，IL-10 发挥着决定性作用。巨噬细胞来源的 IL-10 也与年龄相关的免疫缺陷有一定关系。在 IL-10 相对或绝对缺乏的疾病过程中，会存在持续的免疫激活，从而导致慢性炎性肠病（如克罗恩病）、银屑病、类风湿关节炎以及器官移植后疾病。

4. IL-12 IL-12 是具有广泛生物学活性的细胞因子，是体内最主要、最强的 T 细胞生长因子，主要由 B 细胞和单核-巨噬细胞产生的一种异型二聚体，40kDa（p40）和 35kDa（p35）的 2 个亚基通过二硫键相连接。

IL-12 可提高 T 细胞数量和活性以增强整体的免疫功能，也可诱导和增强 NK 和 CTL 的效应，还可以促进多种细胞因子及其受体的表达。IL-12 主要作用于 T 细胞和 NK 细胞，曾经被命名为细胞毒性淋巴细胞成熟因子（CLMF）和 NK 细胞刺激因子（NKSF）。IL-12 可刺激活化型 T 细胞增殖，诱导 CTL 和 NK 细胞的细胞毒活性，并促进其分泌 IFN-γ、TNF-α、GM-CSF 等细胞因子。

IL-12 在抗肿瘤免疫及抗感染免疫中都起着重要作用，特别是 IL-12 可协同 IL-2 促进

CTL 和 LAK 细胞的生成,这提示 IL-12 与 IL-2 联用有望构成一种更有效的肿瘤免疫治疗方法。IL-12 具有调节 Th1/Th2 细胞免疫应答的作用,研究表明,这种细胞因子的减少或缺失导致 Th2 细胞的优势分化,从而诱发哮喘发生,深入研究 IL-12 在哮喘中的发病机制,有可能为哮喘的防治提供新思路。

5. IL-18 IL-18 属于 IL-1 配体家族,结构与 IL-1 蛋白家族相似,是一种诱导 γ 干扰素合成的中介分子。IL-18 结构及胞内信号转导通路类似于 IL-1 家族,而功能类似于 IL-12 家族的 1 种蛋白分子。但是与 IL-12 相比,IL-18 有更强的诱生 INF-γ 的能力。

人 IL-18 基因位于染色体 11q22.2—22.3,由 6 个外显子和 5 个内含子组成,cDNA 全长约 1.1kb。cDNA 编码 193 个氨基酸,半胱氨酸天冬酶在 N 端将其水解为成熟的 IL-18,发挥其生物学活性。

IL-18 是一种作用强大的前炎症细胞因子,可调节多种细胞发育及细胞因子分泌,最具特征的功能是调节细胞增生、分化及细胞外基质生成,故 IL-18 在糖尿病肾病的发生、发展中起重要作用。研究表明,它是独特的依赖细胞因子周围环境而刺激 Th1 和 Th2 细胞反应的细胞因子,能促进外周单个核细胞产生 IFN-γ、IL-2 和粒细胞巨噬细胞集落刺激因子等细胞因子,促进 T 细胞的增殖,并在 Th1 细胞分化和免疫反应中有促进和调节作用。在免疫调节、抗感染、抗肿瘤及慢性炎症性疾病发病过程中起着重要作用。

6. IL-27(IL-30) IL-27 是 IL-12 家族中的一员,这个异源二聚体细胞因子家族还包括 IL-12、IL-23 和 IL-35。这些细胞因子中的每一个都由一条 α 链(p19、p28 或 p35)和一条 β 链(p40 或 EBI3)组成,并通过在 T 细胞和(或)自然杀伤细胞上高表达的受体传递信号。IL-27 是由 p28 和 EBI3(EB 病毒诱导基因 3)组成的。其中 p28 与 IL-12 的 p35 亚基同源,EBI3 与 IL-12 的 p40 亚基同源。人 p28 和 EBI3 基因分别定位于 16p11 和 16p13.3。p28 必须与 EBI3 结合,才具有 IL-27 生物学活性。

由抗原提呈细胞活化早期阶段产生,促进初始 T 细胞增殖,与 IL-12 协同刺激 T 细胞的 IFN-γ 产生,促进早期 Th1 细胞。在 T 细胞增殖分化早期,可以促进 CD4$^+$T 细胞向 Th1 方向分化,同时 IL-27 可以协同 IL-2 促进初始 T 细胞产生 IFN-γ;促进单核细胞产生 IL-1、IL-12、IL-18 和 IFN 等炎症细胞因子。它还可以抑制辅助性 17T 细胞和诱导型调节性 T 细胞的发育。总之,IL-27 在抗感染免疫及抗肿瘤免疫等方面发挥作用,参与机体多种疾病的演变过程。

部分白细胞介素对免疫细胞的网络调节见图 11-4。

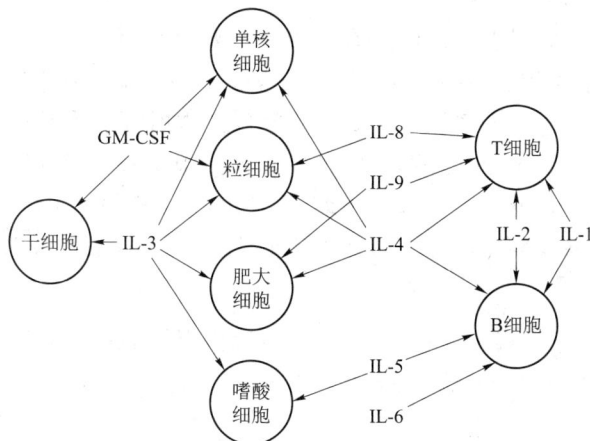

图 11-4　部分白细胞介素对免疫细胞的网络调节

第四节　肿瘤坏死因子

一、概述

1975 年 Carswell 等人发现接种卡介苗的小鼠注射细菌脂多糖后，血清中出现一种能使多种肿瘤发生出血性坏死的物质，将其命名为肿瘤坏死因子（tumor necrosis factor，TNF）。TNF 系由激活的巨噬细胞、NK 细胞及 T 淋巴细胞产生的一种能直接杀伤肿瘤细胞的糖蛋白，是具有广泛生物学功能的一种可溶性细胞因子。由单核-巨噬细胞产生的 TNF 是一种单核因子，被称为 TNF-α；由 T 淋巴细胞产生的 TNF 是一种淋巴因子，被称为 TNF-β。TNF-α 的生物学活性占 TNF 总活性的 70%～95%，因此目前常说的 TNF 多指 TNF-α。

TNF-α 与 TNF-β 氨基酸水平仅有约 36% 的相似性，但拥有共同的受体。存在于细胞上的 TNF 受体主要有 TNFR Ⅰ 和 TNFR Ⅱ 两种，血清中存在的是可溶性的 TNFR（sTNFR Ⅰ、sTNFR Ⅱ）。TNF 与其相应受体的相互作用不仅对多种肿瘤细胞有细胞毒作用，还与炎症、发热反应、关节炎、败血症以及多发性硬化等疾病有密切关系。20 世纪 80 年代因为发现晚期肿瘤患者发生的恶病质（表现为进行性消瘦、脂肪重新分布等）与 TNF 的作用有关，TNF 还被称为"恶病质素"（cachectin）。最近还发现了 TNF 家族的一些新成员，包括 LTβ、TRAIL（TNF-related apoptosis-inducing ligand）等。目前已经能用基因工程的方法大量生产 TNF，并发现除能杀伤瘤细胞外，TNF 还有多种生物学作用。TNF 是第一个用于肿瘤生物疗法的细胞因子，但因其缺少靶向性且有严重的副作用，目前仅用于局部治疗。

二、肿瘤坏死因子的性质与结构

（一）TNF-α

人 TNF-α 基因长约 2.76kb，由 4 个外显子和 3 个内含子组成，与 MHC 基因群密切连锁，定位于第 6 对染色体上。人 TNF-α 前体由 233 个氨基酸组成（26kDa），其中包含由 76 个氨基酸残基组成的信号肽，在 TNF 转化酶 TACE 的作用下，切除信号肽，形成成熟的 157 个氨基酸残基的 TNF-α（17kDa）。由于没有蛋氨酸残基，故不存在糖基化位点，其中第 69 位和 101 位两个半胱氨酸形成分子内二硫键。

天然型 TNF-α 分子为三聚体，其立体结构同生物学活性紧密相关。人 TNF-α N 末端与 TNFR 结合，产生生物学活性。通过基因工程技术表达 N 端少 2 个氨基酸（Val、Arg），即 155 个氨基酸的人 TNF-α，这种突变的 TNF-α 具有更好的生物学活性和抗肿瘤效应。此外，还有用基因工程方法，使 TNF-α 分子氨基端 7 个氨基酸残基缺失，再将 8Pro、9Ser 和 10Asp 改为 8Arg、9Lys 和 10Arg，或者再同时将 157Leu 改为 157Phe，改构后的 TNF-α 比天然 TNF 体外杀伤 L929 细胞的活性增加 1000 倍左右，在体内肿瘤出血坏死效应也明显增加。

（二）TNF-β

TNF-β，又名淋巴毒素 α（LT-α）。人 TNF-β 基因定位于第 6 号染色体，由 1.4kb mRNA 编码。TNF-β 分子由 205 个氨基酸残基组成，含 34 氨基酸残基的信号肽，成熟型人 TNF-β 分子为 171 个氨基酸残基，分子量为 25kDa。TNF-β 与 TNF-α DNA 同源序列达 56%，氨基酸水平上相似性约为 36%。

三、肿瘤坏死因子的生物学活性与临床应用

TNF-α 与 TNF-β 的生物学作用极为相似，这可能与其受体的同一性有关。TNF 在体内的效应呈剂量依赖性，低剂量时主要通过自分泌和旁分泌作用于局部白细胞和内皮细胞，参与局部炎症反应；中等剂量 TNF 可进入血液循环，参与全身抗感染，可导致发热、抑制骨髓、激活凝血系统等；极高剂量 TNF（如内毒素性休克）可导致明显的全身毒性反应，引起循环衰竭，甚至 DIC、多脏器功能衰竭而导致死亡。TNF 的生物学活性似无明显的种属差异性。

（一）杀伤或抑制肿瘤细胞

TNF 在体内、体外均能杀死某些肿瘤细胞，或抑制增殖作用。肿瘤细胞株对 TNF-α 敏感性有很大的差异，TNF-α 对极少数肿瘤细胞甚至有刺激作用。体内肿瘤对 TNF-α 的反应也有很大的差异，与其体外细胞株对 TNF-α 的敏感性并不平行。TNF 杀伤肿瘤的机制还不十分清楚，与补体或穿孔素（perforin）杀伤细胞相比，TNF 杀伤细胞没有穿孔现象，而且杀伤过程相对比较缓慢。TNF 杀伤肿瘤组织细胞可能与以下机制有关。

1. 直接杀伤或抑制作用 TNF 与受体结合后向细胞内移，被靶细胞溶酶体摄取导致溶酶体稳定性降低，各种酶外泄，引起细胞溶解。也有认为 TNF 激活磷脂酶 A_2，释放超氧化物引起 DNA 断裂，磷脂酶 A_2 抑制剂可降低 TNF 的抗病效应。TNF 可改变靶细胞糖代谢，使细胞内 pH 降低，导致细胞死亡。用放线菌素 D、丝裂霉素 C、放线菌酮等处理肿瘤细胞，可明显增强 TNF 杀伤肿瘤细胞活性。

2. 免疫调节作用 TNF 的免疫调节作用旨在促使 IL-1、粒细胞-巨噬细胞集落刺激因子和 IFN 的释放，增强 T 细胞、巨噬细胞、NK 细胞和粒细胞等杀伤肿瘤的活性作用。TNF 作用于内皮细胞，能诱发实验肿瘤结节的出血坏死，促进血小板和中性粒细胞聚集。

3. 血管损伤和血栓形成 TNF 作用于血管内皮细胞，损伤内皮细胞或导致血管功能紊乱，使血管损伤和血栓形成，造成肿瘤组织的局部出血、缺血、缺氧而坏死。

应用 TNF 在治疗肿瘤等方面大多尚处于临床试验阶段，其也可与 IL-2 联合治疗肿瘤，目前认为全身用药的疗效不及局部用药，后者如病灶内注射，局部浓度高且副作用也较轻。2003 年，国内也是世界上第一例突变体新型人重组肿瘤坏死因子（nrhTNF）获得批准生产。

（二）提高中性粒细胞的吞噬能力

通过增加过氧化物阴离子产生，增强 ADCC 功能，刺激细胞脱颗粒和分泌髓过氧化物酶。预先将 TNF 与内皮细胞共培养可诱使其增加 MHC Ⅰ 类抗原、ICAM-1 的表达以及 IL-1、GM-CSF 和 IL-8 的分泌，并促进中性粒细胞黏附到内皮细胞上，从而刺激机体局部炎症反应，TNF-α 的这种诱导作用比 TNF-β 强。TNF 刺激单核细胞和巨噬细胞分泌 IL-1，并调节 MHC Ⅱ 类抗原的表达。

（三）抗感染

TNF 具有类似 IFN 抗病毒作用，阻止病毒蛋白合成、病毒颗粒的产生和感染性，从而抑制病毒的复制，并与 IFN-α 和 IFN-γ 协同抗病毒作用。如抑制疟原虫生长，抑制腺病毒Ⅱ型、疱疹病毒Ⅱ型病毒复制。TNF 抗病毒机制还不十分清楚。

（四）促进细胞增殖和分化

TNF 促进 T 细胞 MHC I 类抗原表达，增强 IL-2 依赖的胸腺细胞、T 细胞增殖能力，促进 IL-2、CSF 和 IFN-γ 等淋巴因子产生，增强有丝分裂原或外来抗原刺激 B 细胞的增殖和 Ig 分泌。TNF-α 对某些肿瘤细胞具有生长因子样作用，并协同 EGF、PDGF 和胰岛素的促增殖作用，促进 EGF 受体表达。TNF 也可促进 c-myc 和 c-fos 等与细胞增殖密切相关原癌基因的表达，引起细胞周期由 G_0 期向 G_1 期转变。

在类风湿关节炎患者的关节滑液中可以检测到 TNF，认为其与关节炎的发病有关。多种抗炎药物可以降低 TNF 的产生。目前已有 TNF 的拮抗剂上市，可用于活动性类风湿关节、活动性强直性脊柱炎等的治疗。

四、肿瘤坏死因子的制备

人 TNF-α 真核表达系统的构建是应用 RT-PCR 方法，从足月妊娠期高血压疾病患者的胎盘组织中，扩增出 TNF-α cDNA，连接至载体 pMD18-T vector 中，经酶切与测序鉴定证实后，以亚克隆法构建真核表达载体 pcDNA3.1（-）/myc-his，通过 RTf PCR 检测其在体外转导绒癌耐药细胞后 hTNF 基因的表达。

在原核表达系统中制备人 TNF-α 的主要目的是通过 PCR 技术，将 TNF-α 基因的 5′端 17 个氨基酸的编码序列敲除，将基因中 $Pro^8-Asp^9-Arg^{10}$ 的编码序列用 Arg-Lys-Arg 取代，同时 Leu^{158} 的密码子用 Phe 的密码子取代。之后，将该突变基因插入原核高效表达载体 pBV220 中，构建表达工程菌株。对连续 3 批制备的新型 nrhTNF-α，按人用"重组 DNA 制品质量控制要点"检定要求进行鉴定，纯化表达产物。

在表达产物的鉴定中，生物学活性分析应用 L929 细胞进行杀伤实验，并以中国药品生物制品检定所提供的 hTNF-α 标准品为对照。

第五节　集落刺激因子

一、概述

集落刺激因子（colony-stimulating factor，CSF）是指可刺激骨髓未成熟细胞分化成熟并在体外可刺激集落形成的造血调控生长因子。根据集落刺激因子的作用范围，分别命名为粒细胞 CSF（granulocyte colony-stimulating factor，G-CSF）、巨噬细胞 CSF（macrophage colony-stimulating factor，M-CSF）、粒细胞和巨噬细胞 CSF（granulocyte macrophage：colony-stimulating factor，GM-CSF）和多能集落刺激因子（multi-CSF，又称 IL-3）。它们对不同发育阶段的造血干细胞起促增殖、分化及成熟的作用，并增强其成熟细胞功能。广义上，凡是刺激造血的细胞因子都可统称为 CSF，如刺激红细胞生成素（erythropoictin，EPO）、刺激造血干细胞的干细胞因子（stem cell factor，SCF）、刺激胚胎干细胞的白血病抑制因子（leukemia inhibitory factor，LIF），以及刺激血小板的血小板生成素（thrombopoietin）等均有集落刺激活性。此外，CSF 也作用于多种成熟的细胞，促进其功能具有多相性的作用。重组 DNA 技术的发展，使利用基因工程方法大量生产细胞因子成为可能。目前，G-CSF、GM-CSF 基因重组产品已广泛应用于临床。在血液病的治疗，造血干细胞移植及恶性实体瘤的放化疗支持治疗等方面发挥着重要作用（表 11-4）。

表 11-4　集落刺激因子及特点

细胞因子	产生细胞	效应
Multi-CSF	活化的 T 细胞	刺激造血干细胞增殖，促进肥大细胞，嗜酸、嗜碱粒细胞增殖分化
GM-CSF	活化的 T 细胞、巨噬细胞、成纤维细胞等	刺激粒细胞、巨噬细胞集落形成，刺激粒细胞功能
G-CSF	成纤维细胞，骨髓基质细胞，膀胱癌细胞株等	刺激粒细胞集落，刺激粒细胞功能
M-CSF	巨噬细胞	刺激巨噬细胞集落、刺激粒细胞功能，降低血胆固醇
SCF	成纤维细胞，骨髓和胸腺的基质细胞	刺激髓系、红系、巨核系及淋巴系造血祖细胞
EPO	肾细胞	刺激红系造血祖细胞
LIF	基质细胞、单核细胞	促进某些白血病细胞株的分化，促进胚胎干（ES）细胞的增殖，抑制 ES 细胞的分化

二、粒细胞集落刺激因子的性质与结构

（一）粒细胞集落刺激因子

人类有两种不同的 G-CSF 基因 cDNA，均有 30 个氨基酸的先导序列，分别编码含 207 个和 204 个氨基酸的前体蛋白，成熟蛋白分子分别为 177 个和 174 个氨基酸；人 G-CSF 基因全长 2.5kb，含 5 个外显子和 4 个内含子，分子量为 19.6kDa，对酸碱（pH 2~10）、热以及变性剂等相对较稳定。人 G-CSF 基因位于第 17 号染色体，与 IL-6 无论在基因水平还是氨基酸水平上都有很高同源性，与小鼠 G-CSF 基因也约有 73% 同源性。

（二）粒细胞和巨噬细胞集落刺激因子

T 细胞、B 细胞等均可产生 GM-CSF。其中内皮细胞、成纤维细胞可能通过 IL-1 和 TNF 的诱导而产生。而 T 细胞和巨噬细胞一般在免疫应答或炎症介质刺激过程中直接产生。1984 年和 1985 年小鼠和人 GM-CSF 的 cDNA 分别克隆成功。人的 GM-CSF 则位于第 5 号染色体长臂，在 IL-3 基因下游 9kb 处，基因组约 2.5kb 长，含 4 个外显子和 3 个内含子。人和鼠 GM-CSF 基因 DNA 序列有高度同源性。

三、粒细胞集落刺激因子的生物学活性与临床应用

G-CSF 主要作用于中性粒细胞系造血细胞的增殖、分化和活化。GM-CSF 作用于造血祖细胞，促进其增殖和分化，其重要作用是刺激粒、单核巨噬细胞成熟，促进成熟细胞向外周血释放，并能促进巨噬细胞及嗜酸粒细胞的多种功能。

1. 治疗白血病　G-CSF 用于治疗慢性、特发性中性粒细胞减少症，GM-CSF 则在治疗艾滋病伴发的白细胞减少症的临床治疗中取得切实的疗效。G-CSF、GM-CSF 在白血病治疗中的辅助作用也逐渐被人们所认识。临床应用结果显示 G-CSF、GM-CSF 可促进白血病化疗后中性粒细胞减少的恢复，并降低中性粒细胞减少的持续时间。

2. 干细胞移植　近年来自体或异基因外周血干细胞移植已渐渐代替自体骨髓移植，成为癌症、造血系统疾病等的重要治疗手段。G-CSF、GM-CSF 可促使外周血中造血干祖细胞数量增加，减少同时应用细胞毒性干细胞动员剂所带来的骨髓抑制的不良反应，在骨髓移植后应

用既能明显加速粒细胞的恢复，又能增强粒细胞的功能。

3. 恶性实体瘤　放化疗临床应用 G-CSF、GM-CSF 显示，在恶性实体瘤化疗结束 24 小时或 48 小时后应用，可显著缩短化疗后中性粒细胞减少的程度、从而可以保证化疗如期进行。

4. G-CsF 的不良反应　一般较轻，常见的为髓性骨痛，发生率为 15%～39%。血清中碱性磷酸酶及乳酸脱氢酶也常见升高，一般认为是由于白细胞酶的大量释放所致，而非肝脏或肌肉毒性。另外，药物可加重原已存在的炎性改变，如湿疹、牛皮癣、血管炎等。

四、粒细胞集落刺激因子的制备

基因重组人 G-CSF（rhG-CSF）系利用基因工程技术构建人 G-CSF 基因的重组质粒，然后转化到大肠杆菌工程菌中，使其高效表达人 G-CSF，经发酵、分离、纯化制成。1991 年美国 FDA 批准重组人 rhG-CSF 应用于临床，1995 年我国首次批准国产 rhG-CSF 产品进入临床试用。目前国内已有十几家公司的 rhG-CSF 制剂用于临床。RhG-CSF 的结构与天然人 G-CSF 略有不同，但其生物活性相似。

基因重组人 GM-CSF（rhGM-CSF）已在大肠杆菌、酵母、植物细胞、昆虫细胞、家蚕细胞和哺乳动物中表达。各种体系所表达的重组 GM-CSF 与天然 GM-CSF 略有差异。在大肠杆菌中一般以包涵体形式表达，先后经过包涵体提取、变性裂解、复性和纯化等步骤得到 rhGM-CSF。这种方式的生产和加工步骤虽较为繁琐，但具有成本低、产量高等优点。

临床试验证明，酵母体系表达和大肠杆菌体系表达的 rhGM-CSF 相比，前者的毒性较低、不良反应较少；植物细胞体系表达 rhGM-CSF 水平高；昆虫细胞表达 rhGM-CSF 具有生物活性好、表达水平较高等优点；哺乳动物体系表达的 rhGM-CSF 虽与天然 rhGM-CSF 的生物学活性相同，但成本较高。

第六节　组织型纤溶酶原激活剂

一、概述

组织型纤溶酶原激活剂（tissue-type plasminogen activator，t-PA）又名纤溶酶原激活因子，是体内纤溶系统的生理性激动剂，在人体纤溶和凝血的平衡调节中发挥着关键性的作用，是一种新型的血栓溶解剂。t-PA 属于糖蛋白、丝氨酸蛋白酶类，由血管内皮细胞合成，广泛存在于各组织细胞中。当这些组织受损时，其中的 t-PA 就可释放入血，促进纤溶酶原的激活，这可以解释在这些器官手术时常有较多出血和伤口溶血的现象。

t-PA 是采用基因重组技术开发的首批生物技术药物之一，同时也是目前市场上销售额最高的基因工程药物之一。由于血栓性疾病的逐年上升，对溶栓药物的需求量逐年增加，使对溶栓药的研究成为热点，而目前又以对 t-PA 及其突变体、嵌合体的研究最多。

二、组织型纤溶酶原激活剂的性质与结构

t-PA 是单链分子，分子量为 67～72kDa，为含 527 个氨基酸的糖蛋白，有 17 对二硫键和 3 个糖基化位点，当受纤溶酶、组织激肽释放酶等作用时，Arg^{275}-Ile^{276} 的肽键则被裂解形成双链。C 端为轻链或 B 链，N 端为重链或 A 链。重链按顺序依次分别为指状结构区（F 区）、生长因子同源结构区（G 区）和 2 个环状或 Knngle 结构区（K1 区和 K2 区）。而轻链与其他丝

氨酸酶有同源性，其活性中心则由 His^{325}、Asp^{374} 和 Ser^{481} 组成。t-PA 的结构特点与其功能密切相关，t-PA 必须糖基化才具有生物学活性（表 11-5）。而根据其糖基化程度可将 t-PA 分为两种类型，Ⅰ 型在 120、181 和 451 位糖基化，Ⅱ 型仅在 120 和 451 位糖基化。

表 11-5 t-PA 的结构与功能的关系

结构分区	F 区	G 区	K 区（K1 和 K2）
肽链定位	6~13	44~92	93~297
同源性	与牛纤维连接蛋白第一指状区有 34% 相似性	与 t-PA 的体内清除有关	与 t-PA 和纤维蛋白的亲和性有关
缺失影响	蛋白酶降解，N 端丢失一段肽序列，则 t-PA 与纤维蛋白的结合力减弱	无 G 区的变异型 t-PA，在血液里循环中的清除率低	

三、组织型纤溶酶原激活剂的生物学活性与临床应用

正常人血浆中 t-PA 的浓度为 2~5μg/L。t-PA 的半衰期约为 5 分钟，其主要在肝中代谢，并且严重肝病时血浆 t-PA 可升高。

除了血管内皮细胞合成 t-PA 外，单核、巨噬及内皮细胞等均能产生 t-PA。IL-1、脂多糖等也可不同程度影响血管内皮细胞中 t-PA 的基因表达。此外，外科手术创伤、缺氧、酸中毒、应激状态等内源性物质或因素也都可促进 t-PA 从血管内皮细胞中释放，从而使血浆中的 t-PA 升高；高脂血症、口服避孕药等情况均可导致 t-PA 释放减少。

研究显示，t-PA 的活性表现为时辰差异性，即在夜间及清晨活性最低，而白天的活性为夜间及清晨的 3 倍，这说明内皮细胞对 t-PA 合成与时辰有关。在血浆中存在 t-PA 的抑制剂，可抑制 t-PA 活性。

目前临床上将重组 t-PA 用于治疗肺栓塞和急性心肌梗死。其阻塞血管再通率比链激酶高，且不良反应小。t-PA 可广泛用于临床治疗血栓，与肝素联合使用，可提高冠脉开通率，达 75% 左右，优点为血栓选择性高。由于 t-PA 是存在于人体内的天然酶蛋白，不像链激酶会引起变态反应，因此是一种相对较安全的血栓溶剂。

四、组织型纤溶酶原激活剂的制备

第三代纤维蛋白溶解药是指通过基因工程技术去除 t-PA 分子中的某些部分或者将其中几个氨基酸进行突变，即可合成雷特普酶（reteplase，rPA）和替奈普酶（tenecteplase，TNK-t-PA），这两个 t-PA 的衍生物作为第三代纤维蛋白溶解药已被 FDA 分别在 1999 年和 2000 年批准上市。

最初 t-PA 是在大肠杆菌中表达，但由于没有糖基化，与天然 t-PA 活性不同。操作过程复杂且吸收率低，并且无糖基化的 t-PA 药学品质差、生物利用度低，更容易被体内首过代谢和酶水解。因此后来将 t-PA cDNA 插入酵母表达载体，表达单链 t-PA 蛋白，产物糖基化，并且具有表达产率高、工艺简单、无需复性等优点。但是由于酿酒或毕氏酵母的糖基化与人 t-PA 只有 7% 的同源性，非常容易造成频繁发生的免疫毒理学问题，带来不必要的不良反应。

近年来，多个研究组开展了 t-PA cDNA 在 CHO 细胞中高效表达的研究，构建并筛选了十几种表达质粒，得到了符合标准的持续稳定高效表达重组 t-PA 的 CHO 工程细胞株。

本 章 小 结

  细胞因子类药物是生物技术药物的重要内容之一。作为机体免疫应答效应分子和各细胞间信息传递网络的中介，具有广泛生物活性的多肽物质细胞因子在机体受到内外环境刺激时，可发挥多种生物学效应，包括调节免疫、抗炎、抗病毒、抗肿瘤、调节细胞增殖、分化等。本章在概述中讲述了细胞因子的概念和种类，分别可按来源和功能进行分类；细胞因子基本共性包括多效性、重叠性、拮抗和协同性。细胞因子的作用方式包括自分泌、旁分泌或内分泌。对几种重要的细胞因子进行了介绍，包括干扰素、白介素、肿瘤坏死因子、集落刺激因子和组织型纤溶酶原激活剂的结构与性质、生物学活性与临床应用及其基本的制备方法。

  重点：细胞因子的含义、基本特性和主要种类；主要的细胞因子药物，如干扰素、白细胞介素、肿瘤坏死因子等的来源、生物学活性及临床应用特点。

  难点：各细胞因子的基本结构特点及其与受体的相互作用关系和作用机制。

思考题

  1. 细胞因子是如何介导和调节特异性免疫应答的？

  2. 简述细胞因子类药物的临床应用前景。

  3. 干扰素、细胞集落刺激因子、白细胞介素以及肿瘤坏死因子各自的临床应用适应证有哪些？

  4. 试述重组干扰素的基因工程基本制备流程。

（郭　刚）

第十二章　治疗性激素

学习导引

1. **掌握**　重组激素类药物的优势特点；重组胰岛素及其类似物的制备方法等。
2. **熟悉**　胰岛素、生长激素、促性腺激素的作用与机制、临床应用及不良反应等。
3. **了解**　其他应用于临床的重组激素及其发展。

第一节　概　述

　　激素是由内分泌腺或器官组织的内分泌细胞所分泌的一类含量极少的高效能生物活性物质，以体液为媒介，经血液循环至靶器官或组织，从而发挥作用。激素根据其化学结构不同，可分为胺类激素、多肽和蛋白质类激素和脂类激素三大类。胺类激素多为氨基酸的衍生物，如甲状腺激素是由甲状腺球蛋白裂解后形成的含碘酪氨酸缩合物。多肽和蛋白质类激素的分子量差异很大，从分子量最小的三肽分子到最多的由 200 余个氨基酸残基组成的多肽链，种类繁多且分布广泛。下丘脑、垂体、胰岛等部位分泌的激素大多属于此类。脂类激素则指以脂质为原料修饰合成的激素，如孕酮、雌二醇、醛固酮、睾酮等类固醇激素。

　　作为一种化学信使或信号分子，激素广泛参与对机体整体功能的调节作用，包括调节组织细胞的物质代谢和能量代谢，以维持机体的营养和机能平衡；参与水电解质平衡、体温及血压等调节过程；促进全身组织细胞的生长、分化和成熟，维持各器官组织的正常生长发育过程；维持生殖器官的生长发育成熟和生育的全过程等。激素在生理状态下含量极低，但其作用却十分强大。激素在体内含量的改变可导致各类疾病的发生，如体内胰岛素分泌不足可引起糖尿病的发生；生长激素分泌不足可严重影响生长发育，导致身材矮小；性腺激素的紊乱可使生育力低下，导致不孕不育等。治疗这类由于体内激素含量不足、过多或紊乱而引起的疾病，激素类药物在临床上发挥着不可替代的作用。

　　由于激素在人体内的含量极少，来源困难。因而从动物体内提取激素用于治疗，可缓解临床用药困难。但由于存在种属差异性，该类激素在人体内可成为抗原，引起过敏反应，增加不良反应的发生，极大地限制了其使用。现在利用基因工程手段生产多肽和蛋白激素类药物已成为一种既安全又经济的策略。利用基因工程技术不仅可以人工合成各种天然的激素蛋白，还可以通过定点突变等方法有目的地改造蛋白质结构，获得活性更强、性能更优越的或全新的治疗性激素类药物。目前已应用基因工程技术成功研制重组胰岛素、人生长激素、人促卵泡激素、甲状旁腺激素等，并已应用于临床。这些重组激素类药物在临床治疗中均发挥着极其重要的作用，基于其安全性，越来越受到青睐。

第二节　胰岛素及其类似物

一、胰岛素

（一）糖尿病与胰岛素

糖尿病是一种由于遗传和环境因素长期共同作用引起体内胰岛素分泌不足和胰岛素作用降低或胰岛素耐受（insulin resistance，IR），导致的渐进性糖类、脂肪及蛋白质代谢紊乱，以慢性高血糖为主要表现的临床综合征。糖尿病主要包括 1 型糖尿病和 2 型糖尿病。1 型糖尿病多见于儿童和青少年，是由各种原因引起的自身免疫机制紊乱导致的胰岛 B 细胞分泌胰岛素绝对不足。该类患者依赖胰岛素治疗维持生命，因此亦被称为胰岛素依赖型糖尿病（insulin-dependent diabetes mellitus，IDDM）。2 型糖尿病约占糖尿病患者总数的 90%，多发生于成年人和老年人。初期患者主要表现为胰岛素敏感性下降，随着病情的发展，逐渐出现胰岛素抵抗及胰岛素分泌不足。2 型糖尿病也被称为非胰岛素依赖型糖尿病（non-insulin-dependent diabetes mellitus，NIDDM）。虽然 2 型糖尿病不需要胰岛素来维持生命，但当 NIDDM 经其他口服降血糖药物无法控制或者合并各种急性以及具有严重并发症的糖尿病，胰岛素仍发挥着重要的作用。

（二）胰岛素发展史

1921 年，加拿大的两位科学家 Frederick Banting 和 Charles Best 利用化学技术最先从胰腺组织中制备了能够降低血糖的物质——胰岛素，成为医学史上一个伟大的里程碑，并因此获得了诺贝尔生理学和医学奖。

1926 年科学家首次获得胰岛素结晶；20 世纪 40 年代发现了中效低鱼精蛋白胰岛素悬液；50 年代研制出长效锌-胰岛素悬液；60 年代开始出现纯化和人工合成胰岛素，研制出速效和长效胰岛素混合制剂。早期使用的胰岛素制剂不同程度地存在各种杂质，由于杂质的原因，不良反应较多，直接影响产品的安全性和有效性，其治疗价值受到影响。

这些胰岛素制剂多为动物胰岛提取而得，一般是猪胰岛素，猪胰岛素与人胰岛素存在 1~4 个氨基酸的不同，许多猪胰岛素制剂里的杂质也可导致免疫反应。

20 世纪 80 年代开始将 DNA 重组技术应用于生产人胰岛素。1982 年第一个应用 DNA 重组技术生产的人源化胰岛素正式被批准用于临床治疗。DNA 重组技术不仅促进了人源化胰岛素的生产制备，也促进了胰岛素的结构改造。80~90 年代，通过对人胰岛素蛋白一级结构中的氨基酸序列进行修饰，获得了生物学特性更好的人胰岛素类似物。这些胰岛素类似物与胰岛素受体具有更高的亲和力，作用更快速，活性更强。

（三）胰岛素分子基本知识

胰岛素是由胰岛 B 细胞分泌的含有 51 个氨基酸残基的小分子蛋白质，分子量约为 6000Da。B 细胞首先在内质网合成一条 11.5k 的多肽链——前胰岛素原（preproinsulin），然后除去前面由 24 个氨基酸组成的信号肽，成为分子量为 9000Da 的胰岛素原（proinsulin），进一步在高尔基体内通过蛋白水解加工，形成成熟的胰岛素和游离的连接肽（connecting peptide，也称 C 肽，C-peptide）。成熟的胰岛素是由 A 链和 B 链两条多肽链组成的二聚体，A 链有 21 个氨基酸，B 链有 30 个氨基酸，两链之间以两个二硫键连接（图 12-1）。C 肽无胰岛素生物活性，但其合成与释放均与胰岛素同步。

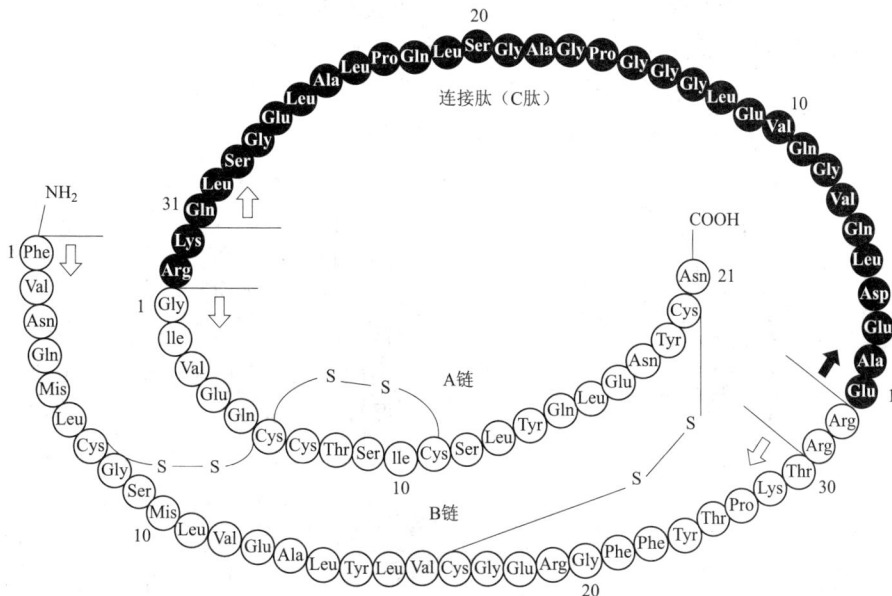

图 12-1　胰岛素分子结构图

传统药用胰岛素多由猪、牛胰腺提取。不同种属生物来源的胰岛素都具有 A、B 两链的基本结构，仅在氨基酸序列上存在细微差别。如牛胰岛素分子结构有三个氨基酸与人胰岛素不同；猪胰岛素分子结构中仅有一个氨基酸与人胰岛素不同（表 12-1）。

表 12-1　动物胰岛素与人胰岛素的氨基酸序列比较

A 链	牛	Gly–Ile–Val–Glu–Gln–Cys–Cys–Ala–Ser–Val–Cys–Ser–Leu–Tyr–Gln–Leu– Glu–Asn–Tyr–Cys–Asn
	猪	Gly–Ile–Val–Glu–Gln–Cys–Cys–Thr–Ser–Ile–Cys–Ser–Leu–Tyr–Gln–Leu– Glu–Asn–Tyr–Cys–Asn
	人	Gly–Ile–Val–Glu–Gln–Cys–Cys–Thr–Ser–Ile–Cys–Ser–Leu–Tyr–Gln–Leu– Glu–Asn–Tyr–Cys–Asn
B 链	牛	Phe–Val–Asn–Gln–His–Leu–Cys–Gly–Ser–His–Leu–Val–Glu–Ala–Leu–Tyr–Leu–Val–Cys–Gly–Glu– Arg–Gly–Phe–Phe–Tyr–Thr–Pro–Lys–Ala
	猪	Phe–Val–Asn–Gln–His–Leu–Cys–Gly–Ser–His–Leu–Val–Glu–Ala–Leu–Tyr–Leu–Val–Cys–Gly–Glu– Arg–Gly–Phe–Phe–Tyr–Thr–Pro–Lys–Ala
	人	Phe–Val–Asn–Gln–His–Leu–Cys–Gly–Ser–His–Leu–Val–Glu–Ala–Leu–Tyr–Leu–Val–Cys–Gly–Glu– Arg–Gly–Phe–Phe–Tyr–Thr–Pro–Lys–Thr

胰岛素具有抗原性，在人体应用异种动物的胰岛素可使人体产生相应的免疫性抗体，激发人体的免疫反应，从而影响胰岛素的治疗功效。近年来，国内外学者应用基因工程技术已成功生产重组胰岛素，其纯化的产品与人胰岛素无区别，因此也称为重组人源化胰岛素。

（四）胰岛素作用与机制

胰岛素的生物学作用复杂，对各种组织代谢具有广泛影响。胰岛素作用的靶组织主要包括肝、肌肉及脂肪组织，主要促进靶组织中的脂肪和糖原的储存，是调节糖代谢的重要激素，同时对脂肪和蛋白质代谢也有一定影响。其生理功能如下：

1. 胰岛素能降低血糖，是体内唯一能降低血糖水平的激素　胰岛素可促进组织细胞摄取葡萄糖，加速葡萄糖在组织细胞中的氧化和利用；胰岛素还可通过抑制糖原分解，维持糖原合成酶的活性，进而促进肝糖原的合成；抑制糖异生途径中关键酶的活性，减少糖原异生。

2. 胰岛素可促进脂肪合成、抑制脂肪分解　脂肪组织属于胰岛素敏感组织，是体内最大的能源储备库。胰岛素可明显促进脂肪储备，同时抑制激素敏感性脂肪酶的活性，减少体内脂肪的分解和动员。当糖尿病患者出现胰岛素缺乏时，可出现脂肪代谢的紊乱，血脂升高，脂肪酸在肝内氧化加速，生成大量酮体，以致引起酮血症和酸中毒。

3. 胰岛素可促进蛋白质的合成、抑制蛋白质的分解　胰岛素能促进氨基酸转运入细胞的过程，并促进 mRNA 的合成，使蛋白质合成增加。同时抑制蛋白质的分解，减少氨基酸的氧化。

胰岛素的作用是通过靶细胞膜上的胰岛素受体（insulin receptor，IR）介导完成。IR是由两个 α 亚单位和两个 β 亚单位组成的异四聚体。α 亚单位位于细胞膜外侧，是受体结合胰岛素的主要部位。β 亚单位为跨膜蛋白，其胞内部分含有酪氨酸蛋白激酶（tyrosine protein kinase，TPK）。胰岛素与 IR 的 α 亚单位结合后，激活 β 亚单位上的 TPK，进而引起细胞内一系列信号蛋白活化的过程，从而产生降血糖等作用（图 12-2）。

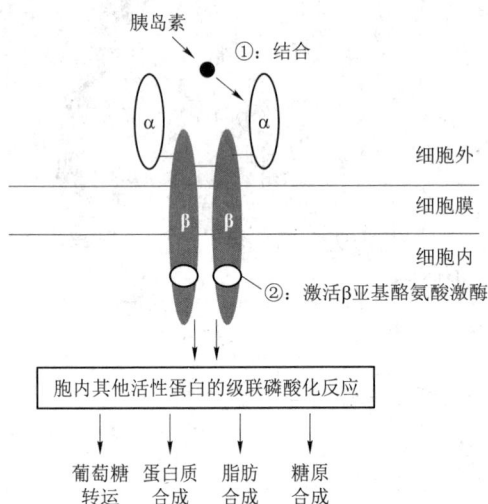

图 12-2　胰岛素受体结构及信号转导示意图

（五）胰岛素的临床应用与不良反应

1. 胰岛素的临床应用　主要用于治疗糖尿病，对胰岛素缺乏的各类型糖尿病均有效。包括：

（1）IDDM 的替代治疗。

（2）发生各种急性或严重并发症的糖尿病患者，如糖尿病酮症酸中毒、非酮症高渗性糖尿病昏迷等。

（3）糖尿病患者围手术期以及妊娠糖尿病等。

（4）合并重度感染、消耗性疾病等的糖尿病患者。

（5）NIDDM 经饮食控制或使用其他类口服降糖药无效者。

2. 胰岛素的不良反应

（1）低血糖症　低血糖症是胰岛素最常见、最严重的副作用，多为胰岛素过量所致。轻者可出现饥饿感、面色苍白、心慌、焦虑、出汗、颤抖等交感神经兴奋的症状；神经系统低糖也可引起头痛、视力模糊或复视、思维障碍、精神异常等症状；严重者可引起昏迷、休克甚至死亡。

（2）过敏反应　过敏反应是在胰岛素注射局部出现水肿、瘙痒、红斑或疼痛等，一般反应较轻。也可出现荨麻疹、血管性水肿等全身性过敏反应。严重的过敏性休克较少见。过敏反应多半是由于动物胰岛素不纯，也可能由于胰岛素制剂纯度较低，对其中的杂质过敏所致。少数患者注射胰岛素后可出现不同程度的水肿与视力模糊，一般数日后可自行消失。严重的全身性过敏反应可加用糖皮质激素。过敏性休克可用肾上腺素抢救。

（3）脂肪萎缩或增生　长期在同一部位重复注射时可出现，多见于注射部位。应提醒患者避免在同一部位重复注射。

（4）胰岛素抵抗　胰岛素抗体形成可影响胰岛素作用，导致胰岛素抵抗性和用量增加。以往不纯的牛和猪胰岛素可在体内引起胰岛素抗体生成。目前高纯度的胰岛素和应用生物技术人工合成的重组人胰岛素等罕见有抗体产生，但仍可能存在胰岛素抵抗性增加的现象。

二、重组技术制备人胰岛素及胰岛素类似物

（一）DNA 重组技术生产人胰岛素

基因工程技术的应用，使人胰岛素的生产制备成为可能。与动物胰岛素制剂相比，应用 DNA 重组技术生产的人胰岛素具有如下优点：供量可靠，不依赖动物的供应；比动物胰岛素更纯，不易产生注射部分脂肪萎缩，减少由于动物胰岛组织中存在的杂质或污染源所致的不良反应的发生。猪、牛等动物来源的胰岛素供量有限，难以满足逐年增长的糖尿病患者治疗的需求。因此，DNA 重组技术为未来胰岛素的供应提供了最为可靠的保证。

目前生产重组人胰岛素使用的受体菌株通常为大肠埃希菌（*Escherichia coli*）和酿酒酵母菌（*Saccharomyces cerevisiase*）（制备方法详见第二章实例分析）。自从第一个应用基因工程技术生产制备的人胰岛素上市后，近年来已广泛收集上市后经验，重组人胰岛素的药效及安全性受到广泛关注。通过高效液相色谱分析、X 射线衍射谱分析以及放射性免疫测定等多项研究分析表明，重组人胰岛素与天然人胰岛素在化学结构和功能上均相同。大量的临床试验进一步证实，重组人胰岛素与天然来源的人胰岛素具有相同功效。

（二）胰岛素类似物

应用 DNA 重组技术，通过对人胰岛素蛋白结构中的氨基酸序列进行生物改造，可获得胰岛素类似物（insulin analogues）。这些胰岛素类似物与人胰岛素相比，具有更高的活性，生物学特性更好。目前应用于临床的主要有两类：速效胰岛素类似物和超长效胰岛素类似物。

胰岛素中，与胰岛素受体相互作用的氨基酸残基已经被相继确定，如 A1、A5、A19、A21、B10、B16 等，这些位点上的氨基酸由不同的氨基酸残基所替代的胰岛素类似物已经被成功制备。胰岛素二聚体中单个胰岛素分子间的连接点有 B8、B9、B12、B13、B16、B23 到 B28 位的氨基酸，为增大胰岛素单体间的电子斥力和空间位阻，应用 DNA 重组技术在这些位点加入带电氨基酸或大分子氨基酸，又获得了在这些位点被不同氨基酸所替代的胰岛素类似物。

门冬胰岛素（insulin aspart）是 1999 年应用 DNA 重组技术生产的超短效胰岛素类似物，也是目前第一个经 FDA 批准的泵入治疗胰岛素类似物。门冬胰岛素就是应用上述 DNA 重组技术，将人胰岛素氨基酸链上 B28 位的脯氨酸由天门冬氨酸替代而成，通过增大胰岛素单体间的电子斥力和空间位阻，进而阻止胰岛素单体或二聚体的自我聚合过程，从而达到加快胰岛素起效时间的目的。常规的人胰岛素起效时间为 30 分钟，而门冬胰岛素皮下注射后 5～15 分钟起效。该类药物模拟了人的生理性胰岛素分泌模式，能快速起效，并迅速恢复，更好地控制了餐后血糖水平。

赖脯胰岛素（insulin lispro）是目前临床应用的另一速效胰岛素类似物。赖脯胰岛素是通过改变人胰岛素 B 链 28 位、29 位脯氨酸和赖氨酸的顺序，进而改变 B 链末端的空间结构，减少胰岛素单体间的非极性接触，达到改善胰岛素自我聚合特性的目的。该类药物具有吸收快、

起效快、作用持续时间短等特点。

甘精胰岛素属超长效人胰岛素类似物，是通过 DNA 重组技术在人胰岛素 B 链的羧基末端加上两个带正电荷的精氨酸残基，再用天门冬酰胺替代 A 链 21 位的甘氨酸，从而改变胰岛素的等电点，并使其在酸性环境下保持稳定，显著延长其活性。甘精胰岛素比常规胰岛素作用时间更长，皮下注射后 1~2 小时起效，作用可维持 24 小时以上，每天只需给药一次，即可保持 24 小时内持续释放胰岛素而无峰值变化，临床使用方便。

第三节　人生长激素

一、人生长激素简介

（一）人生长激素发展史

人生长激素（human growth hormone，hGH；somatotrophin）是腺垂体分泌和贮存的内分泌激素。hGH 是维持机体生长发育和代谢的基础激素，幼年时缺乏可造成明显身体生长障碍，身材矮小。20 世纪 40 年代，华裔科学家李卓浩最早从牛的腺垂体中分离提取出一种具有促生长作用的强效蛋白质，并命名为生长激素。1958 年，Raben 首次报道应用 hGH 能使身材矮小的患者身高增加，组织生长明显改善。但当时用于治疗的 hGH 均来自尸检人垂体的提取物，能够提供临床应用的数量极其有限，后来又因其中可能污染有其他垂体激素，尤其在此后的治疗中，因不断报道有使用 hGH 后罹患 Creutzfeldt-Jakob 病，其临床表现为亚急性痴呆伴肌阵挛和感觉运动异常，是一种致命的退行性神经疾病，故从腺垂体中提取的 hGH 被停止使用。80 年代开始将 DNA 重组技术应用于制备重组人生长激素（rhGH），1985 年美国 FDA 首先批准应用 DNA 重组技术制备 rhGH。进入 90 年代，随着制备 rhGH 的技术不断改进和提高，最新一代 rhGH 的氨基酸含量、序列和蛋白质结构与人垂体生长激素完全一致，其生物活性、效价、纯度和吸收率均得到了较大的提高，确保了产品的安全性、有效性和稳定性。目前临床上使用的生长激素制剂均由 DNA 重组技术制备生产。

（二）生长激素的分子结构与功能

hGH 是由垂体前叶腺体嗜酸性细胞分泌的非糖基化单链蛋白质激素，由 191 个氨基酸残基组成，分子量为 22kDa 左右（图 12-3）。在人体内，75% 的生长激素是以 22kDa 的形式分泌，分子中有 2 个二硫键，因而具有两个环状结构。另有 10% 的生长激素是以 20kDa 的形式分泌，这是由于编码生长激素的基因的第二外显子在转录过程中丢失了 22kDa 产物中的第 32~46 氨基酸残基，但体外仍有活性。此外，垂体提取物及血清中，尚存在少量分子量高于 22kDa 的大分子生长激素。

hGH 的化学结构与人催乳素（hPRL）十分相似，故两者作用存在一定的重叠效应。在腺垂体中，hGH 含量最多。hGH 的基础分泌呈节律性脉冲方式分泌释放至循环系统。每天血中 hGH 水平变化很大，大多数时间其血 hGH 水平非常低，而睡眠、运动或餐后则可以发生短时间高浓度脉冲波峰。人的一生当中，血循环 hGH 水平的变化更大，青年期分泌量最高，随着年龄的增长，分泌量逐渐减少。50 岁以后睡眠时的 hGH 脉冲波峰消失。

hGH 的分泌主要受下丘脑激素的双重调节。在下丘脑分泌的生长激素释放激素（growth hormone releasing hormone，GHRH）作用下，可刺激垂体分泌 hGH，而在下丘脑分泌的生长激素释放抑制激素（growth hormone release inhibiting hormone，GHRIH）或生长抑素（somatostatin，

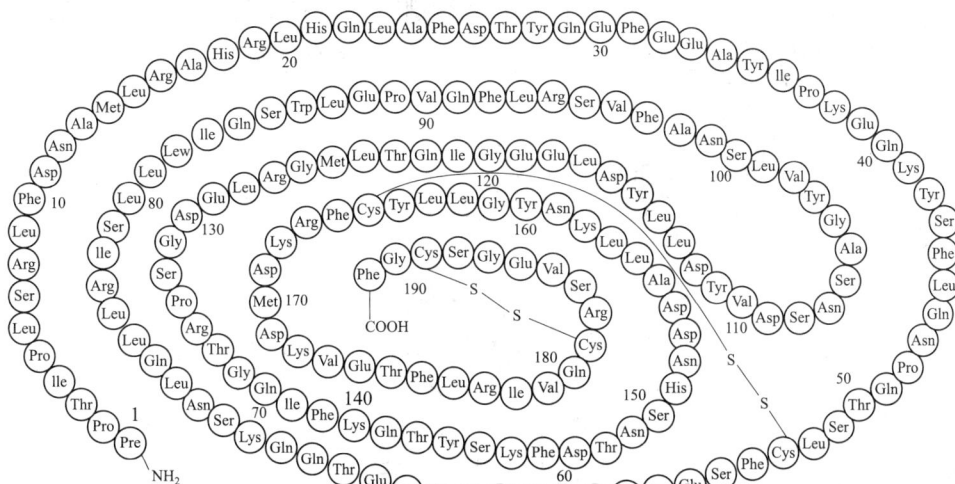

图 12-3　生长激素的结构图

SS）作用下，可抑制垂体分泌 hGH。此外，各种激素内环境，如雌激素、睾酮、甲状腺激素水平，均有利于生长激素分泌的正调节作用，尤其是性激素与生长激素之间关系密切。

hGH 可促进生长发育和新陈代谢，对机体各器官组织产生广泛影响，是体内代谢途径中重要的调节因子。此外，hGH 还参与机体的应激反应，是机体重要的应激激素之一。其生理功能如下：

1. 促进生长发育　hGH 广泛影响机体各组织器官的生长发育，可直接或间接使全身多数器官细胞的大小和数量增加，促进生长，尤其对骨骼、肌肉和内脏器官的作用更为显著。hGH 可促进骨、软骨、肌肉以及其他组织细胞的分裂增殖和蛋白质合成，加速骨骼和肌肉的生长发育。如果妊娠阶段缺乏 hGH，可引起宫内发育不良；人在幼年时如果缺乏 hGH，则生长停滞、身材矮小，为垂体性侏儒症；如果分泌过多 hGH，则出现巨人症。成年后出现 hGH 分泌过多会导致肢端肥大症。hGH 分泌不足的患者可用重组 rhGH 替代治疗。

2. 促进蛋白质合成、抑制蛋白质分解　hGH 能促进氨基酸进入细胞，加速组织器官的蛋白质合成，并抑制蛋白质的分解，增加蛋白质的含量。增加相应组织细胞的 DNA、RNA 合成，减少尿氮生成，呈氮的正平衡。

3. 促进脂肪分解　hGH 可激活对激素敏感的脂肪酶，促进脂肪分解，使血中游离脂肪酸增加。hGH 还能对抗胰岛素引起的促进脂肪合成的作用，使机体脂肪含量减少。

4. 影响糖代谢　hGH 能抑制骨骼肌与脂肪组织摄取和利用葡萄糖，减少葡萄糖的消耗，使血糖水平升高。hGH 也可通过降低外周组织对胰岛素的敏感性而升高血糖。

（三）生长激素的作用机制

hGH 主要通过与细胞表面的生长激素受体结合来发挥其各种生物学作用，也可通过靶细胞生成胰岛素样生长因子（insulin-like growth factor，IGF）间接促进生长发育。血中生长激素主要以与高度特异性的生长激素结合蛋白（GH-binding protein，GHBP）相结合的形式存在。

生长激素受体（growth hormone receptor，GH-R）是由 620 个氨基酸残基组成的单链跨膜糖蛋白，其分子量约为 120kDa，属催乳素、促红细胞生成素、细胞因子受体超家族成员之一。hGH 分子具有两个与 GH-R 结合的位点，能同时与两个 GH-R 的胞外结构域相结合，促使受体二聚体的形成。随后，GH-R 的胞内结构域即吸附胞质中具有酪氨酸蛋白激酶活性的 JAK2等，通过多条信号转导通路介导产生多种生物学效应，改变细胞的生长和代谢活动，起到相应的调节作用（图 12-4）。

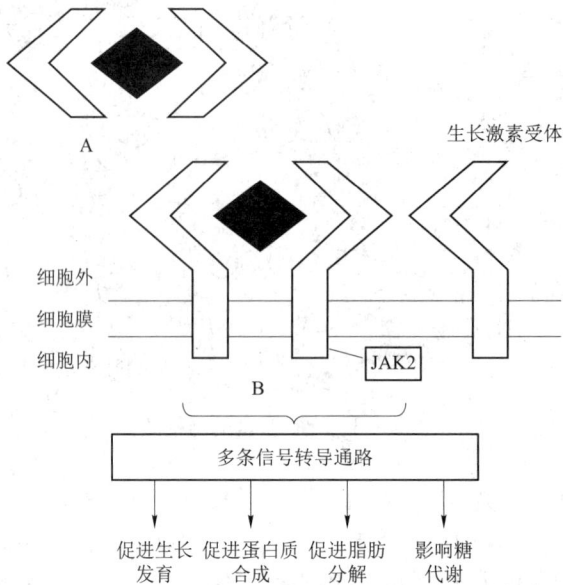

图 12-4　生长激素与生长激素受体的相互作用
A. 生长激素与生长激素结合蛋白的结合；B. 生长激素与生长激素受体

　　GH 具有种属特异性，不同种属动物的 GH 化学结构与免疫学特性等差异较大。原因是由于细胞表面的 GH-R 具有严格的结构特异性，GH-R 的第 43 位精氨酸为灵长类所特有。因此，除猴以外，从其他动物垂体中提取的 GH 对人类无效。

　　IGF 因与胰岛素的化学结构相似，由此得名，也曾被称为生长素介质（somatomedin）。IGF 是由 hGH 诱导肝、肾、肌肉和骨等靶细胞产生的一种具有促进生长作用的肽类物质。目前已分离出 IGF-1 和 IGF-2，两者肽链的氨基酸序列约有 70% 同源，与人类胰岛素原的结构和功能约 50% 相似。IGF-1 是 hGH 发挥促生长作用的重要调节因子，hGH 的部分促生长作用即是通过 IGF-1 的介导而实现的。IGF-2 的作用对 hGH 的依赖性较低，可对胎儿的生长发育发挥重要的调控作用。

二、重组人生长激素

（一）重组人生长激素的发展

　　20 世纪 80 年代初期，应用 DNA 重组生物技术在大肠埃希菌中表达 hGH 的 DNA 序列成为可能，出现了第一代 rhGH。1985 年，DNA 重组技术合成的 hGH，即第二代 rhGH 正式获准在临床使用。第二代 rhGH 含有 192 个氨基酸，比天然 hGH 的氨基酸序列在氨基末端多一个蛋氨酸残基，故也被称为蛋氨酸生长激素。使用此药后，在治疗过程中容易出现较大的免疫反应，即使是纯度较高的制剂，在人体内抗 hGH 的抗体产生率仍可高达 64%。

　　其后，第三代 rhGH 上市，其序列与 hGH 完全相同，含有 191 个氨基酸，但仍使用包涵体技术生产，在生产过程中，由于复性等环节造成蛋白质的二级、三级结构与天然 hGH 不同，故抗体的产生率仍较高。20 世纪 80 年代末上市的第四代 rhGH，是应用哺乳动物细胞重组 DNA 技术合成的 rhGH，该产品和天然的 hGH 结构更为接近，故抗体的产生率显著降低。

20 世纪 90 年代出现的第五代 rhGH 是用分泌型大肠埃希菌基因表达技术合成的 rhGH。该方法是用分泌型载体将 hGH 成熟蛋白的序列直接转录入高表达、高分泌启动子和信号序列后面，在分泌过程中切除信号肽，成为成熟的 rhGH，其定位在细胞周质，既有利于消除临床应用中的抗原性，又有利于提取纯化。获得的 rhGH 氨基酸含量、序列和蛋白质结构与天然 hGH 完全一致，生物活性、效价、纯度和吸收率极高。临床研究也表明，rhGH 和天然 hGH 具有一致的生物学作用，确保产品的安全性、有效性和稳定性，是目前临床中最为理想的产品。除大肠埃希菌以外，目前用于临床的 rhGH 还可由芽孢杆菌系统表达，但以大肠埃希菌表达系统占多数。

（二）临床应用

1. rhGH 主要适用于各种生长激素缺乏症（growth hormone deficiency，GHD）的替代治疗，如缺乏内源性人生长激素而导致生长障碍的幼年患者，因垂体疾病、下丘脑疾病等引起的单纯 GHD 的成人患者及垂体功能减低症引起的多种激素缺乏症的成人患者。

2. 可用于治疗妊娠期胎儿宫内发育不良、先天性卵巢发育不全（Turner 综合征）以及儿童慢性肾功能不全或其他原因引起的身材矮小等。

3. 应用 rhGH 可缓解大面积烧伤及手术后患者严重的分解代谢失调状态，纠正其负氮平衡。近年发现，rhGH 也可作为治疗男性不育的药物之一。

（三）不良反应与注意事项

通常给予生理剂量的 hGH 后出现副作用的较少，偶有注射部位疼痛或肿胀等轻微不适。长时间在相同部位皮下注射 hGH 后，局部皮肤可能萎缩，轮换注射部位可避免皮肤萎缩的发生。用药早期体重增加较快时，患者可出现暂时性轻度水肿、全身肌痛和关节痛等，也可出现轻微的血糖升高，这些不良反应可随着剂量降低或停药自行消失。此外，部分患者还可出现亚临床型的甲状腺功能减退，在甲状腺功能检查时会出现异常，但一般没有明显临床表现，适当补充甲状腺激素即可改善。

极少数患者用药后可出现特发性颅内高压，因此，治疗期间如有头痛、恶心、眩晕、共济失调及视力改变等现象的出现，应特别警惕。危重患者长期接受 rhGH 治疗可能导致严重的高钙血症，尤其是对肾功能有改变者。

对 rhGH 过敏者禁用。原先已存在肿瘤或继发于颅内病变的 hGH 缺乏患者，应定期检查所患疾病的进展或复发。糖尿病患者或有糖耐量异常患者慎用，因为 hGH 可能诱发胰岛素抵抗状态，在 hGH 治疗期间应定期监测血糖。本品可能诱发甲状腺功能减低症或加重原有甲状腺功能减退而影响疗效，患者需定期检查甲状腺功能，必要时加用甲状腺素治疗。

第四节　促性腺激素

促性腺激素是由腺垂体分泌的一类激素，以性腺为靶器官，促进性腺分泌性激素，直接或间接地调节生殖功能，并影响男性与女性第二性征的发育。任何一种促性腺激素分泌不足都严重影响生殖功能，因此，促性腺激素类药物可用于各种内源性促性腺激素分泌不足的替代治疗。

一、卵泡刺激素、黄体生成素、人绒毛膜促性腺激素

卵泡刺激素（follicle-stimulating hormone，FSH，又称促卵泡激素）和黄体生成素（luteinizing hormone，LH）是由垂体合成和分泌的促性腺激素。人绒毛膜促性腺激素（human chorionic gonadotropin，hCG）是由胎盘滋养层细胞合成和分泌，在妊娠早期对胚胎的发育发挥着重要作用。这三种激素都是由 α 和 β 两个亚单位通过非共价键的方式结合而成的糖蛋白。它们的 α 亚单位的肽链相同，而 β 亚单位的肽链各不相同，决定了各自不同的生物学特性。单独的 β 亚单位无活性，必须与 α 亚单位结合才有活性。

FSH 是促使卵母细胞发育的主要激素。在男性中，FSH 主要作用于睾丸细精管体壁层中的足细胞，促进精细胞的固定、滋养，在精子发生过程中促使精细胞转化为精子，对健康精子的生成至关重要。在女性中，FSH 主要作用于卵巢卵泡精层细胞，促进这些细胞的有丝分裂和卵泡的生长发育。

LH 在男性体内的主要作用是促进睾丸间质细胞合成主要的雄激素——睾酮。在女性体内的主要作用是刺激卵泡膜细胞产生雄激素，雄激素再进一步刺激颗粒细胞产生雌激素，同时促进卵泡发育，增强卵泡对 FSH 的敏感性。

女性在青春期开始后，卵巢在促性腺激素的作用下，生卵功能出现月周期性变化，分为卵泡期、排卵期和黄体期。卵泡期主要在 FSH 的作用下，一批卵泡（各含一个卵子）开始生长发育，随后出现一个优势卵泡，其余的退化。逐渐生长的卵泡合成和分泌雌激素，高浓度的雌激素对下丘脑起正反馈调节作用，促进腺垂体分泌 LH 和 FSH。FSH 和 LH 分泌增加，促使卵泡成熟，使卵泡破裂并释放卵细胞（图 12-5）。排卵后，卵泡转化为产黄体酮的卵泡残余物，即黄体。若排卵后未受精，黄体将不断退化，黄体激素、雌激素和黄体酮逐渐减少，黄体寿命仅为 12~15 天，此阶段 LH 和 FSH 处于较低水平。排卵后若卵子发生受精，则受精卵的滋养叶细胞开始分泌 hCG。hCG 从胎盘滋养层细胞分泌后，通过血循环进入卵巢，刺激黄体分泌孕酮维持黄体功能。在受孕后 60~70 天，hCG 分泌达到高峰，以后逐渐降低并维持至分娩，发挥促进胚泡发育、维持妊娠的功能。

卵巢的周期性活动受下丘脑-腺垂体-卵巢轴的调控。下丘脑分泌的促性腺激素释放激素（gonadotrophin releasing hormone，GnRH）促进垂体前叶腺体合成和分泌 FSH 和 LH。此外，抑制素（inhibins）对下丘脑和腺垂体进行负反馈调节，抑制 FSH 的释放。

二、促性腺激素类药物的治疗作用与临床应用

由于促性腺激素对维持人体生殖功能发挥着重要的调节作用，因此，促性腺激素类药物常用于治疗生育力低下症和不育症。不育症虽非致命性疾病，但对个人的生存质量具有重要影响，已成为全球的医学和社会问题。

绝经后妇女的尿中含有 FSH 和 LH，因此，自 20 世纪 60 年代开始，绝经妇女的尿成为促性腺激素的主要来源。

FSH 是促使妇女卵泡发育的主要激素，对男性健康精子的生成也发挥着重要的作用。因此，FSH 激素类药物主要用于治疗男性或妇女由于 FSH 水平低或分泌不足引起的不育症，可作为 FSH 低或缺乏的替代治疗。

人绝经尿促性腺激素（human menopausal gonadotrophin，HMG），又称促月经素，是 FSH、LH 和 hCG 激素的混合物。HMG 是从绝经后妇女尿中提取和纯化得到的激素治疗物，可用于

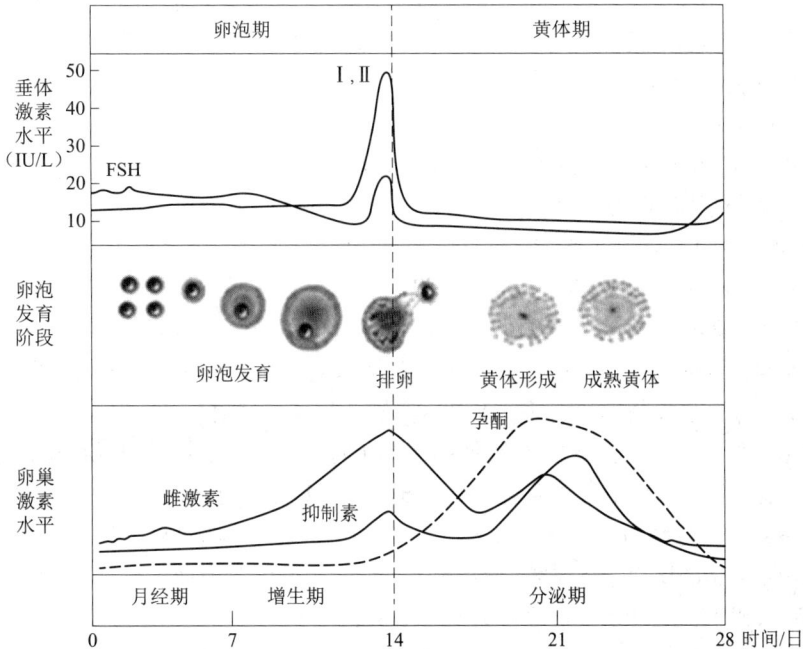

图 12-5 月经周期中相关激素的变化图

通过刺激卵泡发育治疗无排卵妇女的不育症。治疗过程中，需根据女性体内促性腺激素的基础水平，监控雌激素产生水平或监控卵泡反应，尽可能模仿女性生殖周期正常血清促性腺激素的含量状况来调整剂量方案。药物过量可引起多卵泡发育甚至多次怀孕。HMG 也可用于治疗低促性腺激素引起的性功能低下症，并与 hCG 联用刺激精子的生成，治疗男性生育力低下或不育症。

hCG 在机体的主要功能是刺激黄体分泌孕酮并维持黄体功能。临床上常与 HMG 一起用于治疗促性腺激素低下引起的无排卵妇女的不育症。

促性腺激素类药物还可用于辅助生殖治疗，如体外受精（in vitro fertilization，IVF）。此技术主要用于女性输卵管阻塞或其他受精障碍。其目的是使用治疗剂量的 FSH，以刺激多卵泡发育，增加从卵巢取出卵子（卵母细胞）的数量。将取出的卵子与其配偶或供体的精子结合，在体外培育至胚胎囊泡形成，再移植入母体子宫内。

GnRH 的主要作用是刺激垂体前叶腺体合成和分泌 FSH 和 LH，从而调节各种性腺的功能，在调节生殖系统功能发挥重要的作用。促性腺激素释放激素激动剂（GnRH-agonist，GnRH-a）是人工合成的 GnRH 衍生物，通过与垂体的 GnRH 受体结合，能够刺激或抑制垂体促性腺激素的分泌。GnRH-a 首次用药 7~14 天内，可使垂体促性腺激素短暂升高，如持续使用，则垂体功能受抑制，出现明显负调节作用。目前，GnRH-a 在临床中对女性患者主要应用于子宫肌瘤、卵巢癌等肿瘤性疾病、子宫内膜异位症、不孕症、辅助生育技术中的促排卵、中枢性性早熟以及预防化疗造成的性腺损害进而保护患者的卵巢功能。

三、重组促性腺激素

不育症的治疗中，促性腺激素类药物发挥重要的作用，生物技术药物的进展对不育症的治疗做出重要贡献。由于绝经后妇女的尿中含有 FSH 和 LH，尿源促性腺激素自 20 世纪 60 年代开始，50 多年间对于治疗不育症发挥了重要的作用。但尿源产品不管纯化水平如何提高，都不是真正纯化的促性腺激素。其中的尿蛋白污染物在使用过程中也影响真正精确控制使用剂量。应用 DNA 重组技术生产的重组促性腺激素克服了尿源产品的不足，产品更安全有效，取得了明显的进步。重组促性腺激素的优点主要包括以下几方面：

1. 纯度高 早期的尿源促性腺激素制备物纯化产品的活性成分低于 5%，而其中外源性蛋白量超过 95%。随着纯化技术的提高，可获得高纯度尿源促性腺激素产品，其活性成分可高于 95%。与之相比，DNA 重组技术生产的促性腺激素纯度极高，其外源性蛋白含量可低于 1%。由于重组促性腺激素具有极高的纯度，因此较少引起局部和全身变态反应等，安全性较好。

2. 可供利用性和一致性好 尿源促性腺激素的生产需要每天从绝经后妇女收集尿，费时费力，收集到的尿量也有一定的限制。DNA 重组技术生产重组促性腺激素既可克服以上不足，又可对生产工艺进行总控制，也消除了促性腺激素变异性的问题。

3. 增加患者的舒适度 多数尿源促性腺激素制剂需肌内注射。重组促性腺激素制剂纯度极高，可选择皮下注射。皮下注射对患者有明显益处，患者可选择自身注射。

4. 增加有效性 近年研究表明，重组 FSH 比尿源 FSH 对增加临床妊娠率疗效更好。对 IVF 患者，应用重组 FSH 治疗比尿源 FSH 更易达到临床妊娠，因而在应用辅助生殖技术治疗的患者，为刺激卵巢，建议使用重组 FSH 而不是尿源 FSH。

目前，编码不同种属的促性腺激素的基因已被阐明，并在多种重组宿主系统中表达。重组人源化 FSH 在生物反应器中遗传工程修饰的中国仓鼠卵巢细胞 CHO 细胞株中合成，经纯化工艺获得高纯度制备物。该产品用雌性大鼠卵巢重量增重法测定重组 FSH 生物活性，认定其具有高度特异性活性。重组 FSH 适用于不排卵引起的不育症以及参加辅助生殖技术计划排卵患者发生多个卵泡发育，用于诱导排卵和妊娠。也适用于患原发性和继发性促性腺激素分泌低下的性功能减退的男性患者。人体用药后，药物耐受性较好。该药未引起免疫反应。

重组人源化 hCG 和重组人源化 LH 也是应用在遗传工程修饰的中国仓鼠卵巢细胞，即 CHO 细胞中合成，再经一系列纯化过程制备出高纯度产品。重组 hCG 适用于辅助生殖技术计划中，进行不育症治疗的妇女已被 FSH 适当刺激后，促进卵泡最终成熟和早期黄体化的作用。重组 LH 和 FSH 同时给药具有刺激卵泡发育的潜在能力，适用于 LH 严重缺乏的低促性腺激素、低性腺功能性不育妇女患者。

DNA 重组技术还可对天然促性腺激素的基因进行修饰，获得生物学特性更好、疗效更强的突变体，以适应临床的应用。重组激素在今后激素治疗法中仍将占有重要的地位。

第五节 其他批准用于临床的重组激素

许多激素类药物在 DNA 重组技术建立之前虽已应用于临床治疗，但重组激素的出现，基于其安全性，更给患者的健康带来了福音，越来越受到欢迎。近年来，研究者仍不断探索更多品种的重组激素应用于临床治疗。重组人甲状旁腺激素就是其中之一。

一、甲状旁腺激素

甲状旁腺激素（parathyroid hormone，PTH）是脊椎动物体内调节钙磷代谢平衡的主要激素之一，是由甲状旁腺主细胞合成和分泌的含有 84 个氨基酸残基的直链多肽，分子量为 9.5kDa。其氨基端第 1~27 位氨基酸残基决定 PTH 的生物活性。PTH 与靶细胞上 PTH 受体结合后，通过激活 cAMP 和 PLC 信号转导途径，从而发挥生物效应。PTH 对人体的主要作用是升高血钙和降低血磷，通过动员骨钙入血，并影响肾小管对钙、磷的吸收，从而调节血钙和血磷水平的稳态。PTH 的分泌主要受血中钙离子浓度的负反馈调节，血钙水平是调节甲状旁腺激素分泌的最主要因素。

二、甲状旁腺激素多肽片段

甲状旁腺激素多肽片段是应用 DNA 重组技术生产合成的具有天然 PTH 部分片段的重组甲状旁腺激素。重组人甲状旁腺激素 1~34（recombinant human parathyroid hormone 1~34，rhPTH 1~34）即是一种甲状旁腺激素多肽片段，具有与天然 PTH 氨基端第 1~34 个氨基酸序列相同的结构，可以与 PTH 受体结合，发挥 PTH 对血钙和血磷的调节作用，同时避免 PTH 羧基端肽对骨代谢的不利影响。重组人甲状旁腺激素 1~31（rhPTH1~31）是另一种甲状旁腺激素多肽片段，具有与天然 PTH 氨基端第 1~31 个氨基酸序列相同的结构。

（一）药理作用

PTH 多肽片段能显著增加成骨细胞的活性及数量，促进成骨细胞形成新骨，增加骨密度。PTH 对骨重建具有双重作用，小剂量时促进骨形成，而大剂量时则抑制成骨细胞。给去卵巢大鼠每天皮下注射小剂量的 rhPTH1~34 可明显促进股骨骨小梁的生长及矿化。

PTH 通过腺苷酸环化酶-cAMP 信号转导途径调节合成和分泌一些自分泌或旁分泌的因子，如胰岛素生长因子 1（IGF-1）和胰岛素生长因子结合蛋白 5（IGFBP-5），进而刺激成骨细胞前体增生并促进成熟的成骨细胞产生骨成分，从而促进骨生长。rhPTH1~31 的成骨作用和 rhPTH1~34 一样强，但 rhPTH1~31 仅通过激活腺苷酸环化酶-cAMP 信号转导途径而发挥作用，而 rhPTH1~34 亦能刺激磷脂酶 C（PLC）的作用。

（二）临床应用

主要用于治疗骨质疏松症及骨折。可用于预防绝经后妇女由于雌激素水平下降而引起的骨质疏松，同时显著降低绝经后妇女发生骨折的危险，并可显著增加骨密度。也可用于具有高度骨折风险的男性骨质疏松症患者的治疗，对由于性腺功能减退引起的继发性骨质疏松症也有效。

本 章 小 结

本章主要介绍常用的治疗性激素类药物，包括胰岛素、人生长激素、促性腺激素及甲状旁腺激素类药物。

重点：与传统药物相比，重组激素类药物（包括重组胰岛素、重组人生长激素、重组促性腺激素等）的优势及特点；重组胰岛素以及胰岛素类似物的制备方法等；重组人生长激素的临床应用及不良反应等；甲状旁腺激素多肽片段的制备方法等。

难点：应用基因重组技术制备重组激素类药物的方法。

1. 重组激素类药物有哪些优势？

2. 重组激素类药物有哪些？其主要的临床应用是什么？

思考题

（房 月）

第十三章 血液制品和治疗用酶

学习导引

1. **掌握** 生物技术血液代用品的特点、意义和分类；常用凝血因子制剂的种类及制备方法。
2. **熟悉** 治疗用酶的一般性质和临床应用。
3. **了解** 生物技术血液代用品的临床应用；血友病治疗药物的毒副作用；治疗用酶的药理学特性。

第一节 概 述

一、血液及其主要成分的结构和功能

血液是人体重要的组成部分之一，具有重要的生理功能。正常成年人的血量相当于体重的 7%~8%。血液属于结缔组织，拥有自己独有的结构，其主要成分为血浆和血细胞。血浆是血液中的液体成分，由大量无机物和有机物溶解在水中形成，其主要成分有无机盐、氧、激素、酶、抗体、细胞代谢产物、血浆蛋白（白蛋白、球蛋白、纤维蛋白原）和脂蛋白等。血浆的主要功能是运载血细胞，运输维持人体生命活动所需的物质和体内产生的废物等。血细胞主要有红细胞、白细胞和血小板。其中，红细胞的作用是运输氧气、部分二氧化碳，此外还具有调节体内酸碱平衡的功能；白细胞的作用是吞噬异物并产生抗体，它在机体损伤治愈、抵抗病原入侵和对疾病的免疫方面都发挥重要作用；血小板的作用是凝血和止血，修补破损的血管，此外在炎症反应、血栓形成及器官移植排斥等生理和病理过程中发挥作用。全血经心脏，通过心血管系统，在全身范围内不断循环往复，沟通人体内各部分及人体与外界环境，维持内环境稳态。

（一）血液的理化特性

1. 血液的相对密度 正常人全血的相对密度是 1.050~1.060，全血中红细胞数越多，其相对密度越大。血浆的相对密度为 1.025~1.030，血浆中蛋白质含量越多，血浆的相对密度越大。

2. 血液的黏滞度 血液黏滞度（viscosity）是由血液在血管内流动时，其内部各种分子和颗粒间及血液与血管壁间产生的摩擦力所致。全血的相对黏滞度为纯水的 4~5 倍，其主要决

定因素为其中所含的红细胞数量。此外，还与血流切率、血管口径、温度有关。血浆的相对黏滞度为纯水的 1.6~2.4 倍，血浆的黏滞度主要由血浆蛋白的含量决定。

3. 血浆渗透压　正常人血浆渗透压约为 5330mmHg，其中包含晶体渗透压和胶体渗透压。晶体渗透压主要来源于血浆中溶解的电解质（如 Na^+ 和 Ca^{2+} 等），约占血浆总渗透压的 99% 以上；胶体渗透压主要来源于血浆中的白蛋白。

由于血浆和组织液中晶体物质的浓度几乎相等，且绝大部分晶体物质不易透过细胞膜，所以细胞外液的渗透压相对稳定，这对维持细胞内外的水平衡来说至关重要。而血浆中的白蛋白数量远超过组织液中白蛋白的数量，所以血浆中的胶体渗透压远大于组织液中的胶体渗透压，有利于维持血管内外的水平衡。

4. 血浆的 pH　正常人血浆 pH 值为 7.35~7.45，其主要取决于血浆中的主要缓冲对，即 $NaHCO_3/H_2CO_3$ 的比值。此外，还有多种缓冲对参与维持血浆 pH 的稳定，如血浆中的蛋白质钠盐/蛋白质、Na_2HPO_4/NaH_2PO_4、红细胞中的血红蛋白钾盐/血红蛋白、氧合血红蛋白钾盐/氧合血红蛋白、K_2HPO_4/KH_2PO_4、$KHCO_3/H_2CO_3$ 等缓冲对。当酸性或碱性物质进入血液时，这些缓冲系统可有效地减轻其对血浆 pH 的影响，尤其是肺和肾在保持其正常功能，不断排出体内过多的酸或碱的情况下，血浆 pH 的波动范围极小。

（二）血型

血型（blood groups）是指红细胞膜上特异性抗原的类型。人与人之间的血型并不相同。通常血型被分为 ABO 血型，在此基础上，进一步还有 Rh 血型等分型。出现不同血型主要是因为红细胞表面表达的抗原不同。红细胞表面抗原的表达受不同基因调控，如 ABO 血型系统抗原受控于第 9 号染色体上的 ABO 基因，而 Rh 血型系统抗原则受控于两个位于 1 号染色体的高度同源的 RHD 基因和 RHCE 基因。某些血型抗原由于等位基因突变等导致其表达异常，还可进一步区分为不同的亚型。在临床输血中 ABO 和 Rh 是最为重要的血型系统。

二、血液代用品概述

由于血源不足，血型配型过程繁琐，血液的贮存和运输不便，新的稀有血型和人数的不断增加，尤其近年来，艾滋病病毒和乙肝病毒等传染病病原体污染血源现象日趋严重，血液安全性问题也不容忽视。健康人献血虽然一定程度地缓解了临床用血的燃眉之急，但是，单纯依靠健康人献血已不能从根本上解决血源短缺和血液安全性的问题。因此，寻找一种与血液具有相同功能的代用品——人工血液代用品，显得尤为重要。

血液代用品（blood substitute）是指具有载 O_2 功能、维持血液渗透压和酸碱平衡及扩充血容量的人工制剂。

常用的人工血液代用品主要有扩容剂（如右旋糖酐、明胶、葡聚糖、羟乙基淀粉等）、有机化学合成的高分子全氟碳化合物类（perfluorocarbon，PFC）和应用生物技术制备的人工血液代用品。

第二节　生物技术血液代用品

一、生物技术人工血液代用品开发的意义

人工血液代用品的研发经历了从早期的简单扩容剂到现在携氧剂的几个发展阶段。从 20

世纪 50 年代初开始，人们研究较多的是明胶、葡聚糖、羟乙基淀粉等血量扩充剂，主要以维持血液渗透压、酸碱平衡及血容量为目标，这些制剂不具有携氧功能。到了 20 世纪 60 年代，人们开始试图从高分子化合物和血红蛋白两方面研究具有携氧能力的人工血液代用品。近年来，研究人员又着眼于人工红细胞类血液代用品。人工血液代用品研发的成功，对于缓解临床输血需求激增和血源短缺的压力，避免适配血型的繁琐和输血反应的发生，免除血液污染，保证输血安全等方面均具有重要意义。人工血液代用品还具有易于贮存、便于运输等特点，解决了常规血液制品存贮运输不便的问题。

二、生物技术人工血液代用品的特点

不同种类的人工血液代用品均有其各自的特点，但均需具备一些基本特性，这是其能应用于临床的关键。

（一）一般适用于临床的人工血液代用品应具有的特点

1. 应具有较高的携带氧和二氧化碳的能力，在正常生理环境的氧分压下，能有效地向组织供氧，并从组织中带走二氧化碳。

2. 与人体血液所有组分具有良好的生物相容性，不与其发生化学反应，不激活补体，不升高白细胞，同时能较好地维持血液渗透压、酸碱平衡、黏滞度和血容量。

3. 无红细胞表面抗原决定簇，无需交叉配血或相容性检验。

4. 本身无毒，不产生毒性代谢物，不含血液病原微生物，能进行灭菌处理。

5. 体内循环半衰期大于 24 小时，室温条件下，性质稳定、保质期长、易贮存、运输方便。

6. 来源广泛，不依赖于稳定供血人群，取材方便。

血容量扩容剂能维持血液胶体渗透压，排泄较慢，无毒、无抗原性。主要包括多糖类和蛋白质类物质，如明胶、葡聚糖、白蛋白和 γ-球蛋白等。但这些制剂的不足是不具有携氧能力。

全氟碳化合物（perfluorocarbon compound，PFC）是一种具有携氧功能的高分子有机化合物，是一类直链或环状碳氢化物的氟取代物，它的所有氢原子均被氟原子取代。目前研究最多的全氟碳化合物，主要有全氟萘胺（perfluo rodecalin，PFD）、全氟三丙胺（perfluo rotripropylamine，PFTPA）和全氟三丁胺（perfluo rotributylamine，PFTBA）。PFC 能有效地溶解气体（O_2、CO_2 等），黏度低，具有化学和生物学惰性。但缺点是不能直接溶于血浆，需经表面活性剂卵磷脂乳化后才能经静脉输入体内。

传统的人工血液代用品均有无法忽视的不足，这使其临床应用受到了极大的限制。新兴的应用生物技术制备的人工血液代用品在拥有传统人工血液代用品所有优点的同时，能极大程度地克服传统人工血液代用品的不足，这使其具有更为广阔的临床应用前景。

（二）生物技术人工血液代用品所独有的特点

1. 与简单的扩容剂相比，生物技术人工血液代用品除能维持血液渗透压、酸碱平衡和血容量外，还具有较好的携氧能力，能向局部缺氧组织输氧。

2. 与氟碳化合物等高分子化合物相比，生物技术人工血液代用品可以直接输注人体，患者无需呼吸 70%～80% 浓度的纯氧以提供足够的氧气溶解量，不需使用卵磷脂等表面活性剂，从而可避免表面活性剂所带来的流感综合征等继发性迟发反应，可避免大量氟碳导致的肝淤血以及短暂的免疫防御功能受损带来的面临感染的危险。此外，生物技术人工血液代用品具有较好的携氧能力，体内半衰期相对较长，能更好地减轻患者负担，提高患者生活质量。

由此可见，生物技术人工血液代用品的发展前景最为广阔。

三、生物技术人工血液代用品的种类

目前，世界上研究的应用生物技术制备的人工血液代用品主要有两大类：血红蛋白类和红细胞类人工血液代用品。

（一）血红蛋白类人工血液代用品

人体内的血红蛋白（hemoglobin，Hb）由四个亚基构成，分别为两个 α 亚基和两个 β 亚基，在与人体环境相似的电解质溶液中，血红蛋白的四个亚基可以自动组装成 $\alpha_2\beta_2$ 的形态，具有携带氧气（O_2）和部分二氧化碳（CO_2）的功能（图 13-1）。

血红蛋白类血液代用品是以血红蛋白为基质的携氧剂（hemoglobin-based oxygen carriers，HBOC），也称为血红蛋白类氧载体。

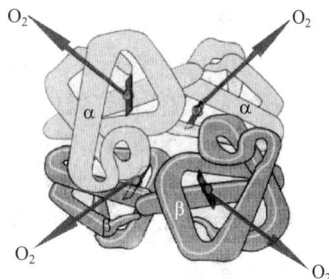

图 13-1 血红蛋白运输氧气

天然血红蛋白（natural hemoglobin）目前主要来源于人或动物的血液。从血库过期的血液中分离得到的人血红蛋白与人血液同源，生物相容性好，不引起免疫变态反应。从动物血液提取分离的血红蛋白需依靠高效纯化工艺技术进而完全排除血液里其他成分和病原微生物的干扰，是研究天然血红蛋白类人工血液代用品的关键。但天然血红蛋白作为人工血液代用品仍存在不足之处（表 13-1）。

表 13-1 天然血红蛋白的不足

缺点	原因
缺少供氧功能	游离 Hb 失去红细胞内 2，3-二磷酸甘油酸（2，3-DPG）的调节，氧亲合力升高，不能有效向组织供氧
渗透压改变	Hb 同血浆蛋白一样，能产生胶体渗透压，使血浆总渗透压改变，易导致血管舒张作用过强
肾毒性	Hb 在体内循环的半衰期短，四聚体（64kDa）迅速解聚为 αβ 二聚体（32kDa）和单体（14kDa），其解聚后从肾脏滤过导致肾血管内皮细胞膜过氧化和管型坏死，引起强烈肾毒性
升压效应	Hb 能结合并灭活血管舒张因子一氧化氮（NO），从而使血管收缩，血压上升
易氧化性	游离的 Hb 由于缺乏还原酶系统的调节易被氧化成高铁血红蛋白（MetHb），丧失结合氧的能力，并产生对机体有损害作用的超氧化物离子自由基

基于以上原因，研究人员采用多种方式修饰血红蛋白分子以试图获得适合临床使用的血红蛋白分子。

1. 化学修饰血红蛋白 对血红蛋白进行化学修饰的主要目的是：使血红蛋白的四聚体结构更加稳定，延长其体内循环半衰期；通过增加血红蛋白的分子量，使其不易从肾脏滤过，避免出现肾毒性和免疫毒性；降低血红蛋白对 O_2 的亲合力，以利于组织细胞获得更多的 O_2。

目前常用的血红蛋白分子化学修饰方法有：分子内交联、分子间聚合、惰性高分子聚合物共轭等（图 13-2）。

（1）交联血红蛋白 交联血红蛋白（intramolecular crosslinked hemoglobin）是指用交联剂与血红蛋白 α 亚基或 β 亚基之间进行分子内交联反应，制备能够稳定维持在四聚体结构的交

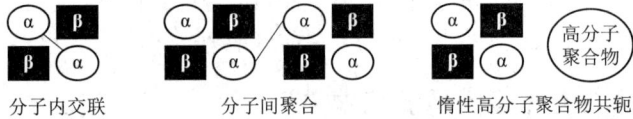

分子内交联   分子间聚合   惰性高分子聚合物共轭

图 13-2　化学修饰血红蛋白

联血红蛋白。为了使血红蛋白的内部结构更加紧密，交联血红蛋白实质是在血红蛋白分子内部增加原子键，使其难以解聚。目前，经过研究的交联剂有十几种，如双阿司匹林（DBBS），戊二醛（GDA）、吡哆醛化的血红蛋白-聚氧乙烯交联物、开环棉籽糖和聚乙二醇（PEG）等。以 DBBS 为例，它使血红蛋白分子内发生交联，其优势在于交联后能稳定血红蛋白四聚体结构，P_{50} 值（血红蛋白氧饱和度达到 50% 时溶液中的氧分压值）与人红细胞相差不大，交联反应可控，产品单一。但其不足之处在于血红蛋白四聚体在体内仍能透过血管壁，且易结合并灭活 NO，进而引起血管收缩、血压升高，并因此出现治疗失败的病例。

（2）多聚血红蛋白　多聚血红蛋白（polyhemoglobin）是指在分子内交联的基础上采用交联剂使血红蛋白分子间形成共价键以聚合形成较大的分子，从而进一步延长血红蛋白在血液内的停留时间。其实质是在各个血红蛋白分子之间加入了共价键，进而形成较大的分子。目前用此法研制并进入临床试验的血液代用品有 poly-SFH-p、戊二醛聚合牛血红蛋白等。常用的交联试剂有戊二醛（GDA）、5-磷酸吡哆醛（PI-P）等。以戊二醛聚合牛血红蛋白为例，在试验中证实，其能产生稳定的血流动力学效应，增加组织氧含量，但其半衰期较短，可氧化成 MetHb。由于与戊二醛交联的是牛血红蛋白，有关人士指出其可能携带有引起疯牛病的朊病毒，因此生产原料需严格筛选。

（3）共轭血红蛋白　共轭血红蛋白（conjugated hemoglobin）是指将聚乙二醇（PEG）、聚氧乙烯、葡聚糖（DX）、右旋糖酐等可溶性惰性大分子聚合物与血红蛋白分子共价偶联，以增大血红蛋白分子量，使其半衰期延长，减少其解聚，降低肾毒性。

交联血红蛋白、多聚血红蛋白的制备工艺比较简单，但产物不均一。而共轭血红蛋白产品均一，可消除抗原性，循环半衰期较长，作为人工血液代用品更具有实际意义。

2. 微囊化血红蛋白　微囊化血红蛋白（encapsulated hemoglobin）即人工红细胞（artificial red blood cell，ARBC），是模拟天然红细胞膜和红细胞内的生理环境，用仿生高分子材料将血红蛋白包裹起来制备而成。最常用的方法是用脂质体包裹血红蛋白，所以它也称为脂质体包裹血红蛋白（liposome encapsulated hemoglobin，LEH）。LEH 的磷脂双分子层包裹血红蛋白后不影响血红蛋白对氧气的运输和释放，并可降低抗原性，延长半衰期，防止血红蛋白迅速解离而产生的肾毒性。目前研究的还有一些能够生物降解的高分子材料［如聚乳酸（PLA）、聚乳酸乙醇酸（PLGA）等］制备的包含血红蛋白的纳米微囊。

微囊化血红蛋白具有其他血红蛋白类人工血液代用品无法替代的优点（表 13-2）。

表 13-2　微囊化血红蛋白的特性及优势

特性	优势
未经化学修饰	能更好地保持血红蛋白的生理功能
可同时包裹别构效应调节剂	降低血红蛋白氧亲合力，增强其携氧能力
可同时加入辅酶（如正铁血红蛋白还原酶等）	模拟天然红细胞功能
分子数目减少	渗透压降低，可包裹较高浓度的血红蛋白

续表

特性	优势
微囊膜成分可调	延长血红蛋白半衰期
微囊膜可阻止血红蛋白与血直接接触	减少灌注游离血红蛋白产生的肾毒性，极少影响血液凝固或补体系统

　　微囊化血红蛋白的不足之处是，在实验中发现其能被网状内皮系统摄取并扰乱内皮系统功能，导致机体抗感染能力下降，并且由于其生产技术复杂，部分环节无法实现自动化，工业化难度高，费用昂贵，真正应用于临床还需较长时间。

　　日本研究人员研制的新型脂质体包裹血红蛋白（NRC）黏度低，携氧能力高。NRC是一种较少引起严重副反应的有效携氧剂，此外日本研究人员还研制了可聚合的合成磷脂质，经反复冻融，未有漏出，运氧效率在35%以上（人红细胞运氧率21%）。

　　3. 基因重组血红蛋白　　基因重组血红蛋白（recombinant hemoglobin，rHb），即用基因重组技术获得的人血红蛋白。应用基因重组技术可在大肠埃希菌、酵母菌、昆虫细胞和转基因动植物中表达天然血红蛋白，也可应用基因重组或突变的方法，根据需要改变血红蛋白的结构和特性，获得修饰的重组人血红蛋白。

　　应用基因工程大肠埃希菌表达的人血红蛋白融合性 α 亚基或 β 亚基，其表达量为10%～20%，经处理后在体外可折叠，与天然 β 亚基或 α 亚基结合于外源氯化血红蛋白，形成四聚体。另外，α 亚基、β 亚基可在同一细胞内共同表达，在体内折叠，产生天然血红蛋白的 α_2 β_2 四聚体，此产物保留有翻译起始的甲硫氨酸残基，但其表达量仅为2%～10%。

　　酵母宿主细胞的表达产物为可溶性血红蛋白。表达产物具有与天然人血红蛋白一致的 N- 末端残基。还可将携带有 α、β 亚基基因的质粒通过同源重组整合到真菌的染色体上，使表达重组血红蛋白成为宿主稳定的遗传性状，但是表达量仅为1%～3%。虽然在真菌中的血红蛋白表达量比大肠埃希菌中低，但真菌不含内毒素，所以生产的血红蛋白毒副作用较小。

　　昆虫宿主细胞的表达产物为不溶性珠蛋白，其中无血红素掺入，表达量为5%～10%。

　　目前，利用转基因鼠和转基因猪已成功表达人血红蛋白。鼠内表达量可高达70%～80%，且对小鼠无不良影响，但由于鼠血容量太小，其实际应用价值不高。美国已成功培育三头人血红蛋白转基因猪，表达的人血红蛋白占猪血红蛋白的10%～15%。用转基因动物生产的人血红蛋白未见修饰和结构异常，但转基因猪的表达产物中有杂合分子，需使用离子交换层析等技术将人血红蛋白和猪血红蛋白以及其他杂合分子分离。转基因猪生产的人血红蛋白与天然人血红蛋白一致，不会产生免疫反应，P_{50} 值与天然人血红蛋白相似，氧亲和力为 1.47kPa（11mmHg），但其四聚体结构不稳定，故需经过化学修饰或改变结构才可应用。同时，转基因动物还存在动物源性疾病感染的风险，且动物饲养技术、表达产量、血液的收集、产物的纯化等尚需更为深入细致的研究。

　　法国科学家成功利用转基因烟草表达了人血红蛋白。尽管其表达产量较低，利用转基因植物生产人血红蛋白仍旧有其他转基因生物系统无法比拟的优势：转基因植物能够通过对真核生物蛋白质多肽准确地翻译后加工，从而完成复杂的蛋白质构型重建，使其拥有与天然蛋白质相同的生物活性；与其他转基因生物系统相比，虽然转基因植物的外源蛋白质表达量较低，但其不受环境和资源等因素的限制，可以大规模生产，因而能够控制生产成本；植物属于可再生资源，造成的环境污染远小于其他转基因生物系统。

rHb 优于化学修饰产品，因其可避免血源污染的可能性，且无需进一步修饰，并能经由微生物发酵大量生产。目前作为血液代用品进入临床试验的 rHb 有 rHb1.1 等。以 rHb1.1 为例，它在组织氧分压（PO_2）为 5.33kPa（40mmHg）时，能释放足够的氧；不足之处是其能渗出血管与 NO 结合，进而能引起血管收缩，增加平均动脉压，增加体循环和肺循环阻力，出现食管下段括约肌紧张和食管蠕动加速等副作用。此外，rHb1.1 由于含有 7% 的 MetHb，其产生的自由基能参与组织的缺血再灌注损伤。

（二）红细胞类人工血液代用品

人工改造的万能型红细胞和造血干细胞培养的定性红细胞类人工血液代用品完全具备正常人血红细胞的功能。

1. 人工改造的万能型红细胞 人类血型的不同主要是指红细胞膜上特异性抗原的不同，因此可以考虑根据红细胞膜表面的分子结构，利用工具酶将细胞表面的糖链全部去掉，或仅去掉 A 型、B 型红细胞表面糖链上比 O 型血多余的糖分子，使其与 O 型红细胞表面的糖链结构变得一致，人工制备出 O 型（万能型）红细胞。但是目前尚不能有效地将"A"型红细胞转变为"O"型红细胞，也无法将 Rh 阳性红细胞转变为 Rh 阴性红细胞。研发高纯度、高产量的血型转变工具酶以及建立最佳酶促反应体系是成功转换红细胞血型的关键。

2. 造血干细胞培养定型红细胞 造血干细胞培育出的人造血是最接近天然血液的人工血液代用品，因为各类血细胞均来源于同一种骨髓造血干细胞。诱导造血干细胞（HSC）体外红系定向培养成熟红细胞的代表方法是：与基质细胞共培养产生成熟的红细胞，在无饲养细胞时生产去核红细胞，以及利用与巨噬细胞共培养通过脐血 CD34$^+$ 细胞大量培养红细胞。尽管培养方法日趋成熟，但若要达到实际输血量，其成本过高。降低其应用成本，是临床推广的关键。

四、人工血液代用品的临床应用

人工血液代用品有着广阔的临床应用前景。目前已进入临床试验的人工血液代用品的适应证主要是损伤造成的急性失血和休克紧急救治，除此以外还可应用于一些其他适应证（表 13-3）。

表 13-3　人工血液代用品的临床应用

临床适应证	机制
败血症休克	血红蛋白类血液代用品能有效结合并灭活败血症发生过程中被诱导生成并引起低血压的血管舒张因子 NO
局部缺血组织灌流	血红蛋白类血液代用品颗粒小，黏度低，容易通过阻塞的血管或经微循环进入体内，使缺氧组织重新获得氧
具有多种红细胞抗原抗体患者	少数患者经多次输血后具有多种人红细胞抗原的抗体，此类患者可以红细胞类血液代用品替代输注
肿瘤治疗	血红蛋白类血液代用品能够使实体瘤中缺氧组织重新获得氧，从而提高肿瘤细胞对电离辐射和化疗的敏感性
有宗教信仰的患者	人工血液代用品能满足一些有宗教信仰的患者不接受他人血液或血液用品的要求

第三节　凝血因子和血友病

一、凝血因子

血液凝固是血液由液态转变为凝胶态的过程，它是高等生物自身止血的主要生理功能。血液凝固可由两种途径激活，一种是当血液暴露于组织因子时（即外源性激活途径），另一种是血液暴露于血浆因子时（即内源性激活途径）。这两种途径都是经过一系列凝血因子相继激活而生成凝血酶，最终将血浆中的可溶性纤维蛋白原转变为不溶性的纤维蛋白的过程（图13-3）。

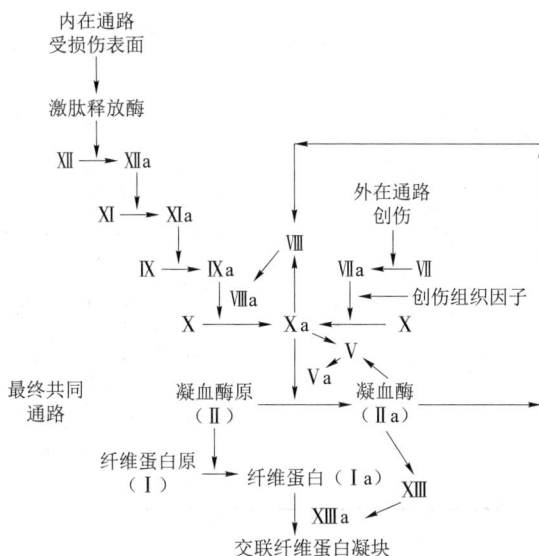

图 13-3　血液凝固级联反应

通过内在、外在和最终共同通路形成纤维蛋白凝块。此过程的显著特点是被激活的某个凝血因子催化下个因子的激活。

血浆与组织中直接参与血液凝固的物质，统称为凝血因子。目前，已知的凝血因子主要有 14 种，其中 12 种按国际命名法用罗马数字进行编号，即凝血因子 I ~ XIII（其中的凝血因子 VI 为活化的凝血因子 V a，因此 VI 被舍去）。此外，参与凝血的还有前激肽释放酶和高分子激肽原等（表 13-4）。除 IV 因子外，其他凝血因子都是蛋白质；除 III 因子外，其他凝血因子均存在于新鲜血浆中。

表 13-4　凝血因子种类

编号	名称	分子质量 （kDa）	正常含量 （mg/dl）	作用途径	主要功能
I	纤维蛋白原	340	300	内、外	在转化为纤维蛋白后形成纤维蛋白凝块
II	凝血酶原 F II	72	5 ~ 10	内、外	凝血酶的前体，凝血酶可以激活因子 I、V、VII、VIII 和 XIII

编号	名称	分子质量（kDa）	正常含量（mg/dl）	作用途径	主要功能
Ⅲ	组织因子 FⅢ	45	0	内源性	激活内源性通路的辅助组织蛋白
Ⅳ	钙离子	—	—	内、外	激活凝血因子 ⅩⅢ 和稳定某些凝血因子
Ⅴ	促凝血球蛋白原（FⅤ）	250~300	0.7	内、外	辅助因子，增加激活 X 的速率
Ⅶ	转变加速因子前体（FⅦ）	56	0.05	外源性	转变加速因子前体（Ⅶa），激活因子 X
Ⅷ	抗血友因子（AHF）	330	0.03	内源性	辅助因子，加强对因子 X 的激活
Ⅸ	Christmas 因子（PTC）	57~70	0.1~0.7	内、外	激活的Ⅸ直接激活因子 X
X	Stuart 因子（FX）	69	2.9	内、外	激活的因子 X a 直接转化凝血酶原为凝血酶
Ⅺ	血浆凝血致活酶前体	80	0.5	内源性	激活的Ⅺa 可以激活Ⅸ因子
Ⅻ	接触因子（FⅫ）	80	1.5~4.7	内源性	通过直接接触或激肽激活，启动内源性凝血系统
ⅩⅢ	纤维蛋白稳定因子（FSF）	340	1~4	内、外	激活后与纤维蛋白交联，形成硬的血凝块
—	前激肽释放酶（PK）	80~127	4~5	内源性	前激肽释放酶转变为激肽释放酶，激活 FⅫ 转变为 FⅫa
—	高分子激肽原（HMWK）	120	6	内源性	辅因子，促进 FⅫa 对 PK 的激活，加速激肽释放酶对凝血因子Ⅻ的激活

二、血友病

（一）血友病的概念

血液凝固的过程依靠大量的凝血因子。为了有效促进凝血，内源性和外源性凝血途径都必须具有凝血功能。凝血过程中任何凝血因子受到抑制使其活性降低或活性消失，都会导致凝血功能严重障碍。血友病是一种由于先天性遗传缺陷导致凝血功能障碍的出血性疾病。该病的共同特征是凝血功能出现障碍，患者终身具有创伤后出血倾向，严重者即使没有明显外伤也可出现自发性出血。

患此种疾病的患者根据凝血因子和凝血酶的情况不同可分为 3 类：

1. 具有正常数量的凝血因子，但凝血酶活性降低。

2. 凝血因子数量和凝血酶活性同时降低。

3. 凝血因子数量和凝血酶活性极低，不能被检测到。

目前血友病尚无根治的方法，转基因治疗仍在实验阶段，主要治疗方法仍是终身凝血因子替代疗法。

（二）血友病的分型

1. 因子Ⅷ缺乏为 A 型或甲型血友病。

2. 因子Ⅸ缺乏为 B 型或乙型血友病。

3. 因子Ⅺ缺乏为 C 型或丙型血友病（表 13-5）。

表 13-5　血友病的临床分型

血友病类型	分型	因子水平［U/ml（%）］	主 要 表 现
A/B	亚临床型	<0.01（1）	常在创伤、手术后有异常出血
A/B	轻型	0.01~0.05（1~5）	无自发性出血，创伤、手术后出血明显
A/B	中型	0.05~0.25（5~25）	有自发性出血，多在创伤、手术后有严重出血
A/B	重型	0.25~0.45（25~45）	自发性反复出血，见于关节、肌肉、内脏、皮肤、黏膜等
C	—	—	出血症状较轻，有时仅在物理创伤和术后出血

　　A、B 型血友病是 X 连锁隐性遗传疾病，女性携带遗传，男性发病，由凝血因子Ⅷ（FⅧ）或凝血因子Ⅸ（FⅨ）缺乏引起。最常见的是 A 型血友病，占 90% 以上。其次是 B 型血友病，发病率约为甲型血友病的 1/4。C 型血友病较罕见，男女均可患病，由凝血因子Ⅺ（FⅪ）缺乏引起，病情较 A、B 型血友病轻，常与凝血因子Ⅴ和Ⅶ等其他凝血因子合并缺乏。

（三）血友病常用治疗药

1. 凝血因子Ⅷ

（1）凝血因子Ⅷ的结构与功能　人凝血因子Ⅷ（FⅧ）是内源性凝血途径中一种重要的凝血因子，作为 FⅨ 的辅因子，与活化的 FⅨ（FⅨa）、Ca^{2+} 结合形成复合物，参与 FX 的激活，进而与 FV、Ca^{2+} 结合形成内源性凝血酶原激活物。FⅧ 遗传性缺乏将导致 A 型血友病，因此，静脉注射 FⅧ 制品替代治疗 A 型血友病患者体内缺乏的 FⅧ 是当前的主要治疗手段。

　　成熟的 FⅧ 含 2332 个氨基酸，分为 6 个结构域：3 个 A 区、1 个 B 区和 2 个 C 区。在 A1、A2 区之后以及 A3 区之前存在短的酸性区域，富含带负电荷的 AA 残基，用"a"表示。FⅧ 的结构域排列顺序为 A1-a1-A2-a2-B-a3-A3-C1-C2，其中 B 区与 FⅧ 活性无关，a2 和 a3 区内硫酸化修饰的酪氨酸残基分别有助于 FⅧ 发挥辅因子功能和与血管性血友病因子（von Willebrand factor，vWF）结合。大部分 FⅧ 在 B-A3 结合部或 B 区内部被蛋白酶裂解，形成两条单链，两条链之间通过亚铜离子联系形成异二聚体（图 13-4）。同时，一些金属离子如 Ca^{2+} 或 Mn^{2+} 可通过改变蛋白质构象，协调 FⅧ 的轻链与重链，为维持其活性所必需。分泌入血后，FⅧ 通过轻链上的 AA 残基与 vWF 紧密结合形成复合体。

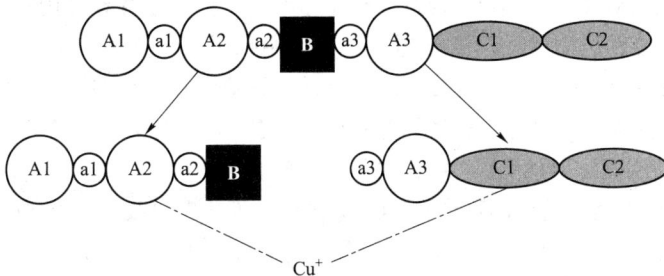

图 13-4　FⅧ结构

Ca^{2+} 或 Mn^{2+} 可通过改变蛋白质构象，协调 FⅧ 的轻链与重链

FⅧ由5~10个亚单位以二硫键连接而成，它是一种β糖蛋白，分子中约15%为碳水化合物。FⅧ由两部分构成——Ⅷ：C和Ⅷ：Ag（简称vWF）。FⅧ：C和FⅧ：Ag是来源于不同基因编码的两种不同的蛋白质，共同构成了FⅧ复合物。其中，FⅧ：C为促凝成分，可纠正A型血友病的凝血异常；FⅧ：Ag是相关抗原，可纠正血管性假性血友病的出血时间。A型血友病主要是由于患者体内不能产生促凝成分FⅧ：C，导致FⅧ复合物水平显著降低或完全缺失，因此，需用静脉输注FⅧ制剂替代治疗。

（2）FⅧ制剂种类　目前FⅧ制剂主要包括冷沉淀制剂、浓缩制剂和重组FⅧ制剂。

1）冷沉淀制剂：新鲜血浆离体后置于-30℃以下，6小时内使其冻结，然后置于0~8℃，使其融化并产生沉淀。沉淀中含有FⅧ、纤维蛋白原和纤维结合蛋白等。冷沉淀法获得的FⅧ制剂，其活性比原血浆提高7~20倍。

2）浓缩制剂：以上述冷沉淀为原料，经各种生物纯化技术分离纯化制备得到的是FⅧ浓缩剂。此法得到的FⅧ制剂由于去除了大部分杂蛋白（如纤维蛋白原等），其活性比原血浆提高30~80倍。利用层析法已制备得到更高纯度的FⅧ，其活性比原血浆提高了12000倍。我国生产的FⅧ是将健康人的新鲜冰冻血浆，经批准的生产工艺得到冷沉淀，然后经过分离纯化，并经病毒灭活处理、冻干制备而成，为人凝血因子FⅧ（human coagulation factor Ⅷ）。制剂中含有适宜的稳定剂，不含防腐剂和抗生素。根据每1ml人凝血因子Ⅷ活性及标示装量计算每瓶人凝血因子Ⅷ效价，应为标示量的80%~140%。每1mg蛋白质应不低于1.0IU，于2~8℃避光保存和运输。

3）重组FⅧ制剂：应用基因重组技术生产获得的重组FⅧ制剂目前已应用于临床，其不来源于血液，消除了从感染血液中提取产品所带来的疾病传播的可能性。

重组FⅧ制剂常用的表达系统主要有各种鼠癌细胞株、中国仓鼠卵巢细胞（CHO）和细小仓鼠肾细胞（BHK）株。重组FⅧ产品通常仅包括Ⅷ：C（即不含vWF部分），具有与天然FⅧ相似的生化及药理学特性，并具有良好的治疗效果。动物和人药动学数据表明重组产品和天然产品的药动学参数没有明显不同。与天然凝血因子产品相比，重组产品最大的差别是具有免疫原性。由于不同的表达系统，天然和重组的凝血因子Ⅷ产品在糖基化模式上略有不同，这导致了重组产品具有免疫原性。重组产品中任何污染物的存在都将是非人源化的，因此都具有免疫原性。部分患者使用后会产生相应抗体。

近年，研究者试图通过基因定点突变技术改造凝血因子Ⅷ：C的基因，从而获得更加理想的性状，如延长凝血因子Ⅷ：C的半衰期，使患者降低用药频率等。

目前我国临床使用的FⅧ制剂多为浓缩剂，适用于先天性FⅧ缺乏的A型血友病，但对B型血友病和C型血友病无效。商品FⅧ浓缩剂相当稳定，易于掌握和使用，故常用于家庭病房的治疗。通常根据患者病情严重程度不同来决定使用剂量，严重者可适当增加治疗剂量。若某些严重病例出现治疗效果不好的情况，可考虑使用以下方法改善疗效：交换输入全血，可短暂降低循环的人凝血因子Ⅷ：C抗体；直接使用FⅩa，从而绕过凝血连锁反应中无效的步骤；使用FⅦa；使用高浓度的FⅡ、FⅦ、FⅨ和FⅩ的混合物，此法有效率约为50%；使用猪凝血因子Ⅷ，该因子可能与抗人凝血因子Ⅷa的抗体不发生交叉反应（但免疫系统会很快产生抗猪凝血因子Ⅷ的抗体）；FⅧ与免疫抑制剂同时使用。

2. 凝血因子Ⅸ

（1）凝血因子Ⅸ的结构与功能　凝血因子Ⅸ（FⅨ）同时参与内源性凝血系统与外源性凝血系统。当血管壁损伤时，内源性凝血系统启动，在Ca^{2+}和FⅪa等的作用下，生成具有酶促活性的 FIX a，参与内源性凝血反应，进而促进凝血酶原转化为凝血酶。当组织损伤时，FVIIa 激活 FIX 生成 FIX a，在 Ca^{2+} 和 FVIIIa 的共同参与下，以复合体的形式激活 F X，激活的 F X a 在 F V a 的作用下，促进凝血酶原转化为凝血酶。B 型血友病是先天性 FIX 基因缺陷所致，因此，FIX 制剂可用于治疗 B 型血友病。

FIX 是一种单链糖蛋白，是维生素 K 依赖因子，在体内由肝细胞合成并分泌到血液中。FIX 由 415 个氨基酸残基组成，成熟蛋白从 N 端开始分别为 GLA 结构域、EGF1、EGF2、连接肽、激活肽和催化结构域。其中，GLA 结构域对 FIX/FIX a 与 Ca^{2+} 的结合至关重要，EGF1 与 Ca^{2+} 的结合能促进 FIX 的酶活性及 FIX 与 FVIII 的结合，EGF2 对 FIX a–FVIIIa 复合体在血小板表面组装有重要作用，催化结构域在催化 F X 向 F X a 转化中起到重要作用。

（2）凝血因子IX制剂种类　凝血因子IX制剂主要有：凝血因子IX复合物、高纯度凝血因子IX制剂及重组凝血因子IX制剂。

1）凝血因子IX复合物：我国目前生产的凝血因子IX制剂主要是人凝血因子IX复合物，即人凝血酶原复合物（human prothrombin complex），其主要成分是 F II、FIX、FVII、F X。我国生产的凝血酶原复合物是以健康人血浆、去除冷沉淀、FVIII 的血浆或组分 III 沉淀为原料，采用凝胶吸附法或其他批准的方法制备，并经病毒灭活处理，冻干，真空密封制备而成。含适宜的稳定剂（如肝素，每 1IU 人凝血因子IX 的肝素不超过 0.5IU），不含防腐剂和抗生素。根据每 1ml 人凝血因子IX 效价及标示装量计算每瓶人凝血因子IX 效价，应为标示量的 80%～140%。比活性为每 1mg 蛋白质应不低于 0.3IU。F II、FVII、F X 效价应不低于标示量的 80%。于 2～8℃ 避光保存和运输。目前我国常采用阴离子交换凝胶法提纯凝血酶原复合物。

2）高纯度凝血因子IX制剂：高纯度 FIX 可应用亲和层析法与离子交换层析法相结合，大批量从血浆中分离得到。去冷沉淀血浆经阴离子交换层析柱 DEAE-SephadexA-50 吸附 F II、FIX、FVII、F X，再通过 DEAE-Sepharose CL-6B（琼脂糖凝胶柱）去除 FVII，最后通过亲和层析柱 heparin-Sepharose CL-6B（肝素、琼脂糖凝胶柱）选择性吸附 FIX 和 F X，再改变离子强度去除 F X，最终得到高度纯化的 FIX。该工艺可用于大规模生产。此方法在进行亲和层析前，用有机溶剂/去污剂混合物（S/D）法灭活病毒，因此产品纯度高、安全性好，与新鲜血浆相比纯度提升了 1 万倍以上。

3）重组凝血因子IX制剂：BeneFix 是重组凝血因子IX制剂，由表达人凝血因子IX基因的 CHO 细胞产生，是一种糖蛋白，其氨基酸序列与血浆提取的 FIX 的 Ala148 等位基因的序列一致，并且在结构和功能特性上，与内源性IX相似。使用重组 FIX 制剂可以提高患者血浆 FIX 水平，进而纠正其凝血缺陷。

3. 凝血因子VII

（1）凝血因子VII的结构与功能　凝血因子VII（FVII）是一种单链糖蛋白，能启动外源性凝血级联反应。FVII 参与的凝血过程是由 FIII 与 FVII 或 FVIIa 形成复合物开始。FIII 是血管壁内层细胞上的一种跨膜糖蛋白，与 FVII 和 FVIIa 有很高的亲和性。FIII 通常不与血液接触，当组织发生损伤时，FIII 暴露于血液中，与 FVII 或 FVIIa 形成复合物，进而激发凝血过程。FVII 的半衰期为 4～6 小时，血浆含量较低。FVIIa 是 FVII 经酶解后的活化状态，成双链状，包含一条重链和一条轻链。重链部分残基的排列顺序与丝氨酸蛋白酶家族有明显同源性，是 FVII 具有催化作用的功能区，因而称丝氨酸蛋白酶区。

在血友病患者治疗过程中，5%～25% 的 A 型血友病患者会产生抗 FVIII 抗体，3%～6% 的 B 型血友病患者产生抗 FIX 抗体，这均使治疗难度加大。若出现以上情况，可以直接使用凝血因子 FⅦa。其机制可能是 FⅦa 能够直接激活凝血连锁反应的最终步骤，不依赖于 FⅧ和 FⅨ。

（2）凝血因子Ⅸ制剂种类　NovoSeven 是一种重组凝血因子Ⅶa，其结构相似于人血浆凝血因子Ⅶa。人 FⅦ基因在 BHK 细胞中被克隆并表达，重组的 FⅦ以单链形式分泌到培养基质中，而后以自我催化的方式裂解成具有活性的双链形式，即重组 FⅦa。研究表明，该药对具有或不具有抗体的患者的急性出血控制率约为 80%。目前来看，其效果等同于或优于临床上正在使用的其他治疗方案。重组 FⅦa 制剂目前主要用于治疗中到高度抗体滴度的患者。

（四）血友病治疗药物的质控

除重组产品外，冷沉淀剂是所有凝血因子产品剂型的基础，监控好冷沉淀制剂质量有利于监控凝血因子制品的生产质量。目前主要可以从三个方面控制冷沉淀剂质量。

1. 原料血质量控制　确保原料血未受艾滋病病毒 HIV、乙型肝炎病毒 HBV 等病毒或病原体污染。此外，药典要求生产工艺中，必须引入两种不同的方法灭活病毒。采血时应注意速度，通常 200ml 全血采集时间小于 3 分钟，400ml 全血采集时间小于 6 分钟。

2. 制备过程控制　新鲜血浆的融化温度要恒定精准控制在 4℃，去冷沉淀的血浆一旦流出，严禁回填，严格控制每批数量，制备流程高效快捷，制备时间及制备过程中，必须保持冷链的连续性，制备完成后要在 1 小时内重新迅速冻结。

3. 保存、应用控制　严格低温冷冻保存，使用前用带有自动温控及循环水装置的血浆融化箱融化，温度为 30~37℃，一旦融化立即使用。单人份或小混合血浆（10 份以下）病毒传染性小。

（五）血友病治疗药物的毒副作用

凝血因子类制剂的不良反应可分为速发型反应和长期性反应。速发型反应包括过敏反应、发热反应等，该类不良反应可通过对原血浆和成品进行适当的质量控制加以避免。长期性反应主要由病毒（主要是艾滋病病毒 HIV、乙型肝炎病毒 HBV 和丙型肝炎病毒 HCV）以及特殊污染物引起。临床研究表明，反复接受 FⅧ制剂的血友病患者，80% 以上可检出 HBV 标志物。因此，凝血因子类制剂要特别注意病毒安全性，避免病毒污染。目前采用的供体筛选、双重方法灭杀病毒要求、产品首次使用前进行安全试验以及重组产品的出现，极大地降低了病毒传播的风险。

第四节　治疗用酶

酶是参与生物体内物质代谢和能量代谢的生物催化剂。治疗用酶是用于治疗疾病的酶类药物，少量的酶制剂在特定的环境下能产生很强的定向生理效应。随着现代生物技术的发展，酶工程技术的进步，治疗用酶的应用范围亦越来越广。

一、治疗用酶的一般特征

治疗用酶是具有特色医疗作用的一类药物，它们绝大多数都是蛋白质，在体内作为生物催化剂，在大多数细胞的生命活动进程中，均发挥着重要的作用。

绝大部分天然酶作为药物有很多缺点，如易失活，具有抗原性，分子量大，难以进入患病部位，以及细胞内酶发挥作用需要考虑辅因子等，因此，研制开发治疗用酶需克服以上天然酶自身存在的各种问题，使其更适用于临床应用。

（一）治疗用酶应具备的药物性能要求

1. 在机体的生理条件下，具有较高的稳定性和活力。
2. 对底物有较高的亲和力，不受产物和体液中正常成分的限制。
3. 在机体内具有较长的半衰期，可以缓慢地被分解，排出体外。
4. 在生理条件下，酶促反应不可逆。
5. 酶制剂的纯度要高，不含其他毒性，免疫原性低或不含免疫原性。
6. 无需外源辅助因子。

治疗用酶的本质是一种催化剂，因此有其独特的药理学性质。

（二）目前常用治疗用酶的药理学特性

1. 治疗用酶具有高效的药理学活性。
2. 治疗用酶的针对性强，其生理、生化机制合理，疗效可靠。
3. 治疗用酶亦存在不同程度的不良反应。大多数治疗用酶属异体蛋白，可引起过敏反应，因此在使用时需密切观察用药安全。

另外，各种酶类在细胞内含量通常很低，大概为 $0.0001\% \sim 1\%$，因此相对产业化难度大。目前，世界各国争相利用基因工程方法研究和开发新的酶类药物，尤其是重组酶类药物。

二、治疗用酶的来源

治疗用酶的来源广泛，主要来源于微生物、动物、植物，以及应用基因工程技术获得。

（一）动物来源

此类治疗用酶多来源于动物脏器。例如，胃黏膜可用于制备胃蛋白酶，胰脏用于制备胰酶、胰蛋白酶、糜蛋白酶，鸽肝可用于制备乙酰化酶和超氧化物歧化酶，羊睾丸可用于制备透明质酸等。早期的酶制品多来源于动物。动物来源的酶制品常受动物的品种、原料选择的限制。

（二）植物来源

许多植物可提取出天然酶，例如，木瓜可提取木瓜蛋白酶，菠萝可提取菠萝蛋白酶等。植物来源的酶制品常受植物原料采集季节、地域和产量的限制。

（三）微生物来源

微生物种类繁多，酶的种类齐全，而且微生物生长周期短、繁殖快，产量高，易于控制，是生产治疗用酶的主要来源。目前大多数酶制剂由微生物制备而得。常用于生产治疗用酶的微生物主要有枯草芽孢杆菌、曲霉、根霉及假丝酵母。枯草芽孢杆菌可用于生产 α-淀粉酶、β-葡聚糖酶等。曲霉可用于生产糖化酶、淀粉酶和蛋白酶等。根霉可用于生产 α-淀粉酶、脂肪酶、纤维素酶等。假丝酵母可用于生产脂肪酶、尿酸酶及转化酶等。

（四）基因工程技术

近年来，基因工程技术飞速发展。利用基因工程技术，可大量生产以前难以获得的品种或更有效地生产现有的品种，使其更利于产业化。目前应用基因工程技术生产的治疗酶主要有尿激酶、链激酶、天冬酰胺酶、超氧化物歧化酶等。

三、治疗用酶的种类

治疗用酶种类繁多，可以按照其化学本质分类，也可以按其作用用途进行分类。

（一）按酶的化学本质与其对底物的催化作用反应类型分类

治疗用酶按其组成成分不同，可分为由蛋白质组成的蛋白类酶和由核酸组成的核酸类酶。

1. 蛋白类酶　蛋白类酶按其催化反应类型可分为六大类，见表 13-6。

表 13-6　蛋白类酶的分类

分类	催化反应类型
氧化还原酶类（oxidoreductases）	氧化还原反应
转移酶类（transferases）	功能基团的转移
水解酶类（hydrolases）	水解反应
裂合酶类（lyases）	水、氨或二氧化碳的去除或加入
异构酶类（isomerases）	多种类型的异构作用
合成酶类（连接酶类）（ligases）	两个分子合成一种物质并伴有 ATP 消耗的合成反应

目前已开发应用的治疗用酶中，多数为水解酶类和氧化还原酶类，其他类型的蛋白质类的治疗用酶应用相对较少。

2. 核酸类酶　根据催化反应的类型不同，核酸类酶可分为 3 类：剪切酶、剪接酶及多功能酶。根据酶催化反应的底物不同，核酸类酶可分为 2 类：底物是自身的 RNA 分子为内催化酶（in cis 或称为自我催化）；底物是外来的其他 RNA 分子则为分子间催化酶（in trans）。

（二）按作用用途分类

1. 消化酶类　消化酶的作用是消化和分解食物中的淀粉、脂肪、蛋白质等。代表酶类有胰酶、胰脂酶、胃蛋白酶、淀粉酶、纤维素酶等。

2. 消炎、水肿治疗酶类　此类酶可以达到清洁创口、排脓抗炎和消肿的目的。代表酶类有胰蛋白酶、糜蛋白酶、糜胰蛋白酶、胶原酶、菠萝蛋白酶、溶菌酶等。

3. 抗肿瘤酶类　抗肿瘤酶能够抑制或杀灭肿瘤细胞。代表酶类有天冬酰胺酶、谷氨酰胺酶、RNA 酶等。

4. 冠心病治疗酶　冠心病治疗酶类多用于治疗心脑血管疾病，用于降低血脂，扩张血管，改善微循环，保护缺血心肌。代表酶类有激肽原酶、透明质酸、弹性蛋白酶等。

5. 促纤维蛋白溶解酶　促纤维蛋白溶解酶起到溶解血栓的作用。代表酶类有链激酶、尿激酶等。

6. 其他用途酶类　呼吸链电子受体的细胞色素 C 可用于治疗组织缺氧，透明质酸酶可用做药物的扩散剂和治疗青光眼，葡萄糖酶能预防龋齿等。

目前，各种治疗用酶的临床应用不断扩大，已从单一酶的使用发展为复方制剂的使用，从主要应用于助消化和诊断扩大到抗炎、凝血、抗凝血及其他领域。各国共同收载较多的治疗酶品种有胰蛋白酶、胃蛋白酶、胰酶、尿激酶、糜蛋白酶、抑肽酶、抗凝血酶Ⅲ、透明质酸酶和组织纤溶酶原激活剂（tPA）。

四、治疗用酶的临床用途

（一）酶替代治疗

体内某些酶缺乏或其活力异常，会造成关键产物或底物的不足或过多积累，从而引起机体代谢异常，进而出现各种临床症状，严重者会诱发多种疾病。目前，由机体内酶缺乏引起的疾病可用相应的酶替代疗法来改善其临床症状，其疗效与酶的特性直接相关。此外，非人源性治疗用酶属异体蛋白，具有抗原性，可能会诱发人体产生抗体，发生免疫反应和过敏反应。应用基因重组技术制备的重组人源性治疗用酶来替代动物源性的治疗用酶能降低酶的免疫原性，避免过敏反应的发生。

目前的酶替代治疗中常用的有治疗戈谢病的 β-葡糖脑苷酶，治疗严重复合免疫缺陷综合征（SCID）的腺苷脱氨酶（adagen，ADA），治疗法布莱症的 α-半乳糖苷酶，治疗 Hurler 和 Hurler-Scheie 型黏多糖贮积病 I 型的 α-L-艾杜糖醛酸酶，以及治疗脂肪泻的胰酶等（表13-7）。

表 13-7　酶缺乏与临床表现

缺乏的酶	治疗酶	疾病	临床表现
葡糖脑苷酯酶	β-葡糖脑苷酯酶	Gaucher 症	肝脾肿大、贫血、骨骼破坏、生长发育落后、骨痛
ADA	PEG 修饰 ADA	严重复合免疫缺陷综合征	患者不能抵抗任何微生物的感染，只能在无菌条件下生活
α-半乳糖苷酶	α-半乳糖苷酶	Farbry 症	肢体末端间歇性的疼痛，皮肤上呈现暗红色斑点且多半分布到下腹部到大腿之间，成年后，出现进行性的肾脏、心血管及脑血管病变
α-L-艾杜糖醛酸酶	α-L-艾杜糖醛酸酶	Hurler 和 Hurler-Scheie 型黏多糖贮积病 I 型	内脏病变、骨骼畸形和智力障碍方面的症状较严重
脂酶或胰脂酶	猪胰提取物（主要为脂肪酶、蛋白酶、淀粉酶）	脂肪泻	多数患者有腹泻，典型呈脂肪泻，粪便色淡，量多，油脂状或泡沫状，多具恶臭，可有腹部胀满、食欲不振等，长期脂肪泻易造成消瘦、乏力等

（二）治疗性酶

为了将高效的、对底物高度专一的，具有催化活性的酶，应用到临床治疗中，需对酶促反应、底物和整个生理过程中的作用机制进行详细研究。某些传统的药物分子作为受体激动剂或抑制剂也能起到酶治疗的部分效果，但是它们不具有催化功能，不能介导级联反应。

目前已有 100 多种治疗用酶，其中疗效明确、使用安全的品种有 70 多种。常用的治疗用酶包括消化酶，消炎、水肿治疗酶，抗肿瘤酶，治疗冠心病酶，促纤维蛋白溶解酶等。

消化酶能高效特异地水解消化蛋白质、多糖、脂肪、纤维素等，使其变为简单且易被胃肠道吸收的物质，从而起到助消化和治疗消化系统疾病的作用。胃蛋白酶能水解大多数高分子天然蛋白质，如角蛋白、黏蛋白、精蛋白等。但其对蛋白质水解不彻底，产物多为胨、肽和氨基酸的混合物。主要用于治疗消化不良及病后恢复期消化功能减退等。

消炎、水肿治疗酶能分解炎症部位纤维蛋白，清除伤口周围的脓疮、腐肉、碎屑，分解脓液中的黏蛋白，从而使炎症部位的坏死组织溶解，增加组织通透性，抑制水肿，促进病灶附近组织积液的排出并抑制肉芽的生成。胰蛋白酶可消化降解变性蛋白，对正常组织不起作用，但能使脓液、瘤液、血凝块等消化变稀，易于引流排出，加速创面净化，促进肉芽组织生长，此外还具有抗炎症作用。临床上主要用于脓胸、血胸、外科炎症、溃疡、创伤性损伤等所产生的局部水肿、血肿及脓肿等。糜蛋白酶活力比胰蛋白酶强，且毒性低，副作用小，可使黏稠的痰液稀化，便于咳出，对脓性和非脓性痰液均有效。临床用于创伤或术后创面愈合。

抗肿瘤酶类主要是根据正常细胞与肿瘤细胞之间的代谢差异，选择性地破坏癌细胞所需的营养物质或代谢产物，从而抑制或杀灭肿瘤细胞。肿瘤细胞存活依赖于外源性天冬酰胺，一旦缺乏蛋白质合成所必需的天冬酰胺，肿瘤生长即受到抑制。正常细胞能合成天冬酰胺，所以其生长不依赖于外源性天冬酰胺。L-天冬酰胺酶能水解天冬酰胺生成天冬氨酸和氨，因此可以减少肿瘤细胞中天冬酰胺的含量，进而抑制肿瘤生长。天冬酰胺酶主要用于治疗急性淋巴细胞白血病，对急性粒细胞型白血病和急性单核细胞白血病、恶性淋巴瘤也有一定疗效。

治疗冠心病酶是通过降低血脂，从而预防或改善高脂蛋白血症引起的脂蛋白浸润和血栓形成。弹性蛋白酶能促进动脉壁弹性纤维的新生，可提高动脉壁弹性，阻止形成主动脉和冠状动脉斑块、改善血清脂质水平、改善脂蛋白代谢。临床上主要用于防治和治疗 II 型和 IV 型高脂血症（尤其是 II 型）、动脉粥样硬化，以及脂肪肝等。

促纤维蛋白溶解酶主要分为两类，分别为直接作用于纤维蛋白或纤维蛋白酶原，和通过激活纤溶酶原生成纤溶酶，间接作用于纤维蛋白或纤维蛋白原。尿激酶能通过水解纤溶酶原得到纤溶酶，从而起到溶解血栓的作用。主要用于急性心肌梗死、脑栓塞、肺栓塞、周围动脉栓塞、视网膜动脉栓塞等。

随着技术的进步，治疗用酶的数量、稳定性、副作用、给药方式和药物剂型都会有极大的改善与提高。

（三）药物增效作用治疗用酶

近年来，许多实验和临床研究证明，酶对许多药物如抗肿瘤药、抗生素、激素、细胞毒性药物等具有增效作用。

虽然治疗酶对药物的增效作用的精确机制尚不清楚，但可以通过治疗用酶与治疗药物的联合应用达到更强的治疗效果，更重要的是可以使某些药物在低剂量时即达到高剂量时的治疗效果，同时，药物的副作用和毒性反应维持在低剂量水平，这一发现可能为治疗用酶开拓新的领域。

随着新技术在治疗用酶的研究和生产中的应用，新的治疗用酶品种也不断出现。目前治疗用酶新品种的研发热点主要集中在以下几个方面：①研究和开发基因工程酶类药物，尤其是重组人源性酶类药物；②通过蛋白质工程的方法对治疗用酶进行分子改造，提高临床疗效或降低毒副作用及抗原性；③对酶进行化学修饰，提高酶的稳定性、延长半衰期并提高其生物利用度。有关治疗用酶的研发生产还需要进行更多的探索。

┌ 本 章 小 结 ┐

本章主要介绍了临床常用的血液制品以及治疗用酶。血液制品包括人工血液代用品和各类凝血因子制剂。

重点：生物技术人工血液代用品的种类、特点及意义；血友病的病因及分型、治疗血友病常用的凝血因子制剂的种类及制备方法等；治疗用酶的种类及临床应用。

难点：生物技术人工血液代用品的种类及制备方法。

思考题

1. 生物技术血液代用品与传统血液代用品相比有哪些优势？
2. 常用凝血因子制剂有哪些？简述其制剂种类及制备方法。
3. 简述治疗用酶的来源、种类及用途。

（房 月）

主要参考文献

［1］王凤山. 生物技术制药. 第2版. 北京：人民卫生出版社，2011

［2］Saurabh（Rob）Aggarwal. What's fueling the biotech engine—2012 to 2013. Nat Biotechnol, 2014, 32（1）: 32-39

［3］吴梧桐. 生物制药工艺学. 第2版. 北京：中国医药科技出版社，2013

［4］国家药典委员会. 中华人民共和国药典. 2015年版. 北京：中国医药科技出版社，2015

［5］郭葆玉. 生物技术药物. 北京：清华大学出版社，2011

［6］姚文兵. 生物技术制药概论. 北京：中国医药科技出版社，2010

［7］普洛特金. 疫苗学. 北京：人民卫生出版社，2011

［8］A. 罗宾逊，MJ. 赫德森，MP. 克拉尼奇. 疫苗关键技术详解. 北京：化学工业出版社，2006

［9］须建. 生物药品. 北京：人民卫生出版社，2009

［10］G. 沃尔什. 国外药学专著译丛：生物制药学. 北京：化学工业出版社，2006

［11］Wilson NJ, Boniface K, Chan JR, et al. Development, cytokine profile and function of human interleukin 17-producing helper T cells. Nat Immunol, 2007, 8（9）: 950-957

［12］Cavalcanti YV, Brelaz MC, Neves JK, et al. Role of TNF-Alpha, IFN-Gamma, and IL-10 in the Development of Pulmonary Tuberculosis. Pulm Med, 2012, 745-483

［13］George J. Weiner. Building better monoclonal antibody-based therapeutics. Nat Rev Cancer, 2015, 15: 361-370

［14］高凯，徐志凯，任跃明，等. 关于我国药典单克隆抗体类生物治疗药物总论的思考. 中国生物工程杂志，2014，34（1）: 127-134

［15］李壮林，姚雪静. 单克隆抗体药物研究进展. 药物生物技术，2014，21（5）: 456-461

［16］朱贵东，傅阳心. 设计新一代抗体药物偶联物. 药学学报，2013，48（7）: 1053-1070

［17］袁建琴，高斌战. 动物细胞与微生物发酵工程制药. 北京：中国农业科学技术出版社，2010

［18］Fan L, Kadura I, Krebs L E, et al. Improving the efficiency of CHO cell line generation using glutamine synthetase gene knockout cells. Biotechnol Bioeng, 2012, 109 （4）: 1007-1015

[19] Zolot RS, Basu S, Million RP. Antibody-drug conjugate. Nat Rev Drug Discov, 2013, 12: 259-260

[20] 向军俭, 童吉宇, 王宏. 抗体技术研究进展（2）: 小分子抗体及功能复合化抗体. 暨南大学学报（自然科学版）, 2013, 34 （5）: 556-563